紙本之外，閱讀不斷

傑伊・菲什曼 Jay E. Fishman 、薛能・普拉特 Shannon P. Pratt 、
威廉・莫里森 William J. Morrison ——著

黃輝煌 ——審訂翻譯

STANDARDS OF VALUE

Theory and Applications, 2nd Edition

價值標準的理論和應用

美國法院判例指引

——專為法官、律師、會計師、評價師等專業人士而寫——

每一個鑑價都是獨一無二！
無論是遺產稅、贈與稅，或有關股東、離婚的案件，
價值估算，深深影響著企業和個人。

CONTENTS 目錄

免責聲明

儘管出版商和作者都盡最大的努力準備這本書，但所作出的任何陳述，並不擔保適用於特定用途。

本書所包含的建議和策略，可能不適合任何一種狀況，應該在適當的情況下諮詢專業人士。

無論是出版商或作者，均不對任何利潤損失，或任何其他商業損害負責。

編者按

本書中文版所翻譯的「評價」、「鑑價」、「估價」，均屬同一詞意（延伸至「評價師」、「鑑價師」、「估價師」均有該說法），僅在行文中進行表述時，依前後文使用呈現。

傑伊・菲什曼（Jay E. Fishman）

獻給馬里安・雅，

和我們的三個小麻煩：米莎、賈斯汀和賽斯。

比爾・莫里森（Bill Morrison）

獻給生命中的愛——我的妻子瑪格麗特。

我的孩子，克莉絲蒂娜和威廉，我的驕傲和喜悅。

薛能・普拉特（Shannon P. Pratt）

獻給我的妻子米莉，和我們的四個孩子和十個孫子。

一本增強專業知識的好書！

本書作者再次邀請我，為這本實用的書撰寫推薦序，這裡以第一版推薦序結尾，作為第二版的引言：「薛能、傑伊和比爾：感謝你們貢獻心力，提供這本增強專業知識的書。」

自 2006 年第一版出版，我已不知引用多少次了，可見本書內容極具價值且易讀，三位作者花費如此大的心力，解釋有關稅務、離婚案件、異議股東、受壓迫股東的權利，和財務報導的公允價值等方面的評價實務新知，四大領域亦構成本書主要章節內容。

首先，本書的重要價值不只在定義各種價值標準，在於作者奉獻了大量的時間說明價值標準的歷史、發展，和其在各種不同場所的應用。此外，對於聯邦各州的評價法規，如解除婚姻和股東的異議和壓迫，也都仔細檢視各州相關法規，提供其定義、細節、應用、配套法規、法令和判例法。

他們還增加了一個新的篇章「合夥和有限責任公司收購的價值標準」，討論一般合夥、有限合夥、有限責任合夥，及有限責任公司。這些類型的企業個體經常被評價師所誤解，以致常常傷害到其客戶和顧問，我在他處未曾見過這種類型的實體被如此詳盡的討論。此外，他們提出美國各州就合夥法令，以及相關個案判例的價值定義。

價值標準的適當定義給予評價分析師賴以遵行的準則，在眾多因素中，它決定了你是否用一個假設的買方和賣方，或是一個市場參與者的買方和賣方，究竟是單一個人的價值，或者有意願或無意願的買方和賣方的價值。

它也在各個階段考慮不同層次的價值，以及折價、溢價是否適用。就我調解有關價值標準相關案件的經驗，讓我意識到，如果評價分析師引用錯誤的價值標準，將使價值結論產生很大的偏差，而且，無論如何認真的執行評價工作，它也會使價值結論站不住腳。

這本書擁有聲譽卓著的作者群，有助許多分析師釐清看似簡單明瞭卻蘊含不同解讀的複雜領域，特別是當處理各個州內的多重定義，即使是公認的價值標準——「公允市場價值」——，都有許多解釋上的問題。

當然，這是假設一個有意願的買方和賣方，在沒有受強迫的情況下，且雙方就有關的事項都具有合理的知識。然而，假設的買賣雙方是誰？是否為最有可能的買家和賣家？有一些法庭說不是。是否為一般的買家和賣家？如果是這樣，又是怎麼樣的一般人？是否為一個單獨的價值？抑或是戰略性買家或金融性買家的價值？以上都是價值標準的棘手問題，許多分析師多選擇忽略此一課題，本書打破了不確定性的圍牆，且致力於幫助解答這些棘手問題。

作者藉由探討五個價值標準：公允市場價值、投資價值、內在價值、公允價值（政府行為），和公允價值（財務報導），作為全書連結，並將這些投入評價服務在有關稅務、解除婚姻、異議和股東壓迫的權益、和財務報告等方面的應用，各種不同的價值標準通過「交換價值」和「持有人價值」等價值前提的概念，被連結到評價服務的應用。

再次，本書的精華之一是投注相當的篇幅，在各州對於解除婚姻、異議股東的權益，和股東壓迫的相關價值標準及定義，並用圖表顯示各州在這兩個方面的評價準則和重要個案，不管是在多個州或跨州提供評價服務，抑或是僅在個別州或地區執行評價業務，這些圖表都非常有益於評價分析師的實務應用與提示。

Chapter 5 談到「離婚訴訟的價值標準」，作者提出明確簡潔的圖表，標題為「價值的連續」，例如其中一個圖表，藉由相關判例與重要的基礎假設，將價值前提鏈接到價值標準，並區分成企業和個人的商譽，折、溢價和買賣協議的效果，亦被提出並加以說明。

吉爾‧馬修斯和米歇爾‧帕特森已大幅改寫 Chapter 3「股東異議與受壓迫的公允價值」，本版增加了一節來探討德拉瓦州的異議股東個案。本章按州別以表格的方式，呈現聯邦各州包括市場異常在鑑價的適用性、受壓迫股東權益收購救濟的適用性、有關鑑價技術的法令條文，和有關折價的重要法院判決摘要。

Chapter 6「財務報導中的公允價值」，受益於尼爾‧比頓重寫了 2007 年以來所發生的變化。

所有章節包括：價值標準的歷史和發展、相關判例法、適用法規和標準的簡潔摘要。同樣地，讀者可能認為這是一個簡單的主題，然而，正如作者已經做足功課，研究各州的規定，幫助評價分析師更好地理解每個州內的許多細微差別，呈現這些相當複雜的內容。

　　我將以我的引言做為結尾：「薛能、傑和比爾：感謝你們貢獻心力，在這本值得歡迎，並且增強我們專業知識的好書！」

ManagingDirector, FinancialValuationAdvisors
President,TheFinancial ConsultingGroup
CEO,ValuationProducts andServices
EditorinChief,FinancialValuationandLitigationExpert

詹姆斯・海曲那
James R. Hitchner, CPA/ABV/CFF, ASA

價值在於視者眼睛之所見

我們都聽過：「價值在於視者眼睛之所見。」就像仁者見仁，智者見智（猶如「情人眼中出西施」），就企業價值或企業權益來說，亦是如此。價值需等到被定義後，才有意義，在企業評價的學術用語，這些不同定義即稱為價值標準。

某些情況下，價值標準是由法規或規章所訂。例如，公允市場價值是所有聯邦贈與稅、遺產稅和所得稅的法定價值標準。公允價值則是證券交易委員會針對財務報導所規定的價值標準。公允價值幾乎是每一州法律，針對股東異議和壓迫，所定的價值標準，但此一定義與聯邦監理機關針對財務報導目的，所規定的公允價值標準定義，有相當差異。而且，公允價值的定義多少因州而異。

即使價值標準由法令所定義，仍在判例法留下許多解釋的空間。很少有州的法規，就離婚案件的價值標準給予任何定義。因此，在離婚案件的估價，事實上，幾乎都在判例法中發現。而且州與州之間的判例，亦有相當差別，甚至許多州不同的司法管轄區之間，也存有極大差異。

同樣一批股份，在不同情況下會有不同價值，讓許多人感到訝異。例如，本書作者之一，評估一件異議股東訴訟案件之股權價值，之後因其中一位股東死亡，又受託針對同一批股份，為了遺產稅的目的進行估價，竟相對於異議股東訴訟的估值低很多，因為其適用少數股東和缺乏市場流通性的折價調整，然而，在異議股東訴訟時，法規上並不允許進行這些折價調整。

適用於某些情況下的價值標準，也可以被規範於公司章程、合夥章程、買賣協議、仲裁協議和其他文件。重要的是，律師或其他起草這些文件的人，必須對文件中規定的價值標準具有清楚的認識，並傳達給客戶。

很多時候，當我們面臨「股份的公允市場價值」的詞句，而且觸發事件發生時，股東才驚覺地發現，股份的公允市場價值，並不意味著相應比例的整個公司的價值，而是因適用少數股東，以及缺乏市場流通性的折價調整後的較低價值？

當著手一件企業或無形資產價值評估的委任案，首先需要知道價值的定義。本書就是第一本能完整闡述此重要問題的專書，專門探討下列五種情境下的價值標準：

- 贈與稅、遺產稅，和所得稅
- 異議和受壓迫股東的權益
- 合夥、有限合夥、有限責任公司的權益收購
- 解除婚約的案件
- 財務報導的公允價值

這本書列出美國主要的聯邦法令與法規，和所有各州和地區的相關法規，使評估報告能具體說明所依據的法源，適合律師或評價師利於找到相關法令的全文，作進一步的了解。

同時針對各司法管轄區就各項議題，分析數百個法院判例，說明各種法條和法規，並從判例中歸納要點，包括個案判決文的引述，相信能得到最具代表性的詮釋及觀點。這些範圍從一個句子到幾個段落，和總共包括幾百個法院判例引述，揭示了不同司法管轄區對價值標準解釋的細微差別。

如果面對某項議題的「第一個案件」（即該司法管轄區之前從未判決過的案例），法院有時候會尋求有類似法規的其他司法管轄區的先前判例。

我們並不就「適當的價值標準的解釋應該是什麼？」表示意見（除非知道這是企業評價業界的共識），只是就了解來報導價值標準的解釋，努力地指出各個司法管轄區之間解釋的共同點與差異，有時，甚至是同一司法管轄區內的異同。

企業評價非常具有個案獨特性，相同的案例可能在不同的事實與情境解釋下，看起來像是互相矛盾的個案。因此，從某一特定案件的意見，來擴張解釋其一般性，無疑相當危險。但是，判例的研究仍是重要，能提供律師、估價分析師和法庭，對某些議題的想法與觀點。

研讀本書作為出發點，根據彙編的研究理解特定司法管轄區，就某些特定類型案件的相關價值標準，將節省律師和估價師大量的時間。我們希望它

還提供洞察各級法院對涉及價值標準的各種議題的解釋及觀點。

由於本書涉及的主題性質仍持續演變，我們將繼續觀察理論、法規和判例法的演變。歡迎讀者提出任何問題，並給予評論和建議。

傑伊・菲什曼
Jay E. Fishman

Financial ResearchAssociates
BalaCynwyd,Pennsylvania
jfishman@finresearch.com

薛能・普拉特
Shannon P. Pratt

Shannon PrattValuations,Inc.
Portland,Oregon
shannon@shannonpratt.com

威廉・莫里森
William J. Morrison

WithumSmith+Brown,PC
Paramus, NewJersey
wmorrison@withum.com

致謝

　　本書雖是由三位活躍的企業價值評估從業人員所撰寫（三位作者都至少有二十五年企業評價的實務經驗），然而，如果不是許多人的不懈努力，是不可能完成。

　　首先是薛能普拉特估價公司的諾亞‧J. 戈登（Noah J. Gordon），和威史密斯＋布朗的克里斯蒂娜‧喬治（Christina Giorgio）和歐內斯特‧史特擇（Ernest Stalzer, CPA/ABV/CFF, MBA, CDFA），執行本書的大量工作，還有也是威史密斯＋布朗的歐塔維納‧德魯波（Ottaviana De Ruvo）和霍爾登‧沃里納（HoldenWarriner）所提供的研究服務。

　　本書經由下列企業評價業界資深且專業人士的審閱（大部分或全部的手稿），而受益匪淺，包括眾多建設性的建議：

斯蒂芬‧布拉沃（Stephen J. Bravo, CPA/ABV, ASA, CBA, CFP, PFS）
阿波吉企業評價公司
弗雷明漢市，馬薩諸塞州

詹姆斯‧喜區若（James R. Hitchner, CPA/ABV, ASA）
金融估值集團
亞特蘭大市，喬治亞州

小肯尼斯‧皮亞（Kenneth J. Pia, Jr., CPA/ABV, ASA, MCBA）
邁爾斯‧哈里森和皮婭有限合夥公司

羅納德‧軒尼爾（Ronald Seigneur, CPA/ABV/CFF, ASA, CVA, CGMA）
軒尼而，古斯塔夫森，奈特，有限責任合夥
萊克伍德市，科羅拉多州

加里‧褚格曼（Gary R. Trugman, CPA/ABV, MCBA, ASA, MVS）
褚格曼評估協會
普蘭它芯市，佛羅里達州
紐黑文市，康涅狄格

　　此外，本書涵蓋一些特定的主題，以及企業評價和法律交會的領域。以下是協助審查特定章節，並提供重要且建設性建議的專家：

Chapter 1 公認的價值標準和前提

弗蘭克・路易斯（Frank A. Louis, Esq.）
路易斯和喬治，PC（Louis and Judge, PC）
湯姆斯河市，新澤西州（Toms River, New Jersey）

吉爾伯特・馬修斯（Gilbert E. Matthews, CFA）
薩特證券
舊金山市，加利福尼亞州

米歇爾・帕特森（Michelle Patterson, Esq.）
薩特證券顧問
舊金山市，加利福尼亞州

Chapter 2 遺產稅和贈與稅的公允市場價值

羅傑・葛瑞包斯基（Roger J. Grabowski, ASA）
達夫 & 菲爾普斯有限責任公司（Duff & Phelps, LLC）
芝加哥市，伊利諾伊州

弗蘭克・路易斯（Frank A. Louis, Esq.）
路易斯和喬治（Louis and Judge, PC）
湯姆斯河市，新澤西

Chapter 3 股東異議與壓迫的公允價值

凱爾・加西亞（Kyle S. Garcia, CPA/ABV, ASA, CFA）
金融研究協會
愛迪生市，新澤西州

羅傑・葛瑞包斯基（Roger J. Grabowski, FASA）
達夫 & 菲爾普斯有限責任公司（Duff & Phelps, LLC）
芝加哥市，伊利諾伊州

勞倫斯・漢默梅希（Lawrence A. Hamermesh, Esq.）
公司法與商事法的盧比維而講座教授
威得恩大學法學院
威爾明頓市，德拉瓦州

馬克・李（Mark Lee, CFA, ASA）
EisnerAmper
紐約市，紐約州

彼得・博尼若（Peter G. Verniero, Esq.）
前法官，新澤西州最高法院
希爾康明斯與格羅斯，PC
紐瓦克市，新澤西州

邁克爾・沃切特（Michael L. Wachter）
法律與經濟的威廉 B. 和瑪麗・約翰遜講座教授
賓夕法尼亞大學法學院
費城市，賓夕法尼亞州

彼得・博尼若（Peter G. Verniero, Esq.）
前法官，新澤西州最高法院
希爾康明斯與格羅斯，PC
紐瓦克市，新澤西州

凱爾・加西亞（Kyle S. Garcia, CPA/ABV, ASA, CFA）
金融研究協會
愛迪生市，新澤西州

約翰・約翰遜（John Johnson, CPA/ABV, CBA, CFF, DABFA）
BST 估價與訴訟顧問有限責任公司
奧爾巴尼市，紐約州

約翰・康菲德（John A. Kornfeld, Esq.）
阿倫森美也夫斯基和斯隆有限責任合夥
紐約市，紐約州

弗蘭克・路易斯（Frank A. Louis, Esq.）
路易斯和喬治（Louis and Judge, PC）
湯姆斯河市，新澤西

亞當・約翰・沃爾夫（Adam John Wolff, Esq.）
卡梭威茲班森托雷斯和弗里德曼有限責任合夥
紐約市，紐約州

托馬斯・尚埤若法官，高等法院退休法官
（Judge Thomas Zampino, JSC（Ret.））
斯奈德和薩爾諾有限責任公司
羅斯蘭市，新澤西州

Chapter 6　財務報導中的公允價值
凱爾・加西亞（Kyle S. Garcia, CPA/ABV, ASA, CFA）
財政研究協會
愛迪生，新澤西州

約翰・約翰遜（John Johnson, CPA/ABV, CBA, CFF, DABFA）
BST 估價與訴訟顧問有限責任公司
奧爾巴尼市，紐約州

感謝金融估價集團的邁克爾・馬德（Michael Mard），允許我們就後續事件的資訊，重印其作品中的材料。同時感謝約翰・威利（John Wiley）父子公司的專家：執行主編德雷米吉（John DeRemigis）和副主編茱蒂・豪沃思（Judy Howarth）的熱心合作。

我們還要感謝吉爾・馬修斯（Gil Matthews）和米歇爾・帕特森（Michelle Patterson）大幅改寫 Chapter 3；諾亞・戈登（Noah J. Gordon）和我們共同創作新的 Chapter 4，和尼爾・比頓（Neil Beaton）大幅改寫 Chapter 6。

最後，還要感謝我們的同事和家人，他們在我們撰寫本書給予的支持。

傑伊・菲什曼
Jay E. Fishman
巴拉金威市，賓夕法尼亞州

薛能・普拉特
Shannon P. Pratt
俄勒岡州波特蘭市

威廉・莫里森
William J. Morrison
帕拉姆斯，新澤西州

引言

價值定義，定義價值

目的

從實際的角度來看，評價的過程無非是在回答一個問題：「價值是什麼？」在回答這個問題之前，必需先定義價值。定義「價值」一詞時，須先界定何謂「價值標準」，亦即——所尋求的價值類型是什麼。每個價值標準都包含許多的假設，這些假設支撐著被用於特定場合中的價值類型。

即使當價值標準已被定義的情況下，也不保證各方都同意該價值標準的基本假設。詹姆斯·波布萊特（James C.Bonbright）在他的開創性著作《物業估價》（Valuation of Property）書中寫到：

當一個人仔細地研讀傳統的價值定義時，首先會發現，定義本身即包含相當的歧義，進而他會發現，所援引的價值觀念僅適用於特定目的時可被接受，然而用在其他目的時，則相當不可被接受。[1]

我們認為波布萊特於 1937 年所言，仍然適用於今日，這裡正是為了探討使用共同價值標準時，所附帶的一些歧義。本書由平時都在處理這些問題的實務專家所撰寫，由於我們不是律師，因此目的並非在提供法律建議，而是在於探討估價理論，以及其在司法和法規之應用間的相互作用。

本書將說明價值標準在四個不同領域下的應用：遺產和贈與稅、股東異議和壓迫、離婚訴訟和財務報導。而且主要是為法官、律師、會計師和評價師而寫，我們希望它能促進價值標準的理論，並在司法和法規領域的運用上，得到更好的理解，提供一個評價理論的框架，使價值標準和其價值前提能共同應用在這四個領域。[2]

本書目的並非說明具體的估價技術和方法，舉例來說，探討股東階層因缺乏控制性和市場性的折價之適用性，但不討論如何計算它們。藉此幫助從業人員了解這方面的複雜性，而能問出適當的問題，並尋求相關指導。同時希望幫助評價用戶理解為什麼從業人員都在問這些問題。最後，期許這本書將有助於在這些問題上繼續對話。

註解 1

James C. Bonbright, Valuation of Property（Charlottesville, VA: Michie, 1937）, at 11.

註解 2

價值的前提，代表了特定價值標準下之財產的一般概念。正如我們將要說明的，價值的前提和價值標準一樣重要。

在「財務報導的公允價值」的章節，根據美國財務會計準則委員會（FASB）、美國證券交易委員會（SEC），和上市公司會計監督委員會（PCAOB）的聲明下論述評價與審計相關議題。就估價在遺產和贈與稅、股東異議和壓迫，以及離婚訴訟的應用，無論是聯邦法院對遺產和贈與稅的案件，或者州法院對股東持不同意見者和受壓迫情況下的案件，或家庭法院於離婚案件中對財產的估價與分配，均在相關的司法框架內呈現。

我們的研究廣度，涉及價值標準相關的司法和監管事宜，也發現估價文獻、法學界，經濟和判例法都在不斷發展中，在時間推移下，嘗試檢視這些概念的發展和各州之間的差異。

一般情況下，司法判決傾向認定一個被設計來論述單一個案的特定事實型態的特定評價方法。我們發現有許多案例，特別是在家庭法的範疇內，法院似乎是從各方當事人權益的觀點來看待價值，而非嚴格堅守任何單一特定的價值標準，並適當地遵循評價理論。

編寫這本書時，我們運用了評價和法律領域內的各種資源，為了找到各個州的法條與判例法，分析檢視了美國 50 個州和哥倫比亞特區對股東異議和壓迫，以及在離婚財產分配的州法註解。同時還審視法律期刊，尋求法律的觀點，找出最重要的判決確定先例個案。此外，檢討各種出版物的論文，找出評價專業的主要議題。最後，也是最重要的是，就評價相關決定背後合理性的角度，檢視了個案本身。

如前所述，我們不是律師，因此在我們檢視判例法、法規，和不同的法律分析時，是從評價專業的角度來看。期待本書在有關企業評價的法律和財務準則的應用，和特定的假設時所呈現的，是大多數從業者所使用的語言。

我們不就任何章節提供究竟什麼是正確的價值標準的意見，只藉此分析呈現美國各州在不同的情境下，是如何看待價值標準的調查報告。例如，在離婚案件上，當評估企業和企業權益價值時，試圖辨別每個州是如何看待價值標準，調查和報告各個州在各種不同情境下，是如何適用價值標準。

每一個鑑價都是獨一無二

進行司法案件的鑑價時，無論是對於聯邦法院的遺產稅、贈與稅案件，或州法院有關股東、訴請離婚的配偶之案件，評價人員對手頭案件的事實和情況，都必須審慎。從業人員必須認識到，以前使用在法院審理個案的價值標準的解釋，可能不會適用在所有個案。先例個案的特定事實型態，可能與手頭的個案不同。

從業人員還必須認識到，以前的判例法、所使用的術語，和最終的評估結論，可能並不同步。此外，司法管轄區可能存在差異，被用在某一個司法管轄區的價值標準，可能不同於它在其他州和聯邦司法管轄區的使用。[3]

公允價值與公允市場價值

兩種最為廣泛使用的價值標準，是**公允市場價值**和**公允價值**。討論評價和法律上的這些專業術語的定義前，可以看看它們在一個純粹的語言層面的應用。

用通俗易懂的語言來說，公允價值是一個比公允市場價值更廣泛的概念。韋氏辭典中「公允的」（fair）的同義詞有：公正的（just）、直率的（forthright）、公平的（impartial）、直率的（plain）、正直的（upright）、坦白的（candid）、真誠的（sincere）、直率的（straightforward）、誠實的（honest）、合法的（lawful）、清白的（clean）、正當的（legitimate）、正直的（honorable）、穩健的（temperate）、合理的（reasonable）、公民的（civil）、廉潔的（uncorrupted）、公平（equitable）、公正的（fair-minded）。[4]如果沒有「市場」一詞的修飾，公允價值可被視為一個廣泛具有「公允的」的「價值」概念。因此，「公允的」一詞給予法院在判決上有較大的自由度。資產的公允價值，可能是其市場價值、內在價值或投資價值；同樣地，也可能是其交換的價值，或持有人的價值；它可以代表清算的價值或持續經營的價值。

使用「市場」一詞修飾時，「公允市場價值」則更具侷限性，不管「市場」一詞是用在公允（如在公允的市場）或價值（如市場價值）上，我們將受限於所尋求的資產價值應該是其交換價值，意即市場上實際或虛擬的銷售價值。公允市場價值是所有其他司法的價值概念的基石，Chapter 1 會先簡要概述公認的價值標準和前提，接著討論公允市場價值，因為它是衡量其它價值標準時的基準。

註解 3

David Laro and Shannon P. Pratt, Business Valuation and Federal Taxes（Hoboken, NJ: John Wiley & Sons, 2011）, at 5.

註解 4

Webster's New World Dictionary and Thesaurus（New York: Simon & SchusterMacmillan, 1996）, at 222.

　　此後，當我們應用國稅局（IRS）、美國律師協會（ABA）、美國財務會計準則委員會（FASB），或其他任何專業或監管機構所設定的定義提供之指導，得到一組假設前提，用以決定評價的範圍。正如接著將看到的，在司法的角度上，公允價值確實比公允市場價值有較大的解釋空間。公允市場價值在法律、稅務、會計設置等方面有較完整的定義，公允價值則在財務報導上給予定義。然而，在股東異議與壓迫的範疇上，則沒有統一的公允價值定義，也許最相關的定義，呈現在 1950 年的一個具有里程碑意義的股東異議案件——**三大陸與貝特訴訟案**[5]，法庭表示異議法規定公允價值的基本概念為「該股東有權得到其被剝奪的權益」，也就是在繼續經營假設前提下，他的持分權益。[6]

　　有趣的是，公允價值在布萊克法律詞典中定義為：「見公允市場價值。」而在公允市場價值的定義下，舉了一件破產案例，[7] 在該案例中，所用的專業術語為「公允價值」，而不是「公允市場價值」，好像這二個專業用語可以互換。此循環參照，使得公允價值與公允市場價值的概念，很難在一個廣泛的法律背景下分開；然而，經由檢視判例法、法規和評論，卻發現這兩個概念經常被視為不同的概念。

　　我們將解釋在股東異議和壓迫的案件中，公允價值與公允市場價值的應用有何差異。在離婚事件上，婚姻關係中如何評估企業的價值，以及在某些特定司法管轄區的某些特定情況下，公允價值與公允市場價值是如何密切相關，為何在他處，又並非如此。

歷史演進

　　今日，「公允市場價值」一詞經常用於法律的條文，例如，新澤西州的法律在 125 個不同的章節中都曾出現，從圖書館收藏（§2A:43A-1）到耕地（§4:1C-31），再到危險物質（§58:10-23.11b）都有使用。相較之下，「公允價值」一詞較不普遍，主要用於財務報導、股東異議和壓迫的判例，有時

註解 5

Tri-ContinentalCorp. v. Battye74 A.2d 71.

註解 6

74 A.2d 71.

註解 7

Bryan A. Garner, Black's Law Dictionary, 8th ed.（St. Paul, MN: Thompson West, 2004）, at 1587.

則在離婚訴訟的判例。關於公允市場價值、公允價值，以及離婚案件的價值標準等概念的歷史發展，摘要如下：

1800 至 1850 年： 搜尋判例法時，發現價值標準的參考資料，最早出現在 19 世紀初期；然而，價值標準並不一定如此被定義。公允市場價值的參考資料，最早出現在 1832 年[8]的一件關稅案件中，該判例並未對該術語作進一步定義。

1850 至 1900 年： 19 世紀末期，由於鐵路的興起，使得商業得以擴張到全國性規模，也有助於全國性與多數股東組成的公司發展，由於稅法和商業組織的發展，有必要進行公司法等相關法規的制定和立法。當法院體認到公司決策必須揚棄一致同意的營運需求時，公司治理由多數決議的規則開始興起。法院開始尋找一個財產評價的方法來課徵稅賦，並找到公平的解決方案，處理因公司組織的自然增長、演變，所引起的股東間的意見分歧。

最早在文獻中出現的公允價值一詞，是涉及股票、財產，或其他資產的所有權人之間的協議的相關案件。[9]就像公允市場價值一樣，公允價值的概念在所出現的這些事件中，仍然未被定義。

1900 至 1950 年： 在 20 世紀初，法院、各州和其他監管和諮議機構，開始較為普遍的處理涉及商業估值的訴訟。1920 年代，統一州法委員會開始制定模範商業法條，但是 ABA 的模範商業公司法得到較多的青睞，開始影響在州議會對異議股東的權利，並在其州法的條文立法。1933 年，伊利諾州商業公司法成為股東壓迫的示範法條，而在 1940 年代初期，美國加州設立一個買斷法條，規定公司可以選擇買斷自稱是受壓迫股東的股份，而不須通過提起解散訴訟。1950 年，具有里程碑意義的「三大陸與貝特訴訟案」引進公允價值應補償股東所被剝奪的權益之概念。

註解 8

United States v. Fourteen Packages of Pins, 1832 U.S. Dist. LEXIS 5.

註解 9

Montgomery v. Rose, Court of Virginia, Special Court of Appeals 1855 Va. LEXIS 65; 1 Patton & H.（5 January 1855）; The United States Rolling Stock Company v.

The Atlantic and Great Western Railroad Company, Court of Ohio, 34 Ohio St. 450（December 1878）.

1920 年代，公允市場價值的定義開始出現在各種不同的判決上。有意願的買方、有意願的賣方、理解的和可理解的等概念，以及公允市價的強制效果被加以討論，並被確立為考慮決定公允市價的元素。第一次因缺乏對公司的控制權，而適用缺乏控制權折價的案例，出現在加州稅務法庭的案例（Cravens v. Welch,[10]）上，此案例是一位持有某公司少數股權的股東，欲尋求因持有該少數股權所造成投資損失之稅賦抵減，然而當該股東想要設定較高的初始取得價值時，國稅局檢視後，要求該少數股權價值應適用缺乏控制權的折價，以降低該初始取得價值。從此以後，少數股權折價（雖然本案例係有利於國稅局）便經常被用於遺產和贈與稅問題上，讓持有少數股權的股東受益。

1950 至 1980 年：企業在 20 世紀的下半葉開始改變，一個企業最寶貴的資產，往往不再是有形的資產，如不動產和設備，而是無形資產如專利、商標、商號與商譽。因此，估價理論本身必須作出調整，需要以更複雜的估價方法，來應對各種新的資產估價。因為出現了無形資產的價值爭議，也促進了司法上估價需求的增長。

在家庭法方面，公平分配和共有財產的概念出現在 1970 年代，伴隨著無形資產價值的萌興，司法上的離婚案件創造了企業價值評估的新需求。在遺產和贈與稅的問題上，公允市場價值的定義被編入財政法規，以及國稅局所得稅法，並給予相關解釋。

在股東權益方面，美國更廣泛地採納股東異議和壓迫的法規。到了 70 年代，美國廣泛的在公司解散的法規上，置入以公允價值買斷的條款。此前，股東壓迫的案件，普遍以解散現有公司的方式來處理，由於可適用公允價值收購的方法，受壓迫股東們在提出股東壓迫訴訟時，便能得到較佳的投資回收。

1980 年到現在：在過去的 30 年中，儘管稅務法院持續處理公允市場價值問題，包括股東層級的折扣、資本利得的陷阱，以及期後事件的法律條文編撰。相關法院也一直致力於商譽的處理、股東層級折扣的適用，伴隨買賣協議的權重等議題的立法。

在過去的 30 年，最顯著的發展多發生在股東壓迫和異議股東的案件，過去除非是公認極其惡劣的行為，法院常猶豫於判決解散公司，但隨著公允

註解 10
10 F. Supp. 94（D.C. Cal. 1935）.

價值收購在許多州的立法，在這些州的法院變得更傾向於允許公司依少數股東所持有股票的價值給予補償。在 1970 年代末，壓迫的宣告開始出現在一些判例上，這些個案當大股東若有違反信託責任、不公平、不合理負責的行為，或違反少數股東的合理預期等情況下，少數股東可得到其持有股票的公允價值作為補償。1983 年，美國德拉瓦州的判例（Weinberger v. UOP,）上 [11] 形成見解，即在股東異議的判例上，慣例和目前的估值技術可以用來估計少數股權的公允價值，以取代先前採用的鋼性準則。由 ABA 多次修訂的示範商業公司法（RMBCA）和美國法律協會（ALI）制定的公司治理原則，都制定建議指引建議設置準則，用於確定在這些情況下的公允價值，在這個時期有越來越多的州採用這些準則。

章節預覽

◆ Chapter 1：公認的價值標準和前提

　　Chapter 1 就價值、成本和價格的觀念作一般概述。介紹價值標準的應用，以及背後的基礎假設。此外，說明價值標準背後基礎假設的價值前提。

◆ Chapter 2：遺產稅和贈與稅的公允市場價值

　　Chapter 2 討論遺產稅和贈與稅的公允市場價值之估價，這一章論及公允市場價值的歷史、發展，詳細地解構公允市場價值、估值的定義，以及在聯邦遺產稅和贈與稅問題上的應用。

　　在聯邦稅務領域，公允市場價值是一個有一般統一解釋的建置標準。最公認的公允市場價值定義，來自於財政法規 20.2031-1 中的遺產稅和贈與稅：

　　公允市場價值是在有意願的買方和有意願的賣方，都在不被強迫購買或出售，且雙方就相關事實具有合理的認知的情況下，交換該財產的價格。[12]

註解 11

Weinberger v. UOP, Inc457 A.2d 701（Del. 1983）.

註解 12

Gift Tax Regulation 25.2512-1 defines the term similarly.

　　根據這個定義，資產的估價在交換的價值前提下，以公允市場價值的價值標準執行。[13] 儘管在公允市場價值標準下，每個案例都有許多問題必須決定，估價業者通常可以依賴的評價標的，假設股東所持有的資產持分，究竟是占多數或少數。同時調查法院處理公允市場價值的判例，聚焦於關注構成市場的要素、股東層面的折價，和評價基準日以後事件的影響等議題。

　　通過判例法、IRS 的法規，以及估價的文獻等法律本體和理論，來架構聯邦稅務法庭日常處理的事項。我們檢視了主要聯邦稅務法庭案件的樣本，以提供明確適用於商業估價的法律框架，也解析公允市場價值的元素，方便之後展示區分其他價值標準的特點，例如公允價值的標準。

◆ Chapter 3：股東異議和壓迫的公允價值

　　本章探討異議和被壓迫股東事宜的公允價值。由於現代企業根據少數服從多數的系統功能運作，少數股東很容易受到控制股東的排斥或濫權。作為一種特殊的保護，異議和壓迫法規授予小股東有限制的權利，以對抗多數決的規則。然而，法律語言仍然存在模糊性，以致於異議與受壓迫股東在這些案件中，究竟能得到什麼樣的補償，仍然有許多不同的解釋。

　　股東一般享有股份持分的公允價值，當他們對符合法規所定義的特定議案持不同意見，或因為大股東涉嫌濫用多數股權解散公司。有些人認為，公允價值這個詞用於法條上，以區別公允市場價值，並確定公允市場價值時的假設。在本身理論和應用上，公允價值是一個更廣泛的標準。

　　本章總結了股東的異議和壓迫雙方的歷史和發展，以及這些議題以公允價值作為價值標準的發展，檢視法律協會的指導和各個州的指標案例，企圖就他們對公允價值的各種元素的解釋進行分類。

　　雖然股東異議和壓迫，在個別的法規分別訂定，但在這兩個領域的個案，就公允價值的公認用法常互相參照使用。大多數州只有在異議法規定義公允價值。ABA 的 RMBCA 所擬定的示範企業經營法規，和 ALI 的公司治理原則，也提供股東異議和壓迫程序要求的指引，以及為公允價值的確定設立指引。

註解 13
當用於本書時，交換價值係指某種假設性交易中，以商業的所有者權益交換現金或現金等價物之價值。

在這些事項中，確定公允價值的一個主要議題，是股東層面折價的適用。過去 25 年來，從 ABA 和 ALI 的導引和先前的判例，在沒有特殊情況下，已普遍不採用這些折價。許多法院（和許多現代評論和學術論文）指出，少數股東價值被確定為按股份持分比例，共享公司的股權價值，不因缺乏控制權和缺乏市場性，而適用股東層面的折價。

根據州法律和個案的事實和情況，折價可以適用，也可以不被採用。

正如 Chapter 3 中所討論，ABA 和 ALI 在公允價值的定義中，即建議澄清關於股東層級折價的適用性。1999 年，ABA 跟著 ALI 1992 年的建議，不採用股東層級的折價。州立法機關和法院都建立他們自己的定義，有的參照這些建議準則，也有的不參照。但是，我們已經看到成文法和判例法走向 ALI 1992 年和 1999 年 ABA 如前述所講的定義。

Chapter 3 就法規、判例法，和依據股東異議和壓迫的案例，所進行的公允價值分析的評論，提出廣泛的檢視，以更加了解小股東的權利，和決定股東最終將得到什麼的估價程序。本章包括一個圖表，顯示個別州在市場例外（限制上市公司的估價）的適用規定，和一張關於折價的法院判例之圖表摘要。

我們在附錄 B 建立了一個圖表，標示 50 個州和哥倫比亞特區，在股東異議和壓迫的議題所採用的價值標準，這張表列出了每個州的法定價值標準、術語定義、評價基準日，可作為觸發解散的壓迫行為，法規是否允許買斷代替解散的選舉，以及監理折價適用之近期判例。透過這張圖表，我們已藉由評估判例法將各州加以分組，將對待公允價值具有相似性的州加以歸類，以建立共同主題。

◆ Chapter 4：合夥和有限責任公司收購的價值標準

新的章節講解了合夥（包括有限責任合夥，LLPs）、有限合夥、有限責任公司（LLCs）中的合夥人或其成員權益之買斷。它是由 Chapter 3 研究的股份有限公司之持異議，或受壓迫之少數股東之權益買斷，所衍生出來的。因為合夥和股份有限公司是不同的實體，所以，將它們放到單獨的一章來講述。

股份有限公司的股東，沒有權力要求公司買斷其所擁有之權益，除非法院認定的少數股東反對大股東的特定方案，或少數股東受到大股東的壓迫。

在合夥、有限合夥和有限責任公司，往往有一個買斷條款，提供用於購買退夥，或已故所有者的持分，無需被裁定為異議或受壓迫。

全國統一州法委員會議（NCCUSL）為每個類型的實體建立了示範法。大多數州都使用其中的一些示範法，作為訂定其自己州法規的基礎。例如，修訂統一合夥法（RUPA）§701「退夥人權益的購買」，以下列方式處理退夥人權益的購買：

（一）如果一個合夥人退出合夥事業，而不導致該合夥事業解散或根據第801章規定清算合夥事業，合夥事業須安排以下列（b）款所定之買斷價格，購買退夥人在合夥事業中所擁有之權益。

（二）退夥人權益的買斷價格是依據807（b）規定應該分配給退夥人之金額，即在退夥日、合夥資產被出售的價格等於清算價值，或以在退夥日合夥事業仍持續經營，而無退夥或清算的情況下，所出售的整體合夥事業價格，二者取其高者。退夥日至付款日之間的利息，也必須支付。

（三）根據602（b）規定不當退夥所造成之損害，和所有退夥人欠合夥事業之款項，無論到期與否，必須從買斷價中沖銷。從欠款日到支付日，因所欠金額所產生之利息，仍須支付。

雖然以上並沒提到公允價值一詞，但在章節評論中描述了其定義，其中少數折價不被採用，但市場性的折價則有被考慮到。很多有限合夥和有限責任公司（LLC）法規所訂的價值標準，被描述為公允價值。

本章還介紹了判例法中，有關這些實體的新生判例，其通常遵循的價值標準就是股份有限公司對待股東異議和壓迫事宜，所採用之價值標準。

◆ Chapter 5：離婚訴訟的價值標準

針對離婚訴訟中，評估企業價值所採用之價值標準與前提。本章中，回顧婚姻財產和個別財產概念的歷史和發展，以及對已形成的公平分配和夫妻共有財產概念的處理方式。然後，釐清各州所採用之價值標準，究竟是各州自行採用，或是通過其法院的判例來提示。

在婚姻關係案的估價，並沒有一個全國一致的企業估價趨勢，各州、甚至在各州中不同的司法管轄區，處理如商譽、股東層面的折價、買賣協議等問題，差異都很大。檢視這些問題時，發現其所採用之價值標準落在一個連續區間，範圍中最嚴格解釋的交換價值，到最廣義觀點的所有者（持有人）的價值。基於它們對商譽、股東層面的折價，和買賣協議中權重的處理方式，嘗試將各州加以分類，分別他們落在這個價值區間的哪一邊。

除了作為公共政策和立法意向的問題，我們發現沒有統一的模式，為什麼各州在採用價值標準時產生歧異？美國 50 個州和哥倫比亞特區的法律，都是各自獨立發展，而這些法律仍不斷的演變。最近有些州的一些新判例，處理有關商業估價的價值標準問題，這些判例中，法院進行全國判例法的解析，來指導自己的判決。雖然目前沒有，但是，各州在離婚案件採用統一的價值標準，似乎是一個巨大需求，就如 ABA 和 ALI 對股東異議和壓迫問題所做的一樣。

經由研究以前的判例、法律註解，以及法律和估價的出版品，嘗試依據各州處理商譽、股東層面的折價，和買賣協議中的權重的方式加以分類，以了解各州所採用的價值標準。根據各州法律條文所規定，或判例中所提示之價值前提，和價值標準進行分類。我們希望有這些分析，能提供估價師和估價用戶一些洞見，以至特定司法轄區所採用之價值標準。

這個連續價值區間的基本要素，涉及兩個一般的價值前提：[14] 交換的價值和持有人價值；同時還有三個價值標準：公允市場價值、公允價值和投資價值。我們採用這兩個價值前提和三個價值標準，來建立下面之圖表，將各州的判例加以歸類：

交換價值	持有人價值
公允市場價值	公允價值 / 投資價值

基本上，依據各州處理商譽、股東層面的折價，和買賣協議中權重的方式，分析各個州在這個連續的價值區間中，所採納的立場。

◆ Chapter 6：財務報導中的公允價值

本章揭示財務報導的公允價值，探討當前 FASB 就股份有限公司的資產和負債的報導，所訂的價值標準。此外，討論財務報導的公允價值概念的發展歷史，和企業的本質如何改變，導致了 FASB 出版會計準則彙編（ASC）第 820 條公允價值的衡量（原 SFAS157）。

註解 14
一般前提，為區別營運前提如清算價值和繼續經營的價值，這將進一步在 Chapter 1 中討論。

當我們檢視 ALI 和 ABA 在異議與壓迫案件之公允價值的指引，也檢視 FASB 的聲明，和美國證券交易委員會的規定中提出的指導方針，以便詳細定義和理解財務報導方面的公允價值。

在這個分析中，針對公允價值的技術層次和偏愛使用市場價格，而非現值的衡量來確定公允價值。討論 ASC/SFAS 指引無形資產，包括商譽的處理的機制，也比較財務報導的公允價值、股東異議與壓迫案件之公允價值、投資價值和公允市場價值。同時達到財務會計的新興趨勢，包括公允價值衡量準則的擴充、在估價技術的應用一致性，和公允價值衡量的審計新做法。

價值標準如何能影響價值的最終結論

價值標準奠基於估價的理論和實際應用，和定義了估價師所追求的價值類型。[15] 某些情況下，適用的價值標準相當明確。在稅務案件上，公允市場價值是按照財政法規，和國稅局所得稅法相關規定，以及稅務法庭的判例，來加以適用。目前可能仍存在某些爭議，諸如允許的折價的大小，或納入評價日後之期後事項，但基本上，該價值標準的定義在評價工作上，代表和提供了相對的比較清晰的指引。

然而，在其它適用上，價值標準不一定如此清晰。雖然公允價值的適用法規在 50 個州、哥倫比亞特區的股東異議和壓迫的判例中，幾乎是無處不在，價值標準一詞卻很少在那些法規中，被有意義的加以定義。過去的一個世紀，法院、律師協會和各州議會，已加強對公允價值的恰當定義，以釐清其應用。

在離婚案件上，即使不甚清楚，價值標準很少由判例法來明確確立，甚至很少由法規來明確確立。對於大多數州，通過對企業價值的各種元素和估值的各項問題，諸如折價的應用進行分類，以確定在特定州的法院，如何決定其適用的價值標準。

一家企業的價值，是其所有權未來收益在特定時間點的現值。[16] 但是，同一個資產的價值，可以因為價值標準和前提的變動而改變。如在本書將要

註解 15

Shannon P. Pratt and Alina Niculita, Valuing a Business: The Analysis and Appraisal of Closely Held Companies, 5th ed.（New York: McGraw-Hill, 2008）, at 41..

註解 16

Id., at 56.

討論，一個特定價值標準的適用，對評價結論具有重大的影響。

　　為了更好地說明這個概念，將通過一個假設的案例來演示，當用不同的價值標準來適用於不同的目的時，其價值是如何被看待。我們將使用一家由三個會計師擁有同等持分的會計事務所，作為一個例子。

　　為了遺產稅的估價，當其中一位所有人死亡時，在這私人持分實體的商業利益，會使用公允市場價值來估價。因此，三分之一的權益價值，是以交換的前提估價。由於這三分之一的權益缺乏控制權和市場性，股東層級的折價將被考慮。

　　另外，假如其中兩個股東欺壓第三位股東，委屈的一方可以聲稱受壓迫，其餘股東可以選擇行使買斷選項，而不是冒著可能導致法院強制命令解散，甚至被要求給予受壓迫者損害賠償的風險，去尋求成本昂貴和曠日費時的法庭訴訟。在當事人所在州之解散法令，以公允價值買斷的救濟程序下，股東可以得到他所擁有權益的公允價值。在本例中，大多數州（如 ABA 和 ALI 所定指引之規定）會以公司作為一個整體（企業）來進行估價，然後按所有權之百分比，以持分比例取其價值。一般情況下，沒有股東層級的折價將被應用，因為，法庭試圖補償受壓迫股東所被取走的權益。

　　在離婚案件上，基於不同的價值標準和前提，估值可能落在整個價值區間上的任何位置。根據特定州的法規和判例法，該價值可能會以公允市場價值、公允價值或投資價值來判定。因此，以離婚訴訟的目的，股東層級的折價可能被採用，買賣協議可能伴隨相當大的權重，或完全沒有考慮這些適用。

　　然而，財務報導目的的公允價值概念，已經存在很長一段時間，它最近獲得了很大的可見度。它不應該與股東異議和壓迫事宜的公允價值混淆，也不能與公允市場價值混淆。當該價值標準被使用於財務報導目的之估價時，公允價值力求反映其資產負債表上，公司資產的經濟價值，而不是傳統的成本基礎的價值。基於價值的體系，該價值所表示的是該公司的資產和負債，在有秩序的交易市場中，於市場參與者之間交易（換手）的價值。雖然看似簡單，公允價值在這種情況下，卻有無數的細微差別，估價者將需要加以說明。

　　如上述所見，同一所有者的權益，在每一個特定的情況下，可能會導致顯著不同的價格差異。這個例子說明，理解特定司法轄區，與特定目的下的價值標準和前提的重要性，我們希望本書將有助於繼續圍繞這些問題的專業對話。

公認的價值標準
和前提

Chapter 01

Common Standards and Premises of Value

公認的標準和前提

本章將針對價值標準做出簡要介紹，同時將於後續章節進行更詳細的討論。

首先分析價值本身的定義，以及為什麼我們必須了解價值標準的每個元素。同時介紹價值的兩個基本前提：交換價值和持有人的價值，並說明價值前提如何影響價值標準和特定價值標準背後的假設。

◆ 價格、價值及成本

何謂庸俗之人？一個只知道東西的價格，卻不知其價值的人。[1]

——奧斯卡‧王爾德（Oscar Wilde）

王爾德的對白闡釋了社會概念——價格與價值之間的關係，明確的強調「價格」與「價值」二個字不能互換。雖然不能互換，但在各種參考書，價格（price）、價值（value）、成本或代價（cost）的定義，卻常被互相參照。

以「價格」（Price）為例，韋氏新世界詞典定義為：一、金錢的數量，諸如，東西的要價或需支付的金額。二、價值（Value）或是值得（Worth）。三、成本（費用），包含生活上、勞力，所獲得的一些利益等。[2]

布萊克法律詞典的「價格」（Price）定義為：「為換取其他東西，所被要求給予的金錢數量，或其他報酬。買入或賣出某項東西的成本。」[3]。

韋伯斯特就「成本」（cost）一詞的定義：「金錢的數量，諸如，取得某項東西的要價或需支付的金額、價格」[4]；布萊克將其定義為：「費用、價格，為取得某項東西，所需支付的總金額或付出。」[5]

註解 1
Oscar Wilde, Lady Windermere's Fan, Act 3（1893）.
註解 2
Webster's New World Dictionary of the American Language（New York: Macmillan, 1996）, at 487.
註解 3
Bryan A. Garner, Black's Law Dictionary, 8th ed.（St. Paul, MN: Thompson West, 2004）, at 1266.
註解 4
Webster's New World Dictionary, at 136.
註解 5
Garner, Black's Law Dictionary, at 371.

雖然價格（price）和成本（cost）是交易的概念，價值（value）卻是一個不太具體的概念，並不一定需要在交易雙方之間達到一個固定的價格。實際上，價值表示一個更一般的觀念，可能無法輕易用交易的價格或成本來表示。價值存在於銷售，存在於——經營中的企業，也存在於清算的時候。主要的問題（也是本書的重點）是：價值通過什麼樣的標準來判斷？有時候價格肯定可以代表價值——當這個價格在常規交易下所達成。成本有時也一樣能代表價值，當它為生產或購買產品或服務時，所必須付出的金額或報酬的時候。

詹姆斯（James C. Bonbright）在他的經典之作《物業估價》（Valuation of Property）一書中寫道：

「價值」和「成本」作為基本概念之間的對比，前者是指期望從所擁有的財富標的，所能獲得的好處（或賣得一個較有利的市場價格），而後者是指收購此標的所必須付出的代價。這種區別其實心知肚明，當我們為得到某項東西或達成某項成就時，常會自問：「是否值得付出如此代價？」成本的話，則是為取得價值時，所必須支付的價格。[6]

成本可以看做是所付出的資源或所放棄的機會，即所謂的機會成本。雖然成本可能在收購價值所產生，但價值並不必然等同於成本。

韋氏辭典價值一詞即有三個定義，從「公平或適當的等價貨幣商品，如為出售或交換；公允價格」，到「渴望的或本身即自有價值的事物；具有內在價值的事物或品質[7]」；布萊克法典則有兩頁有關價值的定義，首先是它的主要公認的定義：「（一）東西的意義、必要性、或實用性」，第二個定義是「（二）東西的貨幣價值或價格；交易某項事物所使用的財貨、勞務、或貨幣的數量。」[8]

價格、成本和價值三者間的相互關係，和其間所含模糊不清的關係，使得清楚一致的定義，變得有其必要性。

註解 6
James C. Bonbright, Valuation of Property（Charlottesville, VA: Michie Company,1937）, at 19.
註解 7
Webster's New World Dictionary, at 1609.
註解 8
有趣的是，這兩個概念表示的價值的兩個前提，這將是本章後面要討論的，第一個價值前提表示持有者的價值，第二價值前提代表交換的價值。

◆定義價值標準

1989 年，美國評價師協會的院士學院公佈一件意見書，其中確認：

……作為評價報告或評價委任書的重要組成部分，確認及定義所適用的價值標準是有必要的。它（確認和定義適用的價值標準）也承認，相同的估價條件術語，和基於被廣泛接受使用的法律、法規、判例法和法律文件的上下文不同的關聯，都可能有適法上的不同定義。[9]

對於企業估值，院士學院主張：「每一個評價報告或評價委任書，都應確認適用的價值標準。」[10] 此外，專業估價實務統一標準規定，每一件估價案件都必須確認所適用之價值標準。[11]

雖然在評價委任書中，陳述的價值標準似乎是一個簡單的概念，但是，不同的標準在不同的背景下，可能有不同的涵義。因此，確認價值和所適用特定價值標準所附隨的假設，特別是其估價是用在稅務、司法，或監管目的時，往往是不容易的工作。

波布萊特或許在這個問題上有最好的詮釋，他寫道：

有人一開始可能還以為界定價值這個問題，是一個相當簡單的事情，或者對所有的估價案件都是如此，可能認為價值一經確認，那些執行估價業務之專家，即會達成共識，用以判定物業的價值。[12]

他繼續說：

當有人仔細的閱讀傳統價值的定義，一開始他會發現，價值定義本身即包含嚴重的歧義，進而會發現，價值定義援引的價值觀念，僅適用於特定目的時可被接受，當用於其他用途時，則完全不能被接受。[13]

註解 9

Valuation, Vol. 34, No. 2（June 1989）, "Defining Standards of Value." Opinion of the College of Fellows.

註解 10

Id. at 4.

註解 11

Uniform Standards of Professional Appraisal Practice, 2012-2013, Standards Rule 2-2 a（v）, "state the type and definition of value and cite the source of the definition."

註解 12

Bonbright, Valuation of Property, at 11.

註解 13

Id., at 11.

波布萊特進一步建議：

對於許多實務目的所使用之價值一詞來說，界定價值的問題，是非常困難的，值得與論證技術投入一樣多的關注。[14]

價值標準是所尋求價值類型的定義，價值前提則是適用於估價標的情況下的實際或虛擬的假設。本章的後面，將介紹價值標準和前提，它對於理解司法和法規中的估價，可說至關重要。

◆價值前提

本書中，討論了價值的兩個基本前提：交換價值和持有人的價值。選擇的前提則設定了：「誰的價值？」

＊交換價值：交換價值是指企業或商業利益，在真實或虛擬的銷售中換手的價值。因此，包括那些為缺乏控制性和缺少市場性的折價會被考慮，以估計該物業換取現金或現金等價物的價值。某種程度上，公允市場價值標準和公允價值標準，都落在交換的價值前提下。

＊持有人價值：前提是指該物業不被出售，而是由目前所有者以目前形式保持的價值，該物業不一定必須有市場流通性才有價值。然而，後面會討論到，該持有人價值可能大於或小於交換的價值。投資價值的標準落在持有人價值前提下，就像在某些情況下的公允價值標準一樣。

這兩個前提，代表的是每一個價值標準的理論基礎，換句話說，它們代表的是所有其他假設所遵循的框架。

公認的價值標準

許多情況下，價值標準的選擇常常需視情況、客觀性、合同、法律的運作，或其他因素而定。例如，估價的標的是什麼？物業是否易手？買家和賣家是誰？

很多情況下，價值標準的選擇可能是清楚的，但該價值標準的意義並沒有那麼清楚。對於估價的專家來說，採用特定的價值標準，即強烈暗示相關的假設、方法和技術，應該被使用在估價案件中。

註解 14
Id., at 11-12..

在司法方面，價值標準通常由法規所規定（如遺產稅或贈與稅），根據法條（如股東異議和壓迫），通過判例法（就像大多數州的離婚訴訟判例所作的陳述或暗示），或上述的一些組合。在財務報導方面，該標準是由財務會計準則彙編所規範。接下來，將介紹一些常見的價值標準。

因此，至關重要的是，從業者應清楚了解什麼情況下，應該採用哪種適用的價值標準，包括尋求法律顧問的澄清，且最好採書面形式。

◆ 公允市場價值

公允市場價值也許是最知名的價值標準，也經常被應用在司法和監管事項。公允市場價值適用於幾乎所有的聯邦和州稅務事項，包括房地產、贈予、繼承、所得和從價稅，以及許多其他的估價情況。[15]

財政法規給予公允市場價值最公認的價值定義：

公允市場價值是物業在有意願的買方，和有意願的賣方之間易手的價格，且該買、賣雙方都不是被強迫去購買或出售，而且雙方都對相關的事實具有合理的知識。[16]

布萊克法律詞典定義了公允市場價值為：「在開放市場和常規交易的情況下，賣家願意接受和買家願意支付的交易價格；在此供需相交的點。」[17]

自願買方和自願賣方被假定為進行正常交易；它們是獨立的第三方，而不是特定的個人，因此價格不會受到特定買家的任何特殊動機，或綜效作用的影響。公允市場價值，就意味著買、賣雙方進行交易的市場，並假定是處在評價基準日當時的經濟情況。[18]

註解 15

Shannon P. Pratt and Alina Niculita, Valuing a Business: The Analysis and Appraisal of Closely Held Companies, 5th ed.（New York: McGraw-Hill, 2008）, at 41.

註解 16

Treasury Regulation §20.2031-1.

註解 17

Garner, Black's Law Dictionary, at 1587.

註解 18

Pratt and Niculita, Valuing a Business, at 42.

在公允市場價值標準下，非公開發行公司的股份如果缺乏對公司的控制權，或缺乏市場流通性，則可適用折價。此外，不管該物業是否實際出售，都是假設以要出售來進行估價。

採用市場公允價值標準之遺產稅和贈與稅的判例，提供了該原則的定義和應用的最常見的解釋。使用這些原則，公允市場價值已經被應用在其他領域。本書中，當公允市場價值一詞使用在其他情況時，只有當他們的解釋悖離遺產和贈與稅問題的解釋時，才會加以討論。

公允市場價值，是許多州在處理與離婚案件相關之估價，所採用的價值標準。一般情況下，只有可以出售的資產會考慮採用公允市場價值標準，在這種情況下，只有公司的資產項目，包括某些特定類型的商譽是可銷售的，將被納入估價，此外，缺乏控制權或市場流通性的折價，通常會被採納。

◆ 公允價值

公允價值在包括財務報導、評價股東異議，和壓迫的股份收購、公允意見和離婚案件等許多情況下，可能成為適用的價值標準。

公允價值的定義，取決於它的使用情況。就財務報導目的而言，公允價值被定義在相關的會計文獻中，看起來和公允市場價值極其類似，但並不一樣。財務會計準則委員會針對財務報導目的的公允價值定義是：

市場參與者於衡量日之常規交易中，因出售資產所收取或移轉負債所支付之價格。[19]

這個定義類似於遺產和贈與稅的規定中所使用，但它不像遺產和贈與稅的公允市場價值的規定，需要買賣雙方對交易事項有充份了解；它也是一個出場價值。根據財政法規定，交易各方必須是非被迫的，財務報導目的的公允價值，則僅禁止強制或清算的出售。[20] 評論家已經明確表示，作為財務報導目的的公允價值，不能等同於用於遺產和贈與稅的公允市場價值。例如，鉅額折價（blockage discount）不為財務報導目的的公允價值所考慮，而他們在公允市場價值標準通常會被採納。

註解 19

FASB Accounting Standards Codification（ASC）Topic 820（formerly SFAS 157）.

註解 20

David Laro and Shannon P. Pratt, Business Valuation and Federal Taxes（Hoboken, NJ: John Wiley & Sons, 2011）, at 14.

在司法估價方面，公允價值是一種法令規定的標準，適用於特定的交易，常被用在涉及股東異議和壓迫，和挑戰交易公平性的訴訟的事項。直到最近，司法估價上並沒有明確一致的公允價值的定義，但多數的先例已建議區分公允價值與公允市場價值的使用，及其附隨假設的差異。

直到最近 20 年左右，雖然沒有明確規定，但最新的判例已經建立股份的公允價值，在沒有特殊情況下，是企業價值的持分比例，兩位傑出的德拉瓦州法律評論員界定公允價值是：「公司現有資產的現值 + 公司預期現有的再投資機會的現值」[21] 的持分比例。

◆ 投資價值

投資價值是企業估價的術語，指的是一項資產、事業或商業利益，對一個特定或潛在業主的價值。因此，這種類型的價值，考慮的是業主（或準所有者）的知識、能力，和對風險和盈利潛力的預期，以及其他因素。[22] 投資價值往往會考量對特定購買者的可得綜效。

例如，對於一些公司來說，投資價值可能反映該公司垂直或水平的整合，所帶來的附加價值。對於製造商來說，它可能反映一個配銷商的附加價值，以控制製造商的特定產品的分銷通路。對於其他公司來說，可能反映藉收購一家競爭對手，以實現聯合作戰而節約成本，並可能消除一些價格競爭，所獲取的附加價值。

對個人而言，投資價值考慮該物業給所有者帶來的價值，往往包括一個人的聲譽、獨特技能，和其他特值。

基於這些原因，投資價值反映了公司或個人的獨特屬性，與標的物業組合後的增值，因此，投資價值可能會高於公允市場價值，因為公允市場價值只反映其對一個假設投資者的價值，而無法反映其所有者或獨特購買者的附加價值。

註解 21

Lawrence A. Hamermesh and Michael L. Wachter, "Rationalizing Appraisal Standards in Compulsory Buyouts," 50 B.C.L. Rev. 1021（2009）.

註解 22

Id., at 16-17.

在離婚訴訟時，投資價值將突然出現，不管法院是否使用該名稱，家庭法庭提到價值標準名稱，則是經常發生的事，當閱讀該法律意見內文時，人們可能發現，法院會考量佔價業界視為不同價值標準的某些面向，往往是投資價值。這種情況之下，投資價值通常考量該物業對現在所有者的價值，而不是對一個假設買方或賣方的價值。從商業估價的角度來看，當一個離婚法庭以這種方式使用投資價值，特定買家即是當前所有者，則適用於該特定買家的價值，即轉換成投資價值。因此，**投資價值**經常被使用成**持有人價值**的同義詞。

公允市場價值是非個人的，但投資價值是反映一個特定人或公司的獨特情況。例如，儘管收入規定 93-12 廢除公允市場價值標準之家庭屬性，家族控制群組中的少數權益持有人，在投資價值標準下，並不需要給予少數權益的折價。

例如，投資價值可以一個特定的投資者，採自己方式經營一家公司，並期望從這家公司所賺取之淨現金流量的折現值來衡量。又例如，對於潛在的收購企業，投資價值可以目標公司的獨立價值，加上買方期望實現合併的綜效結果，所增加的收入或節約成本來衡量。

投資價值，從潛在的買家和賣家的這些觀點來考量價值：[23]
- 交易各方的經濟需求和能力
- 各方的風險趨避或容忍度
- 各方的動機
- 商業策略和業務計劃
- 綜效和關係
- 目標企業的優勢和弱點
- 目標企業的組織形式

註解 23
Id., at 16.

◆內在價值

內在價值被認為是物業本身固有的價值。韋氏詞典將內在價值定義為：「因本身因素而被期待或想要的，而不考慮任何其他的事項」[24]；和布萊克法律詞典定義：「事物本身固有的價值，沒有任何特殊的功能，可以改變其市場價值。例如，銀幣的內在價值，是其中含銀的價值。」[25]

內在價值並非任何聯邦或州法律所定的法定價值標準。不過，內在價值一詞，常在許多有關企業估值的司法意見中出現，特別是在家庭法判例、異議股東，或股東受壓迫的判例。因為它意味著一個事物的內在價值，因此，**內在價值**一詞常被用為**投資價值**的同義詞。

內在價值的概念，產生於證券分析的實務與文獻中。事實上，有史以來最暢銷的證券分析書籍《**葛萊姆與陶德的證券分析**》，有一整個章節在討論內在價值。[26]

葛萊姆與陶德將內在價值定義為：「這是由資產、盈餘、股息、明確前景，和其他管理因素所判定的價值（強調原創）。」[27]

根據葛萊姆與陶德的說法，這四個因素是一家持續經營企業的內在價值，最主要的組成部分：

一、使用公司資產所能產生的正常盈餘水準與獲利能力，但是財務報導之盈餘如果有受到短期現象影響而扭曲時，則須加以區別（調整）。

二、實際支付的股息，或當下和未來支付股息的能力。

三、關於盈利能力的上升趨勢線增長的現實期望。

四、企業的未來經濟價值的質與量，以及可預測性和穩定性。

註解 24

Webster's Third New International Dictionary（Springfield, MA: G&C Merriam Company, 1966）.

註解 25

Garner, Black's Law Dictionary, at 1587.

註解 26

Sidney Cottle, Roger Murray, and Frank Block, Graham and Dodd's Security Analysis, 5th ed.（New York: McGraw-Hill, 1988）.

註解 27

Id., at 41.

　　一般情況下，投資業者現在承認內在價值的存在，和其不同於市場價格，否則，華爾街和投資管理機構為廣泛上市普通股的價值估計，所投入之大量開支的研究好處，將會高度受到質疑。[28]

　　換句話說，當一個證券分析師說，類似「XYZ 股票現在售價為每股 30 美元，但就基本面來說，其每股值 40 美元」，40 美元的價值，是分析師估計該股票的內在價值，但在該日期的交易價格為每股 30 美元。如果分析是正確的，股價可能會漲到每股 40 美元，在這種情況下，內在價值將等於公允市場價值。

　　葛萊姆與陶德說：「也許這個估計值，更具說明性的名稱是中間值……本質上，內在價值是集中趨勢的價格。」[29]

　　然而，如上述提及，內在價值這個專業術語，並非僅限於證券分析上，它已被運用於其他目的之估價。下面的離婚案件，是一個具有代表性的例子。

　　當使用「內在價值」一詞時，法院所採用的價值標準，更緊密地與公允價值相關，就如在處理異議股東與股東壓迫事宜一樣。

　　內在價值和投資價值可視為相似的概念，但它們的區別在於：內在價值所表示的是，基於所認知的投資案本身的特性，所做出的價值判斷；而投資價值，則是比較依賴附著於特定的購買者，或擁有者的特性價值。[30]

　　婚姻財產項目的價值，是對於當事人的內在價值、丈夫與妻子的價值、法院正在判決離婚的婚姻夥伴的價值。[31]

註解 28

Id., at 43.

註解 29

Id..

註解 30

Pratt and Niculita, Valuing a Business, at 44.

註解 31

Howell v. Howell, 31 Va. App. 332, 523 S.E.2d 514（2000）.

下面是一則異議股東判例的另一種代表性判例：

在羅賓斯訴比蒂的判例（Robbins v. Beatty, 246 Iowa 80, 91, 67 N.W.2d 12, 18,），我們定義「真實價值」為「內在價值，基於考量每一個與價值問題相關因素後的決定」，包括「股息支付率、正常分配股息的能力、股息將增加或減少的機率、可用於支付股息的保留盈餘數量、公司的記錄、未來前景、同類型股票的售價、資產價值、帳面價值、市場狀況，和公司的聲譽。嘗試說明特定案例下，每一個可能影響股票價值的因素，是不明智的。」[32]

可以看到，法院相當自由地使用內在價值這個術語。正因如此，如果業者被要求評價一家公司，或公司持分權益的內在價值，他們應該尋求進一步的定義或釐清，所尋求是什麼類型的價值。[33]

◆帳面價值

我們不會深入探討帳面價值，因為它不是本書所要討論的價值標準類型的價值標準，在這裡，帳面價值是一個會計名詞，指的是資產的歷史成本，減掉所有未實現損失，或折舊、減損、攤銷的準備後的價值。

從本質上來講，對一間公司而言，帳面價值是資產負債表上股東權益的價值，亦即資產減去負債後的價值。[34]

估價者經常會在股東協議上看到「帳面價值」，或一些經輕微修改的帳面價值，其中股票轉讓是基於經審計的歷史財務報表的價值，有時修改將包括以不動產的市場價值，取代調整後的帳面價值。再一次說明，這與持續經營前提下的公允市場價值不一樣。

價值標準的公認營運前提

然而，交換價值和持有人價值，是價值標準所在之公認價值前提，在特定的價值標準下，其他營運前提，需要進一步界定假設前提。舉例來說，尋

註解 32

Robbins v. Beatty, 246 Iowa 80, 91, 67 N.W.2d 12, 18.

註解 33

Jay E. Fishman, Shannon P. Pratt, J. Clifford Griffith and James R. Hitchner, PPC's Guide to Business Valuation（Fort Worth, TX: Thompson PPC, 2011），at 201.15.

註解 34

Pratt, Valuing a Business, at 350.

找公允市場價值（以交換價值為前提的價值標準）時，通常估價專業人員是在尋求建立一個持續經營中，或是適當時機下清算的公司價值。

這些營運前提，將衝擊到一個商業交易所需支付的金額。例如，業者以永續經營，和實現股東價值最大化的經營前提下，估計大多數商業的價值。然而，當估計控股權價值的時候，有時以清算資產和清償所有負債所變現的金額估價，會是比較合適的，其中也可能更高，這取決於該商業和資產負債表的組成本質。會計實務上，可能會有一個較高的持續經營價值，但一個較低的清算價值，就如，一個高爾夫球練習場，可能因土地被改劃為開發用地而更加值錢，和因被清算出售，而有一個較低的清算價值。

◆ 持續經營

大多數司法估價，尋求確定持續經營的公司價值。布萊克法律詞典定義持續經營價值：「一家企業的資產價值，或一家營運中，且具有未來獲利能力的企業本身的價值，而不是該企業或資產的清算價值。」[35]

在司法估價方面，往往會假設在估價進行時及估價後，公司都將會繼續營運，因為當一件觸發估價需求的事件發生，如股東或關鍵人物的死亡，或異議或受壓迫股東的離去，企業情況可能就不一樣。其他情況下，如在離婚案件中的估價時，該企業可能如往常一樣繼續營運。

◆ 清算價值

布萊克法律詞典將清算價值定義為：「企業或資產在清算時，被出售的價值，而不是在正常的經營過程中，被出售的價值。」[36] 這個定義廣泛地包括清算價值的概念，也就是資產和負債價值屬分開個別估計。但是，在清算價值的前提下，可能會有更多的假設修訂，主要是關於處分資產和清償負債的時間，與週邊的情況。就方法論來說，清算價值不僅考慮出售企業的資產收益，也可能會考慮到任何相關的費用。[37]

註解 35
Garner, Black's Law Dictionary, at 1587.

註解 36
Id.

註解 37
Fishman, Pratt, Griffith and Hitchner, PPC's Guide to Business Valuation, at 201.12.

一家企業的清算價值，與一個不受限制 100％控制權益的情況最為相關。[38]有許多不同程度的清算，在機械設備的估價方面，這些層級已相當發達，例如有秩序的清算、在地的清算價值，和強制出售的清算。一如上述討論，每一層級處理的是處分機械和設備的時機，和環繞周邊的情況。普拉特曾試圖將這些定義，用於企業估價：[39]

• 有序處分的價值：在一個零碎的基礎上的交換價值，考慮將企業資產正常曝光到相應二級市場出售的交換價值。

• 強制清算的價值：考慮將企業的資產在零碎的基礎上出售的交換價值，但並不是正常曝光到市場，這些資產將有低於正常的曝光。

• 資產組合的價值：在地資產價值組合的交換價值，但這些資產並不被用於目前產生收入的使用，也不被當成一個持續經營的企業。

◆其他情況下的公允價值

本書討論司法在壓迫、異議股東、離婚事件，和財務報導的監管背景下之公允價值的估價。雖然沒有進一步延伸討論，但其他情況下的公允價值，同樣值得關注。

公允價值是大多數公允意見的核心要素，因為它是「財務公允性的最低水平」。[40] 一個公允意見，通常由一個知識淵博的財務顧問，從財務角度出具信函給投資者的方式，陳述一個擬議中交易的財務條款是否公允。出具公允意見建議的各種情況，包括收購、資本重組、股份回購、出售資產，及關係人交易。[41]

註解 38

Michael Bolotsky, "Valuation of Common Equity Securities When Asset Liquidation Is an Alternative," in Financial Valuation: Businesses and Business Interests, James H. Zukin, ed.（New York: Warren Gorham & Lamont, 1990）, at 10-3.

註解 39

Pratt and Nicalita, Valuing a Business, at 47-48.

註解 40

M. Mark Lee and Gilbert E. Matthews, "Fairness Opinions," in The Handbook of Advanced Business Valuation, Robert Reilly and Robert Schweihs, eds.（New York:McGraw-Hill, 2000）, at 311.

註解 41

Id.

其中，公允價值標準適用於另一種情況下，是德拉瓦州法庭正在評價之衝突方之間交易的「整個公允性」。在這些情況下，德拉瓦州法院通常與用於確定異議股東行動的公允價值，採用一樣的公允價值標準。[42]

「公允價值」一詞，也經常用於證券和期貨市場，然而，這種情況下，通常不被如此界定，而有一些特定的意涵。資本市場風險顧問解釋，公允價值是指「該工具的單一單位，在非關係人間正常交易的價格。公允價值一般不考慮控制權的溢價，或大量、或缺乏流動性部位的折價。」[43]

史坦普爾的顧問針對「公允價值」（此描述接近內在價值的定義，正如前面討論）給出這樣的解釋：「根據 S&P 的自營計量模型，和我們就目前值得投資什麼樣股票的分析，來幫助確定股票是否值得買的價值。」[44] 但是，這些評價都超出本書研究的目的和範圍，我們主要關心的是稅務、司法和法規，對於價值標準的處置，而不是金融市場上的使用。

◆ 其他情況下的公允市場價值

本書只在商業估價的背景下，尋求公允市場價值。其中不動產的估價，是公允市場價值最常見的應用之一，然而，在不動產估價則被稱為市場價值，《專業估價實務統一準則》（Uniform Standards of Professional Appraisal Practice, 2012-2013）這麼定義：

以意見陳述的一種價值的型態，該價值是假定一個財產（一個所有權或一堆類似權利的包裹）在某一特定日期，依估價者於評價報告中所定義之條件，與界定的特殊情境下，所進行轉換的價值。[45]

註解 42

Hamermesh and Wachter, "Rationalizing Appraisal Standards," at 1030; In re Southern Peru Copper Corp. S'holder Deriv. Litig. 30 A.3d 60, 117（Del. Ch. 2001），aff'd; Americas Mining Corp. v. Theriault,_A.3d_（Del. 2012），2012 Del. LEXIS 459.

註解 43

資本市場風險顧問（Capital Market Risk Advisors）。www.cmra.com/html/body_glossary.html.

註解 44

S&P 顧問洞察詞彙（S&P Advisor Insight Glossary）。www.advisorinsight.com/pub/cust_serv/glossary.html.

註解 45

http://commerce.appraisalfoundation.org/html/2012%20USPAP/DEFINITIONS.htm.

不動產的公允市場價值，通常以該物業的最高和最佳使用價值來表達，就像 20 世紀初期，稅務法庭在「卡普蘭控訴美國政府」[46]的判例中所建立。在這個判例中，亞利桑那州一塊土地的業主，基於購買該土地時，以提供勞務作為支付購買該土地的價款，而被評定為低納稅金。雖然，納稅人的估價師將該土地的價值估計為 54,000 美元，但稅務專員依據他考量該地區可比較的土地銷售，評價該土地估值為 120,000 美元。法院認為，土地應以最高和最有利的使用價值，即假設給予足夠的市場曝光，和公允市場價值的其他各種要求下，進行估價。然而，本案大部分土地是位於附近的河灘（未改良沙漠地帶），財產只有一小部分具有發展潛力，因此，土地不能以相當有發展潛力來估價。

應當注意的是，本定義的先前版本中，物業的「最可能價格」和「最高價格」已被使用。有趣的是，「最高價」這個術語，在美國被不動產估價師所採用，也被用在加拿大的商業和地產估價。[47]當決定是否適用持有人價值、交換價值的概念，或者決定是否考慮戰略買主的價值時，最高和最佳使用的概念，在美國可延伸到商業估價。然而，如前所述，有數以百計使用公允市場價值的不同法條，其中大部分都超出了我們的分析範圍。

◆ 國際化背景下的價值標準

正如商業的本質，過去 150 年來已在美國發生變化，對於評價準則的需求也已超越了國界。正如每個州對於價值標準的論述各異，跨越估價的不同領域中，每個參與國際化商業的國家，可能有自己獨立的價值標準和定義。

為了試圖解決分歧的定義，聯合國的非政府組織國際評價準則理事會（IVSB），已建立指引定義。例如，市場價值被定義為：

資產於估價日在有意願的買賣雙方之間，在適當的行銷之後，當雙方在知情而謹慎，且沒有強制的情況下，所進行之常規交易的估計金額。[48]

註解 46

279 F. Supp. 709; 1967 U.S. Dist. LEXIS 10787; 68-1 U.S. Tax Cas.（CCH）P9113;21 A.F.T.R.2d（RIA）331.

註解 47

市場價值——從金錢的角度來看，該財產將帶給一個有意願的賣家的最高價格，假設該財產暴露在公開市場出售，並允許一個合理的時間，以找到有願意的買家，該買家具有該資產所有用途的知識，它適用以及能夠被合法的使用，並且任何一方都沒有被強求、強迫，或在特殊和特殊情況下採取行動。（www.coldwellbanker.ca/genglossary.html）

它將投資價值定義為：

資產對於所有者或準所有者，為了個人投資或經營標的的價值，這是一個特定實體的價值基礎。雖然一個資產對於所有者的價值，可能和將其出售給另一方而實現的金額相同，但是，此一價值基礎所反映的是，該實體因持有該項資產所收到的好處。因此，並不一定涉及一個假設的交易。投資價值反映了該實體的情況和財務目標，這也是估價將會產生的問題。它經常被用於衡量投資績效。資產的投資價值和市場價值之間的差異，提供給買家或賣家進入市場的動機。[49]

同樣地，最近**多倫多評價協定（Toronto Valuation Accord）**[50]一直試圖從會計政策和定義的角度，把國內相關規定聚合起來，而且來自英國皇家特許估價師協會，也試圖解決英國的標準，與由 IVSB 制定之國際評價準則的差異。

針對國際評價準則的更多討論，請參見附錄 A，我們已編製國際評價準則的定義和詳細信息。

重點回顧

本章簡要介紹囊括全書的前提和標準，接下來的章節中，將討論不同情況的價值標準的起源，和提供洞察基本假設內在的司法和監管決策，並進一步闡述各方面的標準，以及相關應用問題。

註解 48

International Valuation Standards, 2011（London: International Valuation Standards Council, 2011）, at 20.

註解 49

Id., at 23.

註解 50

多倫多評價協會是由估價行業的代表和組織所組成。這些組織採取措施、協調努力，並與立法和監管機構、標準制定團體，和其他專業共同努力，以幫助加快財務報導準則的簡化和融合。欲了解更多信息，請參見財務會計準則委員會第 47 號評論書。www.fasb.org/cs/BlobServer?blobkey=id&blobwhere=1175818471205&blobheader=application%2Fpdf&blobcol=urldata&blobtable=MungoBlobs>

遺產稅和贈與稅的公允市場價值

Chapter 02

Fair Market Value in Estate and Gift Tax

引言

　　本章回顧公允市場價值（fair market value）的歷史和發展，並且探討此一價值標準的組成元素，此一價值標準被引用的頻率，比起任何其他價值標準都來得高。事實上，有一個法院判決曾說：

　　估價爭議案件，在我們的預定處理事項表上隨處可見，並且都有極佳的理由，估計（州）法律中的 243 個章節中，都需要公允市場價值的估價，以評價稅務責任，以及每年有 1500 萬件報稅申報案中，納稅人至少申報一件涉及與估價相關的問題。[1]

　　公允市場價值是一個理論架構，常被用於司法的估價上，它是最被廣泛採用的價值標準，被用於所有聯邦和許多州的稅收事項，包括遺產稅、贈與稅、所得稅、從價稅，以及在某些州的解除婚姻的案件上，並在少數幾個州的股東壓迫和異議的案件上。

　　本章重點在探討適用於聯邦遺產稅、所得稅，以及贈與稅相關事宜的公允市場價值，因為有關這個價值標準中的每個元素，在這些目的的規定、法規、專家意見和判例的法條本身，已有良好的發展。更具體地講，就是檢視各個不同法院的判決中，已經探討的公允市場價值的理論基礎。

　　本書後面的章節，將討論出現在司法估價上的其他價值標準。這些標準，特別是公允價值（fair value），最好能通過比較公允市場價值的元素，和其背後的假設來理解，許多假設都源於對公允市場價值的理解。

　　數以百計的來源，皆以各種方式界定公允市場價值，並為它的應用提供指引。[2] 雖然在估價中幾乎是無處不在，然而，在基本假設及應用上往往只有很少的一致性。最近一位評論家指出：

　　對於「公允市場價值」一詞的批評正確指出，它的應用有著高度不確定性，有時候與客觀現實沒有什麼關聯。[3]

註解 1

Auker v. Commissioner, T.C. Memo. 1998-185.

註解 2

ASA College of Fellows Opinions, "The Opinion of the College on Defining Standardsof Value," 347 Valuation, No. 2（June 1989）, at 6.

註解 3

John A. Bogdanski, Federal Tax Valuation（New York: Warren, Gorham & Lamont, 2002）, at 1-25.

這些感受並不是特別的新奇，在 1930 年代，波布萊特就評論道：

總體來說，法院傾向於保持公允市場價值的法定語言，然而，又不太認真地採用其隱義。[4]

本章後面將討論公允市場價值的假設本質，和其與現實世界真實交易的異同。

◆ 公允市場價值的公認定義

公允市場價值可能是現存最普遍的價值標準，它的普遍性源於理論基礎受到長期與大量的關注。

儘管美國國會一直沒有界定公允市場價值[5]，不過遺產稅法章節 20.2031-1 如此定義這個詞：

公允市場價值是指財產在有意願的買家，和有意願的賣家之間交易的價格，該雙方均非被強迫去購買或出售，且雙方都對相關的事實，具有合理的認知。[6]

這些規則繼續解釋，公允市場價值不應該由強制出售的價值來決定，也不應該在非常規的交易市場來決定。這個定義明確地將公允市場價值，置於交換價值的前提下。因此，其中所討論的價格，是在真實或假想交易下的交換價值，而不是在當前狀態的所有者的價值。

「**國際商業估價詞語彙編**」有類似且稍微深入地定義公允市場價值一詞：

意指財產在一個假設的有意願，並且有能力購買的買家，和一個假設的有意願，並且有能力的賣家之間交易，以約當現金表達的價格，且該交易是在一個開放的和不受限制的市場進行的常規交易，買賣雙方都不是被強迫去購買或出售，且雙方都對相關的事實，具有合理的認知。[7]

註解 4

James C. Bonbright, Valuation of Property（Charlottesville, VA: Michie Company, 1937）, at 983.

註解 5

Bank One v. Commissioner, 120 T.C. 174; 2003 U.S. Tax Ct. LEXIS 13; 120 T.C. No. 11.

註解 6

IRS Treasury Regulations, Estate Tax Regulation §20.2031-1. IRS Treasury Regulations, Gift Tax Regulations 25.2512-1, define the term similarly.

雖然這個定義與遺產稅的定義多少有些差異，但它表達了許多相同的基本假設。有意願的買家和賣家，都被假設是有能力且正常的交易。

有趣的是，本章後面會提到，英國和加拿大法院在自己的商業和房地產估價的公允市場價值定義，還包括最高價的術語。因此，不像在美國，**英國和加拿大的潛在綜效**[8] 也可以反映在公允市場價值上。在美國，潛在的綜效是否應包含在估值內[9]，仍持續在分析師之間爭論著。

◆ 公允市場價值的歷史

當公允市場價值一詞出現在美國國稅局的收入規則 59~60 條時，雖然大多數從業者都熟悉其定義，但其實公允市場價值最早根源於 19 世紀初，最早提到它的是一件涉及 14 包從英國啟運到美國的別針的假發票判例，討論如後。

◆ 美國政府 v.14 包別針

1832 年「**美國政府 v.14 包別針**」（United States v. Fourteen Packages of Pins）[10] 這件有關關稅的判例，法院質疑在兩個不同日期，與在兩個不同城市啟運前所出具的發票不符。較早開出的發票，是倫敦買家和賣家之間正常的銷售單據，相較於較晚由出口港利物浦市所開出的發票，有著較高的價格。

因為此項差異，美國政府尋求證明該第二張發票，只是為虛報該批貨物的從價稅而製作。法官這樣引導陪審團：

註解 7

Jay E.Fishman, Shannon P. Pratt, J. Clifford Griffith, and James R. Hitchner, Guide to Business Valuations（Fort Worth, TX:Thomson Reuters, February 2012），at 2-35.
這是由 AICPA，ASA、IBA、NACVA 和 CICBV 等成員所組成的專案小組所建議的定義，該定義也被其成員所代表的組織所採納。

註解 8

Synergies were considered in the fair market value cases BTR Dunlop Holdings Inc., et al. v. Commissioner, TC Memo 1999-377.

註解 9

在本章後面，當它們涉及到公允市場價值在美國的應用時，我們將探討潛在的綜效問題。

註解 10

United States v. Fourteen Packages of Pins, 25 F.（at 1182, 1185（D.C. PA, 1832）

所有這一切被賦予的價格、市場價值、公允市場價值，或現時價值或真實價值，或是實際價值的證據，都將給你們帶來相同的結論，以及一個回答你們試想提問的滿意答案，亦即發票上所記載貨物之價格是「虛假的估價」，這違反 1830 年國會法案規定，本控訴也是根據此法案提出？這些商品是否在倫敦市場的真實價值更高？是否在開立發票日，倫敦市場的買入和賣出的價格，比這張發票上所記載的價格來得高？

雖然，在不同國會法案中所用的詞句可能不同，但是，現時價值、實際價值或市場價值這幾個詞句，在詢問你們的時候，通常具有相同意義；此張發票所記載之別針價值，究竟是真實或虛假的？在這個問題上，法律的用語很重要，只有它可以幫助你回答和判定這個問題，是否這些別針，或類似的別針，是在 1830 年 6 月在倫敦市場以這些價格買賣？或者是這個價值是虛假和不真實的，它並不是當時那些別針在倫敦市場的買賣價格？**你們並不是要採用在特定情況下出售可能被壓抑或上調的價格，而是市場中公允且公正的買賣價格。**[11]

最後，陪審團判定美國政府勝訴。

雖然本判例介紹了非受壓迫的公允和公正的價格的原則與條件，以及與美國稅法一起演變的公允市場價值的其他元素。為了把這種演變的來龍去脈納入，我們提供從 18 世紀末到 20 世紀初，聯邦稅法立法的簡短背景，並檢視在此期間各種稅法的立法（在某些情況下廢除）目的與發展。

18 世紀末和 19 世紀初，美國嘗試了各種稅收籌集財政收入，包括關稅、財產稅和累進所得稅。內戰前，大多數州都已制定財產稅，不僅針對房地產和固定附屬物，也針對無形的個人財產，如現金、信貸、票據、股票、債券、和抵押貸款課稅，政府還很大程度上依靠關稅來增加收入。在內戰期間，因為需要引進收入來資助戰爭支出，使得共和黨控制的國會必須提高關稅和消費稅，也導致了國稅局專員辦公處（Office of the Commissioner of the Internal Revenue）的誕生。[12]

註解 11
同上。

註解 12
W. Elliot Brownlee, Federal Taxation in America: A Short History, 2nd ed.（Washington, DC: Woodrow Wilson Center Press, 2004），Chapter 1.

為了進一步籌集資金，以資助內戰的支出，聯邦政府在1862年制定了所得稅法，第一次的所得稅法針對所得高於800美元個人免稅額度的所得，徵收3%的基本稅率，隨後，稅法修改為對所得介於600至5,000美元的部分，徵收5%的稅，所得超過這個水平的部分，徵收10%的稅。1865年，所得稅產生的收入，佔聯邦總稅收的21%。然而，戰爭結束後，許多富裕的市民遊說國會中止稅法。1872年，國會允許所得稅法到期，但內戰的稅收制度中的高關稅和對酒精、菸草和奢侈品的課稅，仍然被保留下來。[13]

當民主黨在1890年代取得了國會的控制權，他們試圖再次徵收所得稅，主要將影響最富有的家庭。然而，因為稅收的直接性，和聯邦政府未能按照人口分配稅收給各州的事實，所得稅法在1895年最高法院針對**普樂訴農民信貸有限公司**[14]的判例中，被裁定為違憲。

1888年，經濟學家理查德·伊利（Richard Theodore Ely）提出針對世代間的財富轉移，徵收遺產稅的想法，他相信，每個人都應該在人生競賽中的起始點平等。全美最富有的市民認為遺產稅的威脅較所得稅低，以及有些人支持遺產稅所體現的理想主義。這導致了共和黨領導階層在1898年進行遺產稅的立法，當時也需要資金調停義和團事件中的各種衝突，而該稅於1902年被廢除。[15]

隨後的幾年中，對徵稅的支持度增長，1913年，**安德伍德—西蒙斯關稅法**重新建立所得稅，幾乎針對所有個人和企業所得超過3,000元，徵收1%的「正常」稅率，個人部分可享有3,000元之豁免。徵收所得稅數年之後，估計約有2%的美國家庭納稅。[16] 1913年2月3日國會通過第十六次的憲法修正案[17]允許徵稅，而不需按各州之人口比例分配，也無須考慮任何人口普查或列舉細目。

註解 13

同上。

註解 14

157 U.S. 429; 15 S. Ct. 673; 39 L. Ed. 759; 1895 U.S. LEXIS 2215; 3 A.F.T.R.（P-H）2557.

註解 15

Brownlee, Federal Taxation in America.

註解 16

同上。

註解 17

Amendment Sixteen, Constitution of the United States.

在**第一銀行公司控告行政機關（Bank One Corporation v. Commissioner）**
一案[18]，法官 David LARO 追溯公允市場價值與美國國稅局建立的近代歷史，
根據 LARO 法官的判決所提供的材料，摘要如下。

公允市場價值的近代歷史，始於 1918 年收入法案所建立的當代所得稅[19]，
為了確定財產交換的收益或損失之目的，本法案提出，所收到的任何單一財
產的價值，等於該財產的公允市場價值的現金價值。

隨著時間的推移，各種司法法庭藉由詳列確定公允市場價值時，所應探
討的特定元素，來界定這個專用術語。1918 年的收入法案，建立了一個稅務
諮詢委員會，其職能是提供有關所得稅、戰爭利潤，或超額利潤稅的解釋或
管理諮詢。[20]雖然這個委員會只存在一個很短的時間，在 1919 年，它建議公
允市場價值應該是「公允的價值，買方和賣方雙方都是在自由且不受強迫之
下，也對所有重要事實相當熟悉，在一個有潛在買家的市場，所同意的一個
公允且合理的價格。」[21]

不久之後，稅務上訴委員會，目前稅務法庭的前身，依據 1924 年的收入
法案[22]組成。在一件 1925 年的判決中，這個委員會在公允市場價值方面，將
買方和賣方描述為「有意願的」。[23]同一項判決中，該委員會就後續的事件
建議，說明該公允市場價值的決定，必須不考慮評價日之後發生的任何事件。

兩年後，稅務上訴委員會採納了稅務諮詢委員會，關於買方和賣方的意
願性，和非受強迫之情況的意見。[24]不久後，稅務上訴委員會採納了問題中
的買方或賣方，並不是一個特定的個人，而是一個假設理解所有有關事實者
的概念。[25]

1930 年代，把「最高和最佳使用」當作估價主題的概念，被認定是不動
產的公允市場價值的必要條件，當時法院認為，兩塊相鄰的土地應以同樣的
每平方英尺的價值估價，無論其中一塊是以其最高和最佳的使用，而另一塊

註解 18
120 T.C. No. 11.
註解 19
Chapter 18, 40 Stat.1057,§202（b），40 Stat. 1060.
註解 20
Williamsport Wire Rope Co. v. United States, 277 U.S. 551（1928），Footnote 7.
註解 21
T.B.R. 57，1 C.B.40（1919 年）。

並非如此使用的事實。[26] 然而，最高和最佳使用的術語，一般用於不動產的估值，它並沒有明確使用在美國的商業估價，卻相當程度隱藏於企業的營運應以追求股東財富極大化的假設之下。正如將要討論的，加拿大和英國在商業估價上，亦採用最高和最佳使用的概念。

接下來的章節將拆解公允市場價值的定義，並討論一些解釋它的定義時，所引發的一些議題，我們還就能增強認識公允市場價值的一些重要判例，與國稅局收入法規加以強調。此外，探討定義中的每個元素的應用，以及對估價程序的影響。在本章中，透過已經探討過這些議題的各種稅務判例，從各種不同的角度，來探討這些元素。

公允市場價值的元素

我們先來看看適用於公允市場價值的價值元素，這些元素所提供的基本假設，以及就法院的觀點，看這些價值元素將如何影響最終估價，然後分解定義，並定義它的組成部分：

- 財產將換手的價格
- 有意願的買家
- 有意願的賣家
- 皆非在受任何強迫之下
- 對有關的事實均具有合理的知識
- 評價基準日和後續事件的使用

註解 22

Williamsport Wire Rope Co. v. United States.

註解 23

Hewes v. Commissioner, 2 B.T.A. 1279, 1282（1925）.

註解 24

Hudson River Woolen Mills v. Commissioner, 9 B.T.A. 862, 868（1927）.

註解 25

Natl. Water Main Cleaning Co. v. Commissioner, 16 B.T.A. 223（1929）.

註解 26

St. Joseph Stock Yards Co. v. United States, 298 U.S. 38, 60（1936）.

◆財產將換手的價格

＊**價值前提：**確定公允市場價值之前，必須先建立價值前提，以正確地理解企業應如何被估價，支撐公允市場價值理論基礎的公認前提，是公允市場價值是一個交換價值，交換價值是以物業究竟是否出售來估價；它被推定為一個假設性交易的出售，有意願的買家和有意願的賣家之間認知交會的點。因此，公允市場價值是假定該物業在一個假設有意願的買家，和有意願的賣家之間，所達成的出售以換取現金或現金等價物。簡單地說，該物業出售時，賣方拿到現金，買方則拿到該物業。

物業將如何出售？一家經營中事業的估價，通常是以該事業將持續經營的前提下進行，持續經營的前提，提供了支撐評價過程中的其他假設架構，在其他情況下，一家企業可能是以清算的前提來估價，它可能被清算，並拆解成所有資產的價值。

交換價值的假設前提，不同於有關企業營運特點（即持續經營或清算）的假設前提。當它適用於企業估價時，價值前提是該事業在一個假設的出售，無論該事業是持續營運，或者在適當的時候之清算的價值。這是兩個不同概念：交換價值所處理的是被評價物業的特性，然而考量企業究竟是持續經營，或清算中所處理企業的營運特性，而不是評價中意識形態的架構。

在交換價值的前提下，一家企業可以被看作是持續經營的，或是處於清算中的，這取決於許多因素決定，包括公司的性質和狀況，和被評價的股權所具有的控制優先權。公司的清算價值，可能高過其持續經營的價值，在做出這樣的評價時，從業者可以考慮清算的可能性（和股東進行清算的權利）。這就是**瓦茲遺產訴行政機關**[27]案例的問題。

註解 27

823 F.2d 483; 1987 U.S. App. LEXIS 10281; 87-2 U.S. Tax Cas.（CCH）P13,726;60 A.F.T.R.2d（RIA）6117.

◆ 瓦茲遺產訴行政機關
（ESTATE OF WATTS V. COMMISSIONER）

瑪莎瓦茲擁有一家木材公司 15% 的權益，根據股東協議對於合夥人死亡、解散和合夥人權益分配所提供的指引，在她死亡的時候，她在該木材公司的權益經遺產專家的估計為 2,550,000 美元。在審核的時候，基於該木材公司的資產清算時的公允市場價值，而不是作為一個持續經營的價值，稅務專員估計她的合夥權益的價值為 20,006,000 美元。

在這個稅務法庭的判例，繼承人主張該權益應以持續經營的前提來估價，稅務專員卻以清算價值來估計該合夥權益。稅務法院站在繼承人的立場認定其他合夥人並無意清算該公司，並判定該股份的價值為 2,550,000 美元。

稅務專員針對稅務法庭的判決係基於其他合夥人的意圖提出上訴。上訴法院認為稅務法院採用其他合夥人的意圖作為估價基礎的判決錯誤，但並未反轉以持續經營的基礎來估價該合夥事業的決定。

上訴法院指出，作為少數股權的股東，該遺產的股份並沒有附帶清算公司的權利，因此，無論其他合夥人的意圖為何，該遺產的持份應該以持續經營的基礎來估價。

這個判例與其他判例的區別，在於其他判例的合夥協議在合夥人死亡或退夥時，有不同的要求，包括在股東死亡時，對公司形式延續的指引較不清楚。[28] 正如我們所討論，一個案例的特定事實和情況，都可能對最終的結果有重大的影響。

＊價格與價值：現金或約當現金

公允市場價值的定義，以找到該財產在交易中易手的價格，作為開始。布萊克法律詞典對價格的定義是「為交易某項物品所被要求給予或付出金錢的數量或其他報酬；意即某項物品買進或賣出的成本」[29]；**價值**被定義為「一、

註解 28

Estate of McFarland v. Commissioner, T.C. Memo 1996-424.

註解 29

Bryan A. Garner, Black's Law Dictionary, 9th ed.（St. Paul, MN: Thompson West, 2009）, at 1308.

某項事物對一般大眾的意義、渴望性，或效用；二、某項東西的貨幣價值或價格；某項東西在交易中所能換得的財貨、勞務，或貨幣的數量。」[30]

雖然這些定義交替地使用**價格**（price）與**價值**（value）的專業術語，但是，它們並不總是意味著同樣的事情，如 Chapter 1 所討論的，價格與價值之間可能存在顯著的差異。重要的論點是，公允市場價值定義的第一要素，確立了價值前提是交換價值。正如我們所指出，價值是確立在一個假設的交易中，不管該資產是否預計被出售。此外，價格一詞所要求的是一個單點的估計，而不是一個價值的範圍。如將要討論的，價值是以買方的期望值，和賣方的期望值的交會點來測定，其中，這個點的估計是以**現金或約當現金**來看待。現金及約當現金的概念，是這個價值標準的重要組成部分。實際上，公允市場價值中有關價格的定義，一般是指價值應該以現金及約當現金來表達，也就是今天的現金，或是未來報酬的現值。

這是與現實世界中，許多以股票換取股票的交易的一個重要的區別，換股交易中所得到的股票價值，可能比現金交易的價值來得高，也可能來得少。[31]因為，藉由所收到的股票，賣方須承擔由於缺乏股票即時流動性的風險，因此，雖然有可能隨時間的推移，因股票漲價而升值，也可能因股票跌價而價值減損。這種風險卻不會發生在一個全現金的交易，也不會有因持有股票、現金，而產生的潛在收益。公允市場價值的架構，不允許這種於真實世界的交易中可見的靈活性，因為所有這些因素都被考慮到，並折現到這個單點的估計。

◆ 有意願的買家

＊市場：在任何特定時間的價值都是供給和需求的結果，並總是需要為現有的供給創造一個市場。[32]

根據定義，公允市場價值是一個假設的有意願買方，和一個假設的有意

註解 30
同上，在 1587 頁。

註解 31
Reiner H. Kraakman and Bernard S. Black, "Delaware's Takeover Law: The UncertainSearch for Hidden Value," 96 Northwestern University Law Review（Winter2002）, at 521.

註解 32
John Stewart Mill, Principles of Political Economy, 7th ed., William J. Ashley, ed.（London: Longmans, Green & Co., 1909）, Book III, Chapter III.

願賣方，就出售的財產或資產，經過成功談判後所達到的價格。[33] 這個理論的心意交會，必須發生在某種市場的類型，正如 1923 年第三巡迴法庭在**沃爾特訴達菲（Walter v. Duffy）**[34] 的判例中所陳述，一個市場的存在意味著必須是物業供需雙方都存在，只有賣方出價求售，而沒有買家要買的情形，並不是公允市場價值的證據，同樣的，只有買方出價而沒有賣家要賣，也不是公允市場價值的證據。

一個市場不應該只是有賣家，也不能只是由買家組成。然而，買家被視為願意，這個買方將只買一個理性的經濟數量，同樣地，賣家將只賣出一個理性的經濟數量。只有當價值的理性經濟分析在買家和賣家之間形成共識，市場才能形成。

一個事業最有可能的市場並不容易辨認，封閉型公司的少數股份通常沒有立即的市場出路，在各種不同的封閉型企業或商業利益的情況下，有可能沒有顯而易見的市場，或可能的買主或賣主。如果市場確實存在的話，法院通常會尋求一個自願的買方和賣方，都會同意的證據。例如，在**愛芙莉訴美國（Alvary v. United States）**[35] 的判例中，法庭認為價值和流動性之間是有差異的，以及缺乏立即可得的買家，並不意味著它們不存在。私人公司由於缺乏流動性，風險可能更高，但反過來也可能有較高的回報潛力。私人公司的有意願買方和公開公司的有意願買方，一樣會分析相同的信息，比較其與投資其他潛在用途的風險和回報。

＊個別買家或買家池

從表面上看，嚴格的公允市場價值的解釋，在一個有假設的買賣雙方的市場，會有叫價並最終達成一個合意的價格。然而，在這個市場上，也可以有多種不同類型的買家所組成的池子，[36] 有可能是將該事業視為一個很好投

註解 33
John Bogdanski, Federal Tax Valuation, at 2.02[2][a].
註解 34
287 F.41, 45（3d Cir. 1923）.
註解 35
302 F.2d 790, 794（2nd Cir. 1962）.
註解 36
Roger J. Grabowski, "Identifying Pool of Willing Buyers May Introduce Synergy to Fair Market Value," Shannon Pratt's Business Valuation Update, 7 Business Valuation Resources, No. 4（April 2001）.

資的財務性買家，也有可能是將該事業視為與其他收購或自有資產具有連結價值的綜效性買家。

如前所述，遺產稅法規定財產的價值，應在該財產最有可能被出售的市場上來衡量，當評價一個假設的自願買方將付出的價格，評價業者應尋求辨認該市場。根據定義，買方被推定就事實具有合理及相關的知識，這種合理的知識，將包括對以前的交易，和對其他股東的理解。這裡有一個可能的例子，僅由一個特定買家的池子所組成之針對特定巨額股票的平常市場。業者應認真分析市場，以確定誰將會構成最有可能的買家池，或是潛在的買家池子。

有關市場的問題在**紐豪斯遺產訴行政機關**[37]的案例中被討論到，該案例是有關一家大型傳媒集團的巨額普通股的評價。

◆紐豪斯遺產訴行政機關
(ESTATE OF NEWHOUSE V. COMMISSIONER)

本案中，被繼承人擁有一家大型傳媒集團，持有投票權的所有 A 類股票和沒有投票權的 B 類股票，該媒體集團有許多部門，並在 22 個市場上出版超過 50 種的雜誌和報紙，其他家庭成員持有該公司的優先股。

繼承人請華友銀行評估這些股份的價值，評定的價值為 247,076,000 美元。稅務專員估計該股份的價值為 1,323,400,000 美元，稅務專員認定由華友銀行所執行的遺產估價，短報了 609,519,855 美元的稅金。

納稅人主張該股票的唯一潛在買家，是其他大型的媒體企業，但是，這些潛在的買家無法進行此交易，因為那將違反反托拉斯法。此外，沒有其他買家將購買該股份，因為，就外部購買者而言，為了消除該公司的優先股，將花費一個昂貴且過於艱難的過程，進而降低該公司的價值。

法院採納了納稅人的意見，認為該股票的市場應由特定潛在買家的池子所組成，而不是非特定的假設買家所組成。

註解 37
94 T.C. 193（1990）.

後來，在**穆勒遺產訴行政機關**[38]的判案中，法院確認市場的特徵時指出：「我們認為這些股票的潛在買家會持續競價，直到喊價最高的人贏得了標案。」不過，法院也指出，當確認公允市場價值時，關注的應該是假設性的買家，並不需要辨認特定的潛在買家，或是買家的類別。這表明了無論誰是投標人，喊出最高價格的投標人，可能願意支付高於市場的價格。事實上，許多估價業者認為，公允市場價值最好以出第二高價者願意支付的金額來表示。

另外，根據**溫克勒遺產訴行政機關**[39]的判例，有意願的買方，事實上，並不一定屬於特定個人的群體。本判例所探討的情況是，當問題中的這巨額股份是一家公司的 10% 具選舉權的股份，有一個家族持有該公司 50% 的股份，另一個家族持有 40% 的股份。這些股份可以被視為具有影響投票結果的搖擺股份，但是，法院決定有意願的買方，不應該被認定為是這二個家族的一員，反而應將該股份視為一個獨立單元，就好像潛在的買家是一個獨立的第三方來估價。

即使是在一個假設的交易中，法院可能對個案的真正業主，和特定事實與情況特別敏感，這可能會影響價值的最終判定，甚於任何規定標準的要求。法院對於誰構成了一個有意願的買家的看法，似乎大大地受每一個案件的事實和情況的影響。

＊綜效性的買家

當估價的標的是具控制權的股份，則市場中具有合理及相關知識的有意願買方會理解，可能有綜效性的買家會來競標該事業，這些綜效性買家可能會放棄一部分的綜效價值給賣家，以高於其他買家的出價來贏得標案。[40]這裡還應當指出，大多數收購案都含有某些本質上的綜效，最有可能有一定的成本節省，這並不是收購案的所有的綜效，但對某些典型的有意願的買家而言，並沒有這些綜效。

註解 38

Estate of Mueller v. Commissioner, T.C. Memo. No 1992-284 at 1415, 63 T.C.M.3027-17.

註解 39

T.C. Memo 1989-231; 1989 Tax Ct. Memo LEXIS 231; 57 T.C.M.（CCH）373;T.C.M.（RIA）8923.

註解 40

Grabowski, "Identifying Pool of Willing Buyers."

　　有些人認為，綜效價值對於賣方和最高及最佳使用價值對於買方，二者之間存在一種相互的關係。1936 年**聖若瑟股票圍場有限公司訴美國**[41] 的判例中，在不動產估價引進了最高和最佳使用的概念。有趣的是，在加拿大的商業估價，將最高價這個術語，視為公允市場價值的一部分。公允市場價值在加拿大的定義是：

　　最高價係指物業在一個開放和不受限制的市場中，一個假設的有意願，並且有能力購買的買家，和一個假設的有意願，並且有能力出售的賣家之間，雙方均不是在強迫之下去買或出售，且對相關的事實都有合理的知識，所進行的常規交易，將物業換手之以現金等價物所表示的價格。[42]

　　英國和加拿大法院將公允市場價值視為在出售時能達到的最高價，因為有可能考慮購買者願意在出價時，加入綜效的價值。美國法院在投資價值的範疇上，通常會指望考慮綜效型的買家[43]，然而，許多法院都指望以有意願的買家，所能達到的最高叫價來決定。美國和加拿大的業者都承認，如果，除了普通的買家外，還有一些特殊興趣的買家都參與了投標，市場本身最終將排除普通買家的出價，因為新的均衡價格將會反映綜效的價值。[44]

　　在加拿大，如果可辨認一個有意願，並且有能力的策略型買家存在，一個策略目的的溢價，即可能被添加到獨立的公允市場價值，以反映策略型買家願意多支付的金額。雖然，該溢價是難以量化的。然而，在加拿大和英國都不允許一個假設性的策略型買家[45]，除非，有證據能證明一位實際買家的存在，並且已出價且有能力支付價款，而且這些事實均已公開，才能適用策略性溢價。[46]

註解 41

St. Joseph Stock Yards Co. v. United States, 298 U.S. 38, 60（1936）.

註解 42

www.bvappraisers.org/glossary/glossary.pdf.

註解 43

Ian Campbell,Canada Valuation Service（Scarborough, ON: Carswell, October2004）, at 4-28.

註解 44

Shannon P. Pratt, The Market Approach to Valuing Businesses（Hoboken, NJ: JohnWiley & Sons, 2001）, at 142.

註解 45

Richard M. Wise, "The Effect of Special Interest Purchasers on Fair Market Valuein Canada, " Business Valuation Review（December 2003）.

雖然加拿大有「最高價」的要求，但溢價不一定需要反映這個最高價，一個單一的戰略買家，並不一定要付出遠高於市場公允價值的出價，來與一般的市場買家競價，如果有其他人願意以較高價格與策略買家進行競爭，就會形成一個新的市場，其均衡價格將反映任何策略性的溢價。[47]

在**米勒訴行政機關**[48]的判例中，法院檢視評價專家的分析，以確定一家被繼承人死亡時，正處於求售中的家族企業的公允市場價值。法院總共收到了三份獨立的估價報告，其中一份報告表示，公允市場價值可能會落在一個價值區間，所有這些在被繼承人去世後幾個月所出的估價報告，都考慮了購買價格的折價（由於銷售的不確定性和缺乏流動性）。

一位專家斷言，有意願的買方將尋求獲得低端價格，和有意願的賣方將尋求獲得高端的價格，然後將兩端的價格平均，做為公允市場價值。然而，法院並沒有接受以價值區間的中點作為公允市場價值，而是考量一種基於拍賣的環境，在那裡，有意願的買家將相互競價直到最高出價出現，法院最終採納了高端的價值。

在 **BTR 鄧祿普控股公司訴行政機關**[49]的判例中，探討綜效型買家是否應該在確定公允市場價值的時候，被視為考量因素的問題。

註解 46

Dominion Metal & Refining Works, Ltd. v. The Queen, 86 D.T.C. 6311（TrialDivision）.

註解 47

Richard Wise, "The Effect of Special Interest Purchasers of Fair Market Value inCanada, " 22 Business Valuation Review, Quarterly Journal of the Business ValuationCommittee of the American Society of Appraisers, No. 4（December 2003）.

註解 48

T.C. Memo 1992-284; 1992 Tax Ct. Memo LEXIS 310; 63 T.C.M.（CCH）3027.

註解 49

T.C. Memo 1999-377; 1999 Tax Ct. Memo LEXIS 432; 78 T.C.M.（CCH）797.

◆ BTR 鄧祿普控股有限公司訴行政機關
(BTR DUNLOP HOLDINGS, INC. V. COMMISSIONER)

本案中，BTR 鄧祿普，一家國際公司的全資美國子公司，購買施萊格爾公司，一家生產汽車和建築產品的歐洲公司之子公司。本案的主要問題是，工廠遍布英格蘭的施萊格爾的英國子公司施萊格爾英國的估價。控方（BTR 鄧祿普）的專家試圖以單獨個體作為估價的基礎來估價，辯方（專員）則主張以綜效性收購的基礎來估價該標的。

幾位專家受聘以稅務為目的，評價施萊格爾英國和施萊格爾有限責任公司在購買日的價值。控方（新合併的 BTR 鄧祿普和施萊格爾公司的控股公司 BTR 鄧祿普控股）宣稱施萊格爾英國和施萊格爾有限責任公司的價值分別為 21,846,000 美元和 9,400,000 美元，國稅局提出的價值分別為 49,069,000 美元和 13,246,000 美元。受聘本案的估價專家，同時使用市場法和收益法，並考量不同綜效程度的影響，提出了一個價值的區間，

辯方的專家採用資本資產定價模型（CAPM）的公式，以施萊格爾英國的貝他值 0.84 進行估價，將施萊格爾英國視為戰略採購的一部分，得到的估價為 49,069,000 美元。其他估價專家或排除縱效的影響，或聲稱這些綜效是極小的，得到較低的估價。法院的判決體現了財產應以最高和最佳使用價值來估價，和在該公司出售時確實有綜效型買家存在，為綜效體現在估值上，提供了充分的證據的事實。

一個在其計算中排除綜效影響的控方估價專家，被問到是否願意以其估計的金額來賣掉該事業，該專家回答說，對他來說該企業的價值將更高，因此他不會以這個金額把它賣掉。法院駁回了獨立個體的價格，是由有意願的買家，和有意願的賣家所同意的之概念。

雖然沒有同意辯方專家所提的具體價格，法院卻認同應該將綜效的價值，考慮在最終的估價內。為尋求適當的資本化率，法院調整將辯方估價的貝他值調高至 1.18，並且排除辯方專家之一所提出的小型公司的風險溢價和特定公司的風險溢價。在最終裁定中，法院調整了估價的資本化率到 20％，其中包括考慮潛在的綜效型買家的存在。

估價業者並不會特別知曉，是否有具有最高綜效價值的買家將出現。通常情況下，沒有買家會出比市場出清價更高的價格，且可能會有許多買家願意支付該清算的價格。[50] 在一個公允市場價值的背景下，如果存在綜效型買家，藉由其假設的合理知識和能力在常規交易中進行議價，他們可能對一家事業的競價至最高的價格。

羅傑·格拉博夫斯基（Roger J. Grabowski）指出：

估算公允市場價值的第一步，應評價假設可能有意願的買家池子的組成，依筆者的經驗，該池子將因個案而異，如評價一家私人公司的少數股權的個案，和相對評價一家私人公司的控制股權，或該公司總體價值的個案。[51]

有意願的小股權買家對市場的認知，通常包括其他股東的身份，和這些股東持有股份的數量，當評價一家私人公司的控制股權權益時，估價顧問應該研究市場中的潛在買家群，一方面包括企業家或金融性的買家，另一方面則包括潛在的綜效型和策略性買家。[52]

不幸的是，對潛在的綜效是否適用於每一件公允市場價值的結論，並沒有確切的指引，綜效是否是相關的考慮因素，將取決於案件的事實和情況。

＊不同級別股份的估價：當評價同一個人持有的不同類型的股票時，將產生一個有趣的問題，無投票權的股份，通常比那些有投票權股份的價值低，當單獨估價該無投票權股權之價值時，通常會給予一個折價。然而，當同時擁有一家公司的具控制性表決權的股份時，對於潛在有意願的買家來說，這些無投票權之股份的價值，是否真的比較低？現在的問題是，買家會以同一個價格，同時買一批股票（包括投票權和無投票權），或將這些股票視為兩批股票，因為，它含有二種類型的股票？**柯瑞遺產訴美國政府**[53] 之判例，探討了這個問題。

註解 50

Roger J. Grabowski, "Identifying Pool of Willing Buyers."

註解 51

Roger J. Grabowski,"Fair Market Value and the Pool of Willing Buyers." Unpublishedpaper.

註解 52

同上。

註解 53

7 06 F.2d 1424; 1983 U.S. App. LEXIS 28894; 83-1 U.S. Tax Cas.（CCH）P13, 518;51 A.F.T.R.2d（RIA）1232. This case was heard in the United States Federal DistrictCourt, in front of a jury.

◆柯瑞遺產訴美國政府
（ESTATE OF CURRY V. UNITED STATES）

本案中，該遺產同時擁有一家私人控股公司具有投票權和無投票權的股份，最初，當該兩類股份被分開估價，陪審團接受該遺產的估價，沒有投票權的股份有一個折價，具投票權的股份則有一個控制權的溢價。法院並沒有告知陪審團政府的指令，即無投票權股票的價值應和有表決權的股票以同一水準來判定。

在審查時，上訴法院認為，原審法院錯誤地排除了政府指導，即該批股票應被視為一個整體，就像它是如何存在於該遺產一樣，作為其在公司具有投票控制權的大宗股份。上訴法院認為，原審法院以一個可能的後續交易的情況，擅自將該股份拆開。

上訴法院援引先前第九巡迴法院的判決說，「沒有任何的法規或判例法主張，整體遺產的估價，應考慮到這些資產會落到幾個人的手裡，而不是一個人而已。」[54]

此外，如果公允市場價值假設一個有意願的買家，將尋求極大化其本身的利益，他將會購買整批的股份，而不僅是其中的一部分；否則，無投票權的股份將存在一個顯著的不利。相反地，一個有意願的賣家將尋求出售整批的股份，以將其股票的價值極大化。[55]

註解 54

Ahmanson Foundation v. United States, 674 F.2d 761（9th Cir. 1981）.

註解 55

706 F.2d 1424; 1983 U.S. App. LEXIS 28894; 83-1 U.S. Tax Cas.（CCH）P13, 518;51 A.F.T.R.2d（RIA）1232.

註解 56

249 F.3d 1191; 2001 U.S. App. LEXIS 9220.

辛普勞遺產訴行政機關[56]的判例是處理不同類別股票估價的另一個案例。

◆ **辛普勞遺產訴行政機關**
（ESTATE OF SIMPLOT V. COMMISSIONER）

在**辛普勞遺產案**中，最初在遺產的估價中，A 類具投票權的股份和 B 類不具投票權的股份的估價是不同的。被繼承人理查德・辛普勞持有 23.55%A 類具投票權股份，和 2.79%B 類無投票權股份。

摩根士丹利對該遺產的估價，無論 A 股或 B 股都是每股 2,650 美元。國稅局專員以 A 股具有控制權的溢價，得到每股價值 801,994 美元的估值，和 B 股每股 3,585 美元的估值，認定該遺產的價值少估了 17,662,886 美元，並處以 7,057,554 美元的罰金。

申訴時，稅務法院認為該有表決權的股份具有重大的價值，一個假設性的買家因擁有該具有表決權的股份，將能夠在公司扮演相當的角色，還有，死者所持有的股份代表最大的單一大宗股份。

稅務法院估計，A 股的每股價值為 331,595.70 美元，但因缺乏市場性給予 35％的折價，得到每股 215,539 美元的價值，並估計 B 股每股的估值為 3,417 美元，稅務法院認定有 2,162,052 美元的不足，並取消處罰。

第九巡迴上訴法院推翻了稅務法庭的判決，理由是稅務法院將所有 A 股作為一個整體來估價，再按遺產的持股比例來分配其價值，而不是將其持有股份視為少數股份來估價。此外，在清算時，A 類股東將不會比 B 類股東有利，並且支付的股息是相同的。因此，持有具表決權的少數股份並沒有經濟優勢，以致適用溢價。稅務法院的判決被推翻，並發回重審以利於遺產方的判決。

此一不同類別股份的持股，不應與收入法規 93-12 條（家庭歸屬）折價的處理之規定相混淆，此一收入法規規定的情況，是持有人持有非控制性的股份，但其家庭作為一個整體則擁有控制的股份（不管死者的股票被收購之前或之後）。這一裁決指示，該贈與或遺贈的股票不應該被視為一個家庭單位，而應以該遺產原持有之形式來看待。收入法規 93-12 條也專指一個只有單一股票類型的公司，因此不會與剛才描述的這兩種情況相衝突。[57] 這項規定是指特定的買方或賣方，而「一宗巨額」的概念，可以適用於任何同時擁有這兩類股票的有意願賣家。

◆有意願的賣家

　　就像有意願的買家，有意願的賣家在決定從事交易前會考量特定的訊息，包括流動性、此一投資的其他用途、未來現金流和風險。[58] 有意願的賣家，是一個可以被說服以合適的價格，為了各式各樣的原因來出售的人，其原因包括為了獲得流動資金，或渴望投資於收益率更高的投資案的能力。假設的買家會像賣家評價一樣的經濟和金融狀況，因此，當一個假設的賣方選擇不賣，理論上來說，他或她有意願的買進該資產，是想藉由買進而保有該資產的現有機會成本，和相關聯的流動性（或低流動性）。資產的主人喜歡擁有該財產勝於出售該資產的其他選項。

　　法院認為買家和賣家雙方的觀點都應予以考慮，稅務法院一直批評那些只從買家的角度，來看公允市場價值的人，在**曼德爾鮑姆訴行政機關**[59]的案例中，法院認為專家過分依賴一個有意願買家的需求，而忽視了一個有意願賣家的需求。

◆曼德爾鮑姆訴行政機關
（MANDELBAUM V. COMMISSIONER）

　　在一家家族擁有的零售集團大 M 公司的案例中，法院試圖設定該公司歷時五年為課徵贈與稅之目的的公允市場價值。被告（國稅局）的專家依據三個「限制性股票」的研究顯示，股東協議不會嚴重影響市場流通性。事實上，以該公司的規模和穩定的獲利，持有該控股大 M 股票所伴隨的風險應是中性的，因此，主張 30% 的市場性折價是適當的。

　　然而，原告（納稅人）的專家依據曼德爾鮑姆家族成員一直擁有大 M 的股份，家族亦沒有計劃尋求外部的投資者，大 M 的高階管理人員距退休的年限還很久，以及贈與的問題並沒有影響到管理等事實，得到的結論是，大 M 的股票幾乎是不流通的，並認為投資者將不得不等待 10 至 20 年的投資，該股份才能有流通性，因此，該專家主張問題中的估值，

註解 57
IRS Revenue Ruling 93-12.

註解 58
Z. Christopher Mercer, Quantifying Marketability Discounts（Memphis, TN:Peabody, 1997）, at 178.

註解 59
T.C. Memo 1995-255; 1995 Tax Ct. Memo LEXIS 256; 69 T.C.M.（CCH）2852.

前四年應該採用 75% 的市場性折價，最後一年則適用 70% 的折價。

　　法院駁回兩位專家的估價，並期待能夠獨立判斷市場性的折價，在它看來，被告的專家小看了股東協議的存在將限制該股份價值的事實，原告的專家則高估了有意願買方的期望報酬率，和股東協議的約束性條款，並且誤判有意願的買家，以致於徵詢需要較高投資回報類型的投資者。在提供高於平均水平的市場性的折價上，原告專家忽略了一個假設性的有意願賣方的觀點。

　　法院在其自己的評論中，使用控方專家的平均市場性折價率的決定和檢視圖表 2.1 的因素來得到其對適用的市場性折價率大小的結論（很巧合地其結論剛好等於辯方的結論）。

　　檢視這些因素以及以下的結論，法院認定，因為本案的事實和情況，需要一個低於平均水平的折價，採用 30% 的折價率。

表 2.1

曼德爾鮑姆案調整後的基準百分比和因素

因素	結論
私人與公開公司股票銷售的研究	基準的市場性折價率應訂在 35% 到 45% 之間
財務報表分析	低於平均水平的折價
公司的股利政策	低於平均水平的折價
公司的本質和歷史，它在行業中的地位，和其經濟前景	低於平均水平的折價
公司管理層	低於平均水平的折價
轉讓股份具有的控制權數量	平均折價
對股票轉讓的限制	高於平均水平的折價
持有股票的期間	持平
公司的贖回政策	低於平均水平的折價
公開發行的相關費用	高於平均水平的折價
法院最後得出的結論：	30% 的市場性的折價率

這個案例指出，只考量一個有意願買家的想法是不夠的，一個有意願的買家購買大 M 的股票，基於該公司的家族性質與現存的股東協議，可能會要求一個人的市場性的折價。然而，如果大 M 的其他股東願意出售股份的話，這可能導致一個顯著不同的價值。

另一個必需考慮的地方，有意願賣方的例子是最近**朱斯蒂娜訴行政機關**（Giustina v. Commissioner）[60]的案例。

◆ 朱斯蒂娜訴行政機關（GIUSTINA V. COMMISSIONER）

本案例係處理一家經營林業合夥事業 41.128% 的有限合夥股權的公允市場價值。這件遺產稅的判例中，問題在確定該小股東股權價值時，決定給予現金流量折現法與淨資產價值法的權重。雖然，作為一個持續經營的事業，該合夥事業擁有大量的林地，正如這類型的事業所被預期地，以現金流量折現法所估計之價值，將大大地低於淨資產法所估計之價值。因為出售合夥事業的木材和其他財產的權利在普通合夥人的手上，但問題中的權益是有限責任合夥人的權益時，有限合夥人並沒有主導資產出售之能力。但是，法庭指出，有限合夥人可以通過同時擁有三分之二合夥股權的合夥人之同意，將普通合夥人開除。

引用**戴維斯遺產案**[61]判例的朱斯蒂娜法院表示，有意願的買方與有意願的賣方應該是假設性的，而不是特定的個人，且這些假設的參與者，將被推定為將致力於實現最大的經濟優勢。據此，法院指出，雖然有限合夥人並沒有單獨開除普通合夥人的權力，一個有意願的買家將會在尋求資產的最大經濟利益的理論下，在本質上，這 41.128% 股份的主人一是可以聯合其他有限合夥人，以兩個願意出售資產的合夥人來取代原來的兩個普通合夥人，或是以三分之二的有限合夥人投票來解散合夥事業。

因為法院承認出售資產的事雖是不確定的，但也不是不可能，所以這個理由來估計資產出售的機率，據此，法院給予淨資產價值法 25% 的權重。此外，法院推定因為缺乏控制權的折價，應被計算在分配給資產淨值法的 25% 的權重內，它還推定不動產估價適用 40% 的折價，以反映土地出讓的延遲，淨資產價值法所得到的結論之缺乏市場性折價並不被認可。

註解 60
Giustina v. Commissioner, T.C. Memo 11-141

前面我們簡要地討論收入法規 93-12 條之家庭歸屬原則，這個問題最好是從有意願賣方的角度來理解。在**布萊特訴美國**[62] 的判例中，美國政府試圖將被繼承人的妻子的非控股股份加上控制權溢價，因為丈夫擁有的剩餘股份若與妻子的股份合併，加總後將增加股份的控制權價值。政府聲稱，丈夫將不會願意出售他的 27.5% 的股份，除非它是與被繼承人的股份結合後之 55% 控制股份的一部分。法院援引許多這種家庭歸屬類型被駁回的判例，最終駁回了政府的論點，並確認地區法院的裁決，被估價的權益僅限於 27.5% 的普通股權益。這把我們帶回到一個事實，即賣家是一個假設性的有意願的賣家，在一個假設的市場上的銷售，而不是一個特定的個人在一個特定的市場的銷售。現在的問題並不是如政府所主張的價值，該遺產的 27.5% 股份，有可能被作為一整個 55% 控制股權的一部分來出售的價值，而是一個有意願賣家將接受的 27.5% 股份的價值。

類似的問題在**普拉斯查訴美國（Propstra v. United States）**[63] 的判例中被討論，在這個判例中，上訴法院提出對於財產主張之有意願賣方和控制權，以及期後事件的影響之議題。

◆普拉斯查訴美國 （PROPSTRA V. UNITED STATES）

在亞瑟‧普拉斯查死亡時，他的遺產主要是由他和他的妻子——也是遺產的執行人——所共有的財產，約翰‧普拉斯查是該遺產的個人代表。在普拉斯查死亡時，因稅務目的，他的妻子在對他的遺產進行估價時，做了兩項調整：其一是針對房地產不可分割之一半股權，所做的 15% 缺乏市場性折價，另一項則是針對因罰金和處理鹽河谷用水戶協會所設定留置權的未處理財產之調整。

註解 61

Davis v. Commissioner. 1998 U.S. Tax Ct. LEXIS 35, Daily Tax Report（BNA）No.126, at K-17（T.C. June 30, 1998）.

註解 62

658 F.2d 999; 1981 U.S. App. LEXIS 17205; 81-2 U.S. Tax Cas.（CCH）P13,436;48 A.F.T.R.2d（RIA）6159; 48 A.F.T.R.2d（RIA）6292.

註解 63

680 F.2d 1248; 1982 U.S. App. LEXIS 17696; 82-2 U.S. Tax Cas.（CCH）P13,475;50 A.F.T.R.2d（RIA）6153.

對於第一項因部分所有權的折價問題，政府主張該遺產必須能證明該財產可能被以該整塊不動產的部分權益出售，而不是該遺產的未分割權益出售。法院認為並沒有理由將一個假設的賣家，看成必然屬於該遺產的賣家，而且，誠然該財產是以公允市場價值進行估價，但是按照定義來說，只是它的二分之一的權益。法院認定這種情況，類似在**布萊特訴美國的判例**。[64]

關於第二個問題的留置權，在初始納稅的時候，普拉斯查太太一直在尋找解決鹽河流域用水戶協會的處分，然而，在那個時候，該協會的章程並不允許以低於全部應償的金額來和解，而稅賦抵減也是基於這樣的理解。在被繼承人死亡和支付遺產稅之後，協會修訂了章程，並以低於全部應償的金額來和解。政府期望追徵該財產在死者死亡時，因其留置權所抵減之稅款。

上訴法院發現，在死亡的時候，由於該協會當時的章程規定，並沒有預期該協會將解決索賠案，儘管普拉斯查太太希望該索賠案將得到解決。法院裁決，作為一個法律問題，「在死亡日，當索賠的金額是確定的，並具有法律的強制效力，死亡後的事件在計算允許的抵減額時，是不相關的事件。」

◆ 非強迫的買或賣

在現實世界中，基於牽涉到破產或資不抵債時、需要及時的流動性、或為了慈善用途的一個及時銷售的需要、或是各種的原因，參與交易的各方可能會被迫去購買或出售。[65] 這是售價本身並不一定是公允市場價值的證據之另一個原因，在一個公允市場價值的交易中，買方和賣方都有平等的議價能力。買家尋找最低的價格去買，而賣家則尋找最高的價格去賣。[66] 在市場中將有願意提供更高的價格去買的其他叫價者，或願意以較低價格出售的其他

註解 64

658 F.2d 999; 1981 U.S. App. LEXIS 17205; 81-2 U.S. Tax Cas.（CCH）P13,436;48 A.F.T.R.2d（RIA）6159; 48 A.F.T.R.2d（RIA）6292.

註解 65

Bogdanski, Federal Tax Valuation, at 2.01[2][b].

賣家的競爭。沒有被強迫去出售的事實也暗示出，應以該公司能充分曝光到合適市場的前提，而不是在強制清盤的前提下來估價。[67]

在 1923 年稅務法庭**沃爾特訴達菲（Walter v. Duffy）**[68]的判例，法院主張該股票的價值是被判定為強制清算的價值。

◆ 沃爾特訴達菲（WALTER V. DUFFY）

艾莫藍 C. 布蘭查德擁有 1,890 股保誠人壽的股票，政府尋求核定及課徵其於 1915 年以每股 455 美元移轉其中 1,881.41 股之股價增值的稅賦。

在不知道布蘭查德的初始購買成本的情況下，國稅局基於每股 455 美元與該交易前兩年所發生之一筆以每股 262.50 美元價格出售之間的差額作為增值利得。

然而，當年以每股 262.50 美元價格出售股票的個人作證說，他出售該股票純粹是為了達到必要的流動性，以償還幾個貸款債務。這是賣方被迫尋求快速銷售，以滿足債權人的證據，如果他不被強迫，該股票將有更多地暴露到市場的機會，他可能會賣到一個較高的價格。

法院認為，262.50 美元的價值可能不是公允市場價格，並命令以新的審判來重新評價該價值。

強迫的類型可能有多種，財務壓力可能導致一個買方或賣方採取更迅速的行動，致使物件不能充分暴露於市場。在**特羅克塞爾製造有限公司訴行政機關**[69]的判例中，該物業的出售好似在匆忙中完成，當賣方在急需現金，而不得不犧牲一個特定物業，以低於其本來應有的真正價值出售。在這種情況

註解 66
Jay Fishman and Bonnie O'Rourke, "Value: More Than a Superficial UnderstandingIs Required," 15 Journal of the American Academy of Matrimonial Lawyers, No. 2（1998）.

註解 67
同上。

註解 68
287 F.41, 45（3d Cir. 1923）.

下，法院認定該出售不是一個正常的交易，並且該成交價格，不能代表公允市場價值。然而，以物業換取現金的願望，可能會被一些人視為是一種偏好，而不是強迫，如在**麥圭爾訴行政機關**[70]的判例中反方意見所陳述，其中持反對意見的法官陳述，如果出售的決定是希望持有現金而非財產的問題，則賣家並非必然是無意願的。

◆ 限制性協議的重要性

在一個假設的市場中的交易，可能不會受限於可能存在於一個開放市場的限制，但這並不意味著，這些限制不能或不應該在公允市場價值的交易中被考慮。相反地，買家往往在評估商業利益的價值時，會將這些限制納入考慮，因為他們在購買後，也要受限於這些限制。[71]

美國國內收入法規（IRC）§ 2703（B）[72] 規定了在決定買賣協議是否適用公允市場價值時，需要考慮的四項因素。

一、該協議必須是一個真實的的商業安排。

二、它不能是一個以低於全額，或是合宜的對價轉移財產，給家庭成員的一種機制。

三、該協議必須是為一個常規的交易而簽定。

四、該協議必須在簽約人生前和去世後均有效。[73]

法院在確定公允市場價值時，通常會尊重協議的移轉限制，時常會給予缺乏市場性折價。在某些離婚案件的判例，在確定價值時，只要該協議是有效的，並符合商業常規的話，對於限制性協議會給予極大的權重；其他的判

註解 69

1 B.T.A. 653,655（1925）.

註解 70

44 T.C. 801,813（1965）.

註解 71

Campbell, Canada Valuation Service, at 4-32

註解 72

U.S. Code Title 26, Section 2703（b）.

註解 73

Stephen C. Gara and Craig J. Langstraat,「Property Valuation for Transfer Taxes,」12 Akron Tax Journal, Vol. 125（1996）, at 139.

例則發現，這些協議對價值沒有真正的影響，因為他們從來沒有被使用過。

在**勞德遺產訴行政機關**[74] 的判例中，稅務法庭即面臨限制性協議的問題。

◆勞德遺產訴行政機關
（ESTATE OF LAUDER V. COMMISSIONER）

本案在探討被繼承人的遺產股份之估價，基於該股份給予該公司有優先拒絕以帳面價值購買死亡股東的股份之權力，此限制性協議的適用性。

該協議的條款在勞德死亡時被執行。最初的稅務法庭的審查（勞德遺產訴行政機關，TC 備忘錄 1992-736）判決該協議並不是公允市場價值的決定因素，而是一種機制，讓它的股東可以低於全額，或是合宜的對價轉移股份給他的家庭成員（從而違反了 IRC 第 2703（b）的規定）。法院認為，股東協議控制不了被繼承人的股票，在他去世時的估價，因為它並沒有反映執行時的公允市場價值。

在隨後的判例評價該股份的價值（勞德遺產訴行政機關，TC 備忘錄 1994-527）法院審查了各方面專家所提供的估價，並最終採納雷曼兄弟提出的估價方法，因為他們的分析強調「行業內可類比公司的本益比，可以做為確定問題中的股票之公允市場價值的最客觀和最可靠的依據。」

法院估計該公司的價值，使用 12.2 倍的本益比，並採用了 40% 的缺乏流通性的折扣，得到股票的公允市場價值。

另一個顯著的判例**喬伊斯・霍爾訴行政機關**[75] 案，是一個企業的公允市場價值是否受到股東協議中的特定限制條款所影響之問題，與勞德案作一區別。在這個案例中，並未發現這些協議只是單純為了一個世代間財富轉移的目的而存在。

註解 74
T.C. Memo 1994-527; 1994 Tax Ct. Memo LEXIS 535; 68 T.C.M.（CCH）985.
註解 75
92 T.C. 312; 1989 U.S. Tax Ct. LEXIS 24; 92 T.C. No. 19.

◆ 喬伊斯 · 霍爾訴行政機關
（ESTATE OF JOYCE V. COMMISSIONER）

　　本案例中，霍爾馬克公司（Hallmark）是由被繼承人和他的家人刻意維持的私人公司，發行三類股票：A類優先股、B類具投票權的普通股，和C類無投票權的普通股。該遺產包括B類和C類普通股，各類股票均受到限制。

　　受到1963年之契約的限制，這些股票的轉讓將被要求提供給「允許的受讓方」，那就是，霍爾馬克公司、霍爾的家人或他們的繼承人，以及以他們為受益人所成立之信託。只有經過這樣執行後的股票，才可以出售給外人。此外，契約規定B類股可以他們調整後的帳面價值，以現金或分期付款的方式來購買。如果股票由外部持有者購買，對於任何後續的轉移，其權益仍然會受到同樣的限制。C類普通股存在同樣的銷售限制。

　　1981年，霍爾與霍爾馬克公司簽定一選擇權合約，讓公司可以收購其股份不受其他買賣規定的限制。在霍爾死亡時，公司的董事投票行使這項選擇權並以1981年12月31日這些股票的調整後帳面價值購買該股份。

　　調整後的帳面價值，是依據1963年的契約所提供的一個公式每年來計算。在評價基準日，公司計算其調整後的帳面價值，B類普通股每股為1.98157美元，C類普通股每股1.87835美元。

　　該稅務官員辯稱，調整後的帳面價值可能不是公允市場價值，因為「允許的受讓人」可能以更高的價格買入股票。法院駁回這個論點，因為不像勞德案，並沒有證據證明允許的買家，可能會付出比調整後帳面價值更多的價錢。此外，這一論點提出，為了估值的目的之有關的買家，是特定類型的買家，此概念忽略了公允市場價值所要求，是一個假設性的有意願的買家。

　　法院判決：「不能以如此巧合的脆弱證據，而忽略表面上並非無效的協議與限制……，權衡各方專家的相關意見後，我們不能以公允市場價值大於股票的調整後帳面價值來做結論。」

另外，在**奧柏林遺產訴行政機關**[76] 的案例，限制性協議所設定的價值被否決。在這個問題上，該協議給予該公司和其他股東，以一個設定的價格優先購買該股分的選擇權，但允許在公司或其股東沒有執行優先購買權時，可以將該股份出售給公眾。由於該協議並沒有完全排除第三方來購買股票，法院排除了其作為公允市場價值的代表性。

　　除了 IRC 第 2703（b）中[77] 所規定的要求外，法院還會審查買賣協議的合理性，無論是否定期審查，以及價格是否來自一個常規交易的代表。這一點在當一個公司的股份是由家族成員持有時，尤其重要。在這裡，買賣協議經常被視為，以人為壓低價格來轉讓股份的遺囑機制。法院將可能檢視協議執行時的周邊情況和事件，以確定它是否為一個有效的協議，這些事件可能包括當事人的關係，該協議的目的，和協議價格的根據。[78]

◆對相關事項具有合理知識

＊已知的和可知的

　　公允市場價值要求，無論是有意願的買方和有意願的賣方對影響該物業的相關事實都有合理知識，此信息通常是指在評價日被稱為「已知的或可知的」。如前所述，在確定公允市場價值時，通常假設一個合理程度的認知。公允市場價值的估價，應包括在評價基準日當事人已經知道的訊息，以及任何可能不明顯，但有關各方在當時應該已經知道的信息。[79]

　　第五巡迴上訴法院在**美國訴西蒙斯**[80] 的判例中表明，即使在評價基準日的價格未知，但價值卻可能存在。在這個判例中，被繼承人去世後，繼承人聘請會計師，調查死者的納稅申報，在發現因錯誤支付了一筆補稅款的證據後，繼承人申請退稅。在此期間，當繼承人申報遺產稅時，因為不確定該索賠案會有任何價值，繼承人評價該索賠案沒有價值。最後，該索賠案以

註解 76

48 T.C.M.（CCH）733（1984）.

註解 77

U.S. Code Title 26, §2701.

註解 78

Stephen C. Gara and Craig J. Longstraat, "Property Valuation for Transfer Taxes," at 12 Akron Tax J 139.

註解 79

Bogdanski, Federal Tax Valuation, at 2.01[3][a].

41,187 美元和解。在確定該 41,187 美元是否應包括在遺產裡的一個審判時，陪審團發現，該索賠在被繼承人死亡時沒有任何價值。上訴法院不同意，法院的理由是，即使該索賠案的價值是未知的事實，繼承人懷疑該價值的存在，因為，它聘請了專業人士去調查死者的納稅記錄。因此，上訴法院裁定，雖然繼承人可能尚未知道該價值的存在，但該價值（即使不是全額的和解金）在被繼承人死亡時確實存在。

　　合理的知識（如公允市場價值的定義之意涵）並不要求買方必須擁有所有信息，並完全被告知，像以前的一些稅收程序所建議。[81] 此外，收入法規 78-367 提示，賣家將會過分強調有利的事實，買家將試圖引出有關出售的所有負面信息。這是兩個極端的觀點，在現實世界中，完美的知識的要求，很可能是無法實現的。在確定公允市場價值時，只應假設對相關事實有合理的知識即可。因此，主張這一觀點的判例，都堅持只對有關事實有合理的知識。[82] 正如一位評論家指出：

　　合理的知識是一個認知的水準，通常介於完美的知識和完全的無知之間，即使該物業的實際所有者，是處在一個極端或另一個極端。[83]

　　塔利遺產訴美國[84] 的判例認為，當所有者可能不知道可知的訊息時，可能影響價值的確定。在這個判例中，被繼承人不知道公司的官員非法操縱投標該公司最大客戶契約的標案，評價日期後四年該信息才曝光。法院認為投標操縱的作為是可知的事件（雖然未知），可能會影響在評價基準日的價值，法院的理由是，在評價基準日，該信息是可得的並可能進而揭發這種錯誤的行為，尤其是，該公司的總利潤與行業標準相比是如此之高，如仔細檢查記錄的話，即可能發現這種不當行為。因此，在確定公司的價值之時，法院給

註解 80

346 F.2d 213; 1965 U.S. App. LEXIS 5425; 65-2 U.S. Tax Cas.（CCH）P12,321;15 A.F.T.R.2d（RIA）1430.

註解 81

IRS Revenue Procedure 66-49.

註解 82

Bogdanski, Federal Tax Valuation, at 2.01[3][a].

註解 83

同上，在 2.01[3][a], 2-47.

註解 84

41 A.F.T.R.2d 1477（Ct. Cl. Tr. Div. 1978）（not officially reported）, at 1490.

予其價值 30% 的折價，理由是經由適當的調查，該信息可能在評價基準日被發現。[85]

＊評價基準日後的訊息和後續的事件（期後事件）

由於估價是在一個特定時間點的價值，從業者需要根據在評價基準日的已知或可知的（或可合理預見的）訊息來做結論。通常情況下，在一個回溯性的評價，評價日後的訊息可能是可得的，在評價日，如期後事件是可預見的，即可以在估價上加以考慮。然而如果在評價日，某一事件是完全不可預見的，通常在估價上即不給予考慮。雖然業者可能希望該數據在評價日期已經可得，發生的機率和已知的機率是不一樣的，業者使用判斷力來確定該訊息在那個時點是否是真正可知，是很重要的。法院可能會以很大的篇幅來確定哪些是在評價基準日已知的或可知的會影響價值的相關的訊息或因素。

稅務法院在**卡森斯訴行政機關**[86]案件的判決中描述將期後事件納入考慮的能力，如果他們在評價日確實是合理地可預見的。法院指出：

（政府）對於承認（估價期間）之後發生的事件的數據之證據，提出嚴重的異議，它主張這些事實在該日期必然是未知的，因此，不能予以考慮…（它）是真實的價值…是不能用後續的事件來判斷的。然而，如在該日期能懷有合理的期望則有實質性的意義。**期後事件可能有助於確立期望是被期待的，並認為這樣的預期是合理的和可理解的**。我們考慮他們僅侷限於此目的。（強調）

當適用於公司的財務業績和上市同業時，什麼是已知或可知的，是一個從業者經常會遇到的問題。當確定的財務訊息要在評價基準日後幾個星期或幾個月才正式發佈時，究竟會發生什麼事？這個問題在最近的**加拉格爾遺產**[87]的判例中探討。

在**加拉格爾案**中，問題是究竟應該使用哪一期的公司及其上市同業的財務報表？被繼承人死亡的日期是 2004 年 7 月 5 日，IRS 聘請的估價師使用

註解 85
法庭還用不相關的理由引用了缺乏控制權折扣。

註解 86
Couzens v. Commissioner, 11 B.T.A. 1040; 1928 B.T.A. LEXIS 3663.

註解 87
Gallagher Estate v. Commissioner, T.C. Memo 2011-148.

2004 年 6 月 27 日公司內部自行結算的財務報表，和同業上市公司截至 2004
年 6 月 30 日的季底財務訊息。在參與者在假設的交易中是不會知道最新的
財務報表的假設下，該遺產的估價師使用了最新（在 2004 年 7 月 5 日）發
佈的內部自結截至 2004 年 5 月 30 日的財務報表，和指標上市公司最近季度
或 2004 年 3 月 28 日的數據。

稅務法院同意美國國稅局的專家意見，即認為 2004 年 6 月的財務報表，
應該已經被用於評估被繼承人的遺產價值。法院認為，雖然 6 月份的財務資
訊在評價基準日尚未公開，這個「假設性的角色」[88] 可以查詢標的公司和指
標上市公司雙方，並引出截至 6 月底情況之非公開資訊。此外，法院指出，
2004 年 6 月的財務資訊準確地描繪了評價基準日的市場情況，並且在評價基
準日和 6 月的財務報表之間並沒有干擾事件，將導致他們的不正確。

這是一個法庭超越了技術上的已知或可知，以達到一個公允結論的另個
例子。

稅務法庭處理評價日期後的遺產估值之其他判例，在**雷吉利訴美國**的判
例中，被繼承人擁有的 368 英畝的農場，估計價值每英畝 372 美元。[89] 在被
繼承人死亡時間附近，其家人尋求以每英畝 3,000 美元將 40 英畝的農場土地，
賣給當地學校的董事會，後來，該家人將售價降至 2,000 美元，最後降至 1,000
美元，學校董事會以該土地位置非他們所要，拒絕購買該土地。被繼承人在
1962 年 1 月去世，那年 2 月，通用食品公司開始尋找土地建一個新的果凍廠，
1962 年 5 月，通用食品公司以每英畝 2,700 美元購買 112 英畝的土地。雖然，
美國國稅局聲稱，整塊土地的價值是每英畝 2,700 美元，然而，法院沒有考
慮以通用食品的交易作為價值的指標，因為沒有人能夠在被繼承人死亡的時
候，預見該購買案。

正如前面在**塔利遺產案**所提到的，法院允許使用評價日後的資訊，大約
是評價日後四年多的資訊來確定在評價基準日什麼是可知的。[90] 法院普遍承
認，在評價基準日的價值證據可加以考慮，而評價基準日後影響價值的事件，

註解 88
The Court's characterization, at 15.

註解 89
20 A.F.T.R.2d 5946（1967）.

註解 90
41 A.F.T.R.2d 1477（Ct. Cl. Tr. Div. 1978）（not officially reported）, at 1490.

如是不能合理預見的，一般不給予考慮。[91] 這方面的一個判例是**榮格訴行政機關**的判例，該案中一個評價日後的銷售價格，被用來評價該公司的價值。[92]

◆榮格遺產訴行政機關
（ESTATE OF JUNG V. COMMISSIONER）

本判例中，評價日後的銷售被用來證明在最初的遺產估價時，該遺產的價值被低估。該案涉及榮格公司 20.74% 的流通股份，該公司是一家鬆緊帶的整合製造和分銷商。

法庭尋求確定死亡日之被繼承人的股權之公允市場價值。該事業在 1984 年的死亡日的估價為 330 萬美元，死者的持分股份適用 35% 的市場性折價。兩年後，在 1986 年，大部分股份出售給外部公司，其餘的股份被清算，該公司股權的終極價值似乎已經超過 6,000 萬美元。

法院的意見明確指出，在評價基準日，該公司的出售是不可預見的；然而，法院被國稅局的論點所說服，即評價日後不久的出售，是其價值在評價基準日被低估的證據，而不是此一事件影響價值。

同樣地在**斯坎倫遺產訴行政機關**[93] 的判例中，被繼承人死亡之前，將股份贈與給六個家庭成員並被評價為每股 34.84 美元，死亡日的價值為 35.20 美元。這兩個價值均包括與上市公司的比較所得出 35% 的缺乏市場性折價，被繼承人死亡之後，該公司收到每股 75.15 美元的收購報價，且家庭成員行使其權利，以這個價格收購公司任何其他股東的股份，將公司買斷。國稅局考量這些資訊後，將該股票的價值推估為每股 72.15 美元，並且採用了 4% 的少數股折價。家人認為該收購報價是針對整個公司的股份，而不是該遺產

註解 91

如同塔 Tully、Gallagher 及 Couszens 案，考量期後事件是具體事實和情況的功能之一，在某些案子，法院會以很大的篇幅來說明他們是可預見的，有時甚至已知具不可預見也會使用。

註解 92

101 T.C. 412; 1993 U.S. Tax Ct. LEXIS 69; 101 T.C. No. 28.

註解 93

T.C. Memo. 1996-331（7/24/96）.

的少數股份。因為太接近評價基準日，法院允許考慮這個提議，但隨後採用 35% 的綜合少數股折價和市場性折價，並得到每股 50.21 美元的價值。

同樣的問題也在**希杜而卡的遺產訴行政機關**[94] 案中提出，在死亡日之後四年，一家商業廣告牌公司的出售案，被用來建立遺產的公允市場價值。法院承認，四年的時間可能被認為過於遙遠，以致無法承受作為該股票在較早日期的估價，但後來出售案的市場乘數與評價基準日附近的類比公司出售之乘數相似，因此，後面出售案的證據可適用於評價基準日的估價。這將在下一章中可以看出，在一些場合，這一原則已被延伸到異議股東行動之公允價值的決定。

一般情況下，法院會謹慎地指出期後事件是否已經改變了該物業的價值。作為區分後續事件影響價值或後續事件提供價值的證據之間的區別，可以透過**第一國民銀行訴美國**[95] 的判例來做最好的說明。法院指出：

例如，如果先前主張是一個農場在 3 月 13 日的公允市場價值是 80 萬美元，該事實是在 6 月 13 日意外地發現石油（導致該物業的公允市場價值扶搖直上），使先前主張變成不可能或可能性較小。然而，如果有人在不受強迫並具有關事實認知，於 6 月 13 日以 1,000,000 美元買了該財產，則這個事實則是相關的，因為它使先前主張（也就是，公允市場價值在 3 月 13 日是 800,000 美元）的可能性減少。[96]

可以看出，採用評價日後的資訊來處理不管是事件影響價值（已知或可知的），或那些提供價值（後續交易）的證據，都取決於每個案件的事實和情況。事實上，大部份的案件已經解決了這個問題。表 2.2 呈現由金融估價集團的邁克‧馬德所編制，遺產稅和贈與稅案件中的處理期後事件的判例彙編。該判例清冊之期間幅度從 1929 年至 2005 年，該表參照每個判決的主要考慮因素。

註解 94

T.C. Memo 1996-149; 1996 Tax Ct. Memo LEXIS 157; 71 T.C.M.（CCH）2555.

註解 95

763 F.2d 891; 1985 U.S. App. LEXIS 19780; 85-2 U.S. Tax Cas.（CCH）P13,620;56 A.F.T.R.2d（RIA）6492; 18 Fed. R. Evid. Serv.（Callaghan）290.

註解 96

同上。

表 2.2
案例彙編

日期	管轄權	參照案例	其後資訊的使用之參照
1929	美國 最高法院	ITHACA TRUST CO. v. U.S. （279 U.S. 151 （1929））	要徵稅的物品的價值必須以行為完成的時間點來估計。就像所有的價值，當這個詞為法律用語時，這在很大程度上或多或少取決於未來特定的預言，然而，如果該預言在後來並未變成真實，對於評價時所估計之價值仍是毫無減少。
1956	美國 第八巡迴 上訴法院	FITTS' Estate v. Commissioner, 237 F 2d 729 （8th Cir. 1956）	本案的判決是，實際的銷售是以常規交易之合理金額，在正常的商業場所，在估價日前後之合理期間內所完成，即是市場價值的最佳標準。
1964	美國 第七巡迴 上訴法院	Chester D. TRIPP v. Commissioner （No.14560（1964））	本案中，法院選擇使用古董珠寶系列的購買價格（在購買日期兩年半之後捐獻給慈善事業）來制定其價值，因為它發現「沒有實質性的證據表明，在這段期間有任何情況出現，而增加了該收藏的價值。」

1972	美國 稅務法庭	Estate of David SMITH （57 TCM 650）	持反對意見的稅務法庭法官表示，作為價值的無可爭議之證據，對於一個雕塑家的藝術作品在其生前與死後的實際銷售，應給予更多的權重。
1975	美國 最高法院	LOWE v. Commissioner （4236 U.S. 827 （1975））	估價日期後之銷售「可以用來佐證價值的最終決定」。
1983	美國 稅務法庭	Estate of JEPHSO v.. Commissioner （81 TCM 999）	稅務法院裁定：「……期後事件可以在有具體合理的預期之有限目的下被納入考量。」
1987	美國 稅務法庭	Estate of Saul R. GILFORD （88 TCM 38）	本案中，被繼承人之股票的價格是以其死亡之日起六個月內合計賣出的價格來確定。
1987	美國 稅務法庭	Estate of Euil S. SPRUILL （88 TCM 1197）	本案中，法院考量以死亡日之後 14 個月賣出的房地產之實際銷售價格來確定價值。
1989	美國 稅務法庭	Estate of Ruben RODRIGUEZ （56 TCM 1033）	證據顯示，被繼承人死亡後，該企業客戶流失，並遭受了利潤的大幅下滑。法院贊成由於關鍵員工的流失致使價值減少的論點。

1989	美國 索賠法院	KRAPF, Jr. v. U.S. （89-2 USTC par. 9448 （U.S. Claims Court 1989））	本案中，法院就估價的產生必須不能參照期後事件的一般規定，作出兩個例外的陳述：「第一，當評價基準日……和隨後的信息之間的合作經營之環境和條件，沒有發生重大變化，則贈與日期後的事件能用在估價中使用。其次，當贈與日後的資訊可以在評價基準日預見，則該贈與日後的證據，即是贈與價值的指標。」
1989	美國 哥倫比亞 特區巡迴 上訴法院	Charles S. FOLTZ v. U.S. News & World RztReport Report （98-7151 U.S. App. （D.C. Jan. 13, 1989））	法院指出：「所使用的方法是沒有回溯性的，但有前瞻性。我們必須看每個員工從公司分離出來時的情況。因此，適當的質問是該公司在當時是否被正確的估價，而不在於離職員工是否有資格在後續的應急銷售中獲得更大份額的好處。」
1992	美國 稅務法庭	Estate of Bessie I. MUELLER （63 TCM（CCH） 3027）	本案中，稅務法庭受理並允許以發生於死亡日後67天的期後事件，來設定問題中股份的的價值，其前提是合併談判開始於死亡日期之前。

1992	美國 地方法院 賓夕法尼 亞州	GETTYSBURG National Bank v. U.S. （1992 WL 472022 （M.D.Pa.））	本案在處理遺產稅申報案 中以低價估值申報銷售價 格的官司。法院准許使用 發生於死亡日後 16 個月 的房地產銷售價格，來確 定死亡日的價值。
1993	美國 稅務法庭	Estate of JUNG v. Commissioner （101 TCM 412 （1993））	本案所證明的一個常見的 論點是，隨後的銷售不影 響較早評價基準日的價 值；而不是證明該價值。
1993	美國 地方法院 S.D. 佛羅 里達	RUBENSTEIN v. U.S. （826 F. Supp. 448 （S.D. Florida1993））	即使官司在死亡日還沒有 提交，該法院允許將一件 在評價基準日後提出之未 解決的求償案納入考慮， 來決定價值。
1994	美國 稅務法庭	Estate of Robert C.SCULL v. Commissioner （67 TCM （CCH）2953）	稅務法院裁定，斯卡爾死 亡日後 10 個半月所舉行 的藝術作品拍賣之實際售 價，是遺產中的藝術品之 公允市場價值的最佳證 據。
1994	美國 稅務法庭	SALTZMAN v. Commissioner （TCM 1544, 1559）	稅務法院裁定：「考慮期 後出售的測試，不在於該 出售是否是可預見的，反 而是該期後事件是否重大 改變該財產的價值。」

1994	美國 地方法院 E.D. 維吉 尼亞州 諾福克區	Estate of Virginia C. ANDREWS v. U.S. （850 F. Supp. 1279）	法院裁定，只要銷售發生 於死亡後的合理時間內， 也沒有干擾事件重大改變 了該資產的價值，發生於 死亡後的事件准許用為考 慮死亡日期後收到的實際 價格的證據。
1995	美國 稅務法庭	Estate of Dominick A. NECASTRO （68 TCM 227）	稅務法庭基於污染可能在 評價基準日已經存在的可 能性，沒有允許物業價值 的減少，然而，在評價基 準日近四年後，所獲得 的死亡後資訊被承認，隨 即造成了估價的修訂。
1995	美國 聯邦地區 法院 第七巡迴 法庭	The FIRST NATIONAL BANK OF KENOSHA v. U.S.（763 F.2d 891）	本案中，遺囑在評價基準 日後 15 個月已收到購買 該物業的詢價。法院准許 將該期後事件納為證據， 從而影響陪審團對價值的 決定。
1995	美國 稅務法庭	Estate of Max SHLENSKY （36 TCM 629）	本案中，期後事件發生於 死亡日期後 15 個月，稅 務法院以促成該期後交易 事件的事實與情況在該期 後之期間並未有重大改變 之假設前提，採納並允許 以期後交易的價格作為死 亡日該不動產的價值。

1995	美國聯邦地區法院第五巡迴法庭	U.S. v. G. SIMMONS（346 F.2d 213）	本案係處理所得稅退稅之案件，退稅金額直到評價日後五年才達成協議。法院認為，對事實的合理的認知終將揭示該退稅申請是具有價值的，正因為如此，法院允許以期後事件來設定價值。
1996	美國稅務法庭	Estate of Joseph CIDULKA v. Commissioner（TCM 1996-149（Mar. 26, 1996））	稅務法院主要依靠一宗評價日後四年將公司以資產出售的方式賣給公司的競爭對手的銷售，作為判決的依據。不僅是因該銷售的時間與評價日有四年的差距，還因它涉及相對於公允市場價值的高度投資價值水準，交易價格可能也受到其以資產出售的方式的影響，而實際上該遺產則持有該公司之股份。
1996	美國稅務法庭	Estate of Arthur G. SCANLAN v. Commissioner（TCM 1996-331（July 25, 1996））	被繼承人在 1991 年 7 月去世，法庭則依據 1993 年 3 月收購整個公司的要約（促成 1994 年 1 月的出售）和因缺乏市場性和少數股權的因素，以及從被繼承人死亡的日期以來的變化，給予 30% 的折價來設定評價日的價值。

1997	美國 稅務法庭	Nathan and Geraldine MORTON v. Commissioner （TCM 1997-166 （April1, 1997））	稅務法院指出，「影響到物業價值的期後事件或情況，只有當他們在評價基準日是可以合理預見的，才可以被納入考慮，…只要是提供評價基準日該財產的價值的證據的期後事件，則無論他們是否在評價基準日是可以預見的，都可以被納入考慮。」
1998	美國 稅務法庭	Estate of Emanual TROMPETER v. Commissioner （TCM 1998-35）	法院表示，它不同意遺產方的主張，且相信該特定的期後事件，雖然無法設定該股票的市場價值，但將會對其價值產生沖擊。
1998	美國 稅務法庭	Estate of Milton FELDMAR （56 TCM 1998）	法院駁回 IRS 的兩個論點，即沒有關鍵人物的折價存在，和該公司可以用 200 萬美元的人壽保險的賠償金來代替它（關鍵人物），並不會造成公司的損失。
2001	美國 上訴法院 第六巡迴 法庭	GROSS v. Commissioner （2001 F. App. 0405P （6th Cir.））	稅務法院認為，國稅局專家利用評價日前後之交易來確定適當缺少市場性折價，採用這些數據是合適的，因為他們比有缺陷的早期研究，更正確的表現出評價時有意願的買家與有意願的賣家實際上所做的。

2001	美國上訴法院第十巡迴法庭	Estate of Evelyn M. McMORRIS（99-9031 U.S. App.（10th Cir. Mar. 20, 2001））	上訴法院裁定，遺產稅在扣除死者的所得稅負債時，該負債不應該扣除死亡日期後（即評價日之後）收到的該遺產非預期的所得稅退稅額。
2001	美國上訴法院第十一巡迴法庭	Estate of O'NEAL v. U.S.（00-11663 U.S. App.（11th Cir. July 26, 2001））	上訴法院裁定，扣除額（針對該遺產所請求）必須以奧尼爾夫人的死亡日期來進行估價。她去世後發生可能會改變該遺產的價值的所有事件，必須被忽略。
2005	美國稅務法庭	Estate of Helen NOBLE（TCM 2005-2）	法院認定以期後出售股份的交易來作為公允市場價值的決定因素。

　　上述表列事項，應被視為後續事件處理的參考信息，而不是對於期後事件處理的背書保證。建議從業者應該將此列表的判例，作為詢答的起點，因為它不應該被認為是絕對確定的結果。

　　表列中的判例，提供了法院確實考慮到評價基準日之後發生的事件之證據，法院所考量的實際因素之範圍，從期後的資產銷售問題，到後來可類比公司的銷售。

　　無論如何，只要在評價基準日之後發生的交易之評價價值，與評價基準日的評價價值，存在很大差異時，估價師會被要求調節這兩個估價，這些調節可能包括市場環境的變化，控制權與少數股權身份，或其他各種因素。

＊名目市場：如前所述，司法估價只佔價格決定的一小部分。在市場上，每天有數以千計以供需情況，來決定價格的交易發生，而這些交易在很大程度上影響隨後的司法估價。[97] 然而，司法估價並非發生在真空中，法院通常不管價值標準所陳述，而使用其廣泛的自由心證，來達到它所認為的一個公允的結果。[98]

在**安卓訴行政機關（Andrews v. Commissioner）**的判例中[99]，法院承認，在現實中存在著持有封閉式私人公司股票的人，只能將其持股賣給特定可識別方的可能性。然而，像布萊特訴美國的判例已經釐清[100]，雖然不是完全可獨立的現實因素，公允市場價值必須以相對於一個假設的自願買方和賣方（假定其存在），願意為該資產所支付之金額來決定，而不是實際的或特定的買家，所將支付的來決定。

正如我們所討論的，公允市場價值的交易並不需要一定發生在公開市場上。該名目市場主要用於英國和加拿大地區，用以區分一個假設市場的公允市場價值的決定，與從一個實際發生的交易的實際價格的概念。公允市場價值的要求，可能並不總是反映在公開市場上所發生的，通常也不是可能完全站在自己的立場，而沒有任何真實世界的力量的假設性銷售。

名目市場尋求辨認一個沒有實際銷售的銷售價格[101]。這可能發生在遺產稅或贈與稅申報、離婚、估價救濟、商業訴訟等範疇，或其他各種不涉及財產實際銷售情況下的評價[102]。雖然是英國和加拿大的一個名目市場概念，確實也代表了許多美國公允市場價值的基本假設。[103]

註解 97

James C. Bonbright, "The Problem of Judicial Valuations," 27 Columbia Law Review（May 1927），at 497.

註解 98

同上，在 503。

註解 99

79 T.C. 938; 1982 U.S. Tax Ct. LEXIS 12; 79 T.C. No. 58.

註解 100

658 F.2d 999; 1981 U.S. App. LEXIS 17205; 81-2 U.S. Tax Cas.（CCH）P13,436;48 A.F.T.R.2d（RIA）6159; 48 A.F.T.R.2d（RIA）6292.

註解 101

William B. Barker, "A Comparative Approach to Income Tax Law in the UnitedKingdom and the United States, " 46 Catholic University Law Review（Fall 1996），at 40.

　　在一個開放的市場交易中，買家和賣家身份是可以辨認的，他們之間的談判最終將導致一個商定的價格。在名目的市場中，買方和賣方都不是特定的人或實體，因此，潛在買家池是較大的。在名目的市場中，買家和賣家都被認為是在進行有意願的常規交易，儘管在現實中他們可能不是。[104]

　　此外，雖然在公開市場上的買方和賣方，可能尋求必要的資訊以作出明智的銷售，但在名目市場上則有一個假設，即買賣雙方都具有對相關信息的合理知識。在英國和加拿大的公允市場價值的判例中，是假設完全了解的，在美國，則僅要求合理的認知即可。[105] 在公開市場上，由於售後參與利潤分享，有條件的付款，以及類似的交易結構，有時在銷售日期並不知道最終的價格。在名目市場中，這些類型的付款都必須在評價基準日給予估計。

　　表 2.3 由傑‧E‧菲什曼和邦妮‧奧羅克所製作，比較名目市場與開放市場的元素。

　　名目市場假設：一個常規的交易、經濟價值而不是情感價值、具有同樣的資訊和非受壓迫的當事人、平等的資金實力和議價能力、一致的市場，和一個自由、開放、不受限制的市場環境。[106] 但在現實世界並不總是如此運作，由於缺乏信息、受強迫，或其他因素等，這就是為什麼經常有公允市場價值和開放市場價格之間的差異。這方面的一個判例是 1962 年稅務法庭對**迪斯訴行政機關**[107] 案的判決。

註解 102
Campbell, Canada Valuation Service, at 4-20.

註解 103
Fishman and O'Rourke, "Value," at 321.

註解 104
Campbell, Canada Valuation Service, at 4-20.

註解 105
同上。

註解 106
Fishman and O'Rourke, "Value."

註解 107
T.C. Memo. No. 1962-153 at 919,21 T.C.M. 845, aff'd 332 F.2d 725（3d Cir. 1963）.

表 2.3

名目市場與公開市場交易

名目市場	公開市場
正常交易	有些包括非常規的交易
經濟價值	可能包括情感上的價值
對等的訊息	雙方的訊息可能不對等
平等非受強迫的	一方可能會比另一方更「被迫」進行交易
一致的市場	市場可能包括繁榮和恐慌的情形
自由，開放，不受限制	可能受到限制
平等的金融實力	一方可能在經濟上較具實力
平等的議價能力	一方可能處在一個更好的談判地位

Source: Jay E. Fishman and Bonnie O'Rourke, "Value: More Than a Superficial Understanding Is Required," 15 Journal of the American Academy of Matrimonial Lawyers（1998）, at 322.

◆迪斯訴行政機關（DEES V. COMMISSIONER）

本案中，W.W. 迪斯收購他和另外兩個同事在 1950 年代所設立的保險公司的股份。他們還設立了擁有該保險公司多數的普通股的承銷公司。但是，為了籌集資金來組成這家合資公司，控股公司出售其股份給公眾。稅務專員認定，迪斯在他的 1953 年和 1954 年個人所得稅納稅申報表，申報之稅款短報；估價的主要問題是要確定特定股份的公允市場價值。

稅務法院認定迪斯的成本（1.25 美元有 5,000 股，1.00 美元有 5,000 股，3,800 股是無償的紅利股）和股票的公允市場價值之間的差額應視為薪資酬勞納稅。法院遂意圖確定這些股票在適用日期的公允市場價值。

在第一次銷售給公眾時，股票的銷售價格是 16 美元（或每股 20.00 美元在申購合約約定在往後三年付款），其中每股 12.80 美元匯給保險公司。稅務專員指望徵收以遠低於賣給大眾的銷售價格，所購買的股份的應納稅部分的不足。根據稅務專員的認定，兩個不同日期所分別購買的二批股份，迪斯應該就他支付的購買價格與該股份被出售給公眾的價值之間的差額繳稅。

保險公司利用銷售人員積極地推銷他們的股票，一位銷售人員可能會徵求潛在買家高達 15 次來購買該公司的股票。幾乎所有的公司以外的個人持股者，以 25 股、50 股、或 100 股的區塊持股。

在確定該股票的公允市場價值時，法院決定，雖然公眾是在評價日期附近支付每股 16.00 美元和 20.00 美元，該股份應分別以 5.00 美元和 5.50 美元作為估值。

在原始購買時，是在該公司的形成階段，股票的帳面價值約為 3.00，在後續購買時，該股份的價值會多一點。

個人從銷售人員購買股票時，銷售人員並沒有提供有關該公司的相關財務信息，因此法院認為買家是無知的，從他們所支付的價格，正代表他們的無知和輕信，以及該公司積極的（但不違法）銷售技巧，而不是對公司的運作有關的事實有合理的知識。

這個判例不僅直接關係到建立公允市場價值時，應該知道和可知道的信息水準，它也展現了公開市場價格，和達成公允市場價值的必要假設之間的差異。正如在 Chapter 1 所討論的，有些時候股票的內在價值，和它的交易價格不同，這是在公開市場中證券分析的本質。然而在本案中，很顯然的是公眾支付較高的價格，是由於銷售策略所引起，而不是由於股票的內在價值的差異所致。

當嘗試堅持構成有意願的賣方，及有意願的買方的嚴格準則時，它可能是無法忽視出於各種不同動機的真正的個人的情況，正如一位評論家指出：

雖然公認的法律條文可能認為，有意願的買方和賣方都是假設性，而不是真實的個體，但是，實際的買家、賣家和業主的情況，往往在確定公允市價時是非常重要的。在蒐集價值觀、企業清算的爭議、慈善受贈人的行為，以及其他估價問題的判例法顯示，真正的當事人之個人的需求和期望，有時在估價分析時會有顯著的作用。[108]

理想情況下，確認公允市場價值所期望的市場，可能是類似於前面所討論的名目市場，但現實世界的問題可能影響任何的估價。名目的概念並不排除業者調查所有可用的市場信息，但可以限制其使用。例如，使用包括並不適用於所有買家的有關綜效的交易。

無論是在公開市場，或在確定公允市場價值時，將實際市場數據納入估價，它可以是一家公司在市場上被公允評價的良好指標。這可以在稅務法庭願意將權重放在類比上市公司法時看出，儘管這些數據，對於構成有意義的比較來說，其衡量標準看似過於廣闊。

早些時候，我們在討論**喬伊斯‧霍爾訴行政機關（Estate of Joyce Hall v. Commissioner）**[109] **案的限制性協議的條款時**，法院也使用類比上市公司來評論被繼承人擁有 Hallmark 這家賀卡公司的股份。相較於霍爾馬克，美國賀卡公司（American Greetings）則是另一家在賀卡行業中廣為週知的領先公司，也是唯一的一家上市賀卡公司。稅務官員的專家，根據他的被繼承人的股份估價，與美國賀卡公司的估價進行比較。他聲稱，美國賀卡公司是唯一一家與霍爾馬克公司有類似的資本結構和產品結構的上市公司。另外，納稅人的專家不想只依賴單一的類比上市公司，作為比較的唯一依據，選擇了各種公開上市公司，如克羅斯（AT Cross）、可口可樂（Coca-Cola）和萊諾克斯公司（Lenox, Inc.,），他認為基於某些相似之處，但不是在同一行業可做為與霍爾馬克類比的公司。該專家認為，這些上市公司在業務和財務上有類似的特點，這些公司在他們的行業中，是生產名牌消費品的領導廠商。法院最終採納了納稅人專家的邏輯，認為在「一家公司在一個行業中的好運氣，可能是它的直接競爭對手所付出的代價」[110] 的概念下，只以一家公司做為類比來決定公允市場價值是過於狹隘的。本案中，法院允許在作為與霍爾馬克比較的目的上，選擇較為廣泛衡量標準的上市公司來進行類比。

註解 108

John Bogdanski, Federal Tax Valuation, at 2.01[2][c], 2-45.

註解 109

92 T.C. 312; 1989 U.S. Tax Ct. LEXIS 24; 92 T.C. No. 19.

註解 110

92 T.C. 312; 1989 U.S. Tax Ct. LEXIS 24; 92 T.C. No. 19 at 340.

　　然而，這種廣泛的標準（以上市公司的市場占有率或品牌認知的使用或經濟影響的程度）並不一定會被接受，在某些情況下，法院可能考慮目標公司的獨特性。例如，在萊特訴美國[111]的判例中，這涉及到一個遊戲公司的估價，法院判決，多元化的玩具和遊戲上市公司，並不足以作為有用的類比公司，用以類比只生產兩種類型的遊戲，以吸引特定年齡組客戶的公司。

　　這是與**喬伊斯‧霍爾訴專員案**相反的法院判決。[112]同樣地，在**加洛訴行政機關（Estate of Gallo v. Commissioner）**案中，在評價一家葡萄酒公司的估價時，法院基於相似的市場力量的原因，採納了納稅方專家使用了代表各種釀造、蒸餾、和食品加工的上市公司作為類比公司。

　　萊特案是一個較舊的判例，展現了一個受限制的類比上市公司的條件之觀點。正如已經看到的最近的判例中，法院經常使用共享經濟影響的更廣泛的概念，來衡量何謂有用的類比上市公司的標準。

　　最後，選擇適當的類比公司後，在確定價值的類比水準時也必須小心使用（意即，上市流通股份不應該直接與不可流通股相比，和少數股權不能直接與未經適當調整的多數或控制股權相比）。

◆ 常見的折價

　　＊**缺乏控制權折價**：當所有其他條件相同時，具有決策權的股份通常被認為比缺乏這些特權的股份更具價值，然而，多數所有權不一定是增加價值的保證。每個州的法規對於擁有股票的特定區塊的控制程度，有一定的影響力，有些州對於諸如合併、銷售或清算等行為，要求絕對多數股權的授權。公司章程中也可能要求類似的絕對多數的批准。任何持有小於100%的股權部位都有不利之處，沒有持有100%股權的股東所做的業務決策，可能會受到小股東藉由股東異議或壓迫的法規，成為爭議的主題。

　　在一個有「絕對多數決」要求的州，如果持有的股份數量，達到或超過絕對多數的門檻，該控制股份往往具有更高的價值。相反地，如果少數股份的所有權，足以阻止控股股東，達到絕對多數的門檻，他的折價就不能像一般的少數股權的折價哪麼大，因為它有阻止一個公司行為的能力。

註解 111

439 F.2d 1244（1971）.

註解 112

T.C. Memo 1985-363.

在做出沒有控制權的投資時，都附帶有伴隨的風險，這些可能性包括：

＊多數股權所做之不良決策，可能會導致該公司損失。

＊少數股東不支持的方向變更，將會發生。

＊大股東可能在許多方面犧牲小股東的權益，包括取消股息、逐出、排擠出去等等，或者說是對少數股東不公平的其他行為。

這些風險將進一步的在本書的 Chapter 3 中討論，但最終是少數股份的價值，通常低於控制股份的價值。然而，值得注意的是，在某些情況下，聚集的少數價值可能超過該企業的價值。

我們發現的第一個司法認可的少數股折價的判例，是 1935 年**奎文訴韋爾奇（Cravens v. Welch）**[113] 的稅務案。在這個判例中，納稅人尋求從他的所得中扣抵他所持有的一家未上市公司的少數股份的價值損失，該股東主張該股票在適用日期的價值為每股 2.25 美元，這是以該企業的價值按股份比例計算的。

然而，國稅局則主張當時每股的價值為 1.21 美元，因為是以少數股權給予估價的。法院根據政府所有證詞，判決有利於國稅局，並且支持少數股折價的結論。[114] 雖然在這種情況下少數股折價有益於國稅局，但是少數股折價的概念依然留存下來，並且已經成為一種機制，使股東能夠用他或她的少數股權來減少其應稅的價值。

在**索夫・科夫勒訴行政機關（SolKoffler v. Commissioner）**[115] 的判例中，法院在討論缺乏控制權折價，當以與其相當的上市公司來比較一未上市公司的少數股份時。法院指出：

無論是在櫃檯買賣還是在交易所交易，幾乎每一宗在日常公開交易出售的股票都是少數股權益，它無法決定股息或其他公司的政策。但重要的考量

註解 113

10 F. Supp. 94（D.C. Cal. 1935）.

註解 114

Edwin T. Hood, John J. Mylan, and Timothy P. O'Sullivan, "Valuation of CloselyHeld Business Interests," 65 University of Missouri at Kansas City Law Review, No. 399（Spring 1997）.

註解 115

T.C. Memo 1978-159.

因素是，這類股票有一個日常交易的市場，並且沒有一些異常的情況可以阻止買家在任何時間將自己的投資變現。對於 ALW 股票的少數股份，他就沒有這種保證。

另一家法院說明該調整是為反映「小股東無力強制清算，從而實現公司的淨資產價值的比例份額。」[116] 這一特質導致因其缺乏控制權，而給予少數股折價的必要性，同樣地，如果可以從該公司提取更多的現金流，當與類比的上市公司的股票相比時，具控制權的股份應給予溢價。

＊缺少市場性折價：私人企業或商業利益的公允市場價值可能會由於缺乏市場性而受損。少數股折價的調整是因缺乏對一個實體的控制權，市場性折價則是作為不能立即將股權變現的補償。[117]

國際商業評價術語彙編（International Glossary of Business Valuation Terms）將市場性定義為「以最低的成本快速將財產變現的能力」。[118] 一家上市證券的所有者，可以在三個工作日內執行交易和清算資產。一家私人控股公司的少數股份出售，可能需要花時間和費用，來確認可能且有能力購買的買家，進而談判交易。在這個名目的市場，無法立即清算自己的部位，即需要考慮缺少市場性折價。

然而，對於具控股權股權的缺少市場性折價的適用問題，仍然是未定的，一些稅務法庭判決中引用這樣的一個折價，其他人則認為不需要這樣的折價，因為私人企業通常不通過公開市場出售。筆者認為，具控股權股權的缺少市場性折價的運用，在某些情況下是可行的，這些環節其實是很敏感的。

在整體探討公司的市場性後，股東層級的折價之適用可能是需要的，由於公開公司的少數股份可以相對快速、輕鬆地賣出（多數在公開交易所，如紐約證券交易所，那裡有成千上萬的潛在買家），一家私營公司的少數股份的出售則無法與其相比，私人少數股票買家數通常要小得多。限制性股票的研究已經揭示了，自由流通股和那些在一定時間內受限制不能在開放市場交易的股票的價值，有著顯著的差異。[119]

註解 116
Estate of Thomas A. Fleming, et al. v. Commissioner, T.C. Memo 1997-484（October27, 1997）.

註解 117
Gara and Langstraat, "Property Valuation for Transfer Taxes," at 154.

註解 118
Guide to Business Valuations at 2-40.

投資者偏好流動性,當對管理層缺乏信心、預期資產價值會降低,或需要現金的可能性等諸多原因下,具流通性的資產,可以迅速的出售。持有流動性差的資產時,可能很難或須付出昂貴的成本才能加以變現,因此投資者即使在價值下降或管理政策不良的情況下,仍可能會被迫持有該資產。[120]

如前所述,在曼德爾鮑姆訴專員(Mandelbaum v. Commissioner)[121]的判例中,法院探討分數年贈與的私人公司少數股份的市場性折價之適用性。在量化折價率方面,法院審查前面表 2.1 顯示的折價的因素,並且依據其結果調整缺乏市場性折價之基準百分比。

＊巨額折價:當一宗上市股票的數量在與市場的總交易量相比之下太大,以至於它不能在不壓抑到市場的情形下被出售時,可能適用巨額折價。從本質上來講,一個巨額折價是需要的,因為市場將會賣單氾濫,供給將超過需求。[122] 折價率的計算,可以將這巨額數量分成小批量來出售完畢所需花的時間來估計。這可能適用於上市股票[123] 或持有其它類型的資產,如藝術收藏,如果巨額出售可能對市場產生壓抑效應的話。[124] 在公開市場上有一個爭論,是否應給予特定的巨額股份巨額折價,或在適當的時候,給予控制權溢價。

奧基夫訴行政機關(Estate of O'Keeffe v. Commissioner)[125] 的判例是一個藝術品估價案,而不是股票估價案,但在演示的目的上,它清楚地說明了為什麼巨額折價可能合適。法庭檢視一批巨額藝術收藏品中,每一件作品的個別市場價值,並認為,如果所有的作品同時進入市場,將會抑制市場,因此,該整體收藏品的價值會小於每個單獨的藝術品個別價值的總和。所以,法院將該收藏品分成兩組,並允許比較可銷售的一組適用 25% 的折價,比較無法出售的一組適用 75% 的折價。

註解 119

David J. Laro and Shannon P. Pratt, Business Valuation and Federal Taxes, 2nded.(2011), at 283-290. John Wiley.

註解 120

Laro and Pratt, Business Valuation and Taxes, at 285.

註解 121

T.C. Memo 1995-255; 1995 Tax Ct. Memo LEXIS 256; 69 T.C.M.(CCH)2852.

註解 122

Gara and Langstraat, "Property Valuation for Transfer Taxes," at 158..

註解 123

Estate of Friedberg v. Commissioner, 63 T.C.M.(CCH)3080, 3081-82(1992).

　　＊關鍵人折價：儘管買賣雙方的本質是假設的，但是，通常在決定公允市場價值時仍須依賴這個假設，但是在某些情況下，考慮某一個人的實際地位，有時是被繼承人在公司內所擔任的職位，和他或她的死亡的影響，是非常重要的。

　　關鍵人折價反映了公司對特定個人的依賴，這可能是由於各種原因，包括精簡的管理、有利於公司的豐富個人關係、有豐富的市場知識和經驗，或者任何其他因素，沒投保關鍵人的人壽保險、可能使任何個人也很難取代的。有人建議，該折價的大小，可以通過辨識具有和不具有關鍵人的繼續存在的現金流進行量化，幾個可能影響關鍵人折價的識別因素，包括 [126]

- 關鍵人物所提供之服務
- 公司對該人的依賴程度
- 如果關鍵人仍然存在的話，他或她的損失的可能性
- 其他管理人員的深度及素質
- 是否有適當的替代人
- 關鍵人的報酬和可能替代人的報酬
- 不可替代的因素和所失去的技能的價值
- 由新的管理人員營運所帶來的風險
- 失去借債能力

也有因失去一個關鍵人而可能得到的潛在補償，諸如：

- 支付給公司的生命或傷殘保險理賠金未明確指定用於其他用途，如回購死者的股票
- 節省報酬，如果替代人選的可能報酬低於關鍵人物的報酬
- 競業禁止
- 強化中層管理

註解 124
Estate of O'Keeffe v. Commissioner, 63 T.C.M.（CCH）at 2704.
註解 125
同上。
註解 126
Steven Bolten and Yan Wang, "Key Person Discounts," Business Valuation: Discounts and Premiums（Hoboken, NJ: John Wiley & Sons, 2003）, at 3.

稅務法庭在**費爾德曼訴行政機關**[127]的判例中，主張關鍵人物隱含著公司股票的價值。某家銷售非傳統保險產品的公司係被繼承人創立，並依靠他獨特的營銷技巧經營。法院認為，該公司的價值將會因沒有他的存在而減少，以及一個理性的投資者在收購該公司時，會要求一個折價來彌補失去該關鍵人物的損失。被告宣稱，壽險保單彌補了失去該關鍵人物的損失，但是，法庭認為該保單是營業外資產。被告還聲稱，由於被繼承人的死亡所留下之可用的薪金，可用於支應新管理層之薪金。但法院認定，在沒有該關鍵人物的情況下，該公司目前的管理階層沒有能力繼續經營。最終，法院判決，將該公司的價值應折價 25%，用以彌補失去該關鍵人物的損失。

　　其他判例就這個議題也做了同樣的主張，包括前面提到的索夫·科夫勒訴行政機關的判例，法院採用了 15% 的**管理層薄弱（thin management）**折價。

　　＊**被困資本利得**（**Tapped-in Capital gains**）**之折價：**在一家公司因所持有之資產隨著時間的推移已大幅升值的情況下，其所產生之資本利得，最終將在銷售時引發資本利得稅。近日，法院允許給予該資本利得折價調整，以應支付最終的稅收之需要。對於被困資本利得折價的主要論據是，該資產不一定會被出售。但是，**通用電力條例**的廢除（該通則規定，一家公司分配增值的財產給予其股東時，不需認列任何收益或虧損[128]）給這個議題帶來了新的關注。關於這個問題的一個較近的判例是**艾森伯格訴行政機關（Eisenberg v. Commissioner）**案。[129]

註解 127

Estate of Feldmar v. Commissioner, T.C. Memo 1988-429, 56 T.C.M.（CCH）118（1988）.

註解 128

Pillsbury Winthrop Shaw and Pittman, LLP, "Tax Page"（http://pmstax.com/acqbasic/genUtil.shtml）.

註解 129

155 F.3d 50（2d Cir. 1998）.

註解 130

同上，在 25。

註解 131

1998 U.S. Tax Ct. LEXIS 35, Daily Tax Report（BNA）No. 126, at K-17（T.C. June 30, 1998）.

◆艾森伯格訴行政機關
（EISENBERG V. COMMISSIONER）

本案例說明被困資本利得（折價）的必要性。上訴人在三年的過程中，餽贈股票給她的兒子和兩個孫子，為了贈與稅的目的，她考量假如發生公司被清算或出售時會產生被困資本利得稅後，她低報了贈與股票的價值。後來她收到的短報稅款的通知，完全是針對考量被困資本利得所做的低報。

稅務法院判決，當沒有任何證據表明該公司很有可能發生清算，或出售的時候，先例判決是不允許採用被困資本利得折價。此外，法院認為沒有假設的自願買方將以清算或出售的觀點，來購買該公司，因此，被困資本利得將是一個不成問題的問題。

在上訴中，上訴人（艾森伯格女士）認為，沒有買家將願意在不考慮被困資本利得的情況下，購買該公司股票。第二上訴巡迴法院認為上訴人的說法更具說服力，他表示：「這個問題並不是一個假設性的有意願買家計劃要對該財產做什麼，而是，他會考慮影響他將買入的物業之公允市場價值是什麼。」[130]

因此，法院認為，估價時應該將那些潛在的稅賦納入確定估值之考量。

在其判決中，法院還看了最近解決類似問題的判決，**戴維斯訴行政機關**[131]案，該案檢查了是否應該將公司內含的資本利得稅，納入股票的估價。

該案中雙方的專家都建議，應該將內含的資本利得稅納入考慮，無論該公司或其資產是否考慮清算或出售。

重點回顧

本章討論公允市場價值，和其完善建置的定義之歷史和發展。公允市場價值是與稅法、法規和司法相關的問題，特別是聯邦遺產稅和贈與稅相關的法律構成的一部分，當聯邦稅法變得更加普遍時，它的使用和相關假設也持續成長。我們已經分析了塑造公允市場價值的定義的法院判例，並且，在很大程度上看到，儘管適用於某些總體原則，每個案件的事實和情況往往影響了公允市場價值的評估結果。公允市價的價值標準常常適用於稅法以外的範疇，例如離婚案件。

為了更好地引導公允市場價值的應用，國稅局已經建立了法規和稅收規則（其中最有名的是收入規則 59-60）等估價應當遵守的法令。在遺產稅和贈與稅條例中制訂了公允市場價值的一般要求，所有這一切適用都被視為假設性的建構：

- 一件物業將易手的價格
- 一個有意願的買家
- 一個有意願的賣家
- 雙方都不受任何強迫之下
- 雙方對有關的事實均具有合理的知識
- 特定評價基準日的特定價值
- 期後事件的適用性

在這些一般假設的考量中，具體問題的發展，包括買家和賣家，和所創造的市場的性質：

- 綜效型買家
- 對個別等級股票之共同或單獨評估
- 限制性協議的適用範圍
- 期後事件和評價基準日後之資訊
- 實體和股東層級的折價之適用性

在確定公允市場價值時，法院一貫的是評估在股東手中的股票價值，無論是為了遺產稅、贈與稅或所得稅的目的，其最終的價值代表著一個交換的價值，且通常適用缺乏控制權和市場性折價之價值，控制權溢價也是一樣（如果適當，並根據所使用的現金流量）。不過，法院在所討論的議題之處理上，還沒有完全取得跨轄區的一致性。因此，每個案件的情況和實際上的考量，都能促成案件的獨特性，每一個法官或陪審團會依據特定事實的型式做出判決。

公允市場價值標準，形成理解股東異議和壓迫之公允價值標準的基礎。此外，應用在公允市場價值的概念，也被許多州用於離婚案件之估價。因此，Chapter 3「股東異議與受壓迫的公允價值」，和 Chapter 5「離婚案的價值標準」，都建立在本章中所討論的概念上。

股東異議與
壓迫的公允價值

Chapter 03

Fair Value in Shareholder Dissent and Oppression

公允價值作為異議、受壓迫，和整體案件公平性的價值標準

州法院採用公允價值作為少數股份在鑑價（英文為 appraisal，也稱為異議 dissent）[1] 和壓迫情況下的主要標準。當法院在決定異議的少數股，或要求收購受壓迫的少數股之股價時，這個價格對雙方都很重要，而且會決定少數股的「公允價值」。[2] 雖然大多數州的鑑價和壓迫下的法規中，都有明確或有效的規定認為，少數股份必須以「公允價值」來評價，但是「公允價值」的定義仍是相當混亂。要理解公允價值作為衡量標準之前，必須與所謂的公允市場價值，和第三方銷售價值的標準互相比對，這些內容將在本章討論。

鑑價和壓迫案件都是由州法律所管轄，包括公司法法規，還有這些法規的詮釋，以及法院在公平權利下的裁量權，即使當該州缺乏相對應的法規時，也是一樣。[3] 雖然，現在幾乎所有的州在司法鑑價時，指定公允價值為公認的標準，但是透過不同的法律變革和司法詮釋，也會對其內涵和評估有著不同的解釋。

這個模範法規是由美國律師協會（ABA）和美國法律協會（ALI），與德拉瓦州的鑑價法一起提出的，本法大大地影響了絕大多數州的法規。ABA 和 ALI 制定了公允價值的定義，設定了 ABA 的「修訂模範公司法」（RMBCA）[4] 還有 ALI 的「公司治理原則」（Principles of Corporate Governance）[5]，儘管這些組織對公允價值標準的發展作出了貢獻，德拉瓦州法院的裁決仍是其定義之核心。

本章內容感謝麥可‧A‧格雷厄姆博士（Michael A. Graham, Ph.D.）的協助。

註解 1

由於鑑價的要求來自異議股東，因此「異議權利 dissenters` rights」和「鑑價權利 appraisal rights」這兩個名詞可以互通。

【譯註】異議權利或鑑價權利，即我國公司法第 186 條所稱之公司股份收買請求權，我國公司法第 186 條規定：「股東於股東會為前條決議前，已以書面通知公司反對該項行為之意思表示，並於股東會已為反對者，得請求公司以當時公平價格，收買其所有之股份。但股東會為前條第一項第二款之決議，同時決議解散時，不在此限。」惟我國司法實務對於「公平價格」之決定方式，尚未有一致之見解。

註解 2

Douglas K. Moll,「Shareholder Oppression and 'Fair Value': Of Discounts, Dates, and Dastardly Deeds in the Close Corporation,」54 Duke L. J. 293, 310（2004）。在本章中，我們廣泛引用莫爾教授在壓迫和公允價值領域的專業論述。有關這些標準的更詳細討論，請參見「由各種機構和法規所定義的公允價值」之章節。

　　德拉瓦州的鑑價法規明確規定，以公允價值作為價值衡量的方法。德拉瓦州最高法院在 1950 年在**三大陸訴貝特（Tri-Continental v. Batte ）**[6]案中澄清了其意義，公允價值被定義為從異議股東所拿到的價值：

　　價值在鑑價法規中的基本觀念是：股東有權領取他被拿走的權益，也就是，在持續經營前提下的股東持分權益。藉由企業支付股東在公司的股權持分比例的價值，可以得知併購者從股東手上拿走的股票之真實價值（true value）或者內在價值（intrinsic value），要確定真實或內在價值的數目，評價師和法院在決定價格時，必須考慮所有可以合理地定價的因素與元素。[7]

　　此一價值的概念，被許多評價和壓迫案件作為基本的標準引用。近年來，大多數（但不是全部）司法案件所採取的立場是：**該股東所被拿走的（權益價值）即是其在公司整體價值中所佔之持分之價值。**

　　這有助於了解以公允價值為評價標準的鑑價、壓迫和違背信託責任等不同的法律行為。鑑價請求權是一種：「限定的司法救濟權利，意圖給予聲稱併購的考量是不適當的之少數異議股東，得以請求法院獨立裁定其所持股份之公允價值。」[8]持有異議的少數股股東，可以請求依州法律鑑價，俗稱鑑價權或異議權。股東在併購或合併時，通常擁有鑑價權，即當他們的股份或股權在過程中，非自願地被以現金方式收購，但有些州允許異議者尋求其他

註解 3
同上。

註解 4
ABA 的「修訂模範公司法」（RMBCA）是設計來給各州立法機關用以修定或更新它們公司法規的示範法規。最初是由 ABA 於 1950 年出版，並於 1971、1984、1999 年修訂，在 1969 和 1978 年有關於鑑價的修訂。

註解 129
155 F.3d 50（2d Cir. 1998）.

註解 5
The American Law Institute ...drafts, discusses, revises, and publishes Re- statementsof theLaw, modelstatutes, andprinciplesof law." www.ali.org/index. cfm?fuseaction=about.overview.

註解 6
Tri-Continental v. Battye, 74 A.2d 71（Del. 1950）.

註解 7
Tri-Continental, 74 A.2d 71, 72.

註解 8
Alabama By-Products Corp. v. Neal, 588 A.2d 255, 256（Del. 1991）.

情況的鑑價權，如出售資產、資產重組、股票換股票之合併、公司章程的修訂，或者會對其投資本質造成重大改變的其他變化。在鑑價請求權中，唯一的補救措施是現金。

雖然鑑價或異議的權利，通常適用於封閉型企業，上市公司在某些上述情況下，也適用鑑價請求權。有一個常見的誤解是，公眾持有的股份沒有鑑價權，因為許多州的鑑價法規中有稱之為「市場除外」的條文。這將在後面「**公開交易公司的鑑價權：市場除外**」（**Appraisal Rights in Publicly Traded Corporations: The Market Exception**）的章節中討論。

壓迫則是由封閉型公司的股東所發起，他們主張公司派那些人對待小股東不公平，並尋求解散公司或買斷他們的股份。當小股東確定，公司將他們排除在分享其應得的公司經營產生的利益之外時，他們就可以得到壓迫救濟。[9]壓迫往往涉及多數針對個別小股東的壓迫行為，這些行為包括終止補償、僱傭關係或分紅，或大股東掏空公司資產，剝削了小股東的利益。

壓迫之救濟行為如鑑價之救濟行為一樣，主要是根據州法規。除了九個州以外，其他州已經頒布由壓迫所啟動的公司解散法規，根據此法規，股東可以請求非自願解散。隨著時間推移，已經有些非自願解散的替代救濟補償措施，只是還沒有那麼多非自願解散的案例。事實上，「『壓迫』已經從非自願解散的法定依據，演變成各種救濟的法定依據。」[10]

在許多沒有壓迫啟動解散法規的州裡面，法院為了被壓迫的小股東，創造了另一種尋求補救的方式。這些法院都強調，在多數派和少數股東之間存有信賴與忠誠的信託責任；其他法院甚至延伸信託責任的義務到各個股東互相之間。透過這種方式，這些法院允許被壓迫股東，以主張其他股東違反信託責任提起訴訟。公司派無法履行其對無經營權的少數股東之受託責任，可視為壓迫。

註解 9

專業用語：「多數派」和「少數派」。區分擁有實際權力以及沒有實際控制公司運營的股東。J.A.C. Hetherington & Michael P. Dooley, Illiquidity and Exploitation: A Proposed Statutory Solution to the Remaining Close Corporation Problem, 63 Va. L. Rev. 1, 5, n. 7（1977）。

註解 10

Moll, "Minority Oppression and the Limited Liability Company: Learning（or Not）from Close Corporation History, " 54 Wake Forest L. Rev. 883, 894（2005）.

在違反信託責任的判例，法院給予了許多相同的救濟措施，如解散和強制收購，這些都是州的壓迫法規所賦予。法院在壓迫和鑑價上，採用相同的公允價值標準，用來做為對少數股份價值的司法認定。道格拉斯莫爾教授寫道：

法律和信託責任行為的發展反映了：「對於小股東地位給予同等基礎的考量，特別是在紛爭不斷的封閉型公司。」由於兩個救濟方案之間的相似性，有人認為「將此兩者視為少數股東針對壓迫採取行動的理由是有道理的。」為此，在封閉型公司的狀況中，將法律行為和信託責任行為，視為同一枚硬幣的兩面是合情合理的，也就是股東針對壓迫採取行動的理由。[11]

德拉瓦州有個案例，在州沒有特定的壓迫法規時，法院根據其自己的公平權責進行判決。[12] 在德拉瓦州，當法院認為有利益衝突或壓迫行為時，將准許案件中的少數股東適用違反股東信託責任條款（請求壓迫之救濟）。如果案件被指定為屬於「整體公平」（entire fairness）的案件，德拉瓦州法院將採用同樣的公允標準，即公允價值，來決定少數股份的價格，這兩者都在德拉瓦州鑑價的案件中被採用。

重要的是，如德拉瓦州在**三大陸案件（Tri-Continental）**中所做的一樣，將（少數股份之）公允價值定義為公司價值的相對持分價值，將之與其他的兩個價值標準做區別：公允市場價值和第三方銷售價值。[13]

有人認為，法院選擇公允價值作為（壓迫救濟的）標準，而不採用公允市場價值和第三方銷售價值，即已經做了最佳的選擇。[14] 例如，當公允市場價值用於稅務案件時，少數股的價值通常適用因無控制權與市場流通性的少數股之大量折價。法院指出，根據公允市場價值基於此大量折價基礎所得到

註解 11
同上，895，引述羅伯特‧B‧湯普森，「股東針對壓迫的行為的原因，」48 Bus. Law. 699, 739（1993）。

註解 12
德拉瓦州在建立公司法標準的領域上相當卓越，因為許多大型上市公司都在德拉州註冊，而且德拉瓦州相關的公司法規發展的十分健全。

註解 13
參見下面的「多數州目前拒絕少數股和市場性折價」。

註解 14
Lawrence A. Hamermesh and Michael L. Wachter, "Rationalizing Appraisal Standards in Compulsory Buyouts, " 50 B.C. L. Rev.1021（2009）。在本章中，我們廣泛引用漢默梅希教授和沃切特教授在評價和公允價值領域的專著。

的估值，將低於少數股佔公司持分權益的價值。依據這樣的公允市場價值評價法，公司派（或多數派）將會從少數派手中取得不當得利。因此，在許多州的司法解釋與法規中，現在決定公允價值時拒絕採納少數股或市場性的折價。然而，有些州仍允許折價，無論是基於法院自由裁量權的判例，或是在某些特殊的情況下。[15]

另一方面，如果法院採用第三方銷售價值作為標準，那些股票價值將會有溢價，比公允價值的評價更高，導致一個爭議的價值，因為該第三方銷售價格，可能包括來自該交易的其他附加元素的價值，例如財務控制和綜效的價值，少數股東並不被賦予這些附加價值。大多數評價法規明確指示，司法機關訂定公允價值時，要將該交易的各種綜效的價值排除。

為了進一步了解公允價值在鑑價與壓迫中的議題和複雜性，我們將檢視在判定公允價值時，法院採取哪些要素，也會同時檢視各級法院，如何處理目前評價的概念和技術。

異議股東的鑑價救濟

◆ 鑑價救濟的歷史和概述

19 世紀初，**普通法（common law）**認為公司在特定決策上必須取得一致，這意味著要求 100％的股東同意。當時企業的普遍觀點是，少數股東的投資與公司的股東有契約性連結，股東不應該被要求，遵守他們所不支持的根本性改變。因此，任何單一股東能利用他的普通法否決權，來阻止企業活動。[16]

這種觀點可能造成公司決策程序的癱瘓。少數股東可能會一時衝動，或者專橫拒絕公司的行動，只為了謀取其自身的投資利益。[17] 隨著工業革命的發展，不斷成長的各個機構和基礎建設，如橫貫大陸的鐵路，使得經濟日益

註解 15
參見以下「股東層面折價」。

註解 16
Michael Aiken, "A Minority Shareholder's Rights in Dissension: How Does Delaware Do It and What Can Louisiana Learn?" 50 Loyola L. Rev. 231, 235（Spring 2004）.

註解 17
John D. Emory, "The Role of Discounts in Determining Fair Value under Wisconsin's Dissenter's Rights Statutes: The Case for Discounts, " 1995 Wisc. L. Rev. 1155, 1163（1995）.

複雜。隨著這些在商業和金融的變化，企業和法院體認到，「全體一致同意」
的條件會對企業成長造成阻礙。[18]

1892 年，伊利諾州最高法院在**惠勒與普爾曼鋼鐵（Wheeler v. Pullman
Iron & Steel Co）**[19] 的訴訟案件中，秉棄企業管理中一致同意觀點，確認多
數決的規則及少數股東的角色。法院認定公司的基本規則應該採多數決。這
點就此改變了少數股東投資的概念，意味著小股東投資公司，只能同意遵守
由多數股東或多數股東選出的董事會所批准的決策。[20]

繼**惠勒案**的判決後，其他州法院也認知到一致同意的規定之癱瘓效應，
所以普遍朝多數決方向發展。最初，多數決通常只應用於破產案件，但後來
也納入併購、資產出售，以及類似交易的管控中，只要多數決的結果，有考
量到公司的最佳利益的話。[21] 其結果是，不同意多數決的少數股東們被排除
在外，沒有能力挑戰多數之決策，或者如果股票沒有公開交易的話，他們連
退出公司的權利都沒有，因此，為了這些少數股東，才有後來鑑價權的發展。

1875 年的一件俄亥俄州的判例，是鑑價權出現的早期證據。在其判決
中，俄亥俄州最高法院指出：

我們的立法機關已正當地提出，不應該在違反一家鐵路公司股東的意願
下，將之帶入一個新的或合併的公司。從這個條款來說，明白顯示任何一位
股東，不僅不能被強迫成為合併公司的一員，而且在股東得到他的股票之公
允價值之前，合併公司都不可以繼續運作。要將新公司的負債和責任強迫附
加到他身上，是不可能的事情；要改變他自己當初所投資企業的性質，也是
不可能的事情，除非企業已支付他的投資之公允價值。[22]

註解 18
Mary Siegel, "Back to the Future: Appraisal Rights in the Twenty-First Century," 32 Harvard J. of Legislation 79, 87（Winter 1995）.
註解 19
Wheeler v. Pullman Iron & Steel Co., 32 N.E. 420, 423（Ill. 1892）：「每位購買或申購公司股票的人，都默認同意遵守由大多數股東或者由多數股東所選出來之公司代理人（董事），依據章程所賦予的職權所制定之決議及處置。」
註解 20
Charles W. Murdock, "The Evolution of Effective Remedies for Minority Shareholders and Its Impact upon Valuation of Minority Shares," 65 Notre Dame L. Rev. 425, 429（1990）.
註解 21
Siegel, "Back to the Future," at 88.

鑑價法規出現之前，小股東只能訴請法院阻止公司的行動，直到他們能退出。他們只能申請禁制令（假處分），並求得股份的現金價值。法院則判予以公允價值計算的現金，使股東能脫離強制的新公司股東資格。[23] 立法機關開始頒布鑑價權利法律，允許少數股東在公司交易上提起異議，並且由司法判決以公允價值來評價，令股東以現金方式取得原公司股份的價值。[24] 這法規避免昂貴而冗長的的法律禁制令程序，並允許企業在爭議期間照常運作。

　　美國最高法院在 1941 年，**沃勒爾（Voeller）**[25] 案的判決中，澄清了異議者權利法規的目的。大法官布萊克引用美國證券交易委員會（SEC）的報告，描述建立多數決和少數股東救濟補償措施的必要性與歷史：

　　在普通法中，「股東一致同意」是公司要做根本性變化時的先決條件，這使得蠻橫的少數股東可以藉由拒絕合作，來謀取其股權的溢價。為了解決這個問題，立法機構授權企業以多數決來決定公司的變動。然而，開啟這扇門將會使少數股東受害，為了解決這一困境，法規允許異議少數取得其股份鑑價權被廣泛採用。[26]

　　1927 年，由全國統一州法律委員會議提出了「統一商業公司法」，[27] 開始只有路易斯安那州、華盛頓州和肯塔基州採用，可能因為大多數州對於法律中隱含的僵化性感到疑慮，希望保留自己州的立法權，[28] 直到 20 世紀上半葉後，幾乎所有州都採用了鑑價法規。[29]

註解 22

Mansfield, Coldwater and Lake Michigan Railroad Co. v. Stout, 26 Ohio St. 241, 1875 Ohio LEXIS 397（Ohio 1875）.

註解 23

Siegel, "Back to the Future," at 89.

註解 24

Barry M. Wertheimer, "The Shareholders' Appraisal Remedy and How Courts Determine Fair Value, " 47 Duke L. J. 613, 619（1998）.

註解 25

Voeller v. Neilston Warehouse Co., 311 U.S. 531（1941）.

註解 26

同上，536，N。6，援引美國證券交易委員會（SEC）的報告，關於保護和重組委員會的工作，Part VII（Washington, D.C.: U.S. Government Printing Office, 1938），pp. 557, 590。

註解 27

全國統一州法律委員會議（The National Conference of Commissioners on Uniform State Laws）是成立於 1892 年的一個機關，目的在提供清晰穩定、無黨派、精心構思起草的立法以解決法律爭議。

◆ 今日的鑑價權

目前，ABA 和 ALI 意識到各種不同事件都會觸發異議者的鑑價請求權。各州都已在其法規中，採用所謂觸發事件，這些來自修訂模範公司法（RMBCA），與公司治理基本原則的法規發展，也因為各州的公司法歷史的不同，可能也會不一樣。一些在 RMBCA 州法規和常見的觸發事件包括：

- 合併
- 股份交換
- 處分資產
- 修訂公司章程造成畸零股
- 任何造成股東異議的章程修改
- 公司組織狀態的變化
- 轉換為轉發之中間實體（flow-through entity），非股份制或非營利的實體

在實務上，今日絕大多數的鑑價權案件，發生在控股股東以現金收購少數股東之股權，將少數股東擠壓出公司的時候。

事實上，羅伯特‧湯普森教授有個令人信服的論點：「傳統的說明將鑑價權描述為本世紀初為促進美國企業成長的權衡工具之一部分[30]」，造成今日對於鑑價權所扮演角色的不適當且不正確的理解，這個是由布萊克法官在**沃勒爾（Voeller）**案件中所提出，以及我們在上述討論的傳統觀點，說明了當鑑價權首次被授予時，其實是被當作移除一致決要求的權衡交換。湯普森指出：

註解 28

Aiken, at 237。

註解 29

Robert B. Thompson, "Exit, Liquidity, and Majority Rule: Appraisal's Role in Corporate Law," 84 Georgetown L. Rev. 1（1995），Appendix Table 2：紐約 1890 年、緬因州 1891 年、肯塔基 1893 年、紐澤西州 1896 年、德拉瓦州 1899 年、康乃狄克州和賓夕法尼亞州 1901 年；阿拉巴馬州、麻薩諸塞州、內華達州和維吉尼亞 1903 年；蒙大拿州和新墨西哥州 1905 年、1906 年俄亥俄州、田納西 1907 年、馬里蘭州 1908 年、佛蒙特州 1915 年、伊利諾和新罕布什爾州 1919 年、羅德島 1920 年；阿肯色州、佛羅里達州、北卡羅來納州和南卡羅來納州 1925 年、明尼蘇達州和奧勒岡州 1927 年、路易斯安那州 1928 年、愛達荷州和印第安納 1929 年；加州、哥倫比亞特區和密西根 1931 年、華盛頓 1933 年、1937 年夏威夷、喬治亞 1938 年、亞利桑那州和堪薩斯州 1939 年；科羅拉多州和內布拉斯加州 1941 年；密蘇里 1943 年；愛荷華州、奧克拉荷馬州、威斯康辛州和懷俄明州 1947 年；密西西比 1954 年；南達科塔州和德州 1955 年；阿拉斯加和北達科塔州 1957；1961 年猶他州；西維吉尼亞州 1974 年。

立法機構……通過法規授權絕對多數決可根本性的改變企業，而這法規往往包含「鑑價權」，允許少數股從這些改變的企業中退出。重點是在允許企業做期望的改變時，同時提供流通性給那些選擇不再繼續留在本質已經改變的初始投資企業的人。[31]

然而，湯普森的論點是，「鑑價救濟補償」的原始目的 - 流動性，幾乎已完全消失。相反的，現在的救濟措施「提供了一個完全不同的目的」，成為對抗機會主義的支票。他指出：「絕大多數的鑑價......反映了這一現金逐出的本質」，而且「只有小於 1/10……的訴訟案件，展現出典型鑑價救濟與流動性與根本性的變化之關係。」[32] 湯普森指出：

現在，救濟措施作為大股東在併購和其他交易上，對抗機會主義的支票，在這些交易行動中，大股東迫使小股東退出，並要求他們接受現金來收購股票。在早期，監管交易的機制，是公司派在有利益衝突時，會交付法庭透過信託責任或法規來限制企業的權力。時至今日，這種功能在很多案件上都歸予鑑價權了。[33]

湯普森指出，以幾個法定鑑價的條文為例，這些條文認為以流動性為目的是適當的，這與現代機會主義下，提供公平性的觀點背道而馳：

- 在以公允價值評價時，排除了歸因於合併交易所造成之升值或貶值。
- 要求小股東尋求鑑價權時，需要採取四個或更多的獨立法律措施，來完善救濟措施（和如果行動不完成時的撤銷動作）。
- 排除鑑價的股份在公開市場上交易。[34]
- 令鑑價成為唯一的救濟措施，即使這個評價救濟不包含違反信託責任的損失。[35]

異議股東在完成鑑價請求權時，必須精確地按照州的法律所要求的各種複雜時序，以及遵守其他的法律規定。這些程序和事件的時間表各州不盡相

註解 30
Thompson, at 3. See discussion in Thompson at 3-5.
註解 31
同上，3-4。
註解 32
同上。
註解 33
同上。

同，且在大多數情況下都嚴格執行。公司的董事會，必須公告可能造成股東異議的公司行動決策（通常使用委託書或通知書），然後異議股東必須在公司行動之前，以聲明通知董事會，表明拒絕公司決策並要求支付其股份之價金，這個異議就會觸發鑑價。一旦有異議聲明，異議股東除了收取其股份之公允價值的現金外，就必須放棄一切權利，而且直到事件結束或訴訟結算前，都不會再收到任何款項。然而，在有些州，公司必須將爭論的公允價值之金額交付給公證人代管。進而，異議股東即成為該公司或變更後之存續公司（往往會成為一個高槓桿的實體）的無擔保的債權人。

模範公司法（MBCA）在 1978 年修正時提出一些規定，公司應將任何股東可提出異議之事件，並制定如何提出異議的指引通知股東。即使有 MBCA 新的程序協助，異議者仍需要遵守嚴格而繁重的規則與程序，來確保自己的權利。

上市公司之鑑價請求權

◆市場除外

有個普遍的誤解是，公關發行公司持有的股份並不享有鑑價權利，因為許多州鑑價法規有叫做「市場除外」的條款。在許多情況下，市場除外否定了在全國性證券交易所上市的公司，或者，在大多數州，有超過 2000 名股東之私人公司股東的鑑價請求權。

雖然在利用鑑價救濟的權力上，上市公司股東比起未上市公司股東受到更多限制，在這種狀況下，他們還是可以有自我救濟的條件。有 15 個州允許鑑價權，無論股票是否上市與否，而有 35 個州禁止或限制上市公司股東的鑑價權。[36] 例如，亞利桑那州法規規定：

註解 34
如在〈上市企業鑑價權：市場除外〉之討論，美國有八個州否決上市公司股東的鑑價權，而 27 個州拒絕大多數以股權交換，取得公開交易股票的公司股東之鑑價權。

註解 35
同上，4-5。

註解 36
Jeff Goetz, "A Dissent Dampened by Timing: How the Stock Market Exception Systematically Deprives Public Shareholders of Fair Value," 15 Fordham J. of Fin. and Corp. L. 771, 773（2009）。有兩個州（科羅拉多州和堪薩斯州）規定對於在收到的時候具有市場流通性的股票，要適用市場除外條款，即使在交易前投資者所持有的股份沒有流通性。

除非公司章程另有規定，本「鑑價」條款不適用於其所持之股票種類登錄在全國性證券交易所，或者全國證券交易商協會的全國市場自動報價系統的股票持有人，或是在確定日期（如停止過戶日）有至少 2000 名股東登錄，且有權對企業行動投票的股票持有人。[37]

　　雖然 1969 年模範公司法（MBCA）包括了市場除外的條款，1984 年修訂模範公司法（RMBCA）又刪除它，因為反對者認為，即使市場的流動性存在，市場價格可能沒有反應所有相關信息。此外，市場價格是由交易價格封頂，「市場價值和公允價值，不一定在所有情況下都具有相同意義。」[38] 1999 年 RMBCA 委員會衡量這些爭議，決定再次建議採用市場除外，使得鑑價權在利益衝突的交易案件中有其作用。

　　各州對鑑價權的限制如下：

一、亞利桑那州和其他七個州不允許上市公司（股東）的鑑價權。

二、27 個州，允許特定情況下上市公司股東的鑑價權：

　　a、當股東取得上市公司的獨立股份時，有些州允許鑑價。

　　b、如果股東收到現金或流通股票以外的物件，其他州允許鑑價，比說如非流通股票、債券、認股權證，或選擇權。

　　c、其他州在特殊情況下允許鑑價權。

三、15 個州和哥倫比亞特區都沒有市場除外，並延伸鑑價權至不管是否是上市或非上市公司。

　　8 個州（包括德拉瓦州）提供上市公司股東鑑價權，當股東收到任何其他流通股份的時候。[40] 德拉瓦州的章程規定：

註解 37

Ariz. Rev. Stat. §10-1302（D）.

註解 38

Mary Siegel, "An Appraisal of the Model Business Corporation Act's Appraisal Rights Provisions," 74 J. of Law and Contemporary Problems 231, 247（2011）.

註解 39

同上，248。

註解 40

此外，路易斯安那州和馬里蘭州提供股東鑑價權，如果股東收到任何除了存續公司的股票以外的東西，但他們並不限定這些股份必須上市。

　　儘管本段「市場除外」的（b）（1）節規定，本段之鑑價權規定仍可適用於，一家合法組成公司之任何種類或系列之股份，假如該股份的持有者被要求接受任何下列股份以外之股份：

　　a、存續公司或因為公司重整或合併之存續公司之股票，或其相關之存託憑證。

　　b、任何其他公司的股票或其信託憑證，或在重整或合併有效日內之信託憑證，將在全國的證券交易場所上市，或是其登錄之持有人超過2000名。[41]

　　有14州規定，當所考量的事項，是除了現金及上市股票之外的任何物品時，市場除外條款不適用，而且允許鑑價權，[42]例如，佛羅里達州的法條規定：

　　任何類別或系列的股票持有人，在基於公司行為條件，在公司行為生效時被要求接受，任何除現金及符合上市標準之任何公司之任何種類或系列之股份，或任何實體之自有權益以外，依據上節（a）的規定之資產，「市場除外」條款不得適用，而且鑑價權可根據第（1）小節之條款請求鑑價權。[43]

　　兩個大州只有在特殊情況下允許鑑價，加州在這些股票被限制轉讓時，或是當流通股份的5％要求鑑價時允許股東異議，[44]賓夕法尼亞州允許普通股之外的其他類股東提出異議權，只在該交易不需要經過該種類股東的多數決通過的情況。[45]

　　表3.1（121頁）顯示哪些州採用市場除外條款，以及總覽各州有關上市公司股東鑑價權利以及不適用市場例外條款的相關法規。[46]

註解 41
8 Del. Code Ann. tit. 8, §262（b）（2）.

註解 42
此外，紐澤西州的章程也類似，但規定的是上市證券而不是股票。證券是一個廣義的術語，包括債務憑證和認股權證。

註解 43
Fla. Stat. Ann. §607.1302（2）（c）.

註解 44
Cal. Corp. Code §1300（b）（1）.

註解 45
15 Pa. Cons. Stat. §1571（b）（2）（ii）.

◆公允價值可能比常規交易的價格低

當異議股東認為，自己股份的公允價值比公司之交易能提供給他的價格更好時，他們會尋求鑑價。異議股東有時能得到遠超過他們原來得到的報價之回報，但是如果買家是第三方時，這種情況就很少發生。如果考量公允價值，法院會給予常規交易所議定的價格較大的權重：

事實是大股東……對於公司價值有最大的洞察能力，如果用他們將股票售予「第三方買家」的價格，來售予其他股東的話，此價格基本上也代表著該價值是公允的。[47]

德拉瓦州最高法院在 1999 年重申了這一觀點，它寫道：「由常規交易協商得到的合併價格，其中沒有勾結，可說是明顯展示了公允價值。」[48] 但是，如果法院確定某個第三方交易不是常規交易，是基於利益衝突或買方不當的行為，這個合併價格就不會是公允價值的可靠證據。[49] 基於綜效以及買方在改變一家公司的組織與財務結構上的能力，公允價值往往會比第三方價格低。[50]

註解 46

表 3.1，「登錄 listed」就是指有在全國性證券交易所（現在包括 NASDAQ）上市流通，而 NYSE 就是紐約證券交易所和 NYSE MKT LLC.（原來的美國證券交易所）。

註解 47

Cinerama, Inc. v. Technicolor, Inc., 663 A.2d 1134（Del.Ch. 1994），aff'd in part, Cede, Inc. v. Technicolor, Inc., 663 A.2d 1156（Del. 1995）。同樣的，紐澤西州法院認為，市場價格是佐證公允的權衡工具（Dermody v. Sticco, 465 A.2d 948, 951（N.J. Super. 1983））。

註解 48

M.P.M. Enterprises, Inc. v. Gilbert, 731 A.2d 790, 797（Del. 1999）.

註解 49

Gearreald v. Just Care, Inc., 2012 Del. Ch. LEXIS 91, at *15, n.26.

註解 50

既然「鑑價」救濟提供持續經營價值，而且股東「在常規交易」中實際上收到更高的金額──第三方銷售價值，異議股東可能在鑑價救濟中，得到一個比其同意合併所得到的價格還更低的金額。Hamermesh and Wachter, "The Fair Value of Cornfields in Delaware Appraisal Law," 31 J. Corp. Law 119, 142（2005）（hereinafter, "Cornfields"）.

表 3.1

市場除外和市場除外仍允許鑑價權的時機

	市場除外用於	何時仍允許鑑價 （見註解）
阿拉巴馬州、阿肯色州、哥倫比亞特區、夏威夷州、伊利諾州、肯塔基州、麻薩諸塞州、密蘇里州、蒙大拿州、內布拉斯加州、新罕布什爾州、新墨西哥州、俄亥俄州、佛蒙特州、華盛頓州、懷俄明州	沒有市場除外	
紐約州 a	上市公司的股份	股東收到除了上市公司股份以外的任何東西，或簡易合併子公司時
德拉瓦州、科羅拉多州、堪薩斯州 b、奧克拉荷馬州 c	上市公司或股東2000 人以上公司的股份	股東收到除了上市公司或股東 2000 人以上公司的股份以外的任何東西，或簡易合併子公司時
喬治亞州 d 德州	上市公司或股東2000 人以上公司的股份	股東收到除了上市公司或股東 2000 人以上公司的股份以外的任何東西，或併購子公司，或是不同形式股份，或是其他同類股份的股權轉換

猶他州	上市公司或股東2000人以上公司的股份	股東收到除了上市公司或股東2000人以上公司的股份以外的任何東西
密西根州	如果沒有股東的投票要求，上市公司的股票。	股東收到除了現金或上市公司股份以外的任何東西
明尼蘇達州 北達科塔州	NYSE（紐約證交所）或納斯達克的公司的股份	股東收到除了現金或NYSE或納斯達克的公司的股份以外的任何東西
內華達州	上市公司或股東2000人以上公司的股份	股東收到除了現金和上市公司或股東2000人以上公司的股份以外的任何東西
佛羅里達州	紐約證交所或納斯達克或股東2000人以上公司；或除了高階主管、董事與10％以上的實值受益股東持有的股份以外市值1000萬美元以上的公司的股份	股東收到除了現金和左列公司股份以外的任何東西
佛羅里達州	紐約證交所或納斯達克或股東2000人以上公司；或除了高階主管、董事與10％以上的實值受益股東持有的股份以外市值1000萬美元以上的公司的股份	股東收到除了現金和左列公司股份以外的任何東西

康乃狄克 c 緬因州 北卡羅萊納州 f 維吉尼亞州 f	在「組織化市場」 （法規中無定義） 交易的公司或股東 2000 人以上公司的 股份；或除了高階 主管、董事與 10％ 以上的實值受益股 東持有的股份以外 市值 2000 萬美元 以上公司的股份	股東收到除了現金和左列 公司股份以及利害關係人 交易以外的任何東西
紐澤西州	上市公司或股東 1000 人以上公司的 股份	股東收到除了現金和上是 公司證券以及股東 2000 人 以上公司的股份以外的任 何東西
加州	上市公司股份	限制轉讓的股份，或者超 過 5％要求鑑價的股份
路易斯安那州	上市公司股份	如果沒有完全轉為存續公 司（但沒有要求上市）
馬里蘭州	上市公司股份	如果沒有完全轉為存續公 司（但沒有要求上市）， 或是執行長或經營團隊有 股分分紅獲利達 5％，或 是執行長或經營團隊持有 一般持有人沒有的形式的 股份
賓夕法尼亞州	上市公司或股東 2000 人以上公司的 股份	除非交易需要多數決的類 別的股份之外的任何類股 份

阿拉斯加、印第安納州、俄勒岡州、南卡羅來納州、田納西州、威斯康辛州	上市公司股份	無
亞利桑那州羅得島	上市公司或股東2000人以上公司的股份	無

a、簡易併購子公司，還有不享有對交易進行投票的股份允許鑑價。
b、子公司合併於母公司時允許鑑價。
c、簡易併購子公司時允許鑑價。
d、股東收到不同形式股票，或是其他同類股轉換來的股份時允許鑑價。
e、有投票權超過 20％的持有權，或是可以選舉董事超過 25％的團體於併購時允許鑑價。
f、利害關係人交易時允許鑑價。
g、現金收購零股時不會觸發鑑價權利。

　　重要的是，依據德拉瓦州法律，當法院判定交易價格中，包括綜效和／或控制溢價不應被列入公允價值的時候，異議股東所得之金額，會比採常規交易的價格少。有個 2005 年的案例，即使少數股份已經被以 3.31 美元的價格收購時，法院判決公司的公允價值為每股 2.74 美元。[51] 一宗 2003 年的判例，給予鑑價請求人「合併的價格減掉綜效的價值」[52] 這樣的話，給異議股東的只有合併價格的 86％。2012 年，一家公司被競爭對手收購，鑑價結果也只有購買價格的 86％，導致少數股東的價值，比異議股東在收購交易中已收到的價格還要少。[53]

註解 51
Finkelstein v. Liberty Media, Inc., 2005 Del. Ch. LEXIS 53（Apr. 25, 2005），at *84.
註解 52
Union Ill. 1995 Investment Ltd. P'ship v. Union Financial Group, Ltd. 847 A.2d.
註解 53
Gearreald v. Just Care, 2012 Del. Ch. LEXIS 91, at *1.

壓迫救濟

◆ 壓迫救濟的發展

　　受壓迫股東的救濟概念緣起於類似異議股東鑑價請求權的理由。當法庭基於公司的最大利益而不是股東的最大利益，改採多數決時，少數股東可能在法院未介入調解的情況下，會被逼退或受到其他傷害。股東必須提起申請強制令，或解散公司的手段，以確保他們的權益。

　　伊利諾州是第一個州，早在 1933 年伊利諾伊州商業公司法中，即將壓迫視為觸發解散的條件編入法條。ABA 後來仿照伊利諾州的例子，編撰 MBCA 的解散法規[54]。1953 年 MBCA 表明，如果「董事或管理者的行為是非法、壓迫、或欺詐。」股東可以要求解散。[55]

　　由於壓迫在 20 世紀中被大眾更廣泛認可，法院必需要找到方法來確認，實際上壓迫是否會發生。有些人認為壓迫類似欺詐或非法行為，伊利諾州法院在 1957 年**中央標準人壽案件（CentralStandard Life Insurnace）**中[56]，更廣泛的採用壓迫（oppression）這個名詞，儘管欺詐或非法活動這兩個詞比較有利於公司，但是使用壓迫的機會仍然比較多。壓迫包括多數派違反信託責任、否決了少數派在收購股份及訂立股東協議上的合理期待，或者是對於少數股東的權益造成沉重的、惡劣的、以及不當的影響。多數派的壓迫可能造成少數股東極大的傷害。例如，多數人的決定可以取消少數股東從公司領取分紅或其他任何福利的權利。

　　股東壓迫，現在被視為是發生在大股東或董事會做出有損小股東的行為時。紐約最高法庭在 1984 年的一項判決中這樣描述壓迫：

　　任何股東都會合理預期，股東對公司的所有權將有一定的保障，可能是企業盈餘、公司的管理職位、或是其他形式的擔保。當公司的其他人企圖毀壞小股東的期望時，其受壓迫的感受是相當現實的，而他們卻沒有救回該投資的有效手段。[57]

註解 54

Murdock, at 440.

註解 55

Comment, "Oppression as a Statutory Ground for Corporate Dissolution," 1965 Duke L. J.128, n. 2（1965）.

註解 56

Central Standard Life Insurance v. Davis, 141 N.E.2d 45, 51（Ill. 1957）.

◆ 壓迫救濟的內容

雖然異議和壓迫的判例有時會被歸為同一類，不過其本質是非常不同的。壓迫一般比較個人化，它通常包括失業、創始股東從封閉型公司被趕出、因為公司解散或重組，從商業夥伴中被排除。相反的，異議一般較少私人事務，因為異議主要出現在公司財務決策。同時，異議權訴訟往往涉及股東在公司的少數股權。

異議和壓迫有一些相似之處，主要的相似點是，在大多數州，它們都使用公允價值為標準。許多法院將異議權利法規的公允價值定義，推定至壓迫法規。雖然 ALI 聲稱，公允價值在異議與壓迫情況下的觀點不一樣，不過許多法院不同意這見解。例如，紐澤西州的最高法院在**巴沙美地（Balsamides）**[58]的案件中，認同華盛頓最高法院在**羅比利（Robblee）**[59] 案件中的觀點，認為受壓迫股東的公允價值的涵義，與異議股東的公允價值涵義相同。此外，許多壓迫和異議案件都互相引用來作為處理各種不同評價要素的準則。

壓迫和異議的成文法規和判例的發展，都是用來保護小股東，不被多數派排除在外或霸凌。在無法使用壓迫救濟的州，受壓迫股東有權行使異議權利。例如，反向股票分割（reverse stock splits）常常用來減少公司股數，如此一來某些股東最終持有數量不到一股，必須賣回給公司，這樣可以用現金趕走小股東。美國伊利諾州北區地方法院，在**連接器服務公司與布里格斯訴訟案（Connector Service Corp. v. Briggs）**中認為，德拉瓦在運用「反向分割現金逐出」（reverse split cash-outs）的用語，與「現金逐出合併」（cash-out mergers）的語意類似，並責令在現金逐出的合併中，採用受壓迫股東的股票之公允價值作為同樣的判決準則。[60] 這一結論，和德拉瓦州在**大都會人壽與愛瑪克訴訟案（Metropolitan Life v. Aramark）**中的判決一致，被認為是反向分割中的準鑑價救濟。[61]

註解 57

In re Kemp & Beatley, Inc., 473 N.E.2d 1173, 1179（N.Y. 1984）.

註解 58

Balsamides v. Protameen Chemicals, Inc., 734 A.2d 721, 736（N.J. 1999）.

註解 59

Robblee v. Robblee, 841 P.2d 1289, 1294（Wash. Ct. App. 1992）.

註解 60

Connector Service Corp. v. Briggs, 1998 U.S. Dist. Lexis 18864（N.D. Ill., Oct. 30, 1998），at *18.。由於鑑定和壓迫案件在州法規下進行，聯邦法院因此也依循州法規和判例法。

　　封閉型公司則呈現另一種不同的情況，需要從企業的規範出發。持有上市公司股票的股東，可能沒有公司的經營掌控權，只能選舉董事會和對重大的交易進行投票。與公司管理層意見不一致的股東，可以選擇一個新的董事會，也可以在公開市場出售其股票。相反的，封閉型公司，股東往往就是公司的經營層，小股東沒有在公開市場出售股票的替代方案。因此，設定股份轉讓、投票權和選舉董事會的股東協議，對投資者是必要的保障。此外，由於規模小，很多封閉型公司的運作不像上市公司在程序上那樣嚴謹，事實上，封閉型公司在許多方面是類似於合夥。

　　封閉型公司的一個特點是，股東往往也是僱員，少數股東投資公司經常是為了得到一份薪資和參與企業的利潤分享。當員工被公司遣散，就是意味著儘管仍然是股東，但是管理層解除其工作職位。

　　此外，多數派可能選擇取消支付股息，雖然小股東的股權保持不變，該股東卻不會再像以前一樣，收到股東投資時應有的預期利潤。

　　甚至，公司沒有必要收購少數股，因為對公司而言，維持固定股東的成本比較小。[62] 相對地，小股東可能會被迫接受不利的價格以獲得資產流動性。[63] 然而，如果控股股東確實使用多數決，強行將小股東併吞或排除，小股東便可行使自己的異議權利，並尋求鑑價。

◆ 逐出與排擠出去 [64]

　　對於上市公司來說，逐出（freeze-outs）是中小股東被迫將股票換成現金的交易行為，無論是在現金合併或透過簡易合併後的收購要約時。對於私人公司而言，逐出（freeze-outs）包括強制性收購，以及更廣義的掌控行為。莫爾教授寫到：

註解 61

Metropolitan Life Ins. Co. v. Aramark Corp., 1998 Del. Ch. LEXIS 70（Feb. 5, 1998）.

註解 62

Murdock, at 441.

註解 63

如果受壓迫股東的目的是強制拍賣其股份，可以用鑑價救濟。

註解 64

術語：freeze-out and squeeze-out 通常被認為是同義詞（都是被排擠出去）。

透過董事會的這種掌控行為，大股東可以造成少數股股東利益的損害。這種行為通常被稱為逐出（freeze-out）或排擠出去（squeeze-out），造成封閉型公司壓迫小股東。標準逐出技巧包括：拒絕分配股息、終結小股東的雇傭關係、將小股東從管理層的位置拔除、透過高額賠償給大股東來掏空公司盈餘⋯⋯這些戰術常常組合使用。一旦小股東面臨著這種「所投資企業沒有回報的不確定性未來」多數派經常會以不公允的低價來購買小股東的股份。[65]

◆以解散公司作為壓迫的救濟

目前，某些特定事件會觸發要求公司強制解散，[66] 通常發生於管理不善、浪費、欺詐或管理層或董事會有違法犯罪行為，然而，多數派並不一定要違法或欺詐，才會對小股東造成不公平。

股東壓迫法規是公司解散法規的一部分，該法規是現行法規提供企業解散的準則。解散法規的存在，提供了結束公司商業事務的程序。雖然，每個州的相關法規，都有其獨特性，大多數州採用類似的觸發事件的組合。[67]

大多數州允許以「股東壓迫」作為公司解散或是原告要求股份回購的觸發事件，允許受壓迫的少數股東提起司法解散；不這樣做的州，被壓迫的股東必須在其他方面尋求救濟，比如提出違反信託責任的訴訟。[68] 但德拉瓦州就沒有將股東壓迫，包含在解散法規中。

註解 65

Moll,「Minority Oppression and the Limited Liability Company,」at 889-891。

註解 66

我們在本章所探討之判例法和概念，專注在處理公司壓迫的事件，且主要集中在封閉型公司的壓迫事件。合夥關係不適用相同的救濟方式，因為多數州都允許撤出權利。對於有限責任公司，因為公司形態相對較新，判例法正處於起步階段。有關這三個企業形式對少數股的補償措施的更多信息，請參見莫爾《少數壓迫和有限責任公司》（892-895）。

註解 67

有一個例外是密西根州，訴訟引述壓迫可以透過解散法規外的股東提起，但公司解散仍然可以是救濟補救措施。

註解 68

德拉瓦州和印第安納州，只有在僵局的情況下允許解散。堪薩斯州和路易斯安那州，在對公司與股東造成不可挽回的損失的情況下，允許僵局解散。麻薩諸塞州要求，只有在股東或管理層僵局的情況，擁有不低於 40% 的發行股東，有權發動解散。密西根州允許股東發動，如果他們不能與管理階層達成一致共識，公司無法正常運作。內華達州和俄亥俄州只允許多數訴請解散。奧克拉荷馬州，德州和哥倫比亞特區不允許股東訴請解散。

◆以股東收購作為一種救濟方案

一旦將解散公司作為受壓迫股東的主要救濟辦法，法院就會猶豫於尋找小股東的利基點。

壓迫的行為必須很顯著：有資產的浪費、嚴重欺詐或非法行為。解散是劇烈的變化，因為這將導致公司的清算和對員工、供應商以及客戶的不利影響。阿拉斯加最高法院的裁決指出一些問題：

清算是一種極端的救濟手段。在某種意義上，強制解散令少數股東可以對大股東行使報復性的反壓迫手段。在沒有脅迫的情況下，法院通常不願下令非自願的解散……其結果是，法院已經認知到，基於其內在的公平權利可採用的其他救濟措施。[69]

解散一直是法定的救濟，直到各州開始實行被壓迫股東的股份收購買斷條款。[70] 在 1941 年，加州是第一個提起收購買斷條款的州；其法規提供公司選項[71]：給予尋求救濟的少數股東之股份相對公允的現金，以代替公司解散。[72]

1973 年，奧勒岡州最高法院裁定：「對於有『逐出』以及『排擠』等壓迫行為的封閉型公司，法院不只可以用解散為救濟措施，而且可以考慮其他適當公平的救濟措施替代。」[73] 條文明確的表達可允許的替代方案是「以法院的命令明確的要求公司或多數派，必須以特定公式或是以法院指定的公平合理價格，來購買少數股東的股份。」[74] 這個判決極具影響力，因為其他許多州接受奧勒岡州法院的理論，且允許以收購買斷作為替代解散

註解 69
Alaska Plastics, Inc. v. Coppock, 621 P.2d 270, 274（Alaska 1980）.
註解 70
Murdock, at 453.
註解 71
1941 Cal. Stat. 2058-59（codified as amended at Cal. Corp. Code §2000（West 1977 & Supp. 1989））.
註解 72
Murdock, at 461.
註解 73
Baker v. Commercial Body Builders, Inc., 507 P.2d 387, 395（Ore. 1973）.
註解 74
同上，396。

的方案。[75]RMBCA 在 1991 年的修訂中，引入強制收購以替代股東申請解散。那個時候，公允價值收購已經在一些州，如紐約，作為替代的救濟辦法。

　　一些受壓迫股東的司法救濟判例已經出現。如果法院認定壓迫，可以指定各種救濟措施，包括公平分配法院命令清算的款項，或是依照法院判定的公允價格強制收購受壓迫股東的股份。[76]當法院下令收購，少數股份的價格是以法院在公允價值的標準下所判定。假如該公司被發現有可能壓迫、欺詐、管理不善、濫用等行為，或者如果公司預期法庭訴訟的結果是解散，或者如果公司想要完全避免法院程序，它可以選擇在法定時間內以公允價值購買申訴人的股份。[77]

　　在這種情況下，解散程序將被擱置（而不是終止），直到協商出一個公允的解決方案。某紐約法院指出：「一旦該公司選擇以公允價值購買訴求股東的股份，多數派不法行為的議題就是多餘的。」[78]不僅如此，如果公司選擇收購買斷，可能可以避免當法院發現本案中的不正當行為時採用的「公允調整」，以及與法院訴訟有關的其他費用。

註解 75

John H. Matheson and R. Kevin Maler, "A Simple Statutory Solution to Minority Oppression in the Closely Held Business," 91 Minn. L. R., 657, 680-681（2006）.

註解 76

奧勒岡最高法院列舉許多的「替代救濟方案」：
（a）要求公司在某指定日期解散之命令條文，只有在股東未能在該日期之前解決分歧時生效。
（b）指派委託管理人，不是為了解散公司，而是要繼續公司的運作，裨益所有的股東，直到解決分歧或是壓迫停止。
（c）指派「特殊財政代理人」，向法院報告該公司的後續經營狀況，保護其小股東，以及法院對此案件保留管轄權。
（d）法院為保護小股東，在沒有指派委託管理人，或是「特殊財政代理人」的情況下，保留對案件管轄權。
（e）命令公司的控制大股東，就宣稱被公司挪用的資金提出說明。
（f）頒發禁止繼續「壓迫」的行為的強制令，包括不公平或過度的減薪以及紅利發放。
（g）明確的救濟命令，要求配股息或減資和資本分配的聲明。
（h）明確的救濟命令，要求公司或大股東，以特定公式或是法院判定的公允合理價格，來購買少數股東的股票。
（i）明確的救濟命令，允許小股東在法院規定的條件下額外購買股票。
（j）給予小股東損害賠償，作為他們所遭受多數派「壓迫」行為而導致的任何損害的賠償。

Baker v. Commercial Body Builders, 507 P.2d 387, 395-396.

註解 77

Moll, "Shareholder Oppression and 'Fair Value,' " at 360.

在買斷救濟中，公司可能會選擇在股東提起訴訟前以公允價值買斷，或者法院也可以依照程序進行。當聲稱壓迫時會有這四種情境：

一、如果公司在被壓迫的小股東已經訴請解散後才選擇收購買斷，公司要以公允價值支付少數股。

二、如果公司不選擇收購買斷，而法院認定已經發生壓迫情況，公司最終將支付公允價值，加上法院要求的公允調整。

三、如果法院認定沒有壓迫，股東將可能無法以公允價值評價，而法院會檢視這股份在公開市場上的價值，同時考慮到少數股東的立場，這意味著會有股東層面的折價。

四、如果法院認定沒有壓迫，可能沒有收購買斷，股東可能會被迫繼續留在公司。

正如我們已經指出的，在有選舉權的州，如果選舉過程中無法成功找出雙方都能接受的少數股股價，法院可下令少數股份的強制收購。如莫爾教授所說的：

選舉法規旨在平衡壓迫導致解散的法規，雖然受害投資者，有權訴請做出壓迫行為的公司解散，有意願繼續經營的股東可以選擇收購買斷訴願人的股份，以避免公司解散的風險。因此，選舉法規的目的，是提供其他股東讓公司繼續營運的選擇，以防止解散危險的機制。實務上，選舉通常可以規避任何的責任調查，並且將壓迫的訴訟轉換成單純的評價程序。的確，因為選舉通常在法院發現壓迫之前舉行。選舉法規在大多數情況下，可以有效地創建一個無過錯的「離婚」手續，涉案公司繼續在大股東的控制下持續經營，聲稱受害的投資者被現金逐出，而法院不會調查到任何不當行為。[79]

在因異議所提出之鑑價訴訟的案例中，異議股東個人應該收到該公司在繼續經營前提下的未折價之持分價值。在壓迫行為中，依照壓迫程度還有多數派的不當行為程度，會造成許多其他不同的影響。

註解 78
In re Friedman, 661 N.E. 2d 972, 976（N.Y. 1985）.
註解 79
Moll, "Shareholder Oppression and 'Fair Value,' " at 69.

表 3.2 列出了各州在壓迫案件中是否有收購買斷的選項。

專有名詞「封閉型持股公司」或「封閉型公司」是指依據州的正規商業公司法規所成立的私人控股公司。除非公司選擇適用這些法條，否則一個公司不能稱為法定的封閉型公司。如表 3.2 所示，在某些州，這個買斷的選項只提供給一些符合州政府法定的封閉型公司，而在其他州，則所有封閉型公司都可用這種選項。

法定封閉型公司幾乎和所有封閉型公司的屬性都同樣：私人持有、不能行使公開發行股票、股份通常由業主、公司幹部及其親屬持有。[80] 此外，當股東死亡或要清算他們的權益時，其他股東或者公司本身通常會購買其股份。

註解 80

因認知封閉型公司的獨特議題，21 個司法管轄區允許公司選擇採用法定封閉型公司的法規。有四個州──加州、緬因州、俄亥俄州和羅德島州，允許企業選用，按照其正規公司章程的法定封閉型公司法規。此外，17 個州已制定了的封閉型公司法規可供選擇：阿拉巴馬州、亞利桑那州、德拉瓦州、哥倫比亞特區、喬治亞州、伊利諾州、堪薩斯州、馬里蘭州、密蘇里州、蒙大拿州、內華達州、賓夕法尼亞州、南卡羅來納州、德州、佛蒙特州、威斯康辛州、和懷俄明州。這些實體可以根據他們的股東協議運作，其股東協議允許制定並限制股東的職責和義務。

儘管有繞過一些封閉型企業要求的程序之能力，絕大多數符合法定封閉型公司資格的企業卻不會這樣做。實證研究顯示，只有非常小比例的公司註冊成法定封閉型公司。（Harwell Wells, "The Rise of the Close Corporation and the Making of Corporation Law," 5 Berkeley Bus. L.J. 263（2008））。

為了令提供這些選項的州之法定封閉型公司的選擇行為合法，公司必須符合一定的標準，比如規模大小。要獲得資格，公司不能超過某一特定數量的股東，通常最多為 30 或 50。此外，股東通常必須一致同意法定封閉型公司法規，而且必須起草管理公司事務的書面股東協議。通常在公司的股票憑證上還需要某些限制轉讓條件。一般情況下，有關封閉型公司章程或股東協議的條文是空白的，是用州政府的正規商業公司法規的條文填補其空白。

表 3.2

封閉型企業可否採用收購買斷，作為強制解散之司法救濟的替代方案 /
按州別分類

州別	收購買斷可做爲救濟措施
阿拉巴馬，阿拉斯加，亞利桑那，加州，康乃狄克州，哥倫比亞特區，佛羅里達a，夏威夷，愛達荷，伊利諾州，愛荷華州，緬因州，密西根州 b，明尼蘇達，密西西比，蒙大拿州，內布拉斯加州，新罕布什爾州，紐澤西州，紐約州，北卡羅來納州 c，北達科塔州 d，羅得島州，南卡羅來納州 d，南達科塔州，猶他州，維吉尼亞州，西維吉尼亞州，懷俄明州	可以
喬治亞州，馬里蘭州，密蘇里州，奧勒岡州，佛蒙特州，威斯康辛州	可以，但只在法定封閉型公司法規下
阿肯色州，科羅拉多州，肯塔基州，新墨西哥州，賓夕法尼亞州，田納西州，華盛頓州	不可以
德拉瓦州，印第安納州，堪薩斯州，路易斯安那州，麻薩諸塞州，內華達州，俄亥俄州，奧克拉荷馬州，德克薩斯州	沒有壓迫可作為解散依據的法規

a、佛羅里達解散法規僅適用於股東人數低於 35 人的公司。
b、密歇根州，一旦「非法，欺詐或意圖不公平和壓迫」的行為成立，
　　法庭可以下令解散，公允價值收購或法規規定的其他救濟措施。
c、北卡羅萊納州允許在法院判定公司應解散後，公司透過收購買斷
　　以避免解散。
d、在北達科塔州和南卡羅來納州，法院有自由裁量權，提供收購買
　　斷的救濟措施。

法定封閉型公司的運用並不普遍，但相關法規包含價值標準的法條[81]，可能不管在價值標準或可提供的救濟上，都和其他「封閉型持股公司」有所不同。只有某些州提供解散，作為法定封閉型公司的股東受到壓迫或不當行為的救濟措施；其他州則是提供收購買斷的選項以替代解散。承辦壓迫案件的評價師，需要與適當的司法管轄區下的律師密切合作，以了解他們所鑑價的股票之發行實體的法律地位，並去了解適用什麼樣的價值標準。

◆ 壓迫案例

合理預期（reasonable expectations）：有超過 20 個州在壓迫案中採用「合理預期」標準。[82] 一件判決違反合理預期的壓迫案例，是在 1980 年紐約的**塔波與帕克喜來登藥房訴訟案（Topper v. Park Sheraton Pharmacy）**，[83] 該判例是法庭下令收購買斷作為替代救濟措施的最早案例之一。在本案中，法院認為，原告的合理預期被故意的逐出所侵犯，故下令收購其股份。

◆ 塔波與喜來登藥房訴訟案 （TOPPER V. PARK SHERATON PHARMACY）

有三個人在著名的曼哈頓飯店紐約喜來登和紐約希爾頓，經營兩家藥房。股東協議早在 1979 年就開始執行，協議中沒有轉讓或購買股份的規定，也沒有指定公司職位等相關事項。塔波自己和公司中的另外兩個人合組該二家藥房，預期應該可以參與公司經營。為了參與公司經營，塔波結束了與前雇主的 25 年合作關係，並搬到了紐約，投入畢生積蓄到公司中，並為延長租約提供個人擔保和保證票據來購買他的股權。

多數派股東在 1980 年 2 月解雇塔波，終止他的薪水（自其工資從第一年漲到 150％後），將他自公司職員以及企業的銀行聯名帳戶中除名，並換了公司辦公室的鎖。此外，該公司也未支付股利。控股股東聲稱，申訴人未受到任何傷害，因為他有 1/3 的股權仍然完好無缺。

註解 81

例如，密蘇里州明確規定法定封閉型公司股東的異議權利。§351.870 R.S. Mo.（2012）。

註解 82

Matheson and Maler, at 664.

註解 83

Topper v. Park Sheraton Pharmacy, 433 N.Y.S.2d 359（N.Y. Supr. 1980）.

　　法院認為，多數派的行為已構成逐出與壓迫，因為他們違反塔波加入該公司的合理預期。法院認為，在封閉型公司中，參與者協議不一定體現在公司的章程、條約或其他書面協議中。在很多小公司，小股東希望參與管理營運，這些期望構成各團體的協商以及隨之而來的鑑價。

　　法院還指出，紐約商業公司法（New York's business corporation law）有規定，封閉型公司中小股東權利與股權的受壓迫，是一種企業權力的濫用。這些權利是基於當事人在公司成立時所報的期望。法院授予塔波，得到在上訴日前，其股份的公允市場價值的權利。[84]

　　在**康乃狄克州案件**中，原告因為公司中的醫生間關係緊張升高，而尋求解散公司。[85] 原告聲稱她有權索取她股份 338,000 美元的公允價值，但股東協議規定，她有權取得的是，她貢獻給公司的資產之帳面淨值，只比 13,000 多一點點。法院認定沒有壓迫，法院發現，這並非不公正或股東協議下的不公允價值判斷。這個案例指出，只要沒有特別嚴重的違反協議，法院會維護和遵守股東協議，給予「股東預期」一定程度的澄清。

◆ 違反信託責任

　　具控制權股東違反對少數股東的信託責任可視為壓迫。根據馬塞森與馬勒：「在大多數情況下，12 個州看待信託責任是廣義的，並且是可以用來達到合理預期的標準的相同結果。」[86] 麻薩諸塞州的案件，**多納休與羅德電鑄訴訟案（Donahue v. Rodd Electrotype）**[87] 是一個里程碑，它提供被壓迫股東的救濟，確立了違反信託責任（大股東對小股東的義務）可用以確定是否有股東壓迫之情事。[88]

註解 84
要注意：雖然法院依照紐約法規 §1118 有權授予公允價值，法院使用「公允市場價值」這個專有名詞來替代，目前還不清楚這是否是故意的。
註解 85
Stone v. R.E.A.L. Health, P.C., 2000 Conn. Super. LEXIS 2987（Nov. 15, 2000）.
註解 86
Matheson and Maler, at 664.

◆ 多納休對新英格蘭羅德電鑄版公司訴訟案
（DONOHUE V. RODD ELECTROTYPE OF NEW ENGLAND）

　　1935 年，哈利 C. 羅德開始為新英格蘭皇家電鑄版公司工作，他於 1936 年成為公司董事，並在 1946 年晉升為總經理和財務主管。約瑟夫‧多納休在 1936 年被聘為電鑄板公司的塗裝師，他於 1946 年成為工廠監工，於 1955 年升任公司副總裁，但從未參與該企業的管理。羅德和多納休分別以每股 20 美元收購皇家 200 股和 50 股。還有另一個人擁有 25 股，母公司（賓夕法尼亞州皇家電鑄）保留 725 股。

　　1955 年 6 月，皇家以總價 135,000 美元自母公司收購其所有的 725 股，並收購另一人所擁有的 25 股。此一收購股票的交易使得哈利羅德成為持股 80%的大股東，多納休是唯一的小股東，該公司後來被命名為新英格蘭羅德電鑄版公司。

　　哈利羅德的兒子在 1959 到 1967 年取得公司的經營權，哈利羅德也以贈與計劃分配股份給他的兩個兒子和他的女兒，每個孩子得到 39 股，2 股返回到企業庫存股。1970 年，哈里羅德 77 歲時計劃退休，但他堅持要對他剩下的 81 股做些財務安排。董事決定，他們將以每股 800 美元購買 45 股（總計 36,000 美元）。之後，每個孩子被贈與剩下的股份，每人各持有 51 股。多納休的繼承人仍然擁有 50 股：他的妻子尤菲米婭擁有 45 股，他的兒子羅伯特擁有五股。

　　1971 年，多納休知道公司購買了哈利羅德的股份，會議紀錄顯示，股東一致投票批准股票購買協議。不過，主審法官發現，多納休並沒有投同意票。

　　尤菲米婭‧多納休要以和哈利羅德相同的條件將她的股票賣給公司。但該公司以無財務條件為由拒絕購買股票。

　　作為原告，尤菲米婭指控購買哈利羅德的股票是企業資產的不當分配，構成違反股東信託責任。被告則聲稱，收購屬於公司的權力範圍，

註解 87

Donahue v. Rodd Electrotype of New England, 328 N.E.2d 505（Mass. 1975）.

註解 88

麻薩諸塞州沒有解散法規。

並且已經符合誠信和公允的內部要求，同時聲稱對公司庫存股票的回購
沒有公平機會的權利。

法院將此交易定調為資產的優先分配，控股股東已經比其他股東更
有優勢，並且已經將企業的資金轉成個人使用，該公司這一行為與封閉
型公司需要誠信義務的嚴格標準不一致。法院下令，哈利羅德必須返還
36,000 美元和應計的利息給公司，不然就是以 36,000 美元無息購買原告
的 45 股股份。

◆ 重手，蠻橫，或霸道的行為

伊利諾州採用重手、蠻橫或霸道的行為標準，來確定是否發生壓迫。這
個定義使法院對壓迫行為的判斷有很大的自由裁量權。這標準建立於 1972
年的伊利諾州**康普頓與保羅 K. 哈丁地產的訴訟案件（Compton v. Paul K.
Harding Realty Co.）**。[89]

◆ 康普頓與保羅 K. 哈丁房地產有限公司訴訟案 （COMPTON V. PAUL K. HARDING REALTY CO.）

瑪莎康普頓是保羅．哈丁房地產公司的經理人和股東，被告是與她
合組公司的保羅哈丁。他們在 1962 年一起成立公司，哈丁以其在房地產
的豐富經驗主導公司成立的討論和規劃。

公司成立後，康普頓和哈丁繼續討論有關股東之間的協議，康普頓
做證指稱在一張黃紙上起草了一項協議，其後由哈丁打字。她曾要求的
條款有：公司不可有除了康普頓、哈丁和她弟弟佛瑞斯特里歐蒂以外的
其他股東。文件沒有註明日期，只是在公司信紙上打字，並有康普頓，
哈丁和里歐蒂的簽署。

這案件的記錄指出，從一開始該公司管理就很鬆散，股份未按照備
忘錄分配。儘管協議規定哈丁的薪水每週 100 美元，在營運的一開始，

註解 89
Compton v. Paul K. Harding Realty Co., 285 N.E.2d 574（Ill. App 1972）.

他就每周領取 175 美元，不久就升到 200 美元，1964 年秋季工資更提高到每週 250 美元，哈丁還可以抽取佣金。

康普頓指控哈丁自肥，而且對企業管理不善，在沒有通知股東下提高自己的工資，違反了協議的條款。法院認為，從公司成立直到審判這期間，哈丁領取超過他合約的薪水，在清算前他將必須返還給企業，但除此之外並沒有發現所謂的欺詐行為。哈丁聲稱，他簽署的協議應該是無效的，但法院指出，許多封閉型公司有類似的協議，之前都被法院所認可。

最後，也是有關這件判例最大的意義是，哈丁聲稱法院下令清算並無法定依據，因為他沒有欺詐。法院則檢視法規有關解散公司的可行性：如果董事的行為是非法，壓迫，或欺詐的行為，法院引用**中央標準人壽案例（Central Standard Life Insurance）**，認為，壓迫並不是違法和欺詐的同義詞，並建立重手、蠻橫和霸道行為作為壓迫的檢視，法院陳述：

> 我們認為大量證據顯示，被告哈丁有蠻橫、霸道和重手的行為，當然證明了壓迫的存在，以及解散公司的判決。證據具體事例，包括被告哈丁未能召開董事會，或者提供原告諮詢有關公司事務的管理，以及被問到薪資時的專橫態度，還有對原告要求拖延的態度。[90]

幾乎所有的州都以公允價值作為鑑價和壓迫的價值標準

◆ 各機關和法規定義之公允價值

勞倫斯・漢默梅希和邁克爾・沃切特教授在德拉瓦州這樣描述：「就股份價值的衡量上，「公允價值」的衡量，相對於另外兩個主要對比，『公允市場價值』和『第三方銷售價值』來說，在公允性和有效性上都更優秀。」[91] 他們認為，公允價值標準，在對立雙方爭議比公允市場價值或第三方銷售價值更公平，因為公允價值試圖平衡傾向任一方向的危險性，但另一方面來說，它

註解 90
同上，581。

註解 91
Hamermesh and Wachter, "Rationalizing Appraisal Standards," at 1021.

也激勵了小股東，試圖藉由訴訟獲取經營者在交易上所創造的利益。作者認為，公允價值在評估小股東應得的比例，以及公司的持續經營價值（going-concern value）中，達到最佳平衡。持續經營價值（going-concern value）是公司現有資產與其轉投資產生的現金流量的現值。[92]

有 47 個州與華盛頓特區採用公允價值作為鑑價標準，[93] 每個州法規不盡相同，但大部分法規來自 MCBA（1969 年）和後來的 RMBCAs（1984 年和 1999 年），為了解決公允價值的標準，我們看一下各時期的定義。1969 年 MCBA 列明「公允價值」，是以小股東的股份所能獲得的支付來衡量，但它沒有關於公允價值定義的細節。它指出：

在解除其憑證或代表其股份的證明的時候，公司應支付給該股東，在公司通過該企業行為的提議之前一日之公允價值，不包括任何公司因此行為所造成的升值或貶值。[94]

1984 年，美國律師協會頒布的 RMBCA，增加了公允價值定義中重要的附加概念。它在少數股票價值中排除了該反對交易的綜效價值，「除非這個排除造成不公平」，裡面寫道：

該異議股份在異議股東採取反對企業實施行動前的價值，不包括這項企業行動的任何預期升值或貶值，除非這個排除造成不公平。[95]

1984 年的定義，提供了一個指導方針，不過並沒有針對性，應當依據這個方針來確認公允價值。公司應以行動發生日之前一日作為評價日，意即該行動對公司價值並無影響，除非排除行動會造成不公允的評價。這段文章並未給予評估公允價值的方法或技術，也沒有定義不公平。目前有 21 州使用這一個確切的公允價值定義。[96] 在這個定義中有意的模糊，允許依據本標準的假設作廣義解釋。ABA 發表評論，解釋這個定義留下的一些要素，讓法院

註解 92
同上，1022。

註解 93
威斯康辛州，在除了企業合併以外的所有用途，都採用公允價值；在企業合併上，則採用公允市場價值。

註解 94
1969 RMBCA.

註解 95
1984 RMBCA.

決定「在廣泛定義下的公允價值之細節。」[97]

　　在確保法院有廣泛的酌情權利的同時，這種不確定性會使鑑價師和鑑價的使用者產生混淆，建議專業鑑價人士與律師討論這個問題，以了解他們所處的州或是司法管轄區的具體解釋。

　　雖然大多數州的法律使用 RMBCA 的公允價值定義，有 6 個州在判例中採用 ALI 的公允價值概念。[98] 在 1992 年出版的「公司治理的基本原則」中，ALI 定義公允價值為：

　　……合法持有人在公司中股權持分之價值，沒有任何對小股東折價，也沒有任何特殊情況之折價，或缺少市場性折價。判定公允價值，應以相關證券與金融市場上，對於類似企業在類似交易的評價上，所採用的慣用評價概念與技術來決定。[99]

　　1999 年，隨著大量的異議和壓迫的判例法之發展，以及 ALI 公佈公司治理原則（Principles of Corporate Governance）後，RMBCA 進行了修訂，公允價值的定義如下：

　　股東反對企業實施行動之影響前之股份的價值，使用慣例和當前的評價概念與技術，對於類似企業在類似交易的評價上所用之方法估計，而且沒有因為缺乏市場性或少數股地位而折價，除非，如果適當地，因為公司憑證修訂。[100]

　　1999 年，RMBCA 的定義反映了 ALI 的公司治理原則，其中它增加了兩個重要概念：使用慣用和目前的鑑價技術，並且秉棄採用市場流動性和少數股權

註解 96
阿拉巴馬州，亞利桑那州，阿肯色州，科羅拉多州，夏威夷州，伊利諾州，印第安納州，肯塔基州，麻薩諸塞州，密西根州，密蘇里州，蒙大拿州，內布拉斯加州，內華達州，新罕布什爾州，北卡羅來納州，奧勒岡州，南卡羅來納州，佛蒙特州，華盛頓州，懷俄明州。

註解 97
美國律師協會公司法委員會的報告，修訂後的示範商業公司法之變化：封閉型公司的修正 54 Bus. Lawyer, 209（November 1998）。

註解 98
科羅拉多州，明尼蘇達州，紐澤西州，亞利桑那州，康乃狄克州，猶他州。

註解 99
ALI, Principles of Corporate Governance, at §7.22.

註解 100
1999 年 RMBCA。

折價的概念。「在特定狀況時，根據第 13.02（A）（5）節修訂公司憑證。」[101]
（修訂公司憑證的例外許可之折價影響輕微。）有 11 個司法官轄區的異議權
利法規目前依循這個定義。[102]

其他州，包括德拉瓦州，發展出自己的公允價值的定義，或在其法規中
使用不同的價值標準。例如，儘管紐澤西州自 1968 年來，已經採用公允價值
作為其鑑價的法定標準。[103] 其壓迫法規中有一個條款，允許「公允的調整」。

只有三個州——路易斯安那州、俄亥俄州和加州，在異議權利上沒有明
確使用「公允價值」這個詞。路易斯安那州和俄亥俄州採用「公平現金價
值」，但其中具有不同的涵義。俄亥俄州的鑑價標準不利於異議股東，如同
本章稍後「俄亥俄州的獨特和不利的鑑價標準」段中將討論的。相對的，路
易斯安那州法規的措辭比較有利：「公平現金價值」是指其價格不少於收購
者收購控制股份時，所支付的每股最高價格。[104] 因此，路易斯安那州法院可
能判決該價值高於該交易的價格，但異議者不能少收。

加州則採用「公允市場價值」這個專有名詞在異議事件上（但不用在壓
迫案件）。其異議法規規定：

公允市場價值，應以重整方案或簡易合併之條款的第一次公告日之前一
日的價值來評定，要排除任何因此行為所造成的升值或貶值，但應對任何股
票分割，反向股票分割，或此日後生效的分配股息進行調整。[105]

加州和阿拉斯加州解散法規，允許支付公允價值以代替解散公司，兩個
州都認為：

註解 101

§13.02（一）（5）1999 年的 RMBCA 指出「公司章程、合併、股份交換或資產的處分，到公
司章程、條款或董事會的決議所規定範圍內的任何其他修訂」。1999 年 RMBCA 的官方評論指
出，如果公司自願對某些交易授予鑑價權而不影響整個公司，法院可以使用其自由裁量權來採
用折價。

註解 102

康乃狄克州，哥倫比亞特區，佛羅里達州，愛達荷州，愛荷華州，緬因州，密西西比州，內華
達州，南達科塔州，維吉尼亞州，西維吉尼亞州。

註解 103

Balsamides，734 A.2d 721，736。

註解 104

La. R.S. 12:140.2.C.（2012）.

公允價值應以評價基準日的清算價值為基礎來決定，同時考慮以整個營運中企業銷售的清算的可能性（如有的話）。[106]

加州和阿拉斯加所採用的「清算中的公允價值（fair value in liquidation）」這個詞並不常見，因為大多數州試圖在公司會繼續營運的假設下，確定壓迫情況下的公允價值。

每個州對公允價值定義的差異，還有各州法規組合的複雜性，迫使鑑價專家在進行公平鑑價之前必須諮詢律師。

正如前面提到的，大多數州採用全部或部分RMBCA定義的公允價值。這個定義包括好幾個不同面向，為了理解定義的要件，將之分類並個別釐清是很重要的事情。

評價基準日——股東對公司行動提出異議生效之前

在鑑價和壓迫這兩種判例中，評價基準日，是顯著地影響法院最終公允價值鑑價的要素。這部分的定義提供了鑑價的時間架構：它指引法院將評價基準日設定為，股東所異議的企業行動日之前一日。大多數州都遵循RMBCA，認為評價應反映發生當日之前，或是股東異議投票日的價值。這表示，股東不應該從其有異議的交易中受害或是獲益。

◆鑑價案例的評價基準日

在鑑價案中，州政府的法規指示法院有關適當的評價基準日。大多數州規定的鑑價日期，是在股東異議的情況下，公司行動生效當天或前一天。然而，一些州指定在股東投票的當天或前一天。[107]加州除外：它採用公布交易的前一天作為評價基準日。

即使在鑑價案中，以企業行動生效日做為評價基準日，確定公允價

註解 105

2010 Cal. Corp. Code, Chapter 13，異議股東的權利第1303（a）條。根據這個定義，異議似乎對股東並不是具有吸引力的選擇，沒有加州異議案件的報導並不為奇。

註解 106

Cal. Corp. Code, §2000（a）；Alas. Stat. §10.06.630（a）.

註解 107

阿拉斯加，路易斯安那州，馬里蘭州，密歇根州，密蘇里州，新墨西哥州，紐約州，俄亥俄州和羅得島。

值可能需要考量的因素，往往才是重要議題，一般的規則是，在評價基準日已知或可知的全部信息都要考量在內。在 60 多年前的**三大陸案件（Tri-Continental）**中，指出「合併日已知的或可確定的事實」必須要列入考量，因為這些在決定價值上至關重要。[108]

在少數案件中，評價基準日之後發生的事件，被用來作為「健全測試（sanity test）」，檢查該企業交易評價基準日公允計算的有效性。例如，在**連恩與癌症治療中心訴訟案中（Lane v. Cancer Treatment Centers）**，法院允許調查交易行動評價日期後一年內的事證，以測試合併前現金流量折現法（DCF）的計算假設是否公平。[109]

但是在**羅森馬登惠頓案（Lawson Mardon Wheaton）**中，下級法院拒絕考量某個事後取得的價格。[110] 紐澤西州最高法院，認定德拉瓦州允許鑑價使用一定的併購後資訊，以便更加確定在合併期間的公允價值[111]，故決定允許考量某些事後資訊。[112] 異議者質疑 1991 年審判法庭所定的每股 41.50 美元的公允價值，因為在 1996 年所提出的收購價格是每股 63 美元。法院認為異議者的質疑是有道理的，雖然在 1991 年當時公司做得很好，但每股的價值為41.50 美元，而在 1996 年時公司表現的還比較差，但其實際銷售價格是每股 63 美元。

◆ 壓迫案例中的評價基準日

壓迫和鑑價一樣，評價基準日對於公允價值的確定至關重要。

「本法院確定壓迫案件中的公允價值，受評價基準日選擇的影響也很大……現在的問題是，當公司的價值，被內部和外部因素影響，可能在很短的時間內改變，其結果對相關人士影響甚鉅。因此，指定評價基準日，其本身就是很重要的調查，因為日期的選擇會顯著影響法院最終公允價值的決定。」[113]

關於評價基準日的議題存在著分歧，但對緩解或受壓迫股東的救濟措施上是同樣重要的。公允價值的評價日在以下請況將會相同：（a）當州政府的

註解 108
Tri-Continental, 74 A.2d 71, 72.

註解 109
Lane v. Cancer Treatment Centers of America, Inc., 1994 Del. Ch. LEXIS 67（May 25, 1994）, at *10-11.

註解 110
Lawson Mardon Wheaton v. Smith, 716 A.2d 550（N.J. Super. 1998）, rev'd, 734 A.2d 738（N.J. 1999）.

法規，或法院允許公司或其大股東，試圖購買異議股東的股份，以避免審判。（b）沒有這樣的選項（或法定許可），而法院認定壓迫並且下令強制買斷，作為救濟的時候。

RMBCA 建議，法院應「就在其『解散』申請的前一天，確定申訴人股份的公允價值……或法院根據適當情況下認定的其他日期。」[114] 有三種類型的評價日期可以使用，何者適用於哪種狀況有一些爭論。絕大多數確定公允價值所使用的日期為申請日（或前一天）。[115] 這個日期不僅具有明白和簡潔的優點——它也體現了一種觀點，即小股東保留了他在公司的地位，只要他感覺不得不因為多數派的壓迫而被逐出之前，可以選擇這樣做。

第二個最常用的評價日是壓迫的日期，這可能更難以確定。由於壓迫行為的發生通常沒有一個固定日期，而是一段時間，法庭可評估壓迫最嚴重的行為發生在何時，以選擇一個評價日期。雖然這種壓迫日期的選擇很複雜，莫爾認定，法院有資格評估證據，並選擇發生最有破壞性的壓迫行為的日期。[116]

第三種選擇是上訴後的評價基準日（即審判日期，判決日期或回購令簽發之日）。莫爾指出了使用上訴後的評價基準日的缺陷：

使用推定的上訴後之評價基準日是有問題的，但是，因為當事人的行為將被訴訟影響。此外，……如果評價期間延伸超過（可能更長）審判日，鑑價師們可能無法在報告時限內得到公司評價的最終結論。因為他們必須有時間來處理證詞，到時候審判甚至可能需要他們的證詞。[117]

註解 111

Cede & CO. v. Technicolor, 1990 Del. Ch. LEXIS 259（Oct. 19, 1990），aff'd in part and rev'd in part on other grounds, 634 A.2d 345（Del. 1993）.

註解 112

Lawson Mardon Wheaton, 734 A.2d 738, 751-52.

註解 113

Moll, "Shareholder Oppression and 'Fair Value,' " at 366-367。對於壓迫案件中評價日期的全面和翔實的論述，請參閱 "The Valuation Date," at 366-381。

註解 114

RMBCA，14.34（D）.

註解 115

紐約採用上訴書提交日期的前一天，羅得島採用申請日。加州和紐澤西州採用提出申請的日期，但給予法院裁量權，指定其他更公允的日期。

這些不同的評價日期間，取決於發生壓迫的州是否允許選舉投票。如果允許公司或多數派可以選擇收購買斷異議者的股票，對於選用申請日的說法就很有力。莫爾解釋說：

想要繼續經營的股東可能會選擇收購買斷股份，以避免公司解體的風險……因為選舉經常在法院認定壓迫之前舉行，選舉法規在大多數情況下，有效地創造一個無過錯的「離婚」手續……聲稱受害的投資者被現金逐出企業，而法院調查結果是公司無不當行為。[118]

在沒有選舉的案例中，取平衡的論點比採用壓迫日期更有說服力。由於多數派已經使被壓迫股東的合理預期落空，迫使他們無參與作用，可以說，在被逐出（或其他壓迫行為）後對於公司價值的不利變化不應該由被壓迫股東承擔。莫爾寫道：

這種說法的邏輯是，法院設定評價日期，應該盡可能接近管理層之壓迫性排除的發生時間，因為那個日期代表多數派終止了少數股的參與。[119]

將壓迫日期設定為評價日期的一些變化，有些法院認為以壓迫具體行為的日期作為評價基準日，較為適當。當這點認定了，就取決於案件的具體事實和情況。例如，華盛頓州法院裁定：「『公允價值』是指股份在多數派不當行為之前那一刻的價值。」[120] 聯邦法院結論：「在少數股東被壓迫的情況下，使用被逐出的日期看起來很恰當。」[121]

然而，在無選舉的案例中，莫爾認為，作為被壓迫股東能從企業增值中獲益的一種手段，使用申請日期是合理的：

註解 116
Moll, "Shareholder Oppression and 'Fair Value,' " at 371.
註解 117
同上，372-373。
註解 118
同上，369。
註解 119
同上，375。
註解 120
Prentiss v. Wesspur, Inc., 1997 Wash. App. LEXIS 637 at *1-2（Apr. 28, 1997）.

以申請日作為推定的評價日期是站得腳的，因為它被認為是反映原告的股東身份被「非正式」終結的時間點。直到那個時間點，被壓迫的投資者仍是股東有權參與公司價值的變化。需要注意的是，這個理由有正反雙方面的效應，因為從壓迫日到申請日之間，公司價值的變化可能包括虧損與獲利。[122]

不過，沒有人能肯定會發生什麼事情，因為多數派的壓迫否決了少數派參與的機會。由於這種不確定性來自多數派的行為，要解決這種不確定性，會有損多數派的利益也很合理。如果一家公司發生壓迫後的損失，法院可以合法地假設少數派如參與管理將阻止損害。在此基礎上，法院可以決定，少數派不需分攤損失。[123]

評價日期有所不同，不僅在州與州之間，有時在州內也會發生，法院可能會使用自己的判斷：「一般推定提交壓迫行為的日期為評價基準日。」[124]

慣用的和現行的鑑價技術

由於眾多的公允價值案件的結果，20 世紀以來，多數法律實體建議了各種評估公允價值的方法。其中一個眾所周知的方法是 **德拉瓦區塊法（Delaware block method）**。在 20 世紀中，德拉瓦區塊法經常用於鑑價權案件[125]，而且直到 1983 年前，幾乎只有德拉瓦州法院採用這個方法。有少數幾個州在德拉瓦相關公司法案件中也會採用。

德拉瓦區塊法會計算下列權重：公司的投資價值（根據收入和股息）、市場價值（通常是根據其公開交易價格，類比上市公司資訊或類比的交易訊息），和資產價值（通常為基礎資產現值的淨資產價值）。分別確定各個價值，然後由評價師指定權重來計算公允價值。[126] 很多人認為德拉瓦區塊方法太機械化，不能反映金融界經常使用的技術。

註解 121
Hendley v. Lee, 676 F. Supp. 1317, 1327（D.S.C. 1987）.

註解 122
Moll, "Shareholder Oppression and 'Fair Value,' " at 373.

註解 123
同上，377。

註解 124
同上，368。

註解 125
In re General Realty & Utilities Corp., 52 A.2d 6, 11（1947）.

1983 年，德拉瓦州最高法院在具有里程碑意義的 **溫伯格判例**（Weinberger）[127] 闡明了：公司可以使用金融界慣常使用的概念進行評價，而不依賴陳舊的德拉瓦區塊法。

◆ 溫伯格對 UOP 公司訴訟案（WEINBERGER V. UOP, INC）

UOP 公司是一家多元化的工業公司，從事石油石化服務，建築，金屬，交通運輸，化工，塑料等產品和服務。其公開發行股票在紐約證券交易所上市交易。西格諾公司（Signal Corporation, Inc.），是一家多元化的科技公司，透過各子公司運營，包括加勒特公司（Garrett Corporation）和馬克卡車公司（Mack Trucks, Inc.）

在 1975 年時，他們進行收購協商，以公開收購要約與直接購買的方式，西格諾公司以每股 21 美元獲得 UOP 50.5％的股份，當時該股的公開交易價格略低於 14 美元。在 UOP 的年度會議上，西格諾公司選了 6 名成員進入由 13 名成員組成的董事會。當 UOP 的執行長（CEO）於 1975 年退休後，西格諾公司以加勒特公司執行長取代他的職位，以及這位前 CEO 在董事會的位置。

然後 UOP 在財務上度過了一段艱困歲月。在此期間，西格諾公司進行收購 UOP 剩餘 49.5%股份的可行性評估。結果表明，低於 24 美元的收購價會是一個很好的價格。西格諾的執行委員會提出，以每股 21 美元的現金購買剩餘股份來合併公司，而 UOP 公司在公布合併之前一天的股價為 14.50 美元。

在年會上，合併案進行投票表決，少數股中的 56％投了反對票，不過總票數中，2,953,812 票贊成合併，254,850 票反對。1978 年 5 月，UOP 成為西格諾公司的全額子公司，少數 UOP 前股東被以每股 21 美元現金收購他們在 UOP 以前的股份。

註解 126
E. 吉爾伯特馬修斯和 M. 李明勳，「公平意見和普通股評價」，投資銀行圖書館。Vol. IV, R. Kuhn, ed.（Homewood, IL: Dow Jones Irwin, 1990），at 386。

註解 127
Weinberger v. UOP, Inc., 457 A.2d 701（Del. 1983）（" Weinberger "）.

在集體訴訟中，原告聲稱 21 美元的價格，對於 UOP 的小股東顯著不足且不公平。原告要求小股東的損害賠償，或根據公司實質資產給予其股份適當的價值，此外，還指控公司派有濫用權力、誤導股東、以及違反信託責任等行為，以爭取較高的股份價值。

被告則認為，他們絕無非法的目的。他們主張，21 美元的股價是市場價格溢價 40%，已經對少數股很公平了。

原告的專家使用類比分析（comparative analysis），根據其他 10 個合併案的公開收購要約組合的溢價和現金流量折現法（discounted cash flow method），進行分析比較。通過這些方法，結論是股票的價值不小於每股 26 美元。被告的專家則使用德拉瓦區塊法，使用加權市場價值、淨資產價值和投資價值等權重得出的結論是，21 美元的股價對少數股是公允的。原審法院同意被告專家的意見，認為其與利用德拉瓦區塊法來評定股票價值的先例一致。衡平法院也裁定合併滿足整個公允標準，判定 UOP 未能獲得所有財產和資產的鑑價，並沒有違反信託義務，因為鑑價對合併的公允性沒有任何影響。

上訴時，德拉瓦州最高法院推翻了裁決，指出，因為董事會的曲意解釋，以至於未能提供足夠的訊息給股東，其中包括西格諾公司本身進行的一項研究，得出結論認為：24 美元是收購其他股份的一個很好的價格。

直到由德拉瓦州法律規定的計價標準，計算出的 21 美元前，無法找出現階段這些訴訟的價格是公允的。由於有關建立 21 美元這個價格的重大事實缺乏坦誠揭露，小股東參與之多數決投票，批准這個合併案是沒有意義的。

在案件發回時，將允許原告透過此處所建立的標準，來測試 21 美元這個價格的公允性，以符合適當的鑑價原則——公允價值的決定要「考慮所有相關因素」。[128]

法院引用 1981 年修訂的州壓迫法規，指示「考慮所有相關因素」的公允價值，認為此處存有完全補償股東損失的立法原意。

註解 128
同上，714。

148

最高法院決定，德拉瓦區塊法排除了金融界和法院使用的其他認可技術，所以該方法已經過時。它指出，這個標準應該不再是鑑價時所採用的獨家技術。

我們相信，一個更加寬鬆的技術法則，必須包括其他一般金融界與法庭可接受的任何技術或方法，只須受限於 8 Del. C. §262（h）法條的詮釋。[129]

法院的調查認為，合併案以及支付給少數股東的價格是公允的說法都被推翻了，案件被送回作進一步審理。發回重審後，原告的成員被給予每股額外 1.00 美元的賠償金（含利息）。[130]

溫伯格案並沒有立即廢除使用德拉瓦區塊法，但這方法現在不管在德拉瓦州或其他地方，都已經很少於實務上使用。溫伯格案廣泛接受被使用替代的評價技術，和企業認可的評價方法．適當的評價方法不一定在任何案件中都相同，法庭很可能會使用案件中最相關的證據來判定價值。由於常規技術不斷演變，判例法也隨之進化。德拉瓦區塊法就只存於歷史中，法院現在傾向以更先進的方法來判斷公允價值。其結果是，現金流量折現法被廣泛應用於異議股東的案件。

ALI 的公司治理原則（Principles of Corporate Governance）和 ABA 的模範法規建議，採用金融市場針對類似企業所使用的一般評價概念和技術，來判定公允價值。因為不同公司有不同的基礎資產，並沒有通用的技術可以來涵蓋所有行業。因此，讓鑑價具有彈性有其必要性，使鑑價專家和法院，可以利用自己的最佳判斷來尋找公允的結果。[131]

表 3.3 提供各州公允價值（或其他的價值標準）的法定指導綱要，包括常用和現行的評價概念和技術，所有相關因素、或其他相關評價技術的指導。

註解 129
同上，713。

註解 130
Weinberger v. UOP, Inc., 1985 Del. Ch. LEXIS 378（Jan. 30, 1985）, at *31; aff'd, 497 A.2d 792（Del. 1985）.

註解 131
ALI, Principles of Corporate Governance, at 318.

溫伯格案的法院指令，考量一般金融機構在這議題上所使用的所有方法，導致法院允許使用金融機構公認的許多方法。已經被考慮的主要方法包括：

‧ 現金流量折現法（DCF）──收益法，溫伯格案使用現金流量折現法，秉棄德拉瓦區塊法的標準。

表 3.3

有關鑑價技術的法律語言指引（作者認為的重點）

州別	有關鑑價技術的法律語言指引
德拉瓦 262（H） 堪薩斯 §17-6712（H） 奧克拉荷馬 §18-1091（H）	這些股份的公允價值，要排除來自合併或重整完成或期望產生價值的任何元素，在確定上述公允價值時，法院應考慮**所有相關因素**。
康乃狄克州 33-855 哥倫比亞特區 §29-311.01（4） 愛達荷州 §30-1-1301（4） 愛荷華州 §490.1301（4） 南達科塔州 §47-1A-1301（4） 維吉尼亞州 §13.1-729 西維吉尼亞州 　§31D-13-1302（5）（a） 懷俄明 §17-16-1301（a）（iv）	……**使用**普遍用於需要鑑價交易的類似企業之**慣用與目前的評價概念和技巧**，而且沒有缺少市場性折價或少數股折價（除非在適當的時候因公司憑證有修正）。
緬因州 §1301（4） 密西西比 §79-4-13.01（4） 內華達州 §92A.320	……**使用**普遍用於需要鑑價交易的類似企業之**慣用與目前的評價概念和技巧**，而且沒有缺少市場性折價或少數股折價。
阿拉斯加（鑑價） 　§10.06.580（c） 紐約 §623（h）（4）	……在可以比對類似環境與所有因素的交易中，使用**相關證券與財金市場的常用觀念與技巧**，以決定公司股份的公允價值。

阿拉斯加（壓迫）第 10.06.630（a）	公允價值應當在清算價值的基礎上確定，同時考慮到在清算基礎上，**整體賣出持續經營公司**的可能性。
加州（鑑價）§1300（a）	公允市場價值，應在確定提出的重組聲明或併購子公司的第一次公告的前一天，不包括本提案所導致的升值或貶值，但要調整任何生效後的股票分割、反向股票分割或其分紅。
加州（壓迫）§2000（a）	公允價值，應在以清算價值作為基礎的評價基準日確定，但要考慮到整體賣出持續經營公司的可能性。
佛羅里達 §607.1301（4）	……**使用**普遍用於需要鑑價交易的類似企業之**慣用與目前的評價概念和技巧**，排除任何因為公司行為預期造成的升值或貶值，對於 10 個或以下股東的公司，沒有因為缺少市場性或少數股的折價。
伊利諾州 §805 ILCS 5 / 11.70（J）（1）	股東在公司的持分權益，但沒有少數股、或無異常狀況、或缺少市場性的折價。
路易斯安那 §12：140：2	不低於收購人收購控制股權時支付的最高價。
紐澤西（鑑價）§14A. 11-3	……「公允價值」應該排除任何提案行動所產生的升值或貶值。

紐澤西（壓迫） §14A：12-7（8）（a）	在行動發起日，或法院認為公允的稍早或稍晚的日期，加減任何法院認為公允的調整的公允價值，如果這行動的全部或部分內容，是根據第14A：12 7（1）（c）所示。
俄亥俄州 §1701.85（C） （股份有限公司）； §1705.42（B） （有限責任公司）； §1782.437（B） （有限合夥）	一個有意願的賣家在無強迫情況下去賣，且願意接受的金額，和一個有意願的買家在無強迫情況下去買，且願意支付的金額，但在任何情況下，合理現金價值不可超過特定股東要求的指定金額。計算合理現金價值時，都要排除從提交給董事會或股東的提案中（兼併，合併，或轉換），所產生的任何升值或貶值的市場價值。
賓夕法尼亞 §1572	……考慮到所有相關因素，但不包括任何企業行動產生的預期升值或貶值。
德州 §10.362（一）	必須以本土實體持續經營的價值考量，而不包括任何控制權溢價，任何少數股折價，或缺少市場性折價。
威斯康辛 §180.130（4）	「公允價值」，就異議股份而非企業合併時而言，是指股票在公司執行異議股東反對的行動有效前的價值，不包括任何企業行動產生的預期升值或貶值，除非排除預期的升值或貶值是不公允的。「公允價值」，相對於企業合併而言，意味著市場價值。

威斯康辛 §180.1130（9）	對上市股票而言，「市場價值」的意思是：在評價期間內，報價系統中每股的收盤最高叫價。如果上市股份在這段時間中沒有交易的報導，或股份沒上市，而如果美國金融業監管局（FINRA）至少有 3 名會員為該證券的造市者，則是在評價期間的每股收盤最高叫價。如果沒有任何可引用的報導，或是在現金或股票以外的財產案件，由公司董事會的誠信決定該資產在上述日期的公允市場價值。

　　DCF 法廣泛應用於確認公允價值，尤其是在德拉瓦州。1995 年，柯林沃班森公司（Kleinwort Benson）的判決中，德拉瓦州法院的結論是：比起以市場為基礎的方法，DCF 是決定公司價值的更佳方法，並指出，DCF 法應該具有更大的權重，因為將企業視為活躍繁榮的企業，而不是將它和其他公司比較。[132] 在**格蘭姆斯與維他令訴案（Grimes v. Vitalink）**中，衡平法院指出：「DCF 越來越重要，成為這個法庭在鑑價方法上的首選」。[133] 還有**高爾與 e 機械公司訴訟案（Gholl v. eMachines, Inc.）**中，法庭指出，DCF 是「金融界廣泛接受，而且經常被法院採用於鑑價之依據。」[134]

- 指標法——市場法（Guideline methods—the market approach）這些方法是有關根據上市股份的交易價格（指標法或類比公司法 -the guideline or comparable transaction method），或從公開和私人公司（指標法或類比公司法）的指標交易的市場價格所產生之乘數來評估私人公司的

註解 132
Kleinwort Benson Limited, 1995 Del. Ch. LEXIS 75（June 15, 1995）, at *28.

註解 133
Grimes v. Vitalink Communications Corp., 1997 Del. Ch. LEXIS 124（Aug. 26, 1997）, at *3.

註解 134
Gholl v. eMachines, Inc., 2004 Del. Ch. LEXIS 171（July 7, 2004）, at *20.

價值。[135] 這些價值會因為公司的選擇，和它們與標的公司的相似性而有很大的差異。雖然法院往往更依賴 DCF，市場法仍然被廣泛採用。

- 資產價值法（Asset value）資產價值法很少使用。帕斯吉爾（Paskill）的判例，在德拉瓦州禁止單獨使用淨資產價值法在一家永續經營公司的鑑價案中，因為，在鑑價案中不能採納持續經營公司的清算價值。[136] 然而，資產價值法在某些情況下可能會給予適當的權重，例如，一家房地產公司主要是看其資產價值，在 Ng 對恆生地產（Ng v. Heng Sang Realty Corp.）的訴案中就是這樣。[137]

- 超額盈餘法（Excess earnings method）超額盈餘法已經很少在公允價值的案件中使用。然而，在巴爾莎麥迪案件中（Balsamides），原告的專家採用本法，專家指出，被告沒有提供可以採用其他任何方法所需之信息。[138] 超額盈餘法還沒有在德拉瓦州得到採用。

- 經驗法則（Rules of thumb）。經驗法則在評價時很少被法院採用。罕見的例外是德拉瓦州的一個案件，法院接受以可採煤礦礦藏的噸術來評估價值的評價方法；[139] 路易斯安那州法院採用以月營收的倍數來評估一間警報公司的價值。[140]

　　法院要考量多種方法是很常見的。美國地方法院在**施泰納（Steiner）**（採用內華達州法律）判決中，[141] 法庭加權各種方法，以便找到股票的公允價值。首先，它以 DCF 評價加權 30％，然後用所謂的合併收購法加權 70％，尋求

註解 135

使用指標交易時，調整是有必要的，用以消除無效溢價的效果。

註解 136

Paskill Corp. v. Alcoma Corp., 747 A.2d 549（Del. 2000）。

註解 137

Ng v. Heng Sang Realty Corp., 2004 Del. Ch. LEXIS 69（Apr. 22, 2004）.

註解 138

Balsamides，734 A.2d 721，730.

註解 139

Neal v. Alabama By-Products Corp., 1990 Del. Ch. LEXIS 127（Aug. 1, 1990）, at *36, aff'd, Alabama By-Products Corp. v. Neal, 588 A.2d 255（Del. 1991）.

註解 140

Yuspeh v. Klein, 840. So.2d 41, 53（La. App. 2003）.

企業價值，然後用類比公司法求得市場價值，最後企業價值和市場價值分別
給予 75％和 25％的加權。

　　德拉瓦州衡平法院也在某些案件中明確地使用權重的方式。例如，法庭
在**安達羅洛（Andaloro）**案中採 DCF 權重 75％以及類比公司法 25％。[142] 在
美國**手機公司案件（U.S. Cellular）**，DCF 權重為 70％，類比收購法 30％。[143]
在**都柏樂案件中（Dobler）**，法院給予 DFC30％， 類比公司法 5％，以及類
比收購法 65％的權重。[144]

　　法院傾向於選擇採用一個以上的評價方法。由幾個獨立的指標所計算的
評價會比單獨一位專家算出來的更令人放心，單獨作業會「沒有試圖在評價
上進行合理的檢查。」[145] 在**漢諾威公司案件中（Hanover Direct）**，法院批
評了只採用 DCF 的專家：「如果 DCF 算出來的和類比公司法或類比交易分
析算出來的差不多，我還是更信任那兩種分析方法的準確度。」[146]

　　法院經常在 DCF 不能用時改用指標法，因為 DCF 可能無法取得充足的資
料而無法使用。在**波魯梭案件中（Borruso）**，法院因為沒有足夠的信息適用
於其他的方法，法院只能被限制採用類比公司營收的倍數。[147] 在**多福特案件
（Doft）**中，法院駁回雙方專家的 DCF 分析，因為這預估值是不可靠的[148]，

註解 141
Steiner Corp. v. Benninghoff, 5 F. Supp. 2d 1117（D. Nev. 1998）.

註解 142
Andaloro v. PFPC Worldwide, Inc., 2005 Del. Ch. LEXIS 125（Aug. 19, 2005）, at *78.

註解 143
In re U. S. Cellular Oper. Co., 2005 Del. Ch. LEXIS 1（Jan. 6, 2005）, at *77.

註解 144
Dobler v. Montgomery Cellular Holding Co., 2004 Del. Ch. LEXIS 139（Oct. 4, 2004）, at *73; aff'd
in part, rev'd in part on other grounds, Montgomery Cellular Holding Co. v. Dobler, 880 A.2d 206（Del.
2005）.

註解 145
Cede & Co. v. Technicolor, 2003 Del. Ch. LEXIS 146（Del. Ch. Dec. 31, 2003）, at *13-14.

註解 146
In re Hanover Direct, Inc. Shareholders Litig., 2010 Del. Ch. LEXIS 201（Sept. 24, 2020）, at *6.

註解 147
Borruso v. Communications Telesystems Intl., 753 A.2d 451, 455（Del. Ch. 1999）.

註解 148
Doft & Co. v. Travelocity.com, Inc., 2004 Del. Ch. LEXIS 75（May 21, 2004）, at *21.

而且依賴對 EBITDA（稅前息前折舊前淨利）倍數，還有類比公司的本益比（P/E）。[149] 美國地方法院在**連接器服務案件（Connector Service）**中採用德拉瓦州法，並指出，採用 EBITDA 倍數比 DCF 更好，因為 EBITDA 倍數是根據公司自身在兩個先前併購的倍數。[150]

MBCA 排除了「任何企業行動造成的預期升值或貶值。」[151] 德拉瓦州規定，公允價值不包括「因為合併或重整的完成或期望而產生的任何有價值的元素。」[152] 就是要求假設企業沒有進行這行動的情況下來鑑價。

德拉瓦州的公允價值

◆德拉瓦州的公允價值標準

在德拉瓦州，不管是鑑價或是整體公平性方面，公允價值都是以一個持續經營的公司價值的比例計算。德拉瓦州最高法院藉由四個案件發展制定了鑑價和整體公平性的標準：**三大陸案（Tri-Continental）**（1950 年）[153]，**史 特 林 與 五 月 花 號 案（Sterling v. Mayflower）**（1952 年）[154]，**溫 伯 格（Weinberger）**（1983 年）[155]，和**騎士石油公司與哈尼特案（Cavalier Oil Corp. v. Harnett）**（1989）[156]。

註解 149
同上，* 44。

註解 150
Connector Service Corp., 1998 U.S. Dist. LEXIS 18864, at *4-7.

註解 151
一些法規加上「除非將之排除在外不公平。」

註解 152
8 Del. C. §262（h）。

註解 153
參見上述三大陸的討論「公允價值由各種機構和章程所規定。」

註解 154
Sterling v. Mayflower Hotel Corp., 93 A.2d 107（Del. 1952）.

註解 155
參見「常規和目前的評價技術」中溫伯格的討論。

註解 156
Cavalier Oil Corp. v. Harnett, 564 A.2d 1137（Del. 1989）（"Cavalier"）。請先參見「公允價值，股權價值的比例」中騎士案的討論。

- 三大陸案：將公允價值視為從股東身上所取得的，並指出，公允價值應基於在評價日已知或可知的事實而定。
- 史特林與五月花案：指出對於公允的適當測試，是「小股東能否獲得與其股份相當的實質價值」。[157]
- 溫伯格：允許使用，金融界習慣接受和認可的鑑價技術，來做為前瞻性的評價方法。
- 騎士案：確認缺乏市場性折價或少數股折價，不應用在公允價值的計算中。

隨後的判例法都是基於這些原則。許多判決詮釋德拉瓦州的鑑價法規[158]，進一步說明如何確定公允價值，並解釋應該考慮和排除哪些因素，本節中將討論其發展。

◆ 德拉瓦州的整體公允性

當一個小股東認為，自己被不公平對待或有利益衝突的狀況，比如被投機的掌權者給排除時，小股東可以提起違反「整體公允」信託責任的行動，來對抗多數控股股東。簡單地說，整體公平案件，是控股股東違反其信託責任的事務，往往發生在有人被排除的併購交易中。漢默梅希和沃切特指出，在「整體公允」標準中的「公允價格」反映了在鑑價案件中「公允價值」定義的闡述，而德拉瓦州法院，通常使用與鑑價案中相同的鑑價分析技術，來評估整體公允性。[159]

德拉瓦州沒有股東壓迫的法規，但控股股東未能履行其對少數股東的信託責任，在很多方面都類似壓迫。因此，德拉瓦州的法律行動不是由壓迫法規管，而是由法院在公允案件的情況下解決。如果德拉瓦州法院認為，控股股東藉由衝突獲得自身利益，而不分給小股東，例如對交易雙方或為自己或某團體以特殊的價格談判交易，這樣就是違反信託責任。法院將在審議該交

註解 157
Sterling v. Mayflower, 93 A.2d 107, 110.

註解 158
8 Del. C. §262.

註解 159
漢默梅希和沃切特，「合理化評價標準」1030，引用 Rosenblatt v. Getty Oil Co., 493 A.2d 929, 940（Del. 1985）。

易是否公平對待少數股東上，進行非常嚴格的審查。這個標準被稱為整體公允標準（整體公允），是德拉瓦州法律義務最重的標準。[160]

　　法庭會持續檢視交易內容，藉由觀察公允性的兩個重要指標：公允的價格和公允的交易，來看多數派如何對待少數派。因此整體公允不僅包括「公允的價格」，也包括了「公允的交易」：協調談判的時間和結構還有進行交易的方法。[161] 溫伯格指出：

　　「整體」公允的概念有兩個基本面：公允的交易和公允的價格。前者包含了交易的時間框架，交易如何發起、如何結構化、如何協商、如何揭露給董事，以及如何獲得董事會和股東的審核等等要素。而「公允的價格」則涉及擬議合併上，在經濟和財務方面的考量，包括所有相關的因素：資產、市值、盈餘、發展前景，以及任何其他影響公司實際股價的因素。[162]

　　當法院詢問大股東是否遵從「公允的交易」時，它的重點是程序的公正。衡平法院在決定多數是否依照程序公允行事，從而滿足整體公允中的「公允的交易」時，是評估其是否滿足三個要求：

（a）整個交易必須推舉一個無利害關係，且獨立的特別委員會，它有足夠的權力和機會，聘請自己的獨立顧問，並且代表少數股東進行議價。

（b）交易必須遵循不變動的立場，是建立在沒有包含重大錯報或遺漏消息的基礎上，而被多數的小股東所批准。

（c）控股股東不得威脅、強迫或詐欺。[163]

註解 160

喬治 P. 楊，文森 P. 克實利和凱利 L. 沃爾特，「信託責任，並從防禦角度看少數股東壓迫：德州，德拉瓦州和內華達州的不同方法」 2012 Securities Regulation and Business Law Conference, February 9-10, 2012（available at http://www.haynesboone.com/files/Uploads/Documents/Attorney%20 Publications/Minority_Shareholder_Oppression_Young.pdf）

註解 161

Kahn v. Lynch Communication Systems, Inc., 669 A.2d 79, 84（1995）.

註解 162

Weinberger, 457 A.2d 701, 711.

註解 163

在 In re John Q. Hammons Hotels Inc. Shareholder Litig., 2009 Del. Ch. LEXIS 174（Oct. 2, 2009）, at *40-41.

如果司法判決認為缺乏整體公允，就意味著控股股東或董事違反了他們對股東的責任。如果股東確認董事會違反公允的責任，其後果是德拉瓦州法院，可以決定公允價值的判決是否要一併包括調整或損害賠償。在這種情況下，損失的衡量甚至可能會超過公允價值。[164] 溫伯格案中，法庭檢視鑑價法令要求的「所有相關因素」，看有關公允價值損失的情況。[165] 它指出：

當原審法院認為適當，公允價值也包括任何因為交易所造成的損害，這案件一直將股東視為一個群體，如果不是這樣的話，那麼考慮「所有相關因素」的義務，在鑑價過程中就會受到動搖。[166]

溫伯格案指出，鑑價救濟，和公平案件救濟之間主要的區別是，鑑價必須以現金行之，而衡平法院可以在公平案件中，裁定以「任何公允和金錢的形式，只要是適當地」。[167] 也就是說，作為損害或公允的救濟，可以用股份支付、同意解約、或提供其他公允補償的形式。

以下兩個案子，**席格雷夫公司訴厄斯塔特資產公司（Seagraves v. Urstadt Property）案** [168] 以及**波瑪寇訴國際遠距收費（Bomarko v. International Telecharge）案中**，[169] 將討論公司對小股東缺乏整體公允時的判決。

註解 164

ONTI, Inc. v. Integra Bank, 751 A.2d 904, 930（Del. Ch. 1999）.

註解 165

Weinberger, 457 A.2d 701, at 713.

註解 166

同上。The subsequent enactment of Del. Code §102b（7）隨後頒布允許公司章程，規定限制或消除董事的個人賠償金額。

註解 167

Weinberger, 457 A.2d 701, 714.

註解 168

Seagraves v. Urstadt Property Co., Inc., 1996 Del. Ch. LEXIS 36（April 1, 1996）.

註解 169

Bomarko, Inc. v. International Telecharge, Inc., 794 A.2d 1161（Del. Ch. 1999）, affd, International Telecharge, Inc.

◆席格雷夫與厄斯塔特資產有限公司訴訟案 （SEAGRAVES V. URSTADT PROPERTY CO., INC.）

原告對厄斯塔特房地產公司提出集體訴訟，而最終又牽涉到更多的原告，比聲稱異議權利的人數還要多。該公司要求允許支付鑑價救濟的金額，以避免集體訴訟審判，這可能導致公司面臨更多的原告。法院拒絕了這一要求，並召開檢視交易的整體公允性，指出該公司在合併時並沒有尋求公允意見，也沒有設立一個獨立委員會以保障小股東的利益。法院指出：

雖然德拉瓦州的法律體認到，鑑價可能無法給小股東在「欺詐、虛假陳述、或假公濟私等等事項」中適當的補救。鑑價救濟也可能不足以負擔信息揭露問題的求償，例如在因重大的虛假陳述，或未揭露資訊，而可以申請禁令救濟的案件。[170]

◆波瑪寇公司與國際遠距收費公司 （BOMARKO, INC. V. INTERNATIONAL TELECHARGE, INC.）

法院認為，控股股東違反了他對國際遠距的信託責任。法院認定控股股東要承擔賠償責任，並寫道：

不像鑑價遵循更精確的過程，法律並沒有要求就一個已經確認錯誤，並造成損害的情況，提出一個精確的損害賠償金額。只要法院有做出損害責任估計的標準，責任預估值缺少數學的精算數字，是可以被允許的。[171]

法庭判給原告每股 1.27 美元，加上該公司在與控股股東的訴訟案中，適當的獲益比例。原告收到每股（加上利息）1.51 美元，而不是他們在被合併時所提供的 0.30 美元。

註解 170

Seagraves, at *12, citing at Weinberger, at 714.

註解 171

Bomarko, at 1184, citing Red Sail Easter Limited Partners, L. P. v. Radio City MusicHall Prods., Inc., 1992 Del. Ch. LEXIS 203（Sept. 29, 1992）, at *19.

◆德拉瓦州的公允價值組成要件

＊公允價值是股權價值的持分比例

德拉瓦鑑價法規規定：

法院在認定股份的公允價值時，應該排除由於合併或重整的關係，所產生或預期的任何價值因素。在確定上述公允價值時，法院應考慮到所有相關因素。[172]

基於解讀此法規，德拉瓦州衡平法院於 1988 年裁定，異議股東有公司股權價值之持分比例的權利：

德拉瓦州一般公司法 §262 規定，異議股東有權擁有，公司在持續營運的前提下，所鑑價之整體公允價值的持分比例。這無關乎特定異議股東所持有的數量，除非那是代表該股東在公司整體「公允價值」上的持分權益。因此，儘管特定異議股東的所有權僅代表公司的少數股權益，在決定該公司的公允價值時，這在法律上是無關緊要的。[173]

德拉瓦州最高法院，維持下級法院在 1989 年**騎士案**的判決，指出，如果小股東沒有收到「完全的持分價值」的話，大股東等於是「謀取橫財」。[174]

如未能依小股東所持股票，給予完全持分價值的話，會因為控制不佳，以及資源過度的挹注於多數派，造成他們可以在鑑價過程中，驅逐異議股東來謀取橫財，這明顯是不好的結果。[175]

該兩個**騎士案**的判決，支持在評價少數股時按比例分攤的概念，不應該因為沒有分擔公司的控制權，就使其股票價格較低。賦予少數股東持分價值，意味著控股股東不能以減少價格，迫使少數股東退出來牟取暴利。這種思維解釋了德拉瓦州的立場，即公允價值既不准許缺少市場性折價，也不允許少數股折價。

註解 172
8 Del. Code Ann. tit. 8, §262（h）.

註解 173
Cavalier Oil Corp. v. Harnett, 1988 Del. Ch. LEXIS 28（Feb. 22, 1988）, at *27;aff'd, 564 A.2d 1137（Del. 1989）.

註解 174
Cavalier, 564 A.2d 1137, 1145.

註解 175
同上。

＊公允價值是持續經營的價值

德拉瓦州法院一貫認為，最佳的公允價值，是持續經營的價值。[176] 在德拉瓦州，持續經營價值的概念，是基於預期現有資產的盈利，以及再投資的機會價值。

持續經營價值必須不只包括該公司的流動資產，所產生的自由現金流量折現，還要加上公司預計的再投資機會之自由現金流量折現。[177]

德拉瓦的公司鑑價，是假設交易日仍然存在，包含其預期再投資。持續經營價值的這個概念通常稱為營運的現況。最近，在**只是關心案（Just Care 2012）**中，法庭寫道：

一家公司必須在合併之日基於公司「營運的現況」，以持續經營的價值來鑑價。在一件鑑價訴訟案，該公司在合併之日必須基於該公司「營運的現況」，以持續經營的價值來鑑價。[178]

＊持續經營的價值，是基於該公司在合併前如何被管理

「營運的現況」的重要要素，是公司在交易時被怎樣管理。評估一家公司，非常看重在目前管理下的「原貌」，而不是其可能由不同的團隊管理：

公司（包括其所有的優缺點）的價值，是基於該公司資產及其預計的再投資機會，所產生之自由現金流量折現來評價。在評估其優缺點之價值時，優點就是優點，缺點就是缺點，小股東不能聲稱，如果公司由不同的管理團隊，或是第三方團隊管理，缺點會變成優點。雖然現實上這可能正確，但它和評價的議題是不相關的。少數股的主張是該股份至未來的公平價值，而且該價值是現存的優點與缺點的混合物。[179]

不過，重要的是要注意，本節中「**公允價值涵蓋管理層所考慮的改變**」

註解 176

Hamermesh and Wachter,「Rationalizing Appraisal Standards,」at 1022.

註解 177

同上。

註解 178

Gearreald v. Just Care, Inc., 2012 Del. Ch. LEXIS 91（Apr. 30, 2012）, at *21, citing M.G. Bancorp., Inc. v. Le Beau, 737 A.2d 513, 525（Del. 1999）and U.S. Cellular, 2005 Del. Ch. LEXIS 1, at *56.

註解 179

Hamermesh and Wachter, "Cornfields," at 143-144.

的一些缺點，可能會被忽視。

管理計劃，是一家公司營運現況的管理計劃，而不是一個獨立收購者的。當第三方買家預估的期望值，比現有管理目標還要更高時，法院會認定，在採用法院的 DCF 計算時，適當的輸入參數，是來自公司執行長和主要股東，而不是買方的期望。[180] 同樣的，公司應依其現有的資本結構來評價，而不是以最佳資本結構或買方的計劃來評價。[181]

現有管理計劃的行動優先於合併計劃，也是營運現況的一部分。雖然德拉瓦通常會排除第三方收購者，在取得控制權之前的行動計劃，不過有一個重要的例外：如果在第二階段合併之前，實際上有轉手（即合併確實有擠出少數股東，其股份在初始投標或交換要約時，並沒有被收購合併），就可能被考慮新的控制方計劃。在一個歷經長時間的**科技色彩公司（Technicolor）**案，最高法院在 1996 年裁定，異議股東有權從改變中獲益，因為新的管理層在評價基準日前，就控制了正在進行的計劃。[182] 未出價的股東們，在第二階段合併時，以和 1982 年 11 月麥克安德魯和富比士對多數股出價的相同價格被擠出。在 1983 年 1 月這個擠壓合併完成之前，麥克安德魯與富比士當時已經取得經營權。最高法院裁定，麥克安德魯與富比士的計劃中，某些無利可圖的業務和增加利潤的處置，是有效力的，該計劃的規劃應該做為鑑價的基礎。

衡平法院在**德拉瓦 MRI 公司（Delaware Open MRI）**的判決，就是依據 1996 年特拉瓦州**科技色彩公司案（Technicolor）**，判決中寫道：「德拉瓦 III 的擴張計劃，顯然是德拉瓦放射公司（Delaware Radiology）在合併日時之營運現況，在科技色彩公司及其成果的影響下，該計劃必須納入鑑價中。」[183] 上訴法院裁定：

註解 180
Crescent/Mach I Partnership, L.P. v. Dr Pepper Bottling Co. of Texas, 2007 Del. Ch. LEXIS 63（May 2, 2007）, at *16-17 and *38.
註解 181
In re Radiology Assocs., Inc. Litig., 611 A.2d 485, 493（Del. Ch. 1991）.
註解 182
Cede & Co. v. Technicolor, 684 A.2d 289, 298-9（Del. 1996）.
註解 183
Delaware Open MRI, 898 A.2d 290, 316（Del. Ch. 2006）.

「經營團隊」的決策以現金將異議者逐出，其價金並未加上「增加MRI中心」的預期收益，明顯影響到合併的公平性。不僅如此，如果開放「增加MRI中心」的概念，是德拉瓦放射公司在合併日時，業務計劃的一部分，那麼這些擴張計劃的價值，就必須考量進鑑價中，因為這被視為持續經營的價值。[184]

法院補充說：「當一個企業開啟拓展業務計劃，並就在合併日預定執行這些計劃，其拓展計劃的價值也必須考量在公允價值中。」[185]

但是，法院如果認定該項目過於投機，則可能拒絕承認擴張計劃的預期效益。在南卡羅來納州一所監獄的衛生保健設施公司的鑑價案中，財務預估中包括了修繕喬治亞一間監獄，作為醫療收容所。衡平法院以德拉瓦MRI公司的案例來辨別這種擴張，並拒絕了有關喬治亞設施的預估部分：

我發現，在合併日將喬治亞案納入公司的價值評估，過於投機，即使新的設施能成功，還是有喬治亞將現在安置在哥倫比亞市中心的囚犯移回來的風險，而這樣又會降低哥倫比亞中心的價值。[186]

只是關心不能單方面承擔擴張計劃，而沒有考慮到喬治亞移動囚犯的可能性。公司只專注在擴張到喬治亞和為了這一目標採取行動，並不足以使喬治亞的案子成為只是關心公司經營現況的一部分。[187]

法院願意採納只是關心公司對現有南卡羅來納州設施的擴張計劃，但是計算DCF價值時加了機率加權，因為州的矯正部門不確定是否有計劃，為了調整擴展計劃的風險，法院在計算時扣除了33.3％的價值。[188]

＊公允價值排除由該交易產生的綜效，但納入現有經營團隊可得的綜效

在德拉瓦州，公允價值標準，不認可一宗交易產生的綜效納入持續經營的價值中：

註解 184
同上，313。

註解 185
同上，314-5。

註解 186
Gearreald v. Just Care, 2012 Del. Ch. LEXIS 91, at *21-22.

註解 187
同上，* 24。

註解 188
同上，* 30。

　　由於一宗常規交易或是合併的結果所產生之綜效，不可以納入鑑價訴訟之「公允價值」中。同樣，我們的結論是，只要不是在合併前實施的計劃，即便是該計劃完全從企業自身之資產獲益，將收購者的新計劃所產出的經營效率包括在「公允價值」中並不適當。[189]

　　德拉瓦州最高法院強調，第三方採購價格所包含之價值應該被排除：

　　在鑑價時，衡平法院可自由考量被評價公司的實際銷售價格，但只有在**將價值的綜效因素從該價格中排除後**。[190]

　　在持續經營的「營運現況」這個概念下，法院在一個瀕臨破產的航空公司的案子中，沒有算入因該交易而取消優先股、債務重組、以及有計劃增資的好處。法院拒絕發放給現有股東，這個如果沒有這個交易就不會發生的利潤。收購方未來的計劃和預計合併的計劃，需要債權人的讓步，以及注入新資本。法院依循，將不是因該交易就不會產生的獲利從公允價值排除的實務，指出：

　　直到合併日交易日尚未批准執行前，因此不是「營運現況」。在交易日唯一的「營運現況」是，雙方已進入簽約，提出只有在合併契約簽訂後，合併協議才成為營運的契約。[191]

　　另一個例子是，異議者無法從交易的成果中受益，當一個房地產公司的股東被擠出，以達到從 C 類公司轉換成 S 公司。預期的轉換稅收優惠從公允價值中被排除，因為沒有實現這個交易就沒有這項利益：

　　恆桑公司轉為 S 類公司，不能被考慮為鑑價目的，因為如果沒有 Ng 的同意，恆桑在合併前轉換成 S 類是不可能的，而 Ng 從來沒有批准。[192]

　　相反的，如果經營者可以在沒有該交易的情況下獲益，法院就可以將之包括在公允價值的現值中。在 2004 年的**新興通信（Emerging Communications）**的判決中，法院的結論是，被告將合併後交易的獲益歸

註解 189
Hamermesh and Wachter, "Cornfields," at 151.

註解 190
Montgomery Cellular, 880 A.2d 206, 220.

註解 191
Allenson v. Midway Airlines Corp., 789 A.2d 572, 583（Del. Ch. 2001）.

註解 192
Ng v. Heng Sang Realty Corp., at *18. The benefits of conversion to an S corporation were also excluded in In re Sunbelt Beverage Corp. Shareholder Litig., 2010 Del. Ch. LEXIS 1（Jan. 5, 2010）, at *53.

因於該合併案，實際上是交易前可預期並實現的。它裁定，控股股東可以透過其他方式，比如進入全資擁有的私人公司，與他所控制的上市公司之間的合同來獲益，不只合併這條路。

　　將成本節約歸屬於該重整案是可以適當地包含於六月的預測，因為在私有化合併前就已經考量好了，就算沒有該合併也可能實現。在私有化之前，普羅瑟就確定，潛在的重整節約額。由於普羅瑟同時掌控了 ECM 和 ICC，**他有能力可以在不用企業合併下完成成本節約，比如說透過公司間的契約安排。換句話說，普羅瑟合併前影響這些節約成本的能力，是 ECM 的資產在私有化合併時就有的。**[193]

　　法院決定，經營者在合併前實現的節約成本的能力，也算這間上市公司在合併日的資產，所有股東都有權按比例分享利益。

＊公允價值包括管理層已完成的改變

　　如果公司的管理階層在相關交易完成時正在規劃一些改變，或者如果新的管理層在合併擠壓之前已經開始執行其計劃，衡平法院認為這些變化就是營運現況。漢默梅希和沃切特教授解釋，德拉瓦州將會在鑑價案中認可特定的調整：

　　適當的情況下，控股股東收購少數股，法院詮釋「公允價值」包括合併時由非營運的的資產或計劃所生的價值因素，這三個領域……包含：

（1）在合併時公司形式上沒有正式擁有的資產，但結構上可歸於該公司，因為他們代表企業的機會在合併前被錯誤的侵占。

（2）合併後的回收預估中，忽視和排除實際成本，因為他們代表控股股東的不當利益。

（3）控股股東合併後的營運改善，但並不是歸因於依賴該合併才達成的。[194]

　　本節討論漢默梅希和沃切特列出的三個類別，然後，將討論幾個法院依據德拉瓦州的公允價值標準，所不能接受而拒絕調整的案例，即使這些案例

註解 193

In re Emerging Communications, Inc. Shareholders Litig., 2004 Del. Ch. LEXIS 70（Del. Ch. May 3, 2004），at *48-49.

註解 194

Hamermesh and Wachter, "Cornfields," at 159.

日後可能會被另外的財務投資者，以第三方銷售價值標準來考量。然後，我們將討論在合併日被考量的適當計劃之個案。

*被侵占的公司機會

如果一個公司機會在交易之前被不當地侵占，法院會將這個公司機會歸屬於公司，並且調整公允價值以反映該不當行為。控股股東侵占公司機會的不當行為，已經在該不當行為一直不為異議者所知，直到觸發鑑價案後之交易的案例中討論。

在 1989 年**騎士案**開創性的判決中，最高法院討論一件資產轉移到相關企業的案件，並指出：

如果考慮其衍生的益處、公司機會的求償，幾乎完全適用於涉嫌違法者的利益，這是鑑價訴訟中，公允價值的要求與不公允的結果之差異。副大法官發現，原告在鑑價程序前缺乏公司機會求償的基礎知識，並且，作為信用議題，那些求償是基於主要股東的虛假陳述。我們的結論是，在這裡所呈現的特殊情況下，公司機會求償在「鑑價」訴訟中是可主張的。[195]

ONTI 訴 Integra 銀行案，也和濫用公司機會有關。在接近現金合併日時，控股股東將他的公司合併到另一家上市公司。原告要求在鑑價估計其持股價值時，應該以合併後，被告持股的市值之相等比例來計算。法院判決支持原告，指出：「我認為，這明顯不是『投機產物』，這「後續的」交易在現金擠壓合併的時間點是有效的。」[196]

*控股股東的不當利益

法院可調整設定，以消除那些在交易之前股東不知道，但是會影響現在和未來現金流量，比如決策團隊不當行為的代理成本。例如，在 **ONTI 案**中，法院將應從控制股東的關聯者收取的應收費用加倍計算，以調整 DCF 法所作的預測，那些費用原本以低於合約的費率來支付。[197]

在另一起案件中，法院接受為了消除不良後果的調整，包含過度徵收管

註解 195
Cavalier, 564 A.2d 1137, 1143-44.

註解 196
ONTI，751 A.2d 904，917-18.

註解 197
同上，910。

理費、不明原因的公司間貸款、不明原因的企業分配、還有供應商過度收費等等[198]，以及蒙哥馬利的基地台與塔樓的「銷售及售後回租」，這顯然是由於「控制方」對其企業的不當詐取。[199]

法院也可以在能夠證明支付給股東之報酬，與其所提供的服務不相稱時做出調整。 1991 年，法院受理一件 **DCF 分析案**，該分析排除部分經理人的薪資， 因該部分薪酬是依據經理人持有股權的比例計算，應該認定為股權的報酬。[200] 這判決最近在一個判例中被引用，法院指出，「德拉瓦州法律的公允價值，是當原告（訴願者）提供充分的證據基礎時，授權法院作正常的調整，來反映控制方的假公濟私。」[201]

針對控股股東不當行為的索賠，如果該不當行為在被擠壓之前就已經知道的話，這就不在德拉瓦州的鑑價考量內。因為這是可以在被擠壓前就提出質疑挑戰的事情。例如有兩個案例，訴願者聲稱，不當發行股份已稀釋他們的權益，而法院判決這些索賠無法在鑑價案中解決。[202]

＊不依賴合併的改善方案

法院認為，在公允價值標準下，非投機的未來事件視為持續經營價值的一部分。2005 年法院在一個行動電話公司鑑價案的判決中，認為其網路轉換成更高階的工業標準的前瞻性升級計劃，不是投機的計劃，因此，認定該計劃所需的資本支出，是公司的現實有效的一部分。它裁定專家「應該在評估中，將這些預期資本所造成的改善或影響納入其預測中。」[203]

註解 198

Dobler, 2004 Del. Ch. LEXIS 139, at *69（footnotes omitted）。法院指出，「通過『母公司』收取的管理費可以合理地解釋為母公司從子公司取出錢的企業掩飾。」

註解 199

同上，＊71。

註解 200

In re Radiology Assocs., 611 A.2d 485, 491-2.

註解 201

Reis v. Hazelett Strip-Casting Corp., 28 A.3d 442, 472（Del. Ch. 2011）.

註解 202

Cavalier, 564 A.2d 1137, 1146; Gentile v. SinglePoint Financial, 2003 Del. Ch. LEXIS 21（Del. Ch. Mar. 5, 2003），at *17-21.

註解 203

U.S. Cellular, 2005 Del. Ch. LEXIS 1, at *56.

漢默梅希和沃切特總結這一概念：

事實上，我們認為，無論金融理論和德拉瓦州判例法，都與我們的觀點一致，即小股東所擁有的「公允價值」權利，**不僅包括流動資產，還有未來再投資的機會，只要這些再投資機會，反映了合併前計劃或公司和其控股股東的政策（特別強調）**……這些再投資機會不會在合併時投入，因為他們將由未來的自由現金流量挹注。因此，作為再投資機會購買的資產，將不會在合併時存在。然而，這些資產是公司現值的一部分，就像是現有資產的價值一樣。[204]

這個觀點和慣用的評價實務一致，所得應當常規化，以將非經常性項目從價值計算中排除。[205] 衡平法院指出一位專家的瑕疵，因為他沒有將營利資料常規化，「被用以計算盈餘基礎的所得數字，應調整以排除非經常性的損益。」[206]

* 被法院駁回的形式調整

1997 年，美國德拉瓦州最高法院，駁回原告有關營利和預估規劃的調整主張，因為控股股東曾經並持續實質地溢領報酬。原告指出，在合併之前並沒有計劃調整該薪資報酬。法院裁定：「在沒有過度薪酬的衍生主張下，鑑價訴訟中，不能考量這些費用是否可以調整的基本議題。」[207] 它的結論認為：「合併前該公司現有的持續商業價值，不包括新的管理層（特別強調）所造成資本價值的可能變化。」[208]

最近的一項裁決，駁回一項主張公司在研發上超支的盈餘調整之案件。衡平法院裁定：「由於裁減研發費用，只能由哈澤利帶鑄公司（Hazelett Strip-Casting）的新控股人執行，這些變化將產生第三方銷售價值，而不是持續經營價值。」[209] 法庭指出，它的結論是基於「德拉瓦州法律的既定原則，即小股東無權要求新控股股東實現假設的第三方銷售中之獲益，而且這成本是由新控股股東出的。」[210]

註解 204

Hamermesh and Wachter, "Cornfields," at 158.

註解 205

常規化調整，不僅包括美國一般公認會計準則（GAAP）列為「特殊」下的項目，還有在收入帳戶中的非經常性項目，比如由於訴訟（如果真的非經常性）的重組成本之損益。

註解 206

Reis, 28 A.3d 442, 470.

註解 207

Gonsalves v. Straight Arrow Publishers, 701 A.2d 357, 363（Del. 1997）.

*只有在「營運現實」下才考量稅賦

營運現實的概念，也被用來判別，是否排除管理層目前不打算出售的投資資產之遞延所得稅（deferred taxes）。在**帕司吉爾（Paskill）**案中，最高法院裁定：

這報告反映出售其增值的投資資產，不是奧基喬比（Okeechobee）在合併日**營運現實**的一部分。因此，衡平法院應該已經排除，因為亞寇瑪（Alcoma）的意外銷售，所導致對該投機的未來稅務負債的折抵。[211]

這不同於最高法院的裁決，其接受**科技色彩（Technicolor）**的遞延稅賦，是因為管理層已經決定出售相關資產。該資產出售的預期收益，在合併日是有效的**營運現實**[212]

在 2006 年的判決中，衡平法院使用**營運現實**的觀念，接受與合併案直接相關的資產出售，所導致的稅及其他費用的支出。卡特·華萊士在公司合併到**中點健康管理（MedPointe Healthcare）**的健康照護業務時，也售出了其消費性產品的業務，每一筆交易都視其他交易而定。本次資產出售，導致大量資本利得稅和費用。原告主張資產出售不是在合併日前完成，所以稅收和支出不能抵銷鑑價的價值。但法院說：「合併前幾個小時的資產出售，和合併前一日的資產出售之間，沒有原則性的區別。」而且基於卡特·華萊士對資產出售後公司價值的鑑價，對所有相關費用，包括出售資產的稅都會造成影響，[213] 最終原告敗訴。

註解 208

同上。

註解 209

Reis, 28 A.3d 442, 471.

註解 210

同上，引用漢默梅希和沃切特，"Cornfields," 154。

註解 211

Paskill，747 A.2d 549，552.

註解 212

Cede & Co. v. Technicolor, 684 A.2d 289, 298.

註解 213

Cede & Co., Inc. v. MedPointe Healthcare, 2004 Del. Ch. LEXIS 124（Aug. 16, 2004），at *29（「這裡不是幾個小時的問題，而是是否是一個二階段交易的問題，在所有組件按一定順序發生，而且實質上是一起發生時，為評價之目的可能（或必須）被分開。」）

一件 2011 年的判決，駁回潛在的稅務和銷售費用的扣抵，和「增加未營運不動產的鑑價價值」，該公司目前並沒有意願要賣該不動產。[214] 更有甚者，因為該公司預計將利用其淨經營虧損，衡平法院還加上其遞延的潛在稅收優惠：

哈澤利帶鑄公司，過去有產生應納稅盈餘的紀錄，並且該項資本化的評價預計將會繼續，這將使哈澤利家族占了非營運損失（NOL）的便宜。因此，我加了 258,000 美元代表 NOL 的全部價值。[215]

俄亥俄州在鑑價方面的不利價值標準

俄亥俄法規定義的「公允現金價值」，不利於上市公司與私人公司的異議股東：

本節中的每股公允現金價值的意義，是在沒有被強迫出售下，有意願的賣方願意接受，與在沒有被強迫購買下，有意願的買方願意支付，的金額。但是在任何情況下，這個金額不得超過有需求的特定股東所指定的金額。[216]

在計算……公允現金價值時，從提給董事或股東的提案所產生的任何升值或貶值都應排除。[217]

重要的是，公允現金價值在股東投票前的那一天決定。[218] 根據俄亥俄州法規，如果有公司股票在交易活躍的市場中，鑑價的價格將不得超過市場價格。[219] 此外，市場價格必須進行調整，以反映合併的任何衝擊。[220] 在具有指標意義的**阿姆斯壯案件（Armstrong）**中，俄亥俄州上訴法院承認，股東尋求鑑定可能會比接受合併條款得到的少：

註解 214
Reis, 28 A. 3d 442, 476.

註解 215
同上。

註解 216
Ohio Rev. Code Ann. § 1701.85（b）.

註解 217
Ohio Rev. Code Ann. § 1701.85（c）.

註解 218
同上。

很明顯地，除非發現企業的根本變革，對股票的市場價格絕對沒有影響，不然鑑價很可能會讓異議股東得到的公允現金價值，與同意接受的股東所收到的不同，但是這個可能性很低。[221]

在俄亥俄州的鑑價救濟不同於其他州。一位評論員描述，俄亥俄州的上市公司異議股東的不幸地位：

「阿姆斯壯」案，法院所提出的鑑價救濟，對上市公司的小股東無用，並且保證未來它也不會往這方面調整。無論合併對價有多低，這都將不可避免地超過合併聲明前，當時的市場價格。因此，沒有任何理性的股東會選擇提起異議，俄亥俄州鑑價救濟，因為被司法架構所限制，所以相當無能為力。

更糟糕的是，俄亥俄州最高法院認為，鑑價救濟，是提供給小股東抱怨合併對價公允性的唯一救濟措施。參見史戴佩克訴史蓋案（Stepak v. Schey, 553 N.E.2d 1072, 1075（Ohio 1990）、阿姆斯壯案（Armstrong, 513 N.E.2d at 798）。因此俄亥俄州的鑑價救濟措施既無用卻又獨占。實際上，只要控股股東支付超過當時市價的價格，就可以將小股東用現金排擠出去，而本身的價格不需要準確地反映市場價格。[222]

此外，俄亥俄州民營企業的公允現金價值標準，對股東的負面影響是，因為它同意公允價值所不允許的折價。採用有意願買方-有意願賣方的做法，俄亥俄州的結論是，少數股折價和市場性折價是適當的。在某個壓迫的案例中，俄亥俄州上訴法院結論說道：

上訴人引用來支持他「反對折價」的公共政策論證案例，都是有所區別的，因為這都是從外州的司法管轄區的成文法，所引用而來，那些地方規定，

註解 219
Steven D. Gardner, "Note: A Step Forward: Exclusivity of the Statutory Appraisal Remedy for Minority Shareholders Dissenting from Going-Private Merger Transactions," 53 Ohio St. L. J. 239, 246（1992）.
註解 220
Armstrong v. Marathon Oil Co., 513 N.E.2d 776, 784（Ohio 1987）.
註解 221
Armstrong v. Marathon Oil Co., 583 N.E.2d 462, 467（Ohio App. 1990）.
註解 222
Wertheimer, "Shareholders' Appraisal Remedy," at 656, n. 207.

異議股東有權要求其股份的「公允價值」。「公允價值」的概念和「公允現金價值」概念完全不同。[223]

公允價值通常不包括折價及溢價

◆ 大多數州現在拒絕少數股折價和市場性折價

許多公允價值案件中的其中一個議題是：折價和溢價是否適用。如果適用，這議題就變成了折價和溢價的幅度，主要的是股東層級的折價。法院的爭論是，是否少數股份應以企業價值的比例來評價，或他們依據自己少數股的地位進行評價？這場辯論很重要，因為使用或不使用折價，會導致某一方當事人有不公允的暴利。

對於公允價值來說，這個議題中心在於小股東在評價日前有的是什麼，以及他們在這個行動（交易）中失去了甚麼。當這個價值標準關注的是失去的部分（即應得的企業價值比例），折價這個動作就會損害小股東。

相反地，如果價值的標準變成，投資者可以合理地在市場上變賣的少數股股份價格（公允市場價值），那麼缺乏控制權折價和缺少市場性折價，通常就會被考量進去。小股的價值將會較少，因為買家通常在購買少數股份之前，會考慮流動性和缺乏控制權的因素。

對於使用公允市場價值的爭論是：如果小股東是在公開市場上出售，他們得到的是其股份的折價價格，而且事實上，這些小股東們當初在取得自己的股份時，就已經知道得到的是少數股。贊成折價者聲稱，不考慮市場性折價和少數股折價反而不公平，而對小股東有利。

也許反對少數股權折價最普遍的論點，與鑑價的起源有關，也就是從小股東身上奪取的，要給予他們補償。如果建立鑑價法規是為了保護小股東，免於控制股東和投機股東之害，少數股折價就會違背邏輯，大股東顯然會因為擠壓後，必須要給付小股東的錢有折價而從中獲益。

對於市場性折價來說，採用缺少市場性折價的論點是，司法程序本身創造了這個股份的市場，因此沒有市場性折價可供適用。如果小股東們因為被逼出來而失去了公司價值的持分比例部分，這樣的懲罰少數股將會獎勵控股

註解 223

English v. Artromick Intl., Inc., 2000 Ohio App. LEXIS 3580（Aug. 10, 2000）, at *14.

者，而不是警告他們。事實上，這樣會鼓勵控股者採用排擠方式，降低價格來收購少數股，從而獲得溢價。

但是另一方面，將控制權的溢價加諸於少數股的價值上，是以多數股的代價來挹注少數股。如同漢默梅希和沃切特解釋：

控制股的價值在不斷流動、非凝聚的大量股東群的公司中並不存在。相反的，它是由於股份的凝聚而產生。這種凝聚必然伴有減少代理成本，創造**明白屬於聚集股份實體的價值**。[224]

排除由公允價值相關計算導致的控制權價值，並不會增加「少數股折價」，它只是否認股東價值，並不是在他們所投資的公司中所固有的。因此，第三方銷售價值，並不適合用來確定異議股份的公允價值，因為它包含了不屬於被收購企業或其股東股票的價值元素。[225]

因此，在大多數州，現在在評估公允價值時，不包括缺少市場性折價或者少數股權的任何折價，和任何控制權溢價。德拉瓦在**騎士案**中表明立場，現在大部分的州都認同。

◆ 價值層次

價值層次這個詞，由兩個主要的評估機構在他們最近出版的著作中提出並解釋：薛能‧普拉特的企業評價（Shannon Pratt's Valuing a Business）。[226] 和克里斯多佛‧默瑟的企業評價：一個整合的理論（Christopher Merce's Business Valuation: An Integrated Theory）。[227] 普拉特的價值層次圖表顯示，上市公司價值的五個層次：綜效（戰略）價值、控股權股份價值、可自由交易的少數股份的市場價值、限制性股票的價值、還有無市場性的股份價值。[228] 默瑟描述的價值層次則有**戰略的控制價值、財務的控制價值、有市場性少數股之價**

註解 224
Hamermesh and Wachter, "Rationalizing Appraisal Standards," at 1023-1024.

註解 225
同上，1038。

註解 226
Shannon P. Pratt, Valuing a Business: The Analysis and Appraisal of Closely Held Companies, 5th ed.（New York: McGraw Hill, 2008），at 384.

註解 227
Z. Christopher Mercer and Travis W. Harms, Business Valuation: An Integrated Theory, 2nd ed.（Hoboken, NJ: John Wiley & Sons, 2007）.

值、還有無市場性少數股之價值。[229]

在各種使用的評價方法中也應當檢視折價和溢價，並檢視基於該方法所得到的相關價值層次。如果確實可以採用股東層級的折價（或溢價），就應該在公司本身評價後採用。[230]

各種價值的層次描述如下：

· 綜效價值或戰略控制價值——這個價值是想從綜效效應中受益的收購者，想要對控股股份所出的最高價值。

· 控制股份的價值或財務控制價值：這個價值不包括預期的綜效效應，但包括「一個特定買家具有改善現有業務，或更有效地執行公司目標的能力。」[231]

· 有市場性少數股之價值：下一個層次是可公開交易的少數股份。儘管缺乏控制權，有市場性的少數股份容易變現。例如，可以在紐約證交所交易的股票就是屬於有市場性的少數股份。

· 無市場性少數股之價值：價值層次最底層的是，私人控股公司中無市場性的少數股份。這個股份如果沒有多數股、公司經營派或是董事會的認可，就沒有管理公司的權力。無市場性的少數股份無法在公開市場交易，因此缺乏流動性。[232]

價值層次是一個概念性框架，實際上可以重疊。例如，除非有人可以榨取更多的現金流量，不然所謂的有市場性的少數股份，是可以用接近或等同控制股的股價交易。正如前面所討論的，許多評論家認為，交易活躍的少數

註解 228

Pratt, Valuing a Business, 5th ed., at 384。限制性股票的層次（不只默瑟提出）是目前無交易，但隨著時間的推移將成為可以交易的股份。

註解 229

Mercer and Harms, at 7.

註解 230

David Laro and Shannon P. Pratt, Business Valuation and Taxes: Procedure, Law and Perspective（Hoboken, NJ: John Wiley & Sons, 2005），at 266.

註解 231

Mercer and Harms，, 73.

註解 232

當限制性取消時，限制性股票從無市場交易性移動到有市場交易性。

股份，往往接近或等同於控制股的股價。事實上，默瑟書內的價值層次圖，顯示可交易的少數股，其價值和控制股的價值就有重疊[233]，馬克李（Mark Lee）被廣泛引用的文章中一樣提到。[234]

◆股東層次的折價

正如前面提到的，法院經常在公允價值的案件拒絕少數股折價的概念。法院一般認定鑑價是為保護這些少數股份的價值，以免這個價值會故意被控股股東削減。

如前所述，在 1951 年的**三大陸案**指出：「在鑑價法規之下，股東有權收取他在持續經營下的相對持分的股權權益。」愛荷華州最高法院，在 1965 年**伍德沃德訴奎格利案（Woodward v. Quigley）**判決時援引三大陸案，得出結論認為，在鑑價中不應該有少數股折價。[235] 伍德沃德還引用 1942 年愛荷華州的判決說：「每個股份應該都應以在仲裁時，用公司財產淨值除以總流通股數的價值來計算。」[236] 本著同樣的精神，密蘇里州上訴法院在 1979 年**爵斯任案（Dreiseszun）**中提出：「該法規並沒有讓小股東在訴諸此法時，反被任何救濟辦法懲罰的意圖。」[237]

如前所述，美國德拉瓦州最高法院否絕了 1989 年**騎士案**[238] 股東層級的折價，緬因州最高司法法院在**麥克隆石油案（McLoon Oil）**援引**騎士案**[239]，並解釋為何否絕這折價：

註解 233
Mercer and Harms,，83.

註解 234
Mark Lee, "Control Premiums and Minority Discounts: The Need for Economic Analysis," Business Valuation Update, August 2001, p. 4.

註解 235
Woodward v. Quigley, 133 N.W.2d. 38, 44-45（Iowa 1965）.

註解 236
First National Bank v. Clay, 2 N.W.2d 85, 92-93（Iowa 1942）.

註解 237
Dreiseszun v. FLM Indus., Inc., 577 S.W.2d 902, 906（Mo. App. 1979）.

註解 238
參見「公允價值是股權價值的持分比例」"Fair Value Is Proportionate Share of Equity Value"。

註解 239
In re Val. of Common Stock of McLoon Oil Co., 565 A.2d 997, 1005（Me. 1989）.

在法定鑑價程序中，因合併所引起的所有權非自願變更，就公允性來說
必需，以整體企業價值中異議股東的持分比例來彌補其損失。鑑價法規下的
評價重點，不在於將股票視為一種商品，而是股票代表了企業整體的持分比
例部分。這議題對於法院來說變得簡單而直接：什麼樣的價格是獨立買家在
合理地預期公司是完整實體時，願意支付的最佳價格？法院遂以此按持分比
例分配整體公司的價值給全部的普通股，其結果是，所有這些股票都具有相
同的公允價值。

我們對鑑價救濟的觀點，顯然與少數股和無市場流通性折價的應用並不
一致。[240]

當股東被反向股票分割的手段擠掉時，有一些州也拒絕折價。堪薩斯州
在 1999 年認為，少數股和市場流動性折價不適用，當時部分股份是來自於
400 換 1 的反向股票分割，旨在消除少數股東在公司的股利。[241] 愛荷華州在
2001 年時也採取同一立場。[242]

以前允許折價的幾個州，近年來也扭轉了他們的立場。例如，喬治亞州
上訴法院在 1984 年，曾允許少數股折價和市場性折價；[243] 在 2000 年的同一
法院改變了它的立場，並且推翻了地方法院允許這些折價的判決：

多數其他司法管轄區有類似「鑑價」的法規，在確認異議股東股票的公
允價值時，都不予採用少數股和市場性折價。這些法院的理由是，將折價加
入鑑價過程中，未能給小股東的股票完全相稱的價值，鼓勵企業以此排擠少
數股東，並且佔了異議者權利法規所提供的保護的便宜，懲罰到小股東。[244]

科羅拉多最高法院於 2001 年推翻先例，裁定市場性折價不再適用於鑑價
案中。[245] 同樣的，1982 年肯塔基州上訴法院的判決，准許缺乏市場性折價[246]，

註解 240
同上，1004。

註解 241
Arnaud v. Stockgrowers State Bank, 992 P.2d 216, 217（Kan. 1999）.

註解 242
Rolfe State Bank v. Gunderson, 794 N.W.2d 561, 569（Iowa 2011）.

註解 243
Atlantic States Construction, Inc. v. Beavers, 314 S.E.2d 245（Ga. App. 1984）.

註解 244
Blitch v. Peoples Bank, 540 S.E.2d 667, 669（Ga. App. 2000）.

但是在 2011 年，肯塔基州最高法院的裁決推翻了這個判決，裁定：「只要一直以來都以持續經營的假設來評估公司整體價值，……那異議股東的利益，不得反映其缺乏控制權或缺乏市場性的折價。」[247]

此外，一些州，如康乃狄克州、佛羅里達州、伊利諾州、密西西比州、內華達州和南達科塔州，近年來已經修改了它們的鑑價法規來限制折價。

紐約州拒絕少數股折價，但接受市場性折價。1985 年紐約布雷克（Blake）案中，拒絕少數股折價：

商業公司法§1104「解散法規」的制定，是用以保護小股東，公司因此不應以折價的形式獲得橫財，因為它選擇根據商業公司法§1118「選擇性購買」來收購買斷小股東的股份。因此，在公司股份中的少數股分的權益，不應只因為它是少數股份而打折。[248]

紐約州經常接受缺少市場性的折價。1987 年紐約的允許收購買斷以避免解散的案件中，上訴法院參考**布雷克案（Blake）**，還有其他州拒絕折價的判決，但仍然在決定少數股份的公允價值時允許市場性折價。它指出：「缺少市場性折價，正好反映無論是少數或多數股份，若是不能自由買賣，股份價值較低，因此（市場性折價）是一個適當的調整。」[249]但是，它補充說，「該公司專家提出的 35％的折價，包含少數股折價的元素，是過度的折價。本案中適當的市場性折價不應超過 10％」。[250]

在非鑑價案件中，其他股東層級的折價是在確定公允市場價值時，當作客製化的權重，這算是鉅額（或流動性）折價，還有無投票權或低投票權股

註解 245
Pueblo Bancorp. v. Lindoe, Inc., 63 P.3d 353（Colo. 2003）.

註解 246
Ford v. Courier-Journal Job Printing Co., 639 S.W.2d 553（Ky. App. 1982）.

註解 247
Shawnee Telecom Resources, Inc. v. Brown, 354 S.W.3d 542, 564（Ky. 2011）.

註解 248
Blake v. Blake Agency,107 A.D.2d 139, 148.

註解 249
Raskin v. Walter Karl, Inc., 129 A.D.2d 642, 644（A.D.2d Dept. 1987）.

註解 250
同上。

份的折價。但是，如果法院裁決異議股東的價值是依照公司價值按持分比例
計算，這些折價將與公允價值不相關。

◆ 隱含的少數股折價

德拉瓦州的一些判決都採用「隱含的少數股折價」[251]（IMD）來作為公
司評價的準則，從而將其往上調整。有一篇文章批評法院使用 IMD，漢默梅
希和沃切特描述其概念：

IMD 的財務與經驗說法很簡單：無論金融市場的流動性與資訊多麼好，
所有在公開市場交易的上市股票都持續不斷的有相對公司價值比例的折價。
也就是說，這個折價，是來自國內證券交易市場上的股票價格代表少數股地
位，和少數股以整體公司資產折價的角色交易。IMD 在鑑價程序的結果是侷
限在有限的範圍內，但在應用評價技術上有實質性的規模……可類比公司分
析法……藉由觀察可類比的上市公司股票，以市場交易的乘數評估目標公司
的價值，其結果必會藉由增加溢價來向上調整，以抵銷所謂的存在於類比公
司股價中的「隱含少數股折價」。[252]

衡平法院在 1992 年頻譜科技公司（Spectrum Technology）案中第一次接
受 IMD，其中辯方的專家，在其使用的類比公司法的鑑價中，加上 30％的
IMD 調整。[253] 衡平法院下一個接受類比公司法的鑑價案，是 1995 年的**克雷
沃特班森案（Kleinwort Benson）**，原告的專家加了 86％的溢價，而辯方
的專家則認為 10％至 15％的少數股折價是合理的，最後法院採用 12.5％的調
整。[254] 法院指出，雖然它已駁回了**州際烘焙公司案（Interstate Bakeries）**
的 IMD，[255]「因為各方提出的『證詞』不同，造成我們有不同的結論。」[256]

註解 251
亦稱暗示的或固有的或嵌入的少數折價。

註解 252
Lawrence A. Hamermesh and Michael L. Wachter,, "The Short and Puzzling Life of the 'Implicit
Minority Discount' in Delaware Appraisal Law,"156 U. Pa. L. Rev. 1, 5-6（2007）.

註解 253
Hodas v. Spectrum Technology, Inc., 1992 Del. Ch. LEXIS 252（Dec. 7, 1992）.

註解 254
Kleinwort Benson Ltd. v. Silgan Corp., 1995 Del. Ch. LEXIS 75（June 15, 1995）, at *12.

註解 255
Salomon Brothers Inc. v. Interstate Bakeries Corp., 1992 Del. Ch. LEXIS 100（May 1, 1992）.

自 2000 年以來，德拉瓦州不管對哪一方的類比公司法都採用 IMD 調整，最常見的是 30% 的溢價調整。在一個案例中，衡平法院在雙方專家都沒有採用調整時，也加上一個溢價。[257] 德拉瓦州只有一次對辯方的抗辯作 IMD 調整。[258] 否則，當任何一方都沒有用 IMD 時，德拉瓦州不會採用 IMD 的調整。

有關於在其他州的 IMD 判決，紐澤西州拒絕 IMD，並評論道：「我們的研究表明，一個內在的、嵌入的、少數股折價的概念，不是在金融界普遍接受的概念。」[259] 內華達州也拒絕這個概念，[260] 但是緬因州則接受。[261]

對於這個上市股價必須包括 IMD 這個假定推論的第一個公開挑戰，在任何德拉瓦州採用 IMD 的案子之前就有了。1990 年，艾瑞克·納特假定一家公司的自由交易市場價格，已經納入公司的財務控制的正反面，因此反映了控制權價值。[262]

自 2000 年以來的判決，調整 IMD 所依靠的引用論文不是過時了，就是其作者也已經修改或者放棄其觀點。當衡平法院在 1998 年**拉博案（Le Beau）**中採用控制權溢價，它引述了當時通行的薛能普拉特和克里斯默瑟的著作。[263] 但是 1999 年時，普拉特自己曾表示了不同的看法，寫道：「評價師使用類比上市公司評價分析法時，自動地加上固定比例的『控制權溢價』，這方法最好要重新考慮。」[264] 普拉特在 2000 年企業評價（Valuing a Business）的第四版，曾將此評論列入書中，但衡平法院顯然不知道這個變

註解 256

Kleinwort Benson,1995 Del. Ch. LEXIS 75, at *9.

註解 257

Doft, 2004 Del. Ch. LEXIS 75, at *46.

註解 258

Prescott Group Small Cap, L.P. v. Coleman Co., 2004 Del. Ch. LEXIS 131（Sept. 8, 2004）.

註解 259

Lawson Mardon Wheaton, 716 A.2d 550（N.J. Super. 1998）.

註解 260

Steiner, 5 F. Supp.2d 1117, 1124.

註解 261

In re: Val. of Common Stock of Penobscot Shoe Co., 2003 Me. Super. LEXIS 140（May 30, 2003）, at *63.

註解 262

Eric Nath, "Control Premiums and Minority Interest Discounts in Private Companies," 9 Bus. Val. Rev.59（1990）.

化，因為它再次在 2001 年**阿格瑞諾夫案（Agranoff）**的判決中引述 1996 年普拉特的第三版著作。的確，即使同一判決中引用了第四版有關 DCF 的討論。[266] 的確，2005 年**安達洛羅案（Andaloro）**還是引用了第三版作為 IMD 的支持論點 [265]

　　2001 年，普拉特進一步在其書籍**企業評價折價與溢價**（Business Valuation Discounts and Premiums.）的第一版中澄清了他的立場。普拉特引述馬克李（Mark Lee）的文章 [267]，寫道：「考慮當前的爭論狀態，對於有關運用控制權溢價到公開市場價值上，來決定控制權層次的價值，務必要極為謹慎。」[268] 同樣的，在 2004 年默瑟的著作中，認同納特 1990 年的文章 [269]，並解釋：「除非在企業的財務控制價值，和少數股市場性價值之間有現金流引起的差異性，不然應是沒有（或很少）少數股折價。」[270]

註解 263

Le Beau v. M.G. Bancorp., Inc., 1998 Del. Ch. LEXIS 9（Jan. 29, 1998），at *25, n. 15, citing Shannon P. Pratt, Robert F. Reilly, and Robert P. Schweihs, Valuing a Business: The Analysis and Appraisal of Closely Held Companies, 3rd ed.（Chicago: Irwin, 1996），pp. 194-195 and 210, as well as Christopher Mercer, Valuing Financial Institutions（Homewood, IL: Dow Jones Irwin, 1992），pp. 198-200 and Chapter 13.

註解 264

Pratt,「Control Premiums? Maybe, Maybe Not: 34% of 3rd Quarter Buyouts at Discounts,「Business Valuation Update（Jan. 1999），pp. 1-2; Pratt, Reilly, and Schweihs, Valuing a Business: The Analysis and Appraisal of Closely Held Companies, 4th ed.（New York: McGraw Hill, 2000），at 357（citing Pratt's 1999 article）.

註解 265

Andaloro, 2005 Del. Ch. LEXIS 125, at *65. See the discussion of this case in Matthews, "A Review of Valuations in Delaware Appraisal Cases, 2004-2005, 25 Bus. Val. Rev. 44, 59-60（2006），comparing the discussion of control premiums in the third and fourth editions of Valuing a Business." 比較了第三和第四版中控制權溢價的討論。漢默梅希和沃切特在 The Short and Puzzling Life" P51-53 中比較了這兩個版本。

註解 266

同上 .,*36.

註解 267

Lee, "Control Premiums and Minority Discounts," p. 4.

註解 268

Pratt, Business Valuation Discounts and Premiums（Hoboken, NJ: John Wiley & Sons, 2001），at 40.

註解 269

Mercer, The Integrated Theory of Business Valuation（Memphis, TN: Peabody, 2004），at 101.

註解 270

同上，108。

許多公司法的教授質疑以下的假設：大部分的市場價格已經包含了IMD。理查‧布斯教授在 2001 年寫道：「實際市場價格並不一定總是低於公允市場價格。」[271] 威廉‧卡尼教授在 2003 年極力反對有關多數上市股票的市價包括顯著的 IMD 的這個假設，他的結論是：「不管是現值或未來潛力值，就算所有的價值都是以市價作為公司股票價值來評估，人們不會期望在一個有良好的管理，且股東人數眾多且明顯地其控制權轉移的機會微小的公司中，找出明確的控制權溢價。」[272]

　　2007 年漢默梅希和沃切特的文章認為，收購時所支付的溢價，並不是假定市場價格包括 IMD 的正當理由，他們說道：「沒有任何財金或實證的學術論點，肯定 IMD 的核心前提，也就是上市公司股份，系統性的以相對公司淨現值的大量折價進行交易。」[273] 他們還指出，在類比公司評價法採用 IMD，卻不在 DCF 分析法的終值乘數採用 IMD，是不一致的。[274]

　　雖然德拉瓦州法院已經多次以 IMD 調整類比公司評價法，但他們從未在使用類比公司法所計算出來的終值乘數中採用 IMD 調整。衡平法院在四個鑑價意見中都使用了乘數來計算終值，但這些案件中，訴願方的專家都沒有提出 IMD 調整。[275]2006 年時法院已經意識到，在類比公司法中調整 IMD，卻未在使用類比公司法所計算出來的終值乘數中採用 IMD 調整的不一致性，當時，法院指出，「根據少數股的交易數據得到的乘數……「用以決定終值」（是）比較不利的一個技術，會引發關於是否它有植入少數股折價的問題。」[276]

註解 271

Richard A. Booth, "Minority Discounts and Control Premiums in Appraisal Proceedings," 57 Bus. Lawyer 127, 130（2001）.

註解 272

William J. Carney and Mark Heimendinger, "Appraising the Nonexistent: The Delaware Courts' Struggle with Control Premiums," 152 U. Pa. L. Rev. 845, 860（2003）.

註解 273

Hamermesh and Wachter, "The Short and Puzzling Life," at 5-6.

註解 274

同上，6。

註解 275

Gilbert v. MPM Enterprises, Inc., 709 A.2d 663（Del. Ch. 1997），aff'd MPM Enterprises, Inc. v. Gilbert, 731 A.2d 790（Del. 1999）; Grimes v. Vitalink Communications Corp., 1997 Del. Ch. LEXIS 124（Aug. 26, 1997）; Gray v. CytokinePharmasciences, Inc., 2002 Del. Ch. LEXIS 48（Apr. 25, 2002）; U.S. Cellular, 2005 Del. Ch. LEXIS 1.

後來在 2007 年，副大法官蘭姆意識到關於 IMD 的爭辯，他引用了漢默梅希 / 沃切特和布斯的文章，其中便有「隱含少數股折價（IMD）並未得到金融界普遍認同」[277]，不過在此同時，也有相反的意見，是 1999 年由約翰‧寇特斯（John Coates）所寫的，[278] 認為 IMD 的調整有時是合適的。

在**企業評價評論**（Business Valuation Review）一書中從企業評價的觀點來看，IMD 是頗受抨擊的。2008 年這篇文章的結尾批評道：「默認的假設，應該是公開交易的股票是在公司持續經營價值的情況下賣出。如果原告方的專家得到的結論是，IMD 在特定情況下是適當的，它的大小應該要根據收購乘數和市場乘數之間的比較。」[279]

◆ DCF 價值法無溢價可以適用

在 DCF 評價法中使用控制性現金流量，並不保證有控制權溢價。德拉瓦州拒絕了**放射學協會案（Radiology Associates）**的控制權溢價，因為「用於本案的現金流量折現分析法（DCF 法），充分體現這種評價法不需要調整。」[280] 這個觀點認為，一個公司的 DCF 價值，不應該有控制權溢價調整，這與金融界普遍接受的做法是一致的。

普拉特解釋說，DFC 評價法，是基於並不需要增加控制權溢價的預估現金流量。[281]

在德拉瓦州，當使用增長模型（學術上首選的方法）來確定終值，就不

註解 276

In re PNB Holding Co. Shareholders Litigation, 2006 Del. Ch. LEXIS 158（Aug. 18, 2006），at *114-115. 法院選擇使用被告的經濟增長模式，而不是原告的退出乘數來確定終值。

註解 277

Highfields Capital, Ltd. v. AXA Financial, Inc., 2007 Del. Ch. LEXIS 126（June 27, 2007），at *67.

註解 278

John C. Coates IV, " 'Fair Value' as an Avoidable Rule of Corporate Law: Minority Discounts in Conflict Transactions," 147 U. Pa. L. Rev., at 1251（1999）.

註解 279

Matthews, "Misuse of Control Premiums in Delaware Appraisals," 27 Bus. Val. Rev., at 107, 118（2008）.

註解 280

Radiology Assocs., 611 A.2d 485, 494.

註解 281

Pratt, Valuing a Business, 5th ed., at 228; Pratt, Business Valuation Discounts and Premiums, 2nd ed.（Hoboken, NJ: John Wiley & Sons, 2009），at 26.

應該適用溢價，這點是毫無爭議的。即使法院在類比公司法中以 IMD 調整，但是在 2004 年**都伯勒（Dobler）**和**藍恩（Lane）**這兩個案子中，使用 DCF 評價法增長模型的溢價，卻被明確的拒絕。[282] 在**都伯勒案（Dobler）**中，法院援引普拉特的說法：

「DCF」值應該代表企業的全部未來現金流量價值。排除綜效後，公司不能有超過其未來現金流價值的溢價。因此，把控制權溢價加到 DCF 評價法中，是不正確的也不合邏輯。[283]

它還補充說：「DCF 是不需要任何額外修正，比如控制權溢價的最終估值。」[284]

◆ 企業層級的折價

企業層級的折價，適用於將該公司視為一個整體時。因為它們適用於公司視為整體，應該在股東層級折價和溢價前就考量，從企業價值的評價中扣除。[285] 紐澤西州最高法院在**巴沙美地案（Balsamides）**中說：「如果是在金融界普遍接受的企業評價中，企業層級的折價可能完全合適。」[286]

德拉瓦州法院早就理解，在某些有限的情況下企業層級調整的必要性。在三大陸案中，該公司被視為是一個封閉式投資公司。由於這種結構，公司股東無權要求他們在公司資產的比例份額。出於這個原因，並且由於公司的各種槓桿要求，公司視為一個整體時的市場價值低於其資產淨值。因此，法院在少數股評價前採用了企業層級的折價。

在確認公允價值時可能會採用一些企業層級折價。當可以採用時，評

註解 282
Dobler, 2004 Del. Ch. LEXIS 139, at *72 and *65-66; Lane, 1994 Del. Ch. LEXIS 67, at *117-118 and *129.

註解 283
Pratt, The Lawyer's Business Valuation Handbook（ABA, 2000）, at 359, quoting Matthews, 「Delaware Court Adds Control Premium to Subsidiary Value, 「 Business Valuation Update, May 1998, p. 9.

註解 284
Dobler, 2004 Del. Ch. LEXIS 139, at *72.

註解 285
Laro and Pratt, Business Valuation and Taxes, at 266.

註解 286
Balsamides, 734 A.2d 721,733.

價者可以考慮採用受限的資本利得折價（trapped-in capital gains discount）、投資組合（非同值性資產, nonhomogeneous assets）折價、或有負債折價（contingent liabilities discount），或是關鍵人折價（key-man discount）。在1992年**德拉瓦州霍達斯訴光譜科技案（Hodas v. Spectrum Technology）**的鑑價中，法院接受了公司方專家決定的20%關鍵人折價，他們的結論是：創始人離職，意味著該公司的滅亡。[287]而法院駁回了企業層級的40%的缺少市場性折價，因為公司聲稱，就公司整體而言缺乏現成的市場。

◆ 企業層級的控制權溢價

大多數州在鑑價案中拒絕控制權溢價。儘管一些判決討論到採用控制權溢價，在仔細閱讀大部分的判決後，得出的結論是，法院實際上並沒有在評價中加上控制權溢價，而是僅僅作出調整，以消除有查知到的IMD。他們試圖避免施加不允許的少數股折價，而且經常透過考量在其他交易所支付額外的溢價來做調整。

只有三個州（佛蒙特州、紐澤西州和愛荷華州）實際上已經在企業層級的鑑價上，採用控制權溢價，但是只限於某些情況，這些案件有效地使用第三方價值。

佛蒙特州法院在兩起案件中，採用控制權溢價，在**特拉普家庭旅館案（Trapp Family Lodge）**中，佛蒙特最高法院裁定：

為了尋求公允價值，審判法院必須確定，單一買家以購買整體的公司可以合理預期的最佳價格，以及將該價值按比例公平的分配到所有的普通股股份。[288]

採用控制權溢價，是基於和其他飯店與汽車旅館的可類比的收購案。另一個佛蒙特州的判決引用這個案子，批准了控制權溢價[289]，並指出：「該預估現金流量……並未調整以反映控制性購買者的決定。」[290]

註解 287
Hodas v. Spectrum Technology, 1992 Del. Ch. LEXIS 252, at *14.
註解 288
In re 75,629 Shares of Common Stock of Trapp Family Lodge, Inc., 725 A.2d 927, 931（Vt. 1999）.
註解 289
In re Shares of Madden, Fulford and Trumbull, 2005 Vt. Super. LEXIS 112（May 16, 2005）, at *35.
註解 290
同上，* 25。

紐澤西州高等法院支持**凱西訴布倫南案（Casey v. Brennan）**中有限的控制權溢價，得出結論是「在評價訴訟中，只要不是作為不被允許的評價目的之工具──將未來合併的預期效應納入價值中，控制權溢價應考量反映市場現實。」[291]

2007 年愛荷華州最高法院在**西北投資公司案（Northwest Investment）**的判決中，允許一件銀行鑑價案的控制權溢價：「因為少數股東提出可信的證據，公司可以在一個銷售事件中顯著取得控制權溢價」，法院肯定地方法院採用控制權溢價[292]。有趣的是，在過去的 20 年中，愛荷華州最高法院的其他六個鑑價案判決，沒有一個討論控制權溢價。

雖然沒有關於新墨西哥州，在鑑價案中採用控制權溢價的報告，州最高法院指出：控制權溢價，是根據具體情況逐案評估的實質問題。[293]

德拉瓦不會在母公司層級採用控制權溢價，然而，在其 1992 年的**快速美國案（Rapid-American）**的判決中，德拉瓦州最高法院反常的裁定，控制權溢價應適用於控股公司的子公司。[294] 快速美國是一家控股公司，其三家子公司分別廣泛的經營不同行業。德拉瓦州最高法院的結論是，因為衡平法院曾使用類比公司法來評估子公司，它已經「將該公司視為其全資子公司的小股東來處理。」

最高法院指出，類比公司法的市場價格「不反映控制權溢價」，但母公司的內在價值，包括其子公司的控制權價值。[295] 在發還案件時，衡平法院採用各子公司的控制權溢價，基於原告方專家的證詞以：「業內公司的平均本益比（p／e），以及所有公司的平均本益比，以及行業中所有企業的平均控制權溢價」來估計[296]。在 90 年代，控制權溢價應用於德拉瓦的子公司評價

註解 291

Casey v. Brennan, 780 A.2d 553, 571（N.J. Super. 2001）.

註解 292

Northwest Investment Corp. v. Wallace, 741 N.W.2d 782（Iowa 2007）.

註解 293

New Mexico Banquest Investors Corp. v. Peters Corp., 159 P.3d 1117, 1124（N.M. App. 2007）, aff'd, Peters Corp. v. New Mexico Banquest Investors Corp., 188 P.3d 1185（N.M. 2008）.

註解 294

Harris v. Rapid-American Corp., 603 A.2d 796（Del. 1992）.

註解 295

同上., 804.

案中有兩倍之多。[297]

　　然而，營運中的企業，沒有任何明顯理由顯示，子公司的價值應該要比分公司高。這種區分提升了形式大於實質。[298] 在 2001 年，副大法官（現在是大法官）里歐史特林對這個矛盾表示關注，評論道：「這看起來是一個很微妙的結論，在作為持續經營的實體的企業價值中，加入出售控股子公司的潛在溢價，卻不加入賣出該實體本身的潛在溢價．」[299]

　　漢默梅希和沃切特在 2007 年的一篇文章中批評這個矛盾：

　　這需要一點想像力，來尋找此理論發展出的邏輯結論，此結論迫使所有要股份鑑價的案例，而不只是計算該公司透過控股子公司擁有營運中資產的情況，要包含由假設的第三方銷售價值所計算的控制權溢價。公司直接擁有資產的控制權價值，至少應和透過子公司控制的資產的控制權價值一樣大。[300]

　　自 1998 年以來，儘管隨後幾個德拉瓦鑑價案件，有對控股公司評價，但沒有出現過明確地採用子公司控制權溢價的案子。事實上，即使是幾個子公司由法院分開評價的案件中，都沒有將控制權溢價加到子公司價值上。[301]

◆ 有些州允許在特殊狀況下考量是否採用折價

　　有些州允許在特殊情況（extraordinary circumstances.）下採用缺少市場性折價。對股份而言，需要的不僅僅是缺乏公開市場而已。法庭只有在案件

註解 296

Harris v. Rapid-American Corp., 1992 Del. Ch. LEXIS 75（Apr. 1, 1992）, at *9.

註解 297

Le Beau, 1998 Del. Ch. LEXIS 9, aff'd, M.G. Bancorp., 737 A.2d 513; Hintmann v. Fred Weber, Inc., 1998 Del. Ch. LEXIS 26（Feb. 17, 1998）.

註解 298

Matthews, "Delaware Court Adds Premium to Control Valuation," Business aluation Update（May 1998）, at 10.

註解 299

Agranoff v. Miller, 791 A.2d 880, 898 n. 45（Del. Ch. 2001）.

註解 300

Hamermesh and Wachter, "The Short and Puzzling Life," at 15.

註解 301

例如, Highfields Capital, 2007 Del. Ch. LEXIS 126; Gesoff v. IIC Industries Inc. , 902、A.2d 1130（Del. Ch. 2006）.

的具體事實和情況有益時，才採用折價。一個特殊情況的例子是：當一個判決結果會損害繼續的（留下來的）股東時。在**先進通信設計案（Advanced Communication Design）**中，小股東尋求解散作為對該封閉型公司控告其違反信託責任的反告訴。[302] 明尼蘇達州最高法院，決定對市場性折價不採用一個明線規則（譯註：又稱通用規則，指沒有模糊空間的規定）。法院認定在這個案件中，不採用市場性折價對公司不公允，因為它會對公司加上不切實際的金融需求，導致財富從留下來的股東身上不公允的轉移給異議者。報告上的財務數據導出了結論，即在所有的可能性下，不公允的財富轉移將會剝奪上訴公司為未來成長所必要的現金流量和盈利。

在**康乃狄克州的壓迫案件迪飛波訴迪飛波案（Devivo v. Devivo）**中，引用**先進通訊設計案**時，法院對 50％的股權價值採用 35％的市場性折價，因為考量該公司的大筆債務，所需的資本支出，還有下滑的成長率。[303]

另一個特殊情況，是當一個小股東試圖與系統對賭時。ALI 提出一件案例，該例中，異議股東企圖利用鑑價觸發交易來抵制合併，以便以其他股東的利益為代價，將價值轉移到異議者。在這種情況下，法院可以判決異議者只能收取小於公司持分比例的價值。[304]

特殊情況必須要受到審查。在**勞森馬爾惠頓案（Lawson Mardon Wheaton）**[305] 中，紐澤西州最高法院推翻了初審法院的一個特殊情況的判決，該判決指出該案中異議者，已經在他們以前支持的改變中獲益。最高法院指出，異議者想將自己的持股賣回公司，因為他們對新管理階層沒有信心，而且法院認為這些股東能有效的行使異議權。但是最高法院認為在這種情況下，特殊情況與法規的目的並不一致。

◆ 法院的判決傾向拒絕折價

折價的處置主要由各州單獨解決。一些州在法規中禁止折價，而其他州

註解 302

Advanced Communication Design, Inc. v. Follett, 615 N.W.2d 285（Minn. 2000）.

註解 303

Devivo v. Devivo, 2001 Conn. Super. LEXIS 1285（May 8, 2001）, at *34.

註解 304

ALI, Principles of Corporate Governance, at 325.

註解 305

Lawson Mardon Wheaton, 716 A.2d 550, 558.

則交由法院判決。目前還沒有判例法的先例，但如前面提到的，不變的是，一些州已經在股東層級上推翻早期對少數股或市場性折價的判決。

表 3.4 概括了很多重大的州和聯邦法院的有關於採用折價的判決。對於解決這些議題的公開意見，各州有很大的不同。有些依法規拒絕折價，有些則依判例法等等。有些對案件一致採用折價，其他則是在逐案基礎上，根據每個案件的具體情況採用。由於壓迫案件中的鑑價和收購是根據州法律，聯邦法院則會依循州法規和判例法。

表 3.4 所囊括的判決顯示出，有好幾個州之前允許折價，而現在拒絕。[306] 沒有州是反其道而行的。有些州沒有公開的異議或壓迫案件，有股東層級折價的判決。[307]

表 3.4
有關折價的重大法院判決

阿拉巴馬州：
詹姆斯訴貝倫服務公司案 James Offenbecher v. Baron Services, Inc., 874 So.2d 532（Ala. Civ. App. 2002），aff'd, Ex parte Baron Services, Inc., 874 So.2d 545（Ala. 2003）.
該公司以股票換股票方式合併到一家新公司，實質上等同於反向分裂。只給異議股東留下保持在存續公司所需的最低股份數量，並還要求以公允價值收購其股份。原審法院採用 50% 缺少市場性折價。上訴法庭查看了 1999 年 MBCA 的改變，還有喬治亞州在畢李區訴人民銀行案（Blitch v. People's）的判決，指出反對採納折價的趨勢，並且，推翻了地方法院對折價的採用。阿拉巴馬州最高法院肯定上訴法院的決定。

註解 306
科羅拉多州，喬治亞州，伊利諾州，印第安納州，堪薩斯州，肯塔基州，密蘇里州和新墨西哥州。

註解 307
阿拉斯加，夏威夷，密西根州，新罕布夏州，馬里蘭州，北達科塔州，賓夕法尼亞州和田納西州，沒有關於折價的案件或法規。哥倫比亞特區和西維吉尼亞州沒有關於折價的判例，但有禁止折價的法令。

亞利桑那州：
美國專業拋光公司訴強生案 Pro Finish USA, Ltd. v. Johnson, 63 P.3d 288（Ariz. App. 2003）
異議股東反對出售公司資產給第三方。原審法院拒絕採用少數股和市場性折價。上訴法院，參查 ALI 的公司治理原則（Principles of Corporate Governance），還有德拉瓦州不允許折價的趨勢後，維持了原審法院的評價。
加利福尼亞州：
布朗訴聯合瓦楞紙箱案 Brown v. Allied Corrugated Box Co., 154 Cal. Rptr. 170（Cal. App. 1979）
在封閉型持股公司的少數股東提請解散後，控制股東要求法院確認少數股的價值。該法院命令由三個委員執行鑑價。有一位委員的報告和其他兩個明顯分歧。法院認可了多數委員的報告，其中包括少數股折價。上訴法院認為，當控股股東要購買少數股股份時，封閉持股公司以缺乏控制權來貶低少數股的價格是沒有正當性的。上訴法院指出，依照大多數委員的方法，控股股東將可能會僅僅藉著非自願解散的買斷規定來規避應遵循按持分比例分配的規定。
科羅拉多州：
普韋布洛銀行訴林多公司案 Pueblo Bancorp. v. Lindoe, Inc., 37 P.3d 492（Colo. App. 2001），aff'd, 63 P.3d 353（Colo. 2003）
一家公司從 C 類公司轉換成 S 類公司。該異議股東本身就是 C 類公司，因此沒有資格成為新公司的股東。原審法院採納少數股和市場性折價。上訴法院指出，異議者有權得到其持股比例的持續經營價值，沒有少數股折價，並且，除了在特殊情況下，不可採納缺乏市場性的折價。科羅拉多最高法院維持上訴法院的分開判決，裁定允許市場性折價，而駁回前面的判決。
M 壽險公司訴沙波 & 滑列克壽險經紀公司案 M Life Ins. Co. v. Sapers & Wallack Ins. Agency, 40 P.3d 6（Colo. App. 2001）
原審法院認定採用少數股折價與市場性折價與否，都不是法律問題。上訴法院認為，少數股折價不是法律問題，同時引用 WCM Indus. v. Trustees of the Harold G. Wilson 1985 Revocable Trust, 948 P.2d 36（Colo. App. 1997）案件，指出，缺少市場性的折價應被逐案討論。

康乃狄克州：
迪飛波訴迪飛波案 Devivo v. Devivo, 30 Conn. L. Rptr. 52（2001）, 2001 Conn. Super. LEXIS 1285（May 8, 2001）
一家汽車運輸公司的小股東，由於壓迫和管理的僵局訴請解散。在此， 雖然通常不會允許市場性折價，但這案件被法院視為一個特殊情況， 因為該公司的現有債務，和市場狀況將會限制未來的成長。法院因為 屬於特殊情況，採用 35% 的市場性折價。 （這個判決在相關法規禁止折價之前）
德拉瓦州：
騎士石油公司訴哈尼特案 Cavalier Oil Corp. v. Harnett, 1988 Del. Ch. LEXIS 28（Feb. 22, 1988）； aff'd, 564 A.2d 1137（Del. 1989）
法院指出，在德拉瓦州法律下，少數股和市場性折價是不當的。
佛羅里達：
考克斯企業與新聞期刊公司案 Cox Enterprises, Inc. v. News-Journal Corp., 510 F.3d 1350 （11th Cir. 2007）
地方法院指出孟秀而案（Munshower）的發現，佛州法院可以適用市 場性折價。因為沒有辦法來確定股票的流動性，原審法院沒有採用市 場性折價。美國上訴法院裁決認為沒有濫用自由裁量權，維持了地方 法院的裁定。 （這個訴訟在相關法規禁止折價之前就啟動了。）
孟秀而訴柯濱海爾案 Munshower v. Kolbenheyer, 732 So.2d 385（Fla. App. 1999）
小股東啟動解散訴訟程序，公司選擇回購小股東股份以取代解散。法 院指出，市場性折價通常是必要的，因為一個封閉型持股公司的股份 無法輕易出售。 （這個判決在相關法規禁止折價之前。）

喬治亞州：
畢李區訴人民銀行案 Blitch v. People's Bank, 540 S.E.2d 667（Ga. App. 2000）。
在異議者權利訴訟中，評價師同時採用少數股和市場性折價。上訴法院將之推翻，否絕了少數股和市場性折價。它認為，「法規中的專用術語『公允價值』這個詞，包括修訂後示範商業公司法所表達的現代觀點」。
大西洋州國家建築訴海狸公司案 Atlantic States Construction, Inc. v. Beavers, 314 S.E.2d 245, 251 （Ga. Ct. App.1984）
原審法院拒絕採用少數股或市場性折價。上訴法院裁定折價是可以允許的，但必須謹慎使用。此案被發回，而原審法庭依照指示由證據來考量，這些折價是否對股票的公允價值有任何影響。
愛達荷州：
霍爾訴格蘭氏牧場案 Hall v. Glenn's Ferry Grazing Assn., 2006 U.S. Dist. LEXIS 68051 （D. Ida. Sept. 21, 2006）
該聯邦案件引用 4（b）to Idaho Code 30-1-1434（4）的註釋。（「在有異議但沒有不法行為的案件中，『公允價值』的證據應參照『股東』在自願出售股權給第三方時，所能收取的東西，在此情況下考慮其少數股地位」）。因此，法院採用少數股折價。
伊利諾州：
布萊恩伍德公司訴史瑞士堡案 Brynwood Co. v. Schweisberger, 913 N.E.2d 150（Ill. App. 2009）
法院解釋說，股東層級的折價（即缺少市場性和缺乏控制權的折價）一般應該是不允許的，因為這損害了小股東，並不公平。
約翰訴金德曼案 Jahn v. Kinderman, 814 N.E.2d 116（Ill. App. 2004）
伊利諾州上訴法院第一法庭，維持下級法院的判決，否決了收購案投票中所確認公允價值之市場性折價。法院認為，由標的公司的控股股東提出的大量股息和就業機會，抵消了股東協議提出之任何潛在市場性影響。此外，法院認為，採用折價違背了其他法院的當前趨勢。（這個判決在相關法規禁止折價之前）

威格爾廣播公司訴史密斯案
Weigel Broadcasting Co. v. Smith, 682 N.E.2d 745（Ill. App. Ct. 1996），
appeal denied, 689 N.E.2d 1147（Ill. 1997）

上訴法院認為，採用少數股和市場性折價，是在初審法院的自由裁量
權範圍內。

雷射年代科技公司訴雷射年代實驗室案
Laserage Technology Corp. v. Laserage Laboratories, Inc. 972 F.2d 799
（7th Cir. 1992）

聯邦上訴法院，採用史坦頓案（Stanton），得出的結論是在伊利諾州
內，公允價值的確定是由事實認定者的自由裁量權決定。相對於史坦
頓案，在這案件中，折價被否絕。

史坦頓訴南芝加哥共和銀行案
Stanton v. Republic Bank of South Chicago, 581 N.E.2d 678（Ill. 1991）

伊利諾州最高法院裁定，原審法院採用5％的少數股折價和5％的流
動性折價，是在其自由裁量權的權限內的決定。

獨立管材公司訴萊文案
Independence Tube Corp. v. Levine, 535 N.E.2d 927（Ill. App. 1989）

上訴法院接受折價的採用，並指出，審判法庭已適當考慮少數股和流
動性因素。

印第安納州：

文策爾訴哈伯＆格利爾案
Wenzel v. Hopper & Galliher, P.C., 779 N.E.2d 30（Ind. App. 2002）

律師事務所要求確認，離開公司的股東與其股份的公允價值。上訴
法院援引許多其他法院的判決拒絕折價，並表示將之比照帕爾曼案
（Perlman），和其他公允市場價值的案件，是一種錯誤。上訴法院推
翻了審判法庭的決定，並指出，折價會令股權的買家獲得不公允的利
益，因為購買股票本身創造了一個現成的市場。

帕爾曼訴柏孟耐製造公司案
Perlman v. Permonite Mfg. Co., 568 F. Supp. 222（N.D. Ind. 1983），aff'd,
734 F.2d 1283（7th Cir. 1984）

聯邦法院作出決定，在印第安納州法律中的鑑價案，採用少數股權和
缺少市場性折價，是合適的。

愛荷華州：
羅非州立銀行訴岡德森案 Rolfe State Bank v. Gunderson, 794 N.W.2d 561（Iowa 2011）
法庭調查立法意圖後，發現愛荷華州法規使用折價，是傾向延伸折價之採用到銀行控股公司，而不是到涉入股票反向分割的銀行。法庭確認這判決不採用折價。
西北投資公司訴華萊士案 Northwest Investment Corp. v. Wallace, 741 N.W.2d 782（Iowa 2007）
愛荷華州最高法院提供了公允價值的定義，來自愛荷華州法規§490.1301（4），這是基於 1999 年 MBCA 的定義，禁止使用少數股和市場性折價。法院指出，MBCA 認為股東權益的公允價值，一般應按整體公司價值的股東持分比例計算。法院肯定了下級法院加上去的控制權溢價，因為有可信的證據表示，該公司可能在售出中獲得顯著的控制權溢價。
西格公司訴凱利案 Sieg Co. v. Kelly, 568 N.W.2d 794（Iowa 1997）
在股東異議的情況下，愛荷華州最高法院，推翻了審判法庭允許市場性折價的判決，指出愛荷華州法律不允許市場性折價是明確的。 （這個判決在相關法規禁止折價之前。除了銀行和銀行控股公司。）
安全州立銀行訴季格多夫案 Security State Bank v. Ziegeldorf, 554 N.W.2d 884, 889（Iowa 1996）
愛荷華州最高法院援引伍德沃德訴奎格利訴訟案，拒絕允許少數股權的折價。（794 N.W.2d 561）
理查森訴帕爾默廣播公司案 Richardson v. Palmer Broadcasting Co., 353 N.W.2d 374（Iowa 1984）
愛荷華州最高法院推翻前例，裁定在愛荷華州法律規定下，少數股折價違背異議者公允價值的精神。
伍德沃德訴奎格利案 Woodward v. Quigley, 794 N.W.2d 561（Iowa 1965）
愛荷華州最高法院，在鑑價時否絕了少數股折價，解釋道：「只因為少數股的地位，而對少數股的股權打折，這違反了法規的目的。」這在現實上將造成多數派迫使少數派退出，還不用支付其企業公允價值的持分。」

堪薩斯州：
阿爾諾訴堪薩斯州阿什蘭史塔克高爾州立銀行案 Arnaud. v. Stockgrowers State Bank of Ashland, Kansas, 992 P.2d 216 （Kan. 1999）
堪薩斯州最高法院裁定，當股票的購買者是企業或是多數派時，少數股和市場性折價是不恰當的。
穆爾訴新安麥斯特公司案 Moore v. New Ammest, Inc., 630 P.2d 167（Kan. Ct. App. 1981）
上訴法院裁定，原審法院接受評價師的評價報告，其中包括少數股折價，並無不妥之處。
肯塔基州：
肖尼電信資源公司訴布朗案 Shawnee Telecom Resources, Inc. v. Brown, 354 S.W.3d 542（Ky. 2011）
肯塔基州最高法院指出法院之間的趨勢，發現股東層級的少數股和市場性的折價，在鑑價時是不允許的。它認為，股東層級的少數股和市場性的折價，不能應用於異議股東的股權上。
布魯克斯訴布魯克斯家具公司案 Brooks v. Brooks Furniture Mfgrs., Inc., 325 S.W.3d 904（Ky. App. 2010）
法院裁定，給予異議股東少於持續經營公司公允價值的持分比例，將使大股東在擠出併購時獲得暴利，導致鼓勵擠出的行為。上訴法院接受 ALI 的觀點，認為除非有特殊情況，市場性的折價不宜採用。它推翻了地方法院採用的市場性折價，推翻前肯塔基州的判例法，因為它通常允許折價。
福特訴柯利而日報印刷有限公司案 Ford v. Courier-Journal Job Printing Co., 639 S.W.2d 553（Ky. App. 1982）
法院接受了 25％的市場性的折價。
路易斯安那州：
坎農訴伯特蘭案 Cannon v. Bertrand, 2 So.3d 393（La. 2009）
路易斯安那州最高法院推翻了上訴法院批准的少數股折價。它指出，趨勢是盡量不採用折價：「少數股折價和其他折價，如缺少市場性折價，可能在我們的法律有一席之地；然而，這樣的折價，必須謹慎使用，並只有當事實支持其使用時才可用。」

卡普蘭訴第一哈特福德公司案 Kaplan v. First Hartford Corp. 603 F. Supp. 2d 195（D. Me. 2009）
聯邦法院援引麥克隆石油案（McLoon Oil），禁止少數股和市場性折價。它透過粉紅報價單【譯註】所反映的市場價值，並調整逆算其內涵的少數股和市場性折價，來決定公允價值。
佩諾布斯科特製鞋公司的普通股價值案 In re Val. of Common Stock of Penobscot Shoe Co., 2003 Me. Super. LEXIS 140（May 30, 2003）
法院援引緬因州最高法院在麥克隆石油案的的禁制令，反對就異議股東權益的公允價值使用折價。法院就類比公司所推定的少數股折價進行調整。
有關麥克隆石油有限公司的普通股評價 Re Valuation of Common Stock of McLoon Oil Co. 565 A.2d 997（Me. 1989）
在一家封閉型持股的家族公司之父親尋求將公司合併到另一家公司，而合併後他將擁有唯一的投票控制權，異議的少數股東要求其所持股票的公允價值。法院認為，不贊成合併的股東放棄自己的否決權，以換取以公允價值被買斷的權利，而非以市場價值買斷。因此，法院說，作為一個法律問題，異議股東應該得到他們持股比例的公司價值，沒有任何折價。
馬里蘭州：
匹茲堡終端公司訴巴爾的摩 & 俄亥俄鐵路案 Pittsburgh Terminal Corp. v. Baltimore and Ohio Railroad, 875 F.2d 549（5th Cir. 1989）
少數股東辯稱，他們收到的對價，遠遠低於外部人競標公司控股權益的價格。經審查，聯邦法院發現，即使在合併之前，控股人仍擁有有效的控制，因此，採用控制權溢價是不恰當的。

【譯註】粉紅單股票（Pink Sheet Stock），是在美國，投資人透過經紀人網路（Dealer network）進行交易的未上市股票，也就是所謂的櫃檯交易股票（Over-the-counter stocks；OTC Stocks）。由於 OTC 股票沒有在交易所掛牌交易，因此這些未掛牌公司的財務狀況和資訊明顯有限，為了提供場外證券經紀商和投資人，更多的未掛牌公司市場報價的情報和訊息，1904 年一家從事印刷和出版業務的私人公司 National Quotation Bureau（NQB）在每天交易結束後，用粉紅色紙印製這些櫃檯交易股票和債券的價格、交易量等，向所有訂閱戶提供證券報價，並由此將分散在全國的造市商聯繫起來，「粉紅單市場」就是這樣來的。

麻薩諸塞州：
史潘林豪爾訴史賓塞出版公司案 Spenlinhauer v. Spencer Press, Inc., 959 N.E.2d 436（Mass. App. 2011）
上訴法院拒絕任何溢價或折價，並維持審判法庭的判決。
BNE 大眾公司訴西姆斯案 BNE Mass Corp. v. Sims, 588 N.E.2d 14（Mass. App. 1992）
原審法院評價一家銀行控股公司時，給予市值, 盈餘和帳面價值，相等的權重。上訴法院指出，按照法規賦予法院的任務，是確定自願買方在評價日期，願意支付整體企業的價格，而不是每股的價值。這樣，少數股東可以放心，控股股東不得以低於公開市場的價格來購買。法院援引緬因州的麥克隆石油案的判決，推論不管任何法律，如果給予股東少於其持股比例的價值，會造成財富從少數股股東轉移到控制權股東身上。此案被發回原審法院，因為它給交易清淡股票的市價過多的權重。
明尼蘇達州：
埃爾夫曼訴強生案 Helfman v. Johnson, 2009 Minn. App. Unpub. LEXIS 212（Feb. 24, 2009）
原審法院採用在企業層級的市場性折價，而不是在股東層面的少數股或市場性折價。明尼蘇達上訴法院維持了原審法院的判決。
先進通信設計公司訴福萊特案 Advanced Communication Design, Inc. v. Follett, 615 N.W.2d 285 （Minn. 2000）
少數股東提請解散作為封閉型持股公司控告其違反信託責任的反訴。明尼蘇達州最高法院選擇，對市場性折價不採用明線規則。它決定在本案中，不採用市場性折價會對公司不公平，因為會產生不切實際的金融需求，導致從其他股東轉移不公允的財富給異議者。從記錄上所呈現的財務數據，得到了一個結論：在所有的可能性下，不公允的財富轉移將會剝奪上訴公司為未來成長所必要的現金流量和盈利。
福伊訴克蘭普米爾案 Foy v. Klapmeier, 992 F.2d 774（8th Cir. 1993）
第八巡迴法院採用明尼蘇達州法律，認為美國地方法院採用少數股折價是錯誤的，並指出，拒絕折價是「多數州用來解決問題的做法」。

MT 地產公司訴 CMC 房地產公司案
MT Properties, Inc. v. CMC Real Estate Corp., 481 N.W.2d 38
（Minn. Ct. App. 1992）

法院認為，法規的目的是保護異議股東，因此，必須禁止少數股折價。
（這個判決在相關法規禁止折價之前）

密西西比州：

道金斯訴希克曼家族公司案
Dawkins v. Hickman Family Corp., 2011 U.S. Dist LEXIS 63101
（N.D. Miss. June 11, 2011）

法院指出，密西西比法律禁止少數股和市場性的折價，「如果合適的
話，除非修改公司章程」，並接受專家移除少數股折價的鑑價調整。

赫南度銀行訴賀夫案
Hernando Bank v. Huff, 609 F. Supp. 1124, 1126（N.D. Miss. 1985），
aff'd, 796 F.2d 803（5th Cir. 1986）

聯邦法院檢視密西西比州的法律後，得出的結論是：少數股折價在本
案中是適當的。
（這個判決在相關法規禁止折價之前。）

密蘇里州：

斯沃普訴西格爾・羅伯特公司案
Swope v. Siegel-Robert, Inc., 243 F.3d 486, 492（8th Cir. 2001）

聯邦上訴法院，採用密蘇里州法律，拒絕了市場性和少數股的折價。
它表示，「市場性折價與鑑價權的目的互相矛盾，鑑價權是在異議股
東非自願接受，自己所無法控制的公司改變之後，提供他們一個奪回
他們全部投資的機會。」它補充說，「採用少數股打折，是懲罰缺乏
控制權的小股東，鼓勵大股東拿自己的權力優勢，破壞公允價值鑑價
法規的目的。」

亨特訴 MITEK 工業公司案
Hunter v. Mitek Indus., 721 F. Supp. 1102（E.D. Mo. 1989）

聯邦法院拒絕採用少數股或市場性折價，但指出，在密蘇里州的法律
中，採納這類折價是承審法官的自由裁量權。

金恩訴 F.T.J. 公司案
King v. F.T.J., Inc., 765 S.W.2d 301（Mo. Ct. App. 1988）

上訴法院認為，採用少數股和市場性的折價，是初審法院的自由裁量權。上訴法院只在公司的價值歸屬於其「不可售資產」時，採用少數股折價，並肯定審判法庭否絕缺少市場性的折價。

蒙大拿州：

漢森訴 75 牧場公司案
Hansen v. 75 Ranch Co., 957 P.2d 32（Mont. 1998）

蒙大拿州最高法院推翻地方法院公允價值的裁定。它否絕了少數股折價，因為股份由公司或內部人購買時採用少數股折價是不適當的。

內布拉斯加州：

卡米諾公司訴威爾遜案
Camino, Inc. v. Wilson, 59 F. Supp. 2d 962（D. Neb. 1999）

聯邦法院指出，內布拉斯加州最高法院，在瑞格爾公司訴卡特歇爾（Rigel Corp. v. Cutchall）案中，禁止少數股和市場性的折價，它認為該公司將繼續作為一個持續經營的公司，而不是被清算。法院判決給異議股東一個持股比例的股權價值。

瑞格爾公司訴卡特歇爾案
Rigel Corp. v. Cutchall, 511 N.W.2d 519（Neb. 1994）

少數股東在合併時提出異議，以求得其股份的公允價值。原審法院允許少數股折價。內布拉斯加州最高法院審查案例法和最近的趨勢和判決，在合併的情況下，確定公允價值時，都不允許少數股折價和缺少市場性折價。
（這個判決在相關法規禁止折價之前。）

內華達州：

美國乙醇公司訴科迪勒拉基金有限合夥案
American Ethanol Inc. v. Cordillera Fund, L.P., 252 P.3d 663（Nev. 2011）

被告辯稱，根據施泰納案（Steiner），地方法院濫用自由裁量權，沒有確認公允價值。內華達州最高法院列舉了 2009 年內華達州修訂法規，宣布異議者股票的公允價值不採用少數股或市場性折價，認可地方法院否絕折價的判決。

史坦納公司訴本寧霍夫案 Steiner Corp. v. Benninghoff, 5 F. Supp. 2d 1117（D. Nev. 1998）
聯邦法院駁回少數股折價，但採用 25%的流動性不足折價。 （這個判決在相關法規禁止折價之前。）

凱西訴布倫南案 Casey v. Brennan, 780 A.2d 553（N.J. Super. 2001）
下級法院裁定，作為一個法律議題，禁止控制權溢價。上訴法院推翻了下級法院的判決，指出「在評價訴訟中，只要不是作為不被允許的評價目的，將未來合併的預期效應納入價值中，控制權溢價應考量反映市場現實。」上訴法院裁定，控制權溢價，應適用於該銀行的價值。
巴沙美地訴波達敏化學公司案 Balsamides v. Protameen Chemicals, Inc., 734 A.2d 721（N.J. 1999）
一個股東聲稱壓迫，並且提出解散案。原審法院命令其他股東賣出他的公司股份給訴願人。紐澤西州最高法院接受了 35%的市場性的折價，以確保該壓迫股東被買斷時，其股份沒有因為未折價的評價，而有不當的好處，因為，如果他最終將公司賣給公司外部投資者的話，被壓迫股東會承受價值減少的潛在影響。
勞森馬爾惠頓公司訴史密斯案 Lawson Mardon Wheaton Inc. v. Smith, 734 A.2d 738（N.J. 1999）
就在巴沙美地案（Balsamides）的同一天，法院裁定，在一件鑑價案中否決市場性的折價。儘管審判法庭因為異議者的行動，正在考慮這是一個特殊狀況，紐澤西州最高法院的結論是，股東們只是在行使其異議權，這並不能保證採用市場性折價。

彼得斯公司訴新墨西哥州 Banquest 投資公司案 Peters Corp. v. New Mexico Banquest Investors Corp., 188 P.3d 1185 （N.M. 2008）
新墨西哥州法，支持公允價值是否應有控制權溢價的調整要逐案評估。在這案件中，控制權溢價遭到否絕。

麥克明訴 MBF 公司案
McMinn v. MBF Operating Acq. Corp., 164 P.3d 41（N.M. 2007）

股東反對套現（cash-out）合併，並對公司提起訴訟。新墨西哥最高法院指出，在新墨西哥州法規中沒有定義「公允價值」的法條，但指出，MBCA 修訂版包括少數股和市場性折價的限制，導引法規的詮釋。

麥考利訴湯姆麥考利父子公司案
McCauley v Tom McCauley & Son, Inc., 724 P.2d 232（N.M. 1986）

原審法院發現壓迫，因此在封閉型持股公司採用 25% 的少數股折價。原告提出上訴，認為法院如有下令清算，她就可以收到公司資產的比例份額。新墨西哥最高法院指出，原審法院並沒有受限於一定要責令解散，而可以從各種救濟措施中選擇，而且它認為採用少數股折價，是初審法院的自由裁量權。

紐約州：

吉阿默訴維塔勒案
Giaimo v. Vitale, 2012 N.Y. App. Div. LEXIS 8706（Dec. 20, 2012）

上訴法院裁定，「隨著企業擁有的房地產其相關的成本和風險增加……對公司清算時的速度如何及確定的程度如何，都會造成的負面影響，這都應該要以折價的方式來計算。」法院的結論是，對兩家公司的資產採取 16% 的缺少市場性的折價（DLOM）是恰當的。

祖科夫斯基的應用案
Application of Zulkofske, 2012 N.Y. Misc. LEXIS 3088（N.Y. Supr., June 28, 2012）

雙方同意以法定鑑價取代解散。原審法院否絕流動性折價，因為原告擁有公司的 50%。

墨菲訴美國疏浚公司案
Murphy v. United States Dredging Corp., 74 A.D.3d 815
（N.Y. App. Div. 2010）

公司選擇購買一些小股東持有的股份以取代解散。上訴法院援引布萊克訴布萊克經紀案（Blake v. Blake Agency），認為紐約州法律禁止少數股折價，但允許市場性折價。法院確認審判法庭以其作為一個實體的封閉公司，採用市場性折價。此外，法院駁回了股東認為紐約法律限制市場性折價只能用於商譽的說法。

牙買加收購公司案之應用 Application of Jamaica Acquisition, Inc., 901 N.Y.S.2d 907 （N.Y. Supr. 2009）。
法院駁回少數股折價，但採用缺少市場性折價。法院駁回了缺少市場性折價應僅適用於商譽的論點，認為本案的請願者所引述的案例不支持此一限制。
布雷克訴布雷克經紀公司案 Blake v. Blake Agency, Inc., 486 N.Y.S.2d 341（N.Y. App. Div. 1985）
法院認為，對封閉型持股公司的少數股權採用折價，不應該只因為它是少數股權。
北卡羅來納州：
維農訴科莫案 Vernon v. Cuomo, 2010 NCBC LEXIS 7（N.C. Super. March 15, 2010）
法院基於案件之事實駁回了市場性和少數股折價。
加洛克訴東南天然氣電力公司案 Garlock v. Southeastern Gas & Power, Inc., 2001 NCBC LEXIS 9 （N.C. Super., Nov. 14, 2001）
法院裁定已經發生壓迫，法院指定的鑑價師採用缺乏市場性的折價與少數股折價，但法院裁定，根據案件的具體情況，加上缺乏控制權折價或市場性折價是不公允的。
皇家公司訴皮埃蒙特電力維修有限公司案 Royals v. Piedmont Elec. Repair Co, 1999 NCBC LEXIS 1 （N.C. Super. 529 Mar. 3, 1999），aff'd, S.E.2d 515（N.C. App 2000）
「法規顯然沒有考慮到大股東這樣的意外之財，也不應該以這樣的方式詮釋，激勵大股東壓迫小股東並迫使他們出售。法院認為，北卡羅萊納州的法律，在這種情況下不傾向採用缺乏控制權或市場性折價。在這案件中，將不採用折價。」
俄亥俄州（公允現金價值）：
馬丁訴馬丁兄弟裝箱及木材產品公司案 Martin v. Martin Bros. Container & Timber Products Corp., 241 F. Supp. 2d 815（N.D. Ohio 2003）

聯邦法院援引阿姆斯壯案（Armstrong）採用自願賣方和自願買方的俄亥俄州標準，採用少數股和市場性折價。

英格利訴阿球米克國際公司案
English v. Artromick Intl., Inc., 2000 Ohio App. LEXIS 3580（Aug. 10, 2000）

一家封閉型公司的一位員工股東，拒絕一項現金收購其股票的邀約，並要求司法鑑價。審判法院認為，以上訴人的持股比例來評價是不合適的。原審法院採用有意願買家-有意願賣家的方法來替代，確認少數股和市場性折價是適當的，上訴法院維持採用折價。

阿姆斯壯訴馬拉松石油公司案
Armstrong v. Marathon Oil Co., 553 N.E.2d 462（Ohio App. 1990）

原審法院的結論是，鑑價過程應該考慮假設在基於出售其全部股份時，該公司的每股價值。這種觀點被俄亥俄州上訴法院駁回。上訴法院認為，既然該股票有活躍交易的市場，鑑價時應根據市場價格調整，以消除因該提案的交易所帶來的任何影響。因為懸而未決的合併效應的市價調整，限制了異議者在馬拉松石油公司宣布前的市場價格。

奧克拉何馬州：

伍夫訴全球誠信人壽有限公司案
Woolf v. Universal Fidelity Life Ins. Co., 849 P.2d 1093（Okla. App. 1992）

因為保險公司提案更改公司註冊章程，有些股東尋求異議者權利。原審法院採用12％的少數股折價。上訴法院裁定，奧克拉何馬州異議者的權利法規，是基於德拉瓦州的法律，應採用德拉瓦州對公允價值的詮釋。因此否絕採用折價。

奧勒岡州：

馬克而訴馬克而案 Marker v. Marker, 242 P.3d 638（Ore. App. 2010）

一位少數股東聲稱公司壓迫，並對大股東提訴。原審法院下令少數股的收購買斷，並採用無少數股和市場性折價的評價，獲得奧勒岡州上訴法院認可。

海耶斯訴奧姆斯特聯合公司案
Hayes v. Olmsted & Associates, Inc. 21 P.3d 178（Ore. App. 2001）

一個股東宣稱壓迫，而公司同意收購其股份。法院援引奇利案（Chiles），裁定少數股與市場性折價，在決定受壓迫股東股票的公允價值時都不適用。

奇利訴羅伯遜訴訟案
Chiles v. Robertson, 767 P.2d 903（Ore. App. 1989）

上訴法院維持初審法院拒絕採用少數股或市場性折價的決定，評論說：「在被告已造成他們所承受的『公司』整體損失時，採用這些折價，將使原告收到比在解散時，他們將收到的還少，這一結果從我們所發現被告的壓迫行為來看是不適當的。」法庭將本案與哥倫比亞管理案（Columbia Management）（併購交易）作區分，因為在這案件的被告，是由於違反信託責任被要求購買股份。

哥倫比亞管理公司訴韋斯案
Columbia Management Corp. v. Wyss, 765 P.2d 207（Ore. App. 1988）

上訴法院認為，原審法院正確地採用了市場性折價，但不應該採用少數股折價。法院判決，包含少數股折價，將會懲罰股東，同時允許企業以便宜的價格買進其股份。它指出，市場性的折價「反映哥倫比亞公司的企業價值之潛在波動，還有它的資產價值小於企業價值的事實，以及影響所有封閉型公司股份的市場性問題。」

羅德島：

迪路里歐訴普羅維登斯汽車公司案
DiLuglio v. Providence Auto Body, Inc., 755 A.2d 757（R.I. 2000）

小股東援引違反信託責任並申請解散。下級法院命令，以未折價價格買斷。大股東聲稱，市場性折價可應用在企業層級，而不是股東層級。最高法院檢視之前案例後駁回上訴，它接受審判庭的理由認為，購買者有義務去購買，與股份缺乏公開交易市場無關。

卡爾蘭訴鄉村高爾夫俱樂部公司案
Charland v. Country View Golf Club, Inc., 588 A.2d 609, 612（R.I. 1991）

法院採用一項法規之規定，在買斷的救濟中，股價不應該僅因為少數股的地位而打折。

南卡羅來納州：

莫羅訴瑪斯青克案 Morrow v. Martschink, 922 F. Supp. 1093（D. S.C.1995）

封閉持股的房地產公司提請解散，雙方同意讓法院來確定為了併購目的之公允價值。採用南卡羅來納州的法律，美國地區法院發現，折價並不適用於封閉持股公司的內部轉移，或是強制出售的情況。

南達科塔州（2005 年）：
沃爾第一西方銀行訴奧爾森案 First Western Bank of Wall v. Olsen, 621 N.W.2d 611（S.D. 2001）
一個異議股東事件，涉及一家地區性銀行的四個城市分行，南達科塔州最高法院的看法是：異議股東行動之合適的價值標準是公允價值。它進一步做出結論，少數股權和缺少市場性折價，在這個標準下是不適當的。 （這個判決在相關法規禁止折價之前。）
德州：
李奇訴盧比案 Ritchie v. Rupe, 339 S.W.3d 275（Tex. App. 2011）
小股東在管理層拒絕與其股東權益的潛在第三方買家會見後，聲稱股東壓迫。地區法院命令，以陪審團決定的「公允價值」收購。上訴人辯稱法院犯錯，因其透過指示，陪審團不採用少數股或市場性折價。德州上訴法院認為，當被壓迫的股東無意退出時，採用企業價值的相對持股比例通常是適當的。然而，由於該小股東曾試圖出售其股份，其金額應該是公允市場價值。因此，上訴法院裁定，少數股和市場性折價適用在這個案件中。
猶他州：
霍格爾訴日內替醫療公司案 Hogle v. Zinetics Medical, Inc., 63 P.3d 80（Utah 2002）
猶他州最高法院駁回折價，並表示異議股東有權利擁有股權價值的持分比例，沒有少數股折價或，在無特殊狀況下，市場性折價。
佛蒙特州：
關於馬登、富爾福德和特蘭伯爾的股份案 In re Shares of Madden, Fulford and Trumbull, 2005 Vt. Super. LEXIS 112 （May 16, 2005）
採用控制權溢價，因為它「在擁有整體企業中計入控制權價值是適當的」（引用特拉普家庭旅館案）……和因為該預計現金流……沒有被調整以反映控制權買家的決定。

沃勒訴美國國際配送公司案 Waller v. American Intl. Distrib. Corp., 706 A.2d 460（Vt. 1997）。
佛蒙特最高法院維持下級法院的鑑價結論，凡壓迫案件中少數股權折價都不適用。
有關特拉普家庭旅館的 75,629 股普通股案 In re 75,629 Shares of Common Stock of Trapp Family Lodge, Inc., 725 A.2d 927（Vt. 1999）。
「要找出公允價值，審判法院必須確定單一買家，可以合理地預期其支付整體公司的最佳價格，而且按比例公允的分配到所有普通股的股票。」基於其他可比較的酒店和汽車旅館的收購情況，可採用控制權溢價。
維吉尼亞州：
美國檢查公司訴麥克李案 U.S. Inspect, Inc. v. McGreevy, 57 Va. Cir. 511（2000）, 2000 Va. Cir. LEXIS 524（Nov. 27, 2000）
一位少數股東對於將一家公司併入其不活躍的子公司案提出異議。其股票是基於還沒合併前，公司中相對應的比例來評價。法院認為，少數股或市場性折價，用於股東的股權評價是不恰當的，股東獲得控制權溢價也一樣不當。
華盛頓州：
馬修 G. 諾頓公司訴史密斯案 Matthew G. Norton Co. v. Smyth, 51 P.3d 159（Wash. App. 2002）。
法院指出，在異議權利法規下，公允價值不包括股東層級的折價。然而，如果財產預定出售的話，內在收益的折價，可應用在企業層級的公司資產。
羅伯里訴羅伯里案 Robblee v. Robblee, 841 P.2d 1289（Wash. App. 1992）
上訴法院駁回根據私人資產分割協議，所執行之評價報告中的「公允市場價值的少數股折價」，類似鑑價法之規定。

威斯康辛州：
埃德勒訴埃德勒案 Edler v. Edler, 745 N.W.2d 87（Wisc. App. 2007）
因為違反信託責任而遭法院下令收購後，大股東對法院的評價上訴。上訴法院裁定，審判法庭否決少數股和市場性的折價是其自由裁量權。
HMO-W 公司訴 SSM 健康保健系統案 HMO-W Inc. v. SSM Health Care System, 611 N.W.2d 250（Wisc. 2000）
威斯康辛州最高法院認為，少數股折價能否應用於異議者股票的公允價值，是首先會想到的議題。法院採用法律詮釋，並指出，其他大多數的法院已經否絕少數股折價，因為小股東身份已經沒有控制權，又因為沒有控制權而受罰。法院認為，少數股折價是不應該的，因為這樣做和保護少數股東的公允的法定目的不一致。法院認為，公允價值是，股東在公司持續經營的前提下應有的權益比例。
懷俄明州：
布朗訴 ARP& 哈蒙德五金有限公司案 Brown v. Arp and Hammond Hardware Co., 141 P.3d 673（Wyo. 2006）
原審法院對異議者股票沒有採用市場性折價，但採用少數股折價。在上訴中，懷俄明州最高法院發現，少數股折價，與異議者權利法規的補償少數股東非自願被剝奪的權益，不一致。法院認為，少數股折價不應該用於異議股東的權益，案件被發回。

公允價值的公平調整

◆計算公允價值時不法行為的考量

在同時有異議者權利法規和壓迫法規的州中，公允價值的定義通常以異議者權利法規來表述，除非壓迫法規的評價標準不同。[308] 不過在異議和壓迫的案件中，公允價值通常被認為是同樣的，評價會因為州法規的書面條文，和法院如何判定公允而受影響。例如，紐澤西州的解散法規，允許在受壓迫的案件中，對公允價值做公允的調整，但鑑價案中則沒有。

註解 308
如附錄 B 所示，阿拉斯加，加利福尼亞和紐澤西有不同的異議和壓迫的定義，威斯康辛州對企業合併與其他交易有不同的定義。

RMBCA 的公允價值定義則主張，雖然新的定義否決採用折價，鑑價案中的公允價值應該與解散情況的公允價值不同，因為多數派的行為在壓迫案件和異議案件中不同。RMBCA 在 §14.34（壓迫）的條文中說：

「鑑價和壓迫」這兩個程序並非完全相似，而法院應在確定公允價值的具體案件中，考慮所有相關事實和情況。例如，清算價值在僵局案子中可能是解決方案，但在其他案件時則是不恰當的衡量方法。**如果法院認定該公司的價值，因為控股股東的不當行為而貶值，對申訴人按比例索賠所有企業傷害時，將公允價值元素包含進去是適當的。**在有異議但沒有不法行為證據的案件中，公允價值應參照申訴人，可能在自願出售股份給第三方所能得到的回饋來決定，要考慮到他的少數股地位。如果雙方先前有訂立股東協議，定義或提供了一個方法來確定股票出售的公允價值，法院應該檢視這樣的定義或方法，除非法院基於案件的狀況與事實認定這是不公允的。[309]

該評論認為，相對於鑑價程序（就是異議者收取該公司，作為持續經營的實體公司，未折價的持分價值），壓迫行為就會允許考慮多數派的壓迫狀況和程度。

如果它擔心有壓迫、濫用、欺詐或管理不善的責任，或是公司預計法院會下令解散，或只是希望避免任何法律程序，公司可以選擇在法定時限內，以公允價值收購買斷異議者的股票。[310] 異議者解散程序就會被擱置，直到協商出公允的解決方案。選擇收購買斷，也可以幫助公司避免法院可能發現其不法行為的情況下，所做的「公平調整」，以及與法院訴訟有關的其他費用。例如，在康乃狄克的一個案件中，公司透過選擇購買請願者的股份，以迴避公平調整。家庭成員中，只占 30.83％的小股東對公司提出訴訟。法院認為有分歧，但沒有發現壓迫。它判決家庭成員的工作未能繼續並非壓迫，因為他們可持續獲得報酬和津貼。[311]

註解 309

ABA，A Report of the Committee of Corporate Laws, "Changes in the RevisedModel Business Corporation Act: Appraisal Rights," 54 Bus. Lawyer 209（1998）.

註解 310
莫爾，股東壓迫和公允價值，321.

註解 311
Johnson v. Johnson, 2001 Conn. Super. LEXIS 2430（Aug. 15, 2001），at *16.

公平調整可以是損害賠償、專家費或律師費。在其他情況下，法院在調整公允價值時可能會利用折價和溢價，來降低或提高股票價值達到公允的結果。為努力達成公平結果，法院不一定會嚴格聽從所有評價專家通常遵守的公允價值之基本假設。

紐澤西解散法規讓法院來調整評價日期，使其能納入或排除計算公允價值時所需元素。[312] 在**巴沙美地案（Balsamides）**時，[313] 就用市場性折價減少公司股票的價值，因為被壓迫的股東將留在公司中。然而在同一天，另一個異議股東的案件中，**勞森馬爾惠頓案（Lawson Mardon Wheaton）**，判決拒絕了一切折價。[314] 在這兩個案子中，法院都在判決前考量不同狀況的公平性。

◆巴沙美地訴波達敏化學公司訴訟案
（BALSAMIDES V. PROTAMEEN CHEMICALS, INC.）

伊曼紐・巴莎美地和李奧納多・珀爾 25 年之前合開公司，之後兩人互相訴訟。巴莎美地一直是露華濃的採購代理，並因為門路多而擔任企業的遊說者。他還負責廣告，行銷和保險。珀爾具有化學背景，負責技術和行政部分。到 1995 年中期，公司總銷售額超過了 1900 萬美元，每人年收入在 100~150 萬美元之間。

在 80 年代後期，兩人各帶了兩個兒子進入企業，預計最終將交托給他們管理。巴沙美地的兒子負責銷售和傭金收入，費用帳戶和公司車輛等工作的管理，就像其他公司員工一樣。珀爾的兒子則由行政和公司管理職位起步。珀爾認為他的兒子應該和巴沙美地的兒子一樣，得到同等的報酬，敵意行為就此而生。

在 90 年代早期，珀爾的兒子也進入銷售部門。然而此時爭鬥已久，導致公司的條件惡化到兩家族無法再繼續合作的地步。1995 年 6 月，巴

註解 312

N.J. Statute 14（A）:12-7（8）（a）.

註解 313

Balsamides, 734 A.2d 721, 736.

註解 314

Lawson Mardon Wheaton v. Smith, 734 A.2d 738, 752.

沙美地以被壓迫的小股東方式尋求救濟。珀爾否認這些指控，並尋求第三方欲將公司出售。法院指示巴沙美地要合作。

儘管有許多的索賠和反訴，但幾乎都是珀爾違反信託責任要求免職的相關事項。法院認為，巴沙美地是一個受壓迫股東，有權買斷珀爾的股份以代替解散或出售。法院認定兩個家庭都有過錯，但結論是珀爾的作為，有害波達敏公司和他的夥伴。

原審法院接受的公允價值，是巴沙美地委託的專家托馬斯·霍伯曼提出的超額收益評價法，並採用 35% 的市場性折價。珀爾委託的專家羅伯特·奧特，以市場和收益法組合的方法來評價該公司，沒有採用任何市場性折價，因為法院下令收購買斷已經為股份開創了一個市場。

奧特的評價被審判法庭明確地拒絕，因為它看起來並不是依據收購買斷的前提來對波達敏評價，而是依據企業內在價值來評價，其內在價值不會因為法院指示買斷輕易地改變。[315]

在上訴中，上訴法院仔細考量關於審判法庭對珀爾股票的 35% 市場性折價的應用。上訴法院說，股票現在沒有要出售給公眾，之後也沒有要出售給公眾。因此，市場性折價是不適當的，因為巴沙美地將保持 100% 的所有權。此外，法院認為，國稅局對超額收益法持反對立場，收入規則（Revenue Ruling）68-609 指出，這種方法應該只有在沒有更好的基礎可用時，才用來對無形資產評價。

雖然霍伯曼聲稱沒有可更好的基礎可用，而奧特聲稱他能夠使用收益法，並且使用市價法來核實他的結果。上訴法院發現，霍伯曼沒有收到足夠的資訊，讓他可以用比超額收益法更好的且法令允許的方法來執行評價，而這是由於珀爾的不合作所導致。此外，奧特可以用收益現值法來評價的唯一原因是，因為珀爾提供給他的資料比給霍伯曼的更多。

還有關於霍伯曼使用 30% 資本化率的討論。這個比率是基於缺乏全職的化學技術人員、預期未來幾年，公司的動物和礦物類化學物質的市

註解 315
應當指出的是，雖然在法庭使用的詞是「內在價值」，在此案例中似乎「內在價值」與「公允價值」同義。

場下跌、採用價格優先於品質的採購政策、一份大合約的解除的潛在可能性、還有對六個佔銷售額 27% 的客戶的依賴性，以及公司近一半的銷售額都是來自巴沙美地，等等原因而設定。上訴法院認為，這些項目可以在巴沙美地的管理下導正，不應該造成如此高的資本化率，但是珀爾和他的兒子造成的潛在競爭則應該考慮。雖然考慮霍伯曼提供的因素，30% 看起來太高，如果發還後審判法庭決定維持原來的 30%，是因競爭的存在可能值得這個高資本化率。

當紐澤西最高法院，重新檢視下級法院的判決時，發現上訴法院在大部分議題的判決上，並沒有濫用自由裁量權。然而，在解決市場性折價時，最高法院指出，在企業層級與股東層級採用折價之間的區別，如果是財金界普遍接受的，那前者可能是適當的。它還進一步援引紐澤西的解散法規，其指示法院在確定公允價值時，可以作任何調整以達到法院認為的公平標準。本法規賦予法院實質性的酌情調整買斷價。

巴沙美地聲稱如果不採用折價，假如他選擇在稍後出售該公司，他將不得不吸收封閉型公司因為缺乏市場流動性而導致的折價。上訴法院認為以折價取得剩餘的權益，對尚存股東是不公平，駁回巴沙美地將在稍後賣出的意見。但是紐澤西州最高法院認為這是錯誤的假設，因為公司的流動性不足是現實狀況，如果在買斷時沒有採用市場性折價，如果巴沙美地試圖在日後出售公司的話，會面臨無流動性的全面衝擊。

鑑價師必須意識到，如同在**巴沙美地案**（Balsamides）中，法院可能因為不當的行為而考慮折價，或是因為失去工作或者其他形式的不當行為的求償，將其連結到司法鑑價。因此，從業者應與律師協商，以了解特殊狀況的調整，與有關適用於不正當行為的索賠。

雖然有時候壓迫案件以僱傭關係為處罰，對於實際損害補償的折價卻常常沒有良好的標準。有評論者認為，對於瀆職者還有更多適當的懲罰方式，如支付法庭費用，損害賠償的裁決，或使用禁制令等。[316]

註解 316
莫爾，股東壓迫和公允價值，360。

◆損害求償

在許多壓迫案件中，工資損失是一個重大的議題。由於封閉型持股公司的特點是，其股東往往是公司重要幹部，這些股東有就業（工資和福利）的預期收入，以及與所有權相關的好處。在這種情況下，多數派解除其工作，可能比取消所有權的利潤造成的傷害更大。這裡我們只提到支付給股東和員工之間的差別，而其工資在相類似的公司是可查的。例如，考慮一個公司的股東兼員工，可以賺取 175,000 美元的薪資和 25,000 美元的津貼。在其他公司相同位置的非股東員工，則是收入 125,000 美元。股東兼員工的身分終止，將使其失去領取每年可多領的 75,000 美元。如果股東的投資的公允價值包含了其工作損失的賠償，這股東應收到從職位被終止到判決為止這段時間，以每年 75,000 美元所計算的價差。除此之外，75,000 美元可能會從判決日起繼續一段指定的時間，這取決於法院的判斷。[317]

一些判例已述及一個事實，就是小股東往往依賴於他們的工資，作為他們投資的主要回報。[318] 違背股東繼續在封閉型公司工作的期望，可能足以導致損害、積欠工資或其他有關其股份價值的調整。[319] 但是這通常很難確定適當的價值，很可能成為法庭的主觀判斷。[320] 例如，紐澤西州高等法院在**穆斯托訴維達斯案（Musto v. Vidas）**[321] 中，建議訴願的股東被終止工作職位後，根據最初的股東協議，被逐出之後有兩年時間，股東作為被告應可持續得到同樣的補償。

註解 317

同上，n 180。

註解 318

Wilkes v. Springside Nursing Home, Inc., 353 N.E.2d 657, 662（Mass. 1976）；Exadaktilos v. Cinnaminson Realty Co., 400 A.2d 554, 561（N.J. Super. Ct. Law Div. 1979）.

註解 319

Mark A. Rothstein, et al., Employment Law, §9.24, at 593（1994）.

註解 320

莫爾，股東壓迫與公允價值，344, n. 185。

註解 321

Musto v. Vidas, 658 A.2d 1305（N.J. Super. Ct. App. Div., 2000）, at *1312.

重點回顧

我們已經追溯了公允價值的時代發展，從多數決取代之前的一致性同意開始，而公允市場價值，演化變成有意願參與者同意的假設性的交易價值，公允價值則是為了異議股東和壓迫的目的而創造的，是為了保護小股東，以補償其被剝奪的股東權益。

公允價值的爭論點就是，嘗試去確認到底被剝奪的是甚麼。在 ABA、ALI、各州的法規、判例法和鑑價職業本身都提供了鑑價的專業指導。正如我們所討論的，在很多情況下，這些資料也同時確定了評價的某些元素，比如選擇評價基準日、折價和溢價如何應用，這些都是必須遵循的。然而，鑑價師仍然必須確定其所評價公司之經濟型態，其評價起因的內涵，還有用以評價的最佳方法。

雖然異議者和被壓迫股東的權益，在整個 20 世紀已經有所進展，公允價值的訴訟仍相當罕見，直到 1983 年**德拉瓦州溫伯格案**的判決。這一開創性的判決，確立了 DCF 和其他慣用的評價技術應該在相關的法規下用於企業鑑價，而不是僅僅根據歷史數據基礎的公式。在過去的 30 年中，無論是鑑價還是壓迫的公允價值訴訟案件都大幅增加。

德拉瓦州法院的鑑價和其他公司法判決，已經顯著影響了其他州的法院。自從德拉瓦州最高法院，1989 年的**騎士案**判決後，其許多州都採用了德拉瓦州的立場，即異議股東有權以持續經營的價值，獲得其持股比例的企業價值，沒有少數股和市場性的折價，也沒有控制權溢價。德拉瓦州的鑑價，是基於公司目前正在營運，而不是收購方可能如何經營。然而，常規化的調整，以抵消侵佔機會和控制股東不當利益的影響是允許的。

異議者無權，從必須實現交易才有的成本節約和綜效中，得到任何好處，只有三個州目前不使用公允價值作為標準。公允價值的定義和處理方式有所不同，但德拉瓦州的標準在其他司法管轄區日益被接受。現在州法院通常接受鑑價和壓迫案件，採用現代的評價技術。

當法院審查案件的事實詳情時，它會試圖公允的補償參與的各方。法院的公平考量是基於「特殊情況」，對於損害賠償還有任何價值的「調整」不會常態化的採用。基本上，法院可能不會嚴格遵守公允價值的論點，相對的，法院可能只是打算找出，對被剝奪的小股東公平補償的一種手段。

合夥和有限責任公司收購的價值標準

共同創作者：諾亞‧戈登（Noah J. Gordon）

Chapter 04

Standards of Value for Partnership and
Limited Liability Company Buyouts

引言

　　正如 Chapter 3 中討論到的股份有限公司（corporations），無論收購原因為何，都會牽涉到價值標準。包括合夥 partnerships（普通合夥 general partnerships）、有限合夥（limited partnerships）、有限責任合夥（LLPs, limited liability partnerships）和有限責任公司（LLCs, limited liability companies）中的異議和壓迫。這些形式的企業組織已經越來越多。因此，了解合夥和有限責任公司（LLC），如何應用收購買斷的正確標準，就變得越來越重要，特別是對於封閉型持股公司。

　　決定這些實體組織如何採用價值標準的基礎，就是適當的州政府法規。後面章節將會詳細討論，一些州法規提供合夥人或成員要退夥時，有限責任公司（LLC）或合夥人權益的收購買斷法規。就如在股份有限公司方面，無論是因為壓迫或其他條件所觸發的解散，州法規也提供合夥人或組織成員之股權收購以取代解散的相關法規。

　　此外，少數州提供合夥人，享有類似股份有限公司股東所擁有的異議權。在某些情況下，州法規會有收購買斷的相關法規，這法規還會指定要採用哪種價值標準，來確認將要購買的權益價值。

　　因為某些州已經採用全國統一州法律委員會議（NCCUSL）所頒布的統一法律的部分版本，因此尋求統一法（Uniform Laws）的指引也會有幫助。

　　由於有限責任公司（LLCs）和合夥，其建立關係的基礎主要是來自於契約，公司擁有者利用契約訂定合夥協議、經營協議或組織章程等等事項來決定該企業大部分的管理規則，許多州並沒有明法規定有關收購或異議的規則。因為沒有這樣的規則，也沒有管理合約的條款，於是依循判例法可能就是合適的價值標準。而且，在某些情況下，採用類似股份有限公司（corporation）法規的價值標準是有爭論的。

退出 / 退夥的收購買斷

　　退出 / 退夥（Dissociation）是用於有限責任公司（LLC）和合夥上的一個法律用語。這個詞是指：成員或合夥人離開公司，形成公司其他成員與合夥人，因為與該實體的關係終止，所造成變化。[1] 在某些情況下，該成員或合夥人離開，會終止該成員或合夥人權益上的所有權利義務。或者在其他情況，退出 / 退夥會導致該成員參與責任有限公司（LLC）或合夥營運的權利終止，以及利潤分享、損失和分配的行使權利。[2] 可能引發退出 / 退夥的事件

包括：成員或合夥人主動退出、破產、被驅逐、被終止、死亡或出售其全部
權益。

在某些州，成員或合夥人有權收取離開時的權益價值（即收購買斷），
指定的標準為公允價值，有的州則會指定法院以其他價值標準為考量因素。
而在其他州則沒有收購買斷的權利。

以收購取代解散

以企業來說，多數州會授權在某些特定事件發生時，合夥或有限責任公
司進行強制解散。然而，與大多數的公司法規不同的是，有很多管理合夥和
有限責任公司的法規，並沒有明確提供「以收購取代解散」的條文，或者即
使有，也沒有指定收購買斷的價值標準。

對於普通合夥（general partnerships）來說，一些州允許合夥公司可以讓
合夥人申請解散，如果法院確定，該合夥事業的經濟目的很可能不理性的瓦
解，或合夥人另外與人組成同類型的事業，使其在合夥事業內無法切實合理
的執行其業務；或者依照合夥協議來履行合夥關係已經變得不切實際時，都
可以申請解散。此外，在採用統一合夥法（Uniform Partnership Act，UPA）
的州中，退出/退夥幾乎總是會引發解散，採用修訂統一合夥法（RUPA）的
州也是，而解散通常又導致終結、清算、還有合夥人的權益分配。然而，即
使在看起來要依據解散來清算的情況下，法院寧可允許收購，而不是強制清
算，尤其是依據 UPA 法規。[3] 由於清算和解散涉及巨額費用，是不得已的補
救措施，所以在一般情況下，有合夥關係的實體組織和公司，在其合夥人撤
出後會繼續經營，清算只發生在特殊情況之下，如多數決或一致表決同意解
散，或者是在適用強制解散的時候。[4] 此外，當有限合夥法規有解散的法條（依

註解 1
參見統一有限責任公司法（Uniform Limited Liability Company Act），§601 comment（1996;
available athttps://www.law.upenn.edu/library/archives/ulc/fnact99/1990s/ullca96.htm）。

註解 2
參見 Susan Kalinka, "Dissociation of a Member from a Louisiana Limited Liability Company: The Need
for Reform," 66 La. L. Rev. 365（Winter 2006）。

註解 3
Alan R. Bromberg and Larry E. Ribstein, Bromberg and Ribstein on Partnership, §7.11（f）（2012）。

註解 4
同上，§§7.01（d），7.11（h）。

據此法規，有限合夥比普通合夥解散的可能性要低得多），合夥事業可以持續經營為條件，賣給該被解散合夥的其他合夥人、第三方，或者透過繼續經營合夥事業的合夥人，收購買斷一些合夥人（或其代理人）的權益。[5]

對於有限責任公司，強制解散可能是由於管理僵局、壓迫行為、非法行為還有其它不當行為事件，或者基於繼續經營業務已經是不切實際的情況下所引起。然而，大多數（但不是所有）的 LLC 法規，對收購買斷的估價方法和具體救濟措施，並沒有明確的敘述。[6]

異議者權利

少數州會提供有限合夥（limited partnerships）和有限責任公司（LLCs）的投資者類似於股份有限公司（corporations）股東的異議者權利。

合夥和有限責任合夥

本節討論在合夥與有限責任合夥（LLPs）法規下的收購買斷條款。我們從 NCCUSL 開始，通常就是指美國統一法律委員會，這是一個非營利性，總部設在芝加哥的非法人團體（譯註：就是並沒有登記成法人），提出了之後構成美國模範立法的統一法條。NCCUSL 最出名的是與美國法律協會 ALI 一同起草的統一商業法（UCC：Uniform Commercial Code）。[7] NCCUSL 進而在 1914 年提出統一合夥法（UPA，Uniform Partnership Act），除了路易斯安那州以外，每一州都採用。UPA 的退夥條款是以所謂的聚合理論（aggregate theory）為藍本。在這個合夥的理論中，合夥關係被視為：「集合從事相同業務的獨資經營者，例如，一個或多個普通合夥人，對該合夥有全部的義務與責任，合夥被視為一個個體的聚合。」[8] 根據聚合理論，當一個合夥人離

註解 5

同上，§17.11（a）。

註解 6

Sandra K. Miller, "Discounts and Buyouts in Minority Investor LLC Valuation Disputes Involving Oppression or Divorce," 13 U. Pa. J. Bus. L. 607, pp. 618-620（Spring 2011）.

註解 7

統一州法委員會全國會議（The National Conference of Commissioners on Uniform State Laws）Uniform Law Commission.（2012; www.uniformlaws.org）.

註解 8

Burton J. DeFren, Partnership Desk Book（Minnetonka, MN: Olympic Marketing Corp., June 1978），at 103.

開時，合夥依法終止。如果剩餘的合夥人希望繼續合作，他們必須建立一個新的合夥。在 UPA 下，一些法院禁止收購，並且要求合夥解散，資產強制出售，因為在 UPA § 38（1）條文中，任何合夥人有權強制對合夥的資產進行清算，以回收其權益。[9] 在 UPA 下，藉由以公允市場價值拍賣合夥的所有資產，來執行強迫清算。和收購不同的是，退夥合夥人的權益，是由與願意繼續合夥事業的合夥人以談判後的價格，或者是事先定好的價格來購買。然而，因為考量到清算後在資產的本質、市場條件、或成本和銷售的風險，可能會導致價值損失，其他法院會允許在 UPA 下的公平收購買斷。[10]

1992 年，NCCUSL 提出了修訂版 UPA，稱為 RUPA，經州政府批准。儘管 RUPA 的許多規定與 UPA 很相似，RUPA 卻是基於合夥的實體理論，而不是聚合理論。在 RUPA 中，合夥人的退夥不會終止合夥關係，但是會觸發收購買斷退夥合夥人的權益。RUPA 的解散就如同 UPA 的解散[11]，一些法院詮釋認為，RUPA 允許以收購買斷取代解散，不過有些其他法院則強制要求清算。隨後在 1993、1994、1996 和 1997 年又有 RUPA 修訂版，1997 年是最終版。懷俄明州，蒙大拿州和德州是採用 1992 年版。康乃狄克州，佛羅里達州和西維吉尼亞州則是用 1994 年版。總的來說，1997 年版已被 37 個州和哥倫比亞特區採用。[12]

註解 9

UNIF。P'ship Act § 38（1）（1914）.

註解 10

Alan R. Bromberg and Larry E. Ribstein, Bromberg and Ribstein on Partnership, § 7.11（f）（1988 & Supp. 2007）.

註解 11

Tiffany A. Hixson, "Note, The Revised Uniform Partnership Act—Breaking Up（Or Breaking Off）Is Hard To Do: Why the Right to 'Liquidation' Does Not Guarantee a Forced Sale upon Dissolution of the Partnership," 31 W. New Eng. L. Rev., 797, 799.

註解 12

Nicole Julal, Legislative Fact Sheet: Partnership Act, Uniform Law Commission
（2012; www.uniformlaws.org/LegislativeFactSheet.aspx?title=Partnership%20Act）.
有頒布 RUPA 的州是：阿拉巴馬州，阿拉斯加州，亞利桑那州，阿肯色州，加利福尼亞州，科羅拉多州，康乃狄克州，德拉瓦州，哥倫比亞特區，佛羅里達州，夏威夷州，愛達荷州，伊利諾州，愛荷華州，堪薩斯州，肯塔基州，緬因州，馬里蘭州，明尼蘇達州，密西西比州，蒙大拿州，內布拉斯加州，內華達州，紐澤西州，新墨西哥州，北達科塔州，俄亥俄州，奧克拉荷馬州，奧勒岡州，南達科塔州，田納西州，德克薩斯州，猶他州，佛蒙特州，維吉尼亞州，華盛頓州，西維吉尼亞州和懷俄明州。
（2012 年；www.uniformlaws.org/LegislativeFactSheet.aspx?title=Partnership%20Act）。

◆有限責任合夥

1996 年 UPA 的修訂添加「註冊有限責任合夥」（LLPs upon registration）的型態，為所有的合夥人提供合夥的有限責任，類似股東在股份有限公司中享有的有限責任。普通合夥的合夥人對所有合夥的義務，會延伸到個人身上，在合夥資產耗盡時，他們可能會被要求以其個人的資產來解除其合夥的責任。有限責任合夥（LLP）的合夥人，不用以個人財產來承擔任何合夥事業的債務，除非該合夥人自己個人引起的債務。合夥人對其個人因合夥事業的行為所造成之債務要負完全責任。

在選擇成為 LLP 的合夥時，除了必須登記外，還必須對與其有業務關係的人，確認其 LLP 的身分。登記和身分鑑別的要求，是為對那些與該合夥有業務關係的人，針對其有限責任的狀況，提供一份明確的告知。

既然是有限責任合夥（LLP）的身分，那這個合夥就要遵循UPA（RUPA）的法規。因此，管理合夥人事務，如合夥人之間的義務、分配、退夥、解散、買斷等等的法規，都是由 UPA（RUPA）的法規所管轄。[13]

如下所述，RUPA§701 增加了一個買斷條款，因為根據實體理論，合夥人退出會導致退夥和解散這兩條不同的路。§801 指定了觸發解散的事件，收購買斷是強制性的。因此，當合夥人要退出該合夥，不是合夥解散就是由其他合夥人收購買斷其權益。根據 §701，合夥人的退夥不會導致解散，因為根據 §801 條，存續的合夥人有收購買斷退夥人權益的權利。除非合夥協議另有規定，否則收購買斷是強制性的。在 §701（B）規定所內定的收購買斷價格，是由「清算價值」、或者「沒有退夥人下的持續經營的整體事業價值」二者取其大者。以此估價方式評估合夥資產之背後的政策，是為提供退夥人公平的補償，無論該企業資產是否進行公開銷售，或是由該合夥收購買斷。該法案還允許退夥人得以退夥損失金額作為扣抵。

§701 退夥人權益的購買 [14]

如果合夥人退夥不會導致解散，並且根據 §801 清算，該合夥須依據（b）項訂定的收購買斷價格，來購買該退夥合夥人的權益。

註解 13

Nicole Julal，Legislative Fact Sheet: Partnership Act, Uniform Law Commission （2012; www.uniformlaws.org/LegislativeFactSheet.aspx?title=Partnership%20Act）.

　　該退夥合夥人權益的收購買斷價格，是根據§807（b）所定應分配給該退夥合夥人之金額，即假設在退夥日，該合夥資產售出的價格等於該合夥的清算價值，或者假設在該日該合夥將終止營業，並以在沒有該退夥合夥人下的持續經營的整體事業之出售價值，二者取其大者之金額。從退夥日到付款日的利息也必須要支付。

　　根據§602（b），因該退夥人不當的退夥及其他欠款所造成對該合夥事業之損害，不管是不是已經發生，都必須從該收購買斷價格中扣抵。欠款日到付款日的利息仍需支付。

　　這些意見可作為支付退夥合夥人收購買斷價格的價值標準之指導。可以看出來，RUPA 故意沒有使用公允價值與公允市場價值這個詞，而是使用收購買斷價格這個術語。這個術語感覺上是沒有加上少數股折價的企業價值，但有著市場性折價和其他折價，比如關鍵人折價。但是，對 §701 條的評論意見如下：[15]

　　3.（b）項有規定「收購買斷價格」要如何確定。沒有使用「公平市場價值」或「公允價值」這兩個名詞，是因為通常根據上下文，它們有其特定意義，例如在稅務或公司法律層面。「收購買斷價格」是一個新名詞，是試圖在合夥收購的情況下，所發展出的獨立概念，不同於其他地方的估價原則。

　　根據（b）項，該退夥合夥人權益的收購買斷價格，是根據§807（b）所定應分配給該退夥合夥人之金額，即在退夥日，該合夥資產售出的價格等於該合夥的清算價值，或者在該日在沒有該退夥合夥人下的持續經營的價值，二者之較大者。清算並不意味著廉價出售。依照估價的一般原則，上述兩個狀況的假設性的售價，都是一個有意願且對相關事實有合理認知的買家，所願意支付給一個有意願且對相關事實有合理認知的賣家的價格，且買賣雙方皆是自願且在無強迫的情況下。決定收購買斷價格時，少數股折價的概念，會因為將企業視為持續經營而無效。然而，其他的折價，比如說缺少市場性折價或關鍵合夥人離去的折價，則可能會被採用。

註解 14
全國統一州法委員會議，RUPA §701, Purchase of Dissociated Partner's Interest（2012; www.uniformlaws.org）。

註解 15
同上。

這些意見的進一步解釋認為：

§701 條僅僅是預設的規則（default rules）。合夥人可以在合夥協議中，針對收購買斷價格和其他收購買斷權的條款，訂出明確的方法或公式。的確，收購買斷權本身可能被修改，即便法規提供了完整的沒收規定，但是可能無法強制。[16]

反對收購的人認為，私人不公開的銷售，無法提供合夥人該資產的公允市場價值，因為公開拍賣的價格可能更高。這可以透過要求司法監督該資產的銷售，來確保一個公允價格，以排除部分的疑慮。此外，收購可以有效的制衡清算的風險，不然一個要退夥的合夥人可能以強迫清算來排擠其他合夥人，並以低於該合夥企業的公允市場價值，來取得本身的利益。[17]

有 29 個州按照 RUPA 的定義，明列退夥合夥人權益的收購買斷價格，是應分配給該退夥合夥人之金額，即在退夥日，該合夥資產售出的價格等於該合夥的清算價值，或者在該日該合夥將終止營業，並以在沒有該退夥合夥人下的持續經營的整體事業之出售價值，二者之較大者。從退夥日到付款日的利息也必須要支付。[18]

對此，蒙大拿州和懷俄明州補充說，在任何情況下（清算價值和持續經營價值），合夥資產的出售價格，必須基於有意願的買方願意付給有意願的賣方，雙方皆非受強迫去買入或賣出，並須揭露所有相關事實（即是要顯示所採用的公允市場價值標準）。[19] 但是請注意，這段話接續於上述的聲明段之後：「決定收購買斷價格時，少數股折價的概念，會因為將企業視為持續經營而無效。然而，其他的折價，比如說缺少市場性折價或關鍵合夥人離去的折價，則可能會被採用。」

註解 16
全國統一州法委員會議，RUPA § 701，Purchase of Dissociated Partner's Interest（2012; www.uniformlaws.org）。

註解 17
Hixson, supra note 11, at 806-807.

註解 18
Alaska Stat. § 32.06.701（b）（2012）; N.D. Cent. Code, § 45-19-01（2012）.

註解 19
Mont. Code Anno., § 35-10-619（2）（b）（2011）.

有 15 州使用「其權益的價值（value of his interest）」這個字眼，在定義上使用不同的措辭。科羅拉多州使用「合夥人權益的價值（value of the partners' interest）」這個詞。路易斯安那州採用「前合夥人中止合夥關係時其股權的價值（the value that the share of the former partner had at the time membership ceased）」這個詞。

有些州規定要以公允價值收購。德拉瓦州規定，收購買斷價格要等於，退夥日時，該合夥人基於其可從合夥所分配到的持分權的經濟利益之公允價值。[20] 阿拉巴馬州[21] 和德州[22] 只規定，在退夥日以公允價值收購買斷。紐澤西州規定，除非合夥協議規定另一種公允價值公式，否則收購買斷價格即為合夥人退夥日時，分配權的公允價值。[23] 奧勒岡州指定，退夥合夥人的收購買斷價格，等於退夥合夥人在退夥日其合夥權益的公允價值總額，但補充說，如果退夥的合夥人占有的是合夥企業的少數股權，退夥合夥人的權益之收購買斷價格不可有少數股折價。[24]

下頁的表 4.1 顯示 50 個州和哥倫比亞特區有關退夥的收購買斷條款。為了便於參考，我們以粗體字代表價值的定義。

註解 20
6 Del. C. § 15-701（b）（2012）.

註解 21
Code of Ala. § 10A-8-7.01（b）（2012）.

註解 22
Tex. Business Organizations Code § 152.602（a）（2012）.

註解 23
N.J. Stat. § 42:1A-34（b）（2012）.

註解 24
ORS § 67.250（2）（2011）.

表 4.1

個別州合夥法規之價值定義

州名／區域	價值定義
阿拉斯加，§32.06.701 亞利桑那州，§29-1061 阿肯色州，§4-46-701 加州，§16701 康乃狄克，§34-362 哥倫比亞特區，§29-607.01 佛羅里達州，§620.8701 夏威夷，§425-133 愛達荷州，§53-3-701 伊利諾州，805 ILCS 206/701 愛荷華州，§486A.701 堪薩斯州，§56A-701 肯塔基州，§362.1-701 緬因州，§1071 馬里蘭，第9A-701 明尼蘇達州，§323A.0701 密西西比，§79-13-701 內布拉斯加州，§67-434 內華達州，§87.4346 新墨西哥州，§54-1A-701 北達科塔州，§45-19-01 俄亥俄州，§1776.54 奧克拉荷馬州，§1-701 南達科塔州，§48-7A-701 田納西州，§61-1-701 佛蒙特州，§3261 維吉尼亞州，§50-73.112 華盛頓，§25.05.250 西維吉尼亞州，§47B-7-1	（a）如果合夥人退夥並不會導致該合夥的解散和該活夥事業之結束，那該合夥企業須根據本段（b）項規定來決定收購買斷價格，用以購買該退夥合夥人的權益。 （b）該退夥合夥人權益的收購買斷價格，**是根據......所定應分配給該退夥合夥人之金額，即假設在退夥日，該合夥資產售出的價格等於該合夥的清算價值，或者假設在該日該合夥將終止營業，並以在沒有該退夥合夥人下的持續經營的整體事業之出售價值，二者取其大者之金額。**從退夥日到付款日的利息也必須要支付。 （c）因該退夥人不當的退夥及其他欠款所造成對該合夥事業之損害，不管是不是已經發生，都必須從該收購買斷價格中扣抵。欠款日到付款日的利息仍需支付。

蒙大拿州，第 35-10-619 懷俄明州，第 17-21-701	（1）如果合夥人退夥並不會導致該合夥的解散和該活夥事業之結束，那該合夥企業須根據（2）小段規定來決定收購買斷價格，用以購買該退夥合夥人的權益。 （2）（a）該退夥合夥人權益的收購買斷價格，是應分配給該退夥合夥人之金額，即假設在退夥日，該合夥資產**售出的價格等於：(i)該清算價值，或者(ii)假設在該日該合夥將結束，並以在沒有該退夥合夥人下的持續經營的整體事業之出售價值，二者取其大者之金額。** **（b）在這兩種情況下，合夥資產的出售價格，必須基於有意願的買方願意付給有意願的賣方，雙方皆非受強迫去買入或賣出，並對所有相關事實有合理認知。**從退夥日到付款日的利息也必須要支付。 （3）因該退夥人不當的退夥及其他欠款所造成對該合夥事業之損害，不管是不是已經發生，都必須從該收購買斷價格中扣抵。欠款日到付款日的利息仍需支付。
印第安納州，§23-4-1-42 麻薩諸塞州，§42 密西根州，§449.42 密蘇里州，§358.420 內華達州，§87.420 新罕布夏州，§304-A：42 紐約，§73 北卡羅來納州，§59-72 賓州，§8364 羅得島州，§53-7-12 南卡羅來納州，§33-41-1080 猶他，§48-1-39 威斯康辛州，§178.37	當任何合夥人退休或死亡，該合夥事業會在下列任一情況下繼續營運…. 在他或他的繼承人與繼續經營合夥事業的合夥或個人之間未達成任何協議的情況下，除非另有規定，相對於該合夥或個人，他或是其法定代理人可以獲得在確定解散日期**他的權益價值**，並且應像普通債權人一樣，可以收到其在解散合夥的權益價值加上利息的金額，或者，他或是其法定代理人也能選擇收取他在該解散合夥之財產使用權的利潤分配以代替利息；但前提是該解散合夥的債權人，相對於該獨立債權人或該退休或已故合夥人之代表人，在本段所述之債權有優先受償權。

喬治亞州，§14-8-42	任何合夥人退休或死亡時，該合夥事業會在下列任一情況下繼續營運：依據法規14-8-41條（a）款，或14-8-38條（b）款第（2）段，在該退夥合夥人或死亡合夥人的繼承人之法定代表與繼續經營合夥事業的合夥或個人之間未達成任何協議的情況下，除非另有約定： （1）這樣的個人或合夥應當取得該退出合夥人或已故合夥人的繼承人的法定代表，對於現存或未來之合夥債務之清償或對合夥債務無害之保證，並應確定在解散日期的**他的權益價值**。 （2）該退出合夥人或已故合夥人的繼承人的法定代表，應當得到相等於該解散合夥的**他的權益價值加上利息**，或者他可以選擇收取他在該解散合夥之財產使用權的利潤分配以代替利息；但前提是該解散合夥的債權人，相對於該獨立債權人或該退出或已故合夥人之代表人基於第14-8-41條第（d）款規定有優先受償權。
科羅拉多州，§7-64-701	（1）如果合夥人退夥並不會導致該合夥事業解散和依據7-64-801條的是清算，合夥須根據本條第（2）款確定的收購買斷價格，來購買該退夥合夥人的權益。 （2）退夥合夥人權益的收購買斷價格，相當於**該合夥中的該合夥人的權益價值**。從退夥日到付款日的利息仍需支付。 （3）對依據7-64-602（2）條款中不當退出及其他欠款之損害，不管是不是已經到期，必須從收購買斷價格抵消。欠款日到付款日的利息仍需支付。

德拉瓦州，§15-701	（a）如果合夥人的退夥並未導致解散，或根據§15-801合夥事業之清算，合夥應依據（b）項確認的收購買斷價格購買退夥合夥人的權益。 （b）退夥合夥人權益的收購買斷價格相等於，該合夥人在退夥日得以分享該合夥分配之權利的經濟利益之**公允價值**。從退夥日到付款日的利息仍需支付。 （三）根據§15-602（b）項，不當退夥及其他欠款之損害，不管是不是已經到期，必須從收購買斷價格抵消。欠款日到付款日的利息仍需支付。
阿拉巴馬州，§10A-8-7.01	（a）如果合夥人的退夥並未導致解散或根據§10A-8-7.01條合夥事業之清算，合夥應依據（b）項確認的收購買斷價格購買退夥合夥人的權益。 （b）退夥合夥人權益的收購買斷價格相等於，該合夥人在退夥日時其在該合夥的權益的**公允價值**。 （c）根據§10A-8-6.02（b）不當退夥及其他欠款之損害，不管是不是已經到期，必須從收購買斷價格抵消。欠款日到付款日的利息仍需支付。

德州，§152.601；§152.602	合夥未清算之贖回：退夥合夥人的權益依據本條文自動在退夥當日由合夥贖回，如果： （1）退夥事件屬於§152.501（B）（1）～（9）之狀況，而且在退夥日後的61天內未清算者； （2）退夥事件屬於§152.501（B）（10）的狀況者。 贖回價格： （a）除（b）項的規定外，退夥合夥人權益的贖回價格等於在退夥日其權益的**公允價值**。 （b）合夥人在合夥存續期間不當退出，或作了特定的行為，或遭遇必須清算的特定事件，其合夥權益的贖回價格取下列條文者中之小者：（1）退夥日時合夥權益的**公允價值**；（2）退夥合夥人退出時，如果該合夥事業必須清算，該合夥人可得之金額； （c）根據本條所得出款項之利息仍須支付。
紐澤西州，§42：1A-34（a）	（a）如果合夥人的退夥並未導致解散並根據§39條清算合夥事業，除合夥協議另有規定外，合夥應依據（b）項確認的收購買斷價格購買退夥合夥人的權益。 （b）本條（a）項中，「收購買斷價格」意指，退夥日時**得以分享該合夥企業分配的權利之公允價值，除非合夥協議規定了其他公允價值的計算公式。** （c）根據本法第32條（b），不當退夥及其他欠款之損害，不管是不是已經到期，必須從收購買斷價格抵消。欠款日到付款日的利息仍需支付。

奧勒岡州，§67.250	（1）如果合夥人的退夥並未導致解散並根據 ORS 67.290 條（導致解散和合夥事業清算的事件）清算合夥事業，合夥應依據（b）項確認的收購買斷價格購買退夥合夥人的權益。 （2）退夥合夥人權益的收購買斷價格相等於，該合夥人在退夥日時在該合夥的權益的**公允價值**。如果該退夥合夥人是合夥事業的少數權益，該退夥合夥人的權益收購買斷價格不可有少數權益折價。從退夥日到付款日的利息仍需支付。 （3）依據 ORS 67.225（b）條款（合夥人的退夥權利），不當退夥及其他欠款之損害，不管是不是已經到期，必須從收購買斷價格抵消。欠款日到付款日的利息仍需支付。

有 37 個州和哥倫比亞特區，允許在任何形式的退夥下，收購買斷退夥人的權益。有 13 個州的收購買斷，僅限於退休或死亡的情況。評價業者應與律師討論，以了解各州法條中「退休」的定義。

因此，相對於其他公司型態，對於合夥來說，許多州的收購買斷條款不僅適用類似於異議和壓迫的議題，對於退休或以任何其他原因的退夥也適用。

◆ 普通合夥的價值標準案例

路易斯安那州：以下兩個路易斯安那州的判例，顯示了合夥的價值標準，是如何參照股份有限公司中異議和壓迫的判例。在第一個案件中，**蕭敷訴瑪麗娜德雷合夥案（Shopf v. Marina Del Ray Partnership）**，其餘合夥人試圖尋求收購買斷其合夥股權。他要求該合夥以公允市場價值來收購買斷其權益，而法院以公允市場價值的理由採用了少數股折價。在第二個判例中，**佳能訴伯特蘭訴訟案（Cannon v. Bertrand）**，法院遵循公允價值，並拒絕採用少數股折價，認為其餘的合夥人還是掌握控制權。我們建議業者，要先諮詢對收購買斷條款的適用性和合夥收購的價值標準熟悉的律師。

◆蕭敷訴瑪麗娜德雷合夥案
（SHOPF V. MARINA DEL RAY PARTNERSHIP）

　　一位合夥人因為被拔除其總經理職位，而提起違反勞動契約的訴訟，並尋求賠償。這位合夥人通知該合夥他要退夥，其餘合夥人決定要收購買斷其合夥權益。雙方對收購買斷價格無法取得共識，所以這位合夥人提起訴訟，根據路易斯安那合夥收購買斷條款（La. C.C. arts. 2823-2825），原審法院發現該合夥在該合夥人退出日的帳面價值是負值，因此認定其權益並無價值，裁定不需付款。經上訴後，上訴法院在聖坦慕尼教區（Parish of St. Tammany）的第一巡迴法院，並未發現審判法院有錯誤，並維持其裁定。路易斯安那州的最高法院受理該退夥人的申請，調取案卷重新審查下級法院的結論。路易斯安那州最高法院指出，路易斯安那州司法在認定退夥人的權益價值上並沒有定義。退夥人爭辯說，公平市場價值才是適當的估價方法，而不是帳面價值，他援引**安德森訴韋德那有限公司訴訟案（Anderson v. Wadena Silo Co., 310 Minn. 288, 246 N.W.2d 45（1976））**。該合夥表示認同，但其抗辯認為，合夥的債務大於退夥人股權的公允市場價值，因而該權益並無價值。

　　路易斯安那州最高法院指出，適用的民法（C.C.）條文規定：「一旦某合夥人從目前繼續營運的合夥退出，他就沒有權利被給與……『等於終止合夥時前合夥人持分價值之金額』，而其持分必須以現金支付，加上終止日起計算之法定利息，除非另有約定。 在 9 La.C.C. art. 2823-24。當雙方對給付金額沒有共識時，任一利害關係人可以申請司法裁決其持分價值，並強制執行支付命令。 10 La. C.C. art. 2825.。

　　路易斯安那州最高法院接受的公允市場價值定義是：「對某特定資產，一位有意願的買家願意支付給一位有意願的賣家的常規交易價格，買賣雙方皆在沒有任何強迫下去買或賣，並對所有相關事項有合理的認知。」

　　法院根據退夥前幾個月，其他合夥人支付給第三方合夥人持分的每百分點價格，決定該持分權益的公允市場價值。同樣的價格也提報給該退夥人，想要在退夥前幾個月解決衝突，不過被拒絕了。最高法院考量到折價，並且指出，在封閉企業的少數股權相對於控制股權，對獨立購買人可能因為流動性不足而價值不高。因此，法院採用了「少數股折價」責令支付折價後的金額，撤銷了兩個下級法院的判決。

　　來源：549 So.2d 833（La. 1989）。

◆ 佳能訴伯特蘭訴訟案
（CANNON V. BERTRAND）

在這個案件中，路易斯安那州最高法院遵循公允價值，指出少數股折價不適用。一位合夥人尋求退出一個三人各持有三分之一權益的有限責任合夥，並在地方法院提起訴訟，申請對其權益估價。

地方法院採用 35％的折價。上訴法院援引路易斯安那州最高法院在**蕭敷案（Shopf）**中有關少數股折價的意見，批准並確認地方法院的裁決。該退夥人申請調閱文卷。路易斯安那州最高法院認為 35％的折價，是結合了少數股折價和市場性折價的總合。最高法院指出，**蕭敷案**中，法院是將大股東之前對少數股的報價打折，以確認少數股份的公平市場價值。其論點的基礎是，少數股對大股東來講，相對於第三方更具有價值。

路易斯安那州最高法院，對**佳能案**的詮釋是：**蕭敷案**的折價與「少數股折價」不同，因此這種情況下**蕭敷案**不應被作為判例依據。在佳能案中，最高法院認為，少數股折價和市場性折價可能是合法的，但應謹慎採用。法院認為，在**佳能案**中，既然購買那三分之一權益的是剩下的兩個合夥人，他們不會有缺乏控制權的疑慮，因此少數股折價不適用。此外，法院認為，這樣的折價對於退夥者，行使其退出權是不公平地懲罰，形成留下來的合夥人的不當得益，因此裁定，仍保留地方法院在採用少數股折價前的退夥人的權益價值。

來源：2 So.3d 393; 2009 La. LEXIS 11.

在紐約有個案例，是已故合夥人遺產所持有權益的收購買斷問題。紐約合夥法規（（N.Y. Consolidated Law Service Partnership 73 （LexisNexis 2012））有規定，當合夥人死亡或退休，而合夥事業營運並未中斷時，已故合夥人的受託保管人或其遺產的代表人，有權領取「確定解散之日他的權益價值」。紐約上訴法院認為，已故合夥人的權益價值，應沒有少數股折價和市場性折價。法院認為這和聯邦的遺產稅，採用少數股和市場性折價有所區別，認為這個不適用在實際支付給已故合夥人的遺產。

◆維克與阿爾伯特訴訟案（VICK V. ALBERT）

遺產代理人為了要取回已故合夥人在二個合夥的權益，而提起訴訟。原審法院授予該代表人兩個合夥權益的一個金額，並認定少數股折價與市場性折價均不適用。

紐約最高法院第一上訴庭，確認原審法院的判決。此外，上訴庭發現，既然「遺產稅估價和合夥權益估價的目的不同，就沒有理由認定遺產稅之申報金額，應等同於該合夥權益的價值。」法院解釋認為，採用折價會使得已故合夥人的權益價值，少於繼續營運時的價值，因此認為少數股折價和市場折價不適用。

資料來源：2008 N.Y. App. Div. LEXIS 310

◆康堤與克里斯托夫訴訟案（CONTI V. CHRISSTOFF）

地方法院否決了裁判官對退夥人權益的估價，並指示要採用公允價值。退夥人對地方法院的否決提起上訴，俄亥俄州上訴法院援引**布隆伯格和瑞布斯坦的合夥案件（Bromberg & Ribstein on Partnership（2001 Supp.），7:188-189, §7.13（b）（1））**，指出退夥的權益價值應考慮相關因素，比如少數股折價和市場性折價。法院維持承審法院對估價法的裁量權，及其將案件發還裁判官重審的判決。

因此，俄亥俄州遵循 RUPA 中價值的定義，但在將該案發回重審時，上訴法院認為裁判官應該將少數股折價和市場性折價考慮進去。

資料來源：2001 Ohio 3421; 2001 Ohio App. LEXIS 4534（Oct. 2, 2001）

◆有限合夥

有限合夥是合夥中的有限合夥人，對該合夥只擁有小部分的控制權，而普通合夥人則可對該合夥行使強而有力的中央權力的管理。雖然有限合夥在某種程度上是由契約、財產、代理、公平和信任的法律所管轄，不過這種型態的企業主要是由州法律所管轄的。[25] 大多數州在有限合夥上普遍採用由 NCCUSL 頒布的統一有限合夥法。

　　統一有限合夥法（ULPA）是這些法案中的第一個，於 1916 年與 UPA 同時頒布，一直是管理美國的合夥的基本法律。1976 年，是 ULPA 於 1916 年後的第一次修訂，並於 1985 年作進一步修正。1975 年與 1985 年法案的修訂通常被稱為修訂統一有限合夥法（RULPA）。[26] 該法案在 2001 年進一步修訂成現代化的法案，包括一些針對遺產規劃安排的現代需求，透過調整所謂的「家族有限合夥」（FLP），這個版本通常被稱為 ULPA2001，雖然有些人還是稱之為「Re-RULPA」。[27] 在這裡，我們統稱為 ULPA2001。當各州採用任何上述的統一法案，他們可以自由地制定語法和條款，因此一些州的條文可能和統一法案有所不同。

　　顯然的，ULPA2001 是一個獨立的法案，與最初的普通合夥法（UPA）和 RUPA 都沒有連結性。ULPA2001 整合了來自 RUPA 以及統一有限責任公司法案（ULLCA）的許多條文。[28] 所謂的連結是指以管理普通合夥的規則來填補有限合夥上法律空白的概念。ULPA 和 RULPA 都與普通合夥法有關。法律上的脫鉤始於 RUPA，它排除了有限合夥。儘管 ULPA2001 與 UPA 和 RUPA 沒有連結性，只有少數州採用。[29] 除了路易斯安那州外，有 49 個州、哥倫比亞特區和美國維爾京群島採用 ULPA 和 RULPA。[30] 有些州採用 RULPA，但是沒有廢除 ULPA。因此，一些有限合夥就可以被 ULPA，RULPA 或 ULPA 2001 三者所管轄。[31]

註解 25
Alan R. Bromberg and Larry E. Ribstein, Bromberg and Ribstein on Partnership, §11.01（a）（2003）.

註解 26
見 http://uniformlaws.org/ActSummary.aspx?title=Limited%20Partnership%20Act（NCCUSL 的官網）.

註解 27
見, e.g., Elizabeth S. Miller, "Closely-Held Business Symposium: The Uniform Limited Partnership Act: Linkage and Delinkage: A Funny Thing Happened to Limited Partnerships When the Revised Uniform Partnership Act Came Along," 37 Suffolk U. L. Rev., 891（2004）.

註解 28
同上。

註解 29
已採用 ULPA 2001 的有：阿拉巴馬州，阿肯色州，加州，哥倫比亞特區，佛羅里達州，夏威夷，愛達荷州，伊利諾州，愛荷華州，肯塔基州，緬因州，明尼蘇達州，蒙大拿州，內華達州，新墨西哥州，北達科塔州，奧克拉荷馬州，猶他州和華盛頓州（http://www.uniformlaws.org/LegislativeFactSheet.aspx?title=Limited%20Partnership%20Act）.

註解 30
http://www.uniformlaws.org/LegislativeFactSheet.aspx?title=Limited%20Partnership%20Act。

有限合夥，要和先前所討論的有限責任合夥（LLPs）加以區分。有限責任合夥，某些州稱之為註冊有限責任合夥（a registered limited partnership），是一種普通合夥的形式，其中普通合夥人不用個人承擔合夥企業的債務和義務責任。[32] ULPA2001 也提供了有限責任的有限合夥（LLLP）的法條，明確提供了有限合夥的所有普通合夥人一個完整的責任保護。

　　退夥的效應（Effect of Dissociation）：RULPA § 603 和 § 604 允許有限合夥人在六個月前通知退夥，然後收到其有限合夥權益的公允價值，除非合夥協議規定了有限合夥人的撤出權利或者這個有限合夥制有一個明確的持續時間。然而，依據ULPA2001 § 505，「因為退夥而無權收取分配金」。相對的，退夥的合夥人依據 § 602（a）（3）（有限合夥人退夥）和 § 605（a）（5）（普通合夥人退夥）成為自己權益轉讓的受讓人，雖然這種系統內定的規則可以在合夥協議進行修改。在這種系統內定的規則下，阻擋了一些成員，在有限合夥人退夥時，以遺產稅目的要求對估價打折扣。[33] 可以提供一個普通合夥人退夥權利的有限合夥，按理說也會在協議上提供收購買斷的權利。[34]

　　異議：加州提供有限合夥的合夥人異議者權利，類似於股東在股份有限公司所享的權利。[35] 加州是以公允市場價值來決定合夥人權益的價值標準。[36] 佛羅里達州還提供有限合夥鑑價權，在佛羅里達州，公允價值是為有限合夥人的合夥權益的價值，確定於：（a）就在合夥人提出異議的鑑價事件實施前；

註解 31

有關連結問題的深入討論，請參閱 Elizabeth S. Miller, "Closely-Held Business Symposium: The Uniform Limited Partnership Act: Linkage and Delinkage: A Funny Thing Happened to Limited Partnerships When the Revised Uniform Partnership Act Came Along," 37 Suffolk U. L. Rev., 891（2004）.

註解 32

Bromberg and Ribstein on Partnership, § 11.01（a）（2003）.

註解 33

Alan R. Bromberg and Larry E. Ribstein, Bromberg and Ribstein on Limited Liability Partnerships, the Revised Uniform Partnership Act, and the Uniform Limited Partnership Act, § 9.505（2012）; 26 U.S.C. § 2704.

註解 34

同上，§ 9.605。

註解 35

Cal. Corp. Code § 15911.22（a）（2012）.

註解 36

Cal. Corp. Code § 15911.22（c）（2012）.

（b）採用其他類似企業需要鑑價時，慣用的估價概念與方法，但不包括因為預期行動所造成的升值或貶值，除非排除這個對合夥企業與剩餘夥伴不公平；（c）小於 10 個有限合夥人的有限合夥，沒有缺乏市場性折價或少數股折價。[37]

解散：絕大多數州的法規有提供合夥人，在合夥沒有切實合理的進行符合合夥協議的行為時，可以申請法院責令有限合夥解散的規定。[38]

密西根州提供了有限合夥的合夥人，針對普通合夥人或是有控制權的普通合夥人，在他們的行為違法、欺詐、故意不公平或壓迫有限合夥或其合夥人時，可申請解散。[39]

德州則沒有將壓迫列入解散的理由。只是說當另一個合夥人，作出使合夥事業無法合理執行業務的行為時，才可以解散，不過這顯然涵蓋了不法或壓迫。[40]

合夥人退出的分配（Distribution upon Partner's Withdrawal）：有些州規定，如果合夥協議沒有規範，退夥人有權，在退夥後的合理的時間內，以退出之日的公允價值，獲得他在有限合夥中可分配到的權益。以下這些州都有這些規定，包括阿拉斯加[41]，科羅拉多州[42]，康乃狄克州[43]，德拉瓦州[44]，喬治亞州[45]，印第安納州[46]，堪薩斯州[47]，馬里蘭州[48]，麻塞諸塞州[49]，密西根

註解 37

Fla. Stat. §620.2113（4）（2012）；佛羅里達州對折價的討論，請參見 Rebecca C. Cavendish and Christopher W. Kammerer, "Determining the Fair Value of Minority Ownership Interests in Closely Held Corporations: Are Discounts For Lack of Control and Lack of Marketability Applicable?" 82 Fla. Bar J., 10（Feb. 2008）.

註解 38

參見 e.g., Md. Corporations and Associations Code Ann. §10-802（2012）；ALM GL ch. 109, §45（2012）；Minn. Stat. §321.0802（2012）.

註解 39

MCLS §449.1802（2012）.

註解 40

Tex. Business Organizations Code §11.314（1）（B）（2012）.

註解 41

Alaska Stat. §32.11.270（2012）.

註解 42

C.R.S. 7-62-604（2011）.

州 [50]，密西西比州 [51]，蒙大拿州 [52]，內布拉斯加州 [53]，新罕布夏州 [54]，紐澤西州 [55]，紐約州 [56]，北卡羅來納州 [57]，俄亥俄州 [58]，奧勒岡州 [59]，賓夕法尼亞州 [60]，羅德島州 [61]，南卡羅來納州 [62]，南達科塔州 [63]，田納西州 [64]，德州 [65]，佛蒙特州 [66]，西維吉尼亞州 [67]，威斯康辛州 [68] 和懷俄明州。[69]

　　密蘇里州在估價時採用公允價值標準，在合夥協議沒有規定退夥人的分配權時，退夥人成為其權益的受讓人（assignee），但該合夥隨後可以該退夥人在有限合夥中有權分配到的權益，以持續經營狀態下，在退出日時該權益的公允價值，購買該退夥人的權益。[70]

註解 43
Conn. Gen. Stat. §34-27d（2012）.

註解 44
6 Del. C. §17-604（2012）.

註解 45
O.C.G.A. §14-9-604（2012）.

註解 46
Burns Ind. Code Ann. §23-16-7-4（2012）.

註解 47
K.S.A. §56-1a354（2011）.

註解 48
Md. Corporations And Associations Code Ann. §10-604（2012）.

註解 49
ALM GL ch. 109, §34（2012）.

註解 50
MCLS §449.1604（2012）.

註解 51
Miss. Code Ann. §79-14-604（2011）.

註解 52
Mont. Code Anno., §35-12-1004（20101）.

註解 53
R.R.S. Neb. §67-266（2012）.

註解 54
RSA 304-B:34（2012）.

註解 55
N.J. Stat. §42:2A-42（2012）.

註解 56
N.Y. CLS Partn. §121-604（2012）.

註解 57
N.C. Gen. Stat. §59-604（2012）.

註解 58
ORC Ann. 1782.34（2012）.

註解 59
ORS §70.260（2011）.

註解 60
15 Pa.C.S. §8554（2012）.

註解 61
R.I. Gen. Laws §7-13-34（2012）.

註解 62
S.C. Code Ann. §33-42-1040（2011）.

註解 63
S.D. Codified Laws §48-7-604（2012）.

註解 64
Tenn. Code Ann. §61-2-604（2012）.

註解 65
Tex. Business Organizations Code §153.111（2012）.

註解 66
11 V.S.A. §3454（2012）.

註解 67
W. Va. Code §47-9-34（2012）.

註解 68
Wis. Stat. §179.54（2012）.

註解 69
Wyo. Stat. §17-14-704（2012）.

註解 70
§359.351 R.S.Mo.（2012）.

表 4.2

有限合夥

States/ Territories 州／領域	Standard of Value 價值標準	Basis for Statutory Definition 法規定義 基礎	Individual States' Definition of Value under Dissenters'/ Appraisal Rights Actions 對異議／鑑價權行動有特定價值定 義的州
New Hampshire 新罕布夏州	Fair Value 公允價值	採用 1984 年 RMBCA 定 義	§304-B：16-C（II）（LPS）：有限合夥行動生效日期前，其異議者的合夥權益價值，要排除任何對有限合夥行動所預期的升值或貶值。
Florida 佛羅里達州	Fair Value 公允價值	類似 1999 年 RMBCA，只 有輕微更動	（有限合夥） （Ltd. partnerships）：採用類似企業在需要鑑價之交易時，普遍慣用的估價概念與方法，但不包括因為預期行動所造成的升值或貶值，除非對合夥與剩餘夥伴不公平。對於10 名以下合夥人的有限合夥，不採用缺乏市場性折價或少數股折價。
Ohio 俄亥俄州	Fair Cash Value 公允現金 價值	Unique to statute 獨特的法規	§1782.437（B）（有限合夥）（limited partnerships）：一個有意願的賣家，在沒有被強迫出售的情況下，所願意接受的，和一個有意願的買家，在沒有被強迫的情況下，所願意支付的金額，但任何情況下其股票的公允現金價值，不得超過特定合夥人的需求所指定的金額。在計算公允現金價值時，任何提交給董事會或股東（兼併，合併，或轉換）的提案，所產生的市場價值升值或貶值均要排除。

奧勒岡州，也採用公允價值標準，規定退夥人權益的公允價值，是假設由已確認退夥人有權取得的任何分配來決定，除非另有其他授予之約定。[71]

圖表 4.2 顯示某些州法律規定的價值標準範例。

否決折價的有限合夥判例：在阿肯色州、堪薩斯州、馬里蘭州的法院拒絕在退夥人權益估價時採用折價。

◆ 溫訴溫企業訴訟案 （WINN. V. WINN ENTERPRISES）

法院認為，退夥人所收到的「公允價值」不應該包括少數股折價以及市場性折價，因此法院撤銷及發還巡迴法院的判決。

來源：265 S.W.3d125（Ark. App 2007）。

◆ HJersted 的遺產（ESTATE OF HJERSTED）

堪薩斯州上訴法院認為，地方法院誤將有限合夥多數權益的轉讓估價，視為股份有限公司股份轉讓的估價，因而錯誤地沒有採用折價。地方法院提出好幾個他們認為不適用少數股折價和市場性折價的理由。

然而，依據堪薩斯最高法院所說，如果是合法的遺產和商業規劃的轉移，「缺乏控制權折價和缺少市場性折價，是可以適當的應用在家族有限合夥的權益上。」不過呢，堪薩斯州最高法院也有判決是這樣的：「堪薩斯州和多數州一樣，認為當反向股票分割（reverse stock split）導致畸零股（fractional share），試圖消除少數股東在公司的股份時，少數股折價和市場性折價不宜採用。」

來源：175 P.3d810（Kan. App. 2008）。

註解 71
ORS §70.260（2011）.

◆ **韋爾奇訴克里斯帝健康合夥公司訴訟案**
   （WELCH V. VIA CHRISTI HEALTH PARTNERS, INC.）

　　有限合夥人反對普通合夥人聘請的專家，在合併協議中所提的合夥公司股權補償的公允價值。經上訴後，堪薩斯州最高法院引用**溫伯格訴 UOP 訴訟案（Weinberger v. UOP, 457 A.2d 701, 711（Del. 1983））**，指出，普通合夥人的確有干預估價專家，但這樣做是為了說服專家不採用少數股折價或市場性折價，並考量這種干預不足以影響調查估價的公平性。法院維持判決。

　　來源：133 P.3d 122（Kan. 2006）。

◆ **東園有限合夥訴拉金訴訟案**
   （EAST PARK L.P. V. LARKIN）

　　法院發現，有限合夥權益的公允價值是一個事實問題，而且根據馬里蘭州法律（Md. Code Ann., Corps. &Ass'ns §10-604），退夥人權益出售給合夥，而不是在公開市場上銷售，因此採用折價是不適當地。法院維持了下級法院對於公允價值的意見。

　　來源：893 A.2d 1219（Md. App. 2006）。

普通有限責任公司

　　有限責任公司（LLC）是一種靈活的企業形式，融合了合夥和股份有限公司的結構要素，從而提供投資者有限責任，投資者是為成員而不是股東或合夥人。成員也擁有合夥的稅務優勢，也有安排契約性業務的自由度。而有限責任公司的法規，對有限責任公司的運作提供了系統內定的規則，有限責任公司主要是由契約組成，其經營協議及其他協議，在大多數議題上的系統內定規則通常可以變更。[72] 在美國，有限責任公司形態的歷史可以追溯到

註解 72

見 e.g., 6 Del. C. §18-1101（b）（2012）（"It is the policy of this chapter to give the maximum effect to the principle of freedom of contract and to the enforceability of limited liability company agreements."）。

1977 年，不過並沒有得到顯著的重視，直到 1988 年，聯邦所得稅對其不利
的待遇變更後才改觀。[73] 近年來，有限責任公司（LLC）已經成為許多封閉
型企業偏好的企業架構，有限責任公司的申請量增加很多。[74] 然而，即使所
有的司法管轄區都已經頒布 LLC 法令了，迄今為止並沒有和有限責任公司
相關的統一共識或框架。因此，為了推廣適用於有限責任公司的法律，採用
NCCUSL 公布的統一 LLC 法案當作框架和出發點是有用的，即使這種統一
法案一直沒有被廣泛採用。

◆ 統一法案

　　1996 年，NCCUSL 批准並建議在所有州頒布統一有限責任公司法案
（ULLCA），來管理有限責任公司。ULLCA 在阿拉巴馬州，夏威夷州，伊
利諾州，蒙大拿州，南達科塔州，和美國維爾京群島都有頒布。[75] 十年之後，
在 2006 年，NCCUSL 公佈了修訂的統一有限責任公司法案（RULLCA）。
在本書出版的時候，包括哥倫比亞特區，愛達荷州，愛荷華州，內布拉斯加
州，紐澤西州（2013 年 3 月 18 日生效，針對新成立的有限責任公司。2014
年 3 月則是對所有的有限責任公司，包括現存依照紐澤西州目前 LLC 法規
成立的有限責任公司），[76] 猶他州（2013 年 7 月 1 日生效）和懷俄明州都頒
布了 RULLCA，而且已經在加州，堪薩斯州和明尼蘇達州進行立法。[77] 雖然
ULLCA 沒有規定壓迫行為的救濟法規，不過 RULLCA 有。其壓迫救濟法規出
現在關於解散的部分，在 701（A）（5）中，授權法院解散有限責任公司：

註解 73
見 e.g., 6 Del. C. §18-1101（b）（2012）（"It is the policy of this chapter to give the maximum effect to the principle of freedom of contract and to the enforceability of limited liability company agreements."）.

註解 74
Sandra K. Miller, "Discounts and Buyouts in Minority Investor LLC Valuation Disputes Involving Oppression or Divorce," 13 U. Pa. J. Bus. L., 607（Spring 2011）.

註解 75
http://uniformlaws.org/LegislativeFactSheet.aspx?title=Limited%20Liability%20Company%20%281995%29%281996%29.

註解 76
N.J. Stat. §42:2C-48（2012）.

註解 77
http://uniformlaws.org/LegislativeFactSheet.aspx?title=Limited%20Liability%20Company%20%28Revised%29.

由成員申請，理由是控制公司的經理或成員……：

（Ａ）已進行或正進行，或將要進行對公司非法或欺詐的行為；或是

（Ｂ）已進行或正進行壓迫，或已經，或正在，或將直接傷害申請人。[78]

§ 701（b）授權法院以「以救濟命令取代解散」。[79] 經營協議不能改變 § 701（a）（5），但可能限制甚至消除（b）項。[80] 如此一來，內定的救濟措施就變成是解散，但 RULLCA 提供了一個可能性，一個沒那麼極端的解散取代方案。如果經營協議的成員選擇改寫這種 § 701（b）規定的替代方案，他們將有效地限制法院，和自己陷入全或無（all-or-nothing）的解散救濟措施。通常採用的解散替代方案，是收購買斷。如同 RULLCA 起草委員會指出：在封閉企業中，許多法院在沒有法條授權下作到這種程度，通常是因為法院責令被壓迫的股東收購。起草委員會傾向為法庭與當事人，省去需要再詳細掌握 LLC 內容的麻煩。[81]

◆ 以收購買斷取代解散

因此，在 RULLCA 與許多州的法律中，一旦法院已確定大股東有不公平損害或壓迫行為，或是合夥事業「不足以正常運作」，或陷入管理僵局的時候，法院往往選擇下令收購來作為救濟措施，因為通常這樣的救濟措施沒有解散那麼極端。「壓迫」和損害或非法行為，已經從非自願解散的法定基準，延伸到各種救濟的法定基準，包括收購買斷。[82] 除非有限責任公司的協議規定中有確定收購買斷價格的指導方法，法院將面臨被壓迫成員權益的估

註解 78

Revised Uniform Limited Liability Company Act § 701（a）（5）.

註解 79

同上，在 § 701（b）.

註解 80

Daniel S. Kleinberger and Carter G. Bishop, "The Next Generation: The Revised Uniform Limited Liability Company Act," 62 Bus. Law., 515（February 2007）, noting that whereas § 110（c）（7）provides that an operating agreement may not "vary the power of a court to decree dissolution in the circumstances specified in Section 701（a）...（5））," § 110（c）does not mention § 701（b）, so that the operating agreement has plenary power over that provision.

註解 81

RULLCA, 2005 Annual Meeting Draft, § 701（b）, Reporters' Notes.

註解 82

Douglas K. Moll, "Minority Oppression and the Limited Liability Company: Learning（Or Not）from Close Corporation History," 40 Wake Forest L. Rev., 883（Fall 2005）.

價議題。假如經營協議提供收購買斷的指導方針的機率低的話，這問題可能會經常發生。雖然 LLC 的架構可以允許成員之間事前交涉，但這也不代表歧異就一定能有效解決。[83] 更別提要如何去評估成員的權益。[84] 因此，司法的作用在收購買斷糾紛上就很顯著了。

在 RULLCA 第七條（解散和清算）下，紐澤西州並沒有提供，被壓迫的少數成員的收購買斷機制。[85]

RULLCA 提供救濟給被壓迫的少數所有者。RULLCA 允許成員可以基於公司控股經理人或成員已進行或正進行壓迫性的行為，在過去或現在，或未來會直接危害到成員的狀況下，尋求法院命令公司解散。RULLCA 也允許成員尋求（或在法院的公平自由裁量權下，法院以命令取代解散）不太極端的救濟措施，如任命託管人。

第七條還規定，如果法院認為這樣對各方都公平公正的話，成員權益的出售對象可以是有限責任公司，或任何其他有限責任公司的成員。

然而，由於有限責任公司是一個相對較新的商業組織形式，並沒有相關法規以及判例法可依循，以作為合適的估價方法。[86] 在沒有解決 LLC 收購的先例下，法院可能想看看司法管轄區對企業和合夥法規的判例法，來詮釋該州的收購買斷規定。一些評論者認為，在這種情況下最適當的標準是公允價值，而且不採用少數股折價或市場性折價，理由是，因為收購是強制性的，有必要阻止多數派的壓迫行為，而且折價會給估價程序帶來不確定性。他們進一步解釋，這種收購的目的不是要完全模擬一件市場銷售，而是提供假設

註解 83
同上，在 955.

註解 84
參見 Sandra K. Miller, "What Buy-Out Rights, Fiduciary Duties, and Dissolution Remedies Should Apply in the Case of the Minority Owner of a Limited Liability Company?," 38 Harv. J. on Legis., 413, at 416-417, 421（2001）（指出經營協議通常不提供少數股業主特定的收購買斷和解散的權利）。另見 Sandra K. Miller, "A New Direction for LLC Research in a Contractarian Legal Environment," 76 S. Cal. L. Rev., 351（2003）（指出許多 LLC 協議並未有廣泛協商，並提供即使是許多律師也缺乏的 LLC 內定收購買斷權利的經驗資料）。

註解 85
N.J. Stat. §42:2C-48（2012）.

註解 86
見 generally, Sandra K. Miller, "Discounts and Buyouts in Minority Investor LLC Valuation Disputes Involving Oppression or Divorce," 13 U. Pa. J. Bus. L., 607（Spring 2011）.

將繼續經營公司的業主，因為投資被剝奪的合理救濟。[87] 如前面所討論，在任何情況下，各州的 LLC 法規在其處理收購的價值標準中並不一致，還有許多議題並沒有解決。

在大多數州中，如果公司被認為並且確認經營不合理，而且與經營協議不符的話，有限責任公司可以通過成員或經理人提出訴訟來申請解散。許多州也在管理陷入僵局時提供解散的選項，如果管理陷入僵局或內部意見不一，解散是為了保護異議成員的權益、或公司業務已被放棄時的合理需要。

如果有限責任公司的成員或經理的行為，相對於 LLC 的業務是違法或欺詐的話，有些州允許解散的申請。有這些措施的包括亞利桑那州 [88]，加州 [89]，哥倫比亞特區 [90]，愛達荷州 [91]，愛荷華州 [92]，堪薩斯州 [93]，緬因州 [94]，明尼蘇達州 [95]，蒙大拿州 [96]，內布拉斯加州 [97]，新罕布夏州 [98]，紐澤西州 [99]，北達科塔州 [100]，南卡羅來納州 [101]，南達科塔州 [102]，猶他州 [103]，佛蒙特州 [104]，西維吉尼亞州 [105]，威斯康辛州 [106]，和懷俄明州 [107]。

有些州還規定其他成員或經理人，有壓迫行為或對一個或多個成員和經理人不公平的損害時，成員可以申請解散。包括哥倫比亞課特區 [108]，愛達荷州 [109]，愛荷華州 [110]，明尼蘇達州 [111]，蒙大拿州 [112]，內布拉斯加州 [113]，新罕布夏州 [114]，紐澤西州 [115]，北卡羅來納州 [116]，北達科塔州 [117] 南卡羅來納州 [118]，猶他州 [119]，佛蒙特 [120]，西維吉尼亞州 [121]，威斯康辛州 [122]，以及懷俄明州 [123]。根據壓迫而提供有限責任公司解散規定的有，明尼蘇達州 [124]，內布拉斯加州 [125]，北卡羅來納州 [126]，北達科塔州 [127]，和猶他州 [128] 提供選擇收購買斷以取代解散，

註解 87
同上，見 651.
註解 88
A.R.S. §29-785（3）（2012）.
註解 89
Cal. Corp. Code §17351（5）（2012）.
註解 90
D.C. Code §29-807.01（a）（5）（A）（2012）.
註解 91
Idaho Code §30-6-701（e）（i）（2012）.
註解 92
9Iowa Code §489.701 1.e（1）（2012）.
註解 93
K.S.A. §17-76, 117（a）（2011）.

或法院下令收購買斷來取代解散。

註解 94
31 M.R.S. §1595 1.E.（2011）.

註解 95
Minn. Stat. §322B.833 Subd. 1（2）（ii）（2012）.

註解 96
Mont. Code Anno., §35-8-902（1）（e）（2011）.

註解 97
R.R.S. Neb. §21-147（a）（5）（A）（2012）.

註解 98
RSA 304-C:51（IV）（2012）.

註解 99
N.J. Stat. §42:2C-48（2012）.

註解 100
N.D. Cent. Code, §10-32-119 1.b.（2）（2012）.

註解 101
S.C. Code Ann. §33-44-801（4）（e）（2011）.

註解 102
S.D. Codified Laws §47-34A-801（a）（4）（iv）（2012）.

註解 103
Utah Code Ann. §48-3-701（5）（2012）.

註解 104
11 V.S.A. §3101（5）（E）（2012）.

註解 105
W. Va. Code §31B-8-801（5）（v）（2012）.

註解 106
Wis. Stat. §183.0902（3）,（4）（2012）.

註解 107
Wyo. Stat. §17-29-701（a）（iv）（A）,（a）（v）（A）（2012）.

註解 108
D.C. Code §29-807.01（a）（5）（B）（2012）.

註解 109
Idaho Code §30-6-701（e）（ii）（2012）.

註解 110
Iowa Code §489.701 1.e.（2）（2012）.

註解 111
Minn. Stat. §322B.833 Subd. 1（2）（ii）（2012）.

註解 112

Mont. Code Anno., §35-8-902（1）（e）（2011）.

註解 113

R.R.S. Neb. §21-147（a）（5）（B）（2012）.

註解 114

RSA 304-C:51（VII）（2012）（其中，壓迫被指定為 LLC 協議中的法定解散基準）.

註解 115

N.J. Stat. §42:2C-48（2012）.

註解 116

N.C. Gen. Stat. §57C-6-02（2）（ii）（2012）（其中，清算是保護異議成員權益或權利的合理需求）or N.C. Gen. Stat. §57C-6-02（2）（iv）（2012）（其中，組織章程或經營協議文件賦予異議成員解散 LLC 的權利）.

註解 117

N.D. Cent. Code, §10-32-119 1.b.（2）（2012）（其中，經營者或公司掌權者對其成員有不公平的不利行為）.

註解 118

S.C. Code Ann. §33-44-801（4）（e）（2011）.

註解 119

Utah Code Ann. §48-3-701（5）（2012）.

註解 120

11 V.S.A. §3101（5）（E）（2012）.

註解 121

W. Va. Code §31B-8-801（5）（v）（2012）.

註解 122

Wis. Stat. §183.0902（3）,（4）（2012）.

註解 123

Wyo. Stat. §17-29-701（a）（v）（B）（2012）.

註解 124

Minn. Stat. §322B.833 Subd. 2（2012）.

註解 125

R.R.S. Neb. §21-147（b）（2012）.

註解 126

N.C. Gen. Stat. §57C-6-02.1（d）（2012）（在法院批准解散後）.

註解 127

N.D. Cent. Code, §10-32-119（2）（2012）（法院有是否收購買斷的自由裁量權）.

註解 128

Utah Code Ann. §48-3-702（2012）.

加州[129] 和猶他州[130] 以公允市場價值收購買斷取代解散（無論何種原因）。在加州，如果各方無法就收購買斷價格達成共識，法院會直接委任三個無利益關係的估價師來確認收購買斷價格。猶他州規定，法院得根據法院認定適當的因素來估價。

在伊利諾州，除了其它觸發因素，解散也可以因為一個退出成員，沒有收到應得的權益分配而啟動，就算該成員的退出不會導致公司解散和清算。[131] 因此，為了避免公司在這種情況下解散，分配利益必須以公允價值支付，法院有權審議所有相關證據，如有限責任公司持續經營狀態的價值，部分或全部成員，為任何對公司權益價值採固定價格或指定公式的協議，以及法院指定鑑價人的任何建議，以及任何對 LLC 購買權益的法令限制。[132]

◆ 退出與收購買斷

各州並沒有統一的方法處理有限責任公司成員退出或辭職。如果該成員的退出並沒有導致解散和公司業務的清算的話，在 ULLCA 中規定，LLC 必須以「公允價值」購買被解除成員的權益。[133] 如果是一個無期限的 LLC（an at-will LLC）解除其成員時，必須以該成員被解除當日所決定的公允價值來收購該成員的權益。[134] 如果是一個有期限的 LLC（a termLLC）時，則必須以該 LLC 期限到期日，即以該成員被解職當日作為特定期限到期日的公允價值，來收購該成員的權益（除非該退出導致 LLC 解散）。[135] 雖然 ULLCA 沒有定義公允價值這個詞，如果一個被解除成員和有限責任公司無法形成共

註解 129
Cal. Corp. Code §17351（b）（2012）.

註解 130
Utah Code Ann. §48-2c-1214（4）（2012）（有效期至 2013 年 7 月 1 日，然後被 Utah Code Ann. §48-3-702 取代）.

註解 131
805 ILCS 180/35-1（2012）.

註解 132
805 ILCS 180/35-65（1）（2012）.

註解 133
Uniform Limited Liability Company Act §701（a）.

註解 134
Uniform Limited Liability Company Act §701（a）（1）.

註解 135
Uniform Limited Liability Company Act §701（a）（2）.

識，那就可能交由司法裁定。[136] 法院有權考量所有相關證據，比如說該有限責任公司的永續經營價值，部分或全部成員對公司權益價值採固定價格或指定公式來決定的協議，以及法院指定鑑價人的任何建議，以及任何對 LLC 購買權益的法令限制等等。[137] 其內定價值是「公允價值」，而法院可以採用公允市場、清算或任何其他適當的方式決定其權益的公允價值。公允的市場價值標準往往因為太狹隘，和常常是不適當的，而不被採用，而且假定買賣雙方自願，並不是 ULLCA 考慮的一個因素。[138]

有些州規定，在退夥或退出時，退夥或退出的成員有權獲得在組織章程或經營協議中，享有的任何權利分配，而且，如果組織章程和運營協議沒有其他規定，該成員有權收取在自其解職日起一定時間內，公司之利潤分配。這些州包括佛羅里達州（公允價值）[139]，路易斯安那州（公允市場價值）[140]，麻薩諸塞州（公允價值）[141]，密西根州（公允價值）[142]，密西西比州（公允價值）[143]，密蘇里州（公允價值，要排除商譽）[144]，蒙大拿州（公允價值）[145]，內華達州（公允市場價值）[146]，新墨西哥州（公允市場價值）[147]，紐約州（公允價值）[148]，北卡羅萊納州州（公允價值）[149]，賓夕法尼亞州（公允價值）[150]，南卡羅萊納州州（公允價值）[151]，田納西州（公允價值[152]；然而，在 1999 年以前成立的有限責任公司，則以持續經營的基礎所決定的公允市場價值，或以清算為基礎所決定的公允市場價值，取其較小的值[153]），德州（公允價值）[154]，佛蒙特州（公允價值）[155]，西維吉尼亞州（公允價值）[156] 和威斯康辛州（公

註解 136
Uniform Limited Liability Company Act §701（d），（e）.
註解 137
Uniform Limited Liability Company Act §702（a）（1）.
註解 138
Uniform Limited Liability Company Act §702, comment.
註解 139
Fla. Stat. §608.427（2）（2012）.
註解 140
La.R.S. 12:1325（C）（2012）.
註解 141
ALM GL ch. 156C, §32（2012）.
註解 142
MCL §450.4305（2012）.
註解 143
Miss. Code Ann. §79-29-603（2011）.

允價值）[157]。

在伊利諾州[158]，蒙大拿州[159]，南卡羅來納州[160]，田納西州[161]，佛蒙特州[162]和西維吉尼亞州[163]等州，在確定公允價值時，法院必須考量公司的持續經營價值，所有的部分或全部成員，任何對公司權益價值採固定價格或指定公式計算的協議，以及法院指定鑑價人的任何建議，以及任何對 LLC 購買權益的法令限制等等。

在密西西比州，決定其成員財務權益的公允價值時，必須使用在類似企業

註解 144
§ 347.103 2（1）R.S.Mo.（2012）.

註解 145
Mont. Code Anno., § 35-8-808（1）（2011）.

註解 146
Nev. Rev. Stat. Ann. § 86.331（2）（2012）.

註解 147
N.M. Stat. Ann. § 53-19-24（2012）.

註解 148
N.Y. CLS LLC § 509（2012）.

註解 149
N.C. Gen. Stat. § 57C-5-07（2012）.

註解 150
15 Pa.C.S. § 8933（2012）.

註解 151
S.C. Code Ann. § 33-44-701（a）（2011）.

註解 152
Tenn. Code Ann. § 48-249-505（c）（2012）.

註解 153
Tenn. Code Ann. § 48-216-101（e）（2012）.

註解 154
Tex. Business Organizations Code § 101.205（2012）.

註解 155
11 V.S.A. § 3091（a）（2012）.

註解 156
W. Va. Code § 31B-7-701（a）（2012）.

註解 157
Wis. Stat. § 183.0604（2012）.

交易中，普遍採用的估價概念或技巧，同時沒有市場性折價與少數股折價。[164]

在紐澤西州，依據 RULLCA，

一個辭職的業主，從辭職日當日起，即不再有權獲得他在有限責任公司權益的公允價值。還有，一旦辭職，辭職的業主即被解除其成員的資格，就只是有一個經濟利益持有人的權利。[165]

在堪薩斯州，如果經營協議沒有另行規定，辭職成員無權接收其有限責任公司權益的公允價值，直到該有限責任公司解散和清算為止。[166]

其他的州，例如新罕布夏州[167]，俄亥俄州[168]，和羅得島州[169] 規定，一旦成員退出，除非在經營協議有書面形式另行規定，退夥人或其法定代理人、繼承人、或受讓人無權收取任何因退夥造成之分配，受讓人只有權收取，有

註解 158
805 ILCS 180/35-65（2012）.

註解 159
Mont. Code Anno., §35-8-809（1）（a）（2011）.

註解 160
S.C. Code Ann. §33-44-702（a）（1）（2011）.

註解 161
Tenn. Code Ann. §48-249-506（3）（B）（ii）（2012）.

註解 162
11 V.S.A. §3092（a）（1）（2012）.

註解 163
W. Va. Code §31B-7-702（a）（1）（2012）.

註解 164
Miss. Code Ann. §79-29-603（a）,（b）（2011）.

註解 165
N.J. Stat. §42:2C-48（2012）.

註解 166
K.S.A. §17-76,107（2011）.

註解 167
RSA 304-C:41（2012）.

註解 168
ORC Ann. 1705.12（2012）.

註解 169
R.I. Gen. Laws §7-16-29（2012）.

限責任公司營運期間的退夥人的權益分配，而且在清算完成時，要扣除退夥人因違反有限責任公司的經營協議之事件，所造成之任何損害。

◆ 異議者的權利

當 LLCs 成為越來越多的商業實體所使用之組織形式，越來越多州授予 LLCs 具有類似股份有限公司所享有的權利。因此，有少數的州提供類似股份有限公司股東所享有的異議者權利。

一般來說，州政府對於 LLC 成員之異議者權利的價值標準定義和股份有限公司一樣，例如：佛羅里達州[170]，喬治亞州[171]，明尼蘇達州[172]，北達科塔州[173]，俄亥俄州[174]，田納西州[175]，和華盛頓州[176]就是這樣。在新罕布夏州，其定義都類似股份有限公司，有限責任公司在定義上並沒有提供排除預期公司行動升值或貶值的特例，而對於股份有限公司來說，如果排除是不公允的就不會排除。[177]在加州，有限責任公司的異議股東，能夠以公允市場價值收取其權益價值[178]，有限責任公司不公允的逐出例外，在股份有限公司是沒有的[179]。紐澤西州法規則沒有述及異議者權利。

註解 170
Fla. Stat. §608.4351（5）（2012）.

註解 171
O.C.G.A. §14-11-1001（3）（2012）.

註解 172
Minn. Stat. §322B.386 subd. 1（c）（2012）.

註解 173
N.D. Cent. Code, §10-32-55（1）（a）（2012）.

註解 174
ORC Ann. §1705.42（B）（2012）.

註解 175
Tenn. Code Ann. §48-231-101（2）（2012）.

註解 176
Rev. Code Wash.（ARCW）§25.15.425（3）（2012）.

註解 177
RSA 304-C:22-a（II）（2012）.

註解 178
Cal. Corp. Code §17604（2012）.

註解 179
Cal. Corp. Code §17601（a）（2012）.

◆ 專業的有限責任公司

　　針對從事專業服務的有限責任公司，一些州為其特定的分配機制提供了價值標準。在阿拉巴馬州，專業人士一旦死亡或資格喪失時，有權取得其專業權益的公允價值，專業有限責任公司和專業股份有限公司採用相同的規則 [180]。 在密西西比州，喪失資格的成員有權在資格喪失日（死亡、失格或轉移），要求由法院裁定其權益之公允價值，其公允價值是採用 1999 年 RMBCA 的標準，採用類似的企業交易鑑價時，一般所慣用的估價概念與技術，但不包括少數股折價和市場性折價 [181]。維吉尼亞州則沒有明確的規定，有限責任公司應當支付該權益的帳面價值，指定支付給被終止的專業成員，以終止該前任會員之成員資格當日之前一月底為價值確定日。 [182]

表 4.3

有限責任公司

States/ Territories 州 / 地區	Standard of Value 價值標準	Basis for Statutory Definition 法規定義 基礎	Individual States' Definition of Value under Dissenters'/ Appraisal Rights Actions 對異議 / 鑑價權行動有特定 價值定義的州
New Hampshire 新罕布夏州	Fair Value 公允價值	採用 1984 年 RMBCA 定 義	§304-C：22-A（II）（　有限責任公司）：有限責任行動的生效日期之前的價值，不包括任何因為該行動所造成的預期升值或貶值。

註解 180

Code of Ala. §10A-5-8.01（2012）.

註解 181

Miss. Code Ann. §79-29-913（4）,（6）（2011）.

註解 182

Va. Code Ann. §13.1-1117（C）（2012）.

Minnesota, North Dakota 明尼蘇達州，北達科塔州	Fair Value 公允價值	部分採用1984年RMBCA定義（明尼蘇達州）	（i）該股東所反對的LLC行動生效前的持份價值。
Florida 佛羅里達州	Fair Value 公允價值	類似1999年RMBCA，有稍微更動	§608.4351（4）（有限責任公司）：採用類似的企業交易在鑑價時，一般所慣用的估價概念與技術，但不包括少數股折價和市場性折價，除非排除對有限責任公司和存續之成員不公平。10個以下成員的有限責任公司，沒有市場性折價或少數股折價。
Ohio 俄亥俄州	Fair Cash Value 公允現金價值	獨特的法規	§1705.42（B）（有限責任公司）：一個有意願的賣家，在沒有被強迫出售的情況下，所願意接受的金額，和一個有意願的買家，在沒有被強迫的情況下所願意支付的金額，但任何情況下其股票的公允現金價值，不得超過該特定合夥人的需求所指定的金額。在計算公允現金價值時，任何提交給董事會或股東（兼併，合併，或轉換）的提案，所產生的市場價值升值或貶值均要排除。

◆有限責任公司的判例

因為公開的有限責任公司成員股權收購買斷的判例並不多，以下兩個案件中，羅得島州和紐澤西州法院駁回少數股折價和市場性折價。

◆馬歇訴比林頓農場有限責任公司訴訟案
（ MARSH. V. BILLINGTON FARMS LLC. ）

有限責任公司中，兩個各持有 25% 權益的業主提起訴訟，控告另外兩個業主違反信託義務。四個業主同意藉由收購買斷以避免公司解散。在確定異議者權益的公允價值時，法院援引**查蘭德訴鄉村高爾夫俱樂部訴訟案**（Charland v. Country View Golf Club 588 A.2d 609，613（1991 年 R.I.）），該案拒絕使用少數股折價和市場性折價。馬歇法院宣布，該業主應該得到他們在該有限責任公司所持股份持份比例之公允價值。

資料來源：2007 R.I. Super. LEX IS 105（Aug. 2, 2007）.

◆迪奈克訴酷坡訴訟案（ DENIKE V. CUPO. ）

為了應對來自其他業主的投訴，有限責任公司中一位擁有 50% 權益的業主提出反訴，要求其權益的公允價值。原審法院接受法庭指定的專家評估，並一致認為，既然其權益是由剩餘的業主取得，那少數股折價以及市場性折價均不適用。上訴法院維持判決，並同意專家意見，認為少數股折價以及市場性折價應該被排除在外，因為這既不是股份轉讓，也不是出售整個實體的狀況。

來源：926 A.2d 869（N.J. Super. 2007）。

重點回顧

如本章中所解釋的，合夥，包括有限責任合夥（LLPs）、有限合夥和有限責任公司（LLC），被做為商業工具的使用正日益增加，用以取代股份有限公司的組織型態。要解決管理上包括收購的議題，NCCUSL 建立了關於這些實體的示範法，換句話說，許多州以其法規解決退夥的收購問題，最後，判例法對這些議題則已經開始發展雛型。一如既往，業者仍應尋求這些資源及相關律師的指引，才能確認這種狀況具體適用的標準。

離婚訴訟的
價值標準

Chapter 05

Standards of Value
in Divorce

引言

在本章中，我們要談的是在離婚訴訟中的價值標準之理論及其應用。如同股東壓迫和異議案件，婚姻問題的價值標準也是由州政府指定的，而且往往每個案件不同。

正如某篇評論所述：

婚姻訴訟是獨特的訴訟類型，訴訟中的雙方通常都處於衝突中，但雙方的衝突根源常植基於其婚姻關係。[1]

離婚案件往往非常激烈和敵對，企業估價業者的工作就是對這些問題進行分類，並根據各州法律，以客觀的估價方法來評估企業。

在沒有法定的指導原則下，如何採用價值標準就留給各州的法院自行決定，為了達到他們認為符合各州法律所表達的公平解決方案，這些法院在應用上往往與價值標準的基本假設不一致。

當我們比較美國稅務法庭與婚姻法庭在估價問題的觀點時，經常會發現到有顯著的差異性。以稅務法庭來說，以前的判例已塑造出一致性的前提，交換價值和一致的標準、公允市場價值等，並提供從業人員指導方針來應用這標準。由於這種一致性，專家們在方法上可以不同，例如，在多數案件中，估價師可以對缺乏控制權折價的大小有不同意見，而不是對於是否採用折價有意見。

同樣的，大多數州都常常採用公允價值作為股東異議和壓迫的標準。再次提醒，價值前提是交換價值，而其標準就是公允價值。在這種情形下，最常見的估價爭議就是缺乏控制權折價和市場性折價的適用性。正如我們在 Chapter 1 所說的，法律協會如美國法律協會（ALI）和美國律師協會（ABA）已經在價值標準下，權衡了缺乏控制權折價和市場性折價的適用性。

如同本章將進一步闡明的，我們發現，離婚訴訟中的價值標準以及前提的應用並沒有一致性。事實上，儘管 ALI 有發表過關於離婚的估價議題，但是在婚姻案件中其意見並不像股東異議或壓迫那樣被頻繁的引用。

在離婚案件中，各州的價值標準都建立在法院的案件基礎上，主要基於

註解 1

Gary N. Skoloff and Laurence J. Cutler, New Jersey Family Practice, 10th ed. (（New Brunswick, NJ: New Jersey Institute for Continuing Legal Education, 2001）, at 1.11.

各州的離婚法規。各州的立法機構在法規中都規定了財產分配政策，而法院試圖透過個別的判決來落實這樣的政策。

一般來說，法規很少提供估價指導，我們只能從判例法來探詢。因此，為了能更清楚地了解此背景下的價值標準，我們需要了解特定州法規中的法定財產定義、處理方式、和各州判例法中的無形價值。在我們的分析中，我們會討論法院意見所表達的價值標準，不管有無明文規定，包括對於資產的處理，比如說企業和個人的商譽、缺乏控制權和市場性折價（lack of control and marketability discounts）的應用、還有買賣協議的權重等等。

我們先從婚姻和獨立財產的一般背景和歷史開始，然後分析婚姻和獨立財產的認定。然後，我們討論價值前提、價值標準、還有其作為法規與判例法的理論基礎。

價值前提是基於估價上的實際或假設情境的假設，價值標準代表我們所要追尋的價值型態。[2] 在決定價值前提時，我們必須清楚企業或企業的股份，是以買賣雙方自願的假設交易做為估價的基準，抑或是目前業主並不考慮這樣的交易。

我們認為，在離婚案中的價值標準可以分為兩大基本前提：交換價值（value in exchange）和持有人價值（value to the holder）。交換價值是一個在假設交易中的成交價值，假設的範圍從賣方一離開就與前公司競爭，到賣方協助過渡管理這兩種不同情境都包含在內。交換價值的基礎有兩個一般性標準：公允市場價值，這個標準要考量缺乏控制權折價和缺少市場性折價，也被稱為股東層級的折價（shareholder-level discounts）；另一個是公允價值，就是除非是在特殊情況下，分散股權的價值一般認為是依照企業的比例，沒有考慮少數股折價或缺少市場性折價。持有人價值是基於企業或企業的股份不會被賣掉的假設前提，雖然常常沒有明確闡述，但是與持有人價值最常連結的是投資價值（investment value），也被稱為內含價值（intrinsic value）。

在討論該兩個前提和三個標準的假設後，我們現在討論交換價值這個前提，還有如何檢視個人和企業商譽，股東層級折價，以及買賣協議。同樣的，在採用持有人價值前提來解決這些議題的州，我們討論這些議題如商譽和營利能力之間的差別，包括婚姻財產中，像專業證照與學歷、營利能力、身份

註解 2

Shannon P. Pratt and Alina Niculita, Valuing a Business: The Analysis and Appraisal of Closely Held Companies, 5th ed.（New York: McGraw-Hill, 2008），at 41.

地位，和雙重計價的議題。我們最終使用處理包括個人和企業商譽、缺乏控制權折價和市場性折價，以及買賣協議的權重的價值標準和前提，將其移動到價值標準的分類系統中。

透過使用這些要素，包括對商譽的處理、股東層級折價的應用，以及買賣協議的遵守等，無論有無明文，都基於其價值的標準和前提，我們建立了法庭在資產認定上的價值連續性。要知道，這個連續性是基於我們對企業估價的觀點，將之用於離婚議題上，這之間的界線並不是十分明確。在某些情況下，甚至出現某個州嚴格遵守一種標準，卻使用另一種標準的要素，以讓法庭達到認為是公平的結果。此外，我們檢視的是估價人員的法規和案件，不是律師的，還有將我們建議的分類應用於價值標準與前提中，以符合一般公認的估價理論，但這可能是許多法院、律師甚至專家並沒有仔細思考過的。

◆ 婚姻財產：背景和歷史

各州的離婚法律本質不一，可以追溯到 20 世紀初，當時 NCCUSL[3] 試圖統一全國的離婚法規。當時普遍對國家離婚率的上升感到不安，所以受到公眾、神職人員，甚至是羅斯福總統的贊同。因此，就像委員會試圖對異議股東訂定統一的觸發事件一樣，他們也提出特定法律來訂定離婚的統一標準。然而各州都想要自主管理，好幾個州已經實施更嚴格的基準，例如紐約州是以通姦作為離婚的唯一理由，南卡羅來納州則是不允許以任何理由離婚。因此，儘管有 5 個州採用了統一的離婚法規，這法規還是被視為一個大失敗。[4]

大家普遍認為，美國的婚姻財產法律起源於英國的普通法。不過有些受到法國或西班牙的影響，有 8 個州採用共有財產制的大陸法系統，包括亞利桑那州，加州，愛達荷州，路易斯安那州，內華達州，新墨西哥州，德州和華盛頓州，[5] 後來總增加到 10 個州，阿拉斯加州和威斯康辛州也選擇夫妻共有財產制。

註解 3

1892 年成立了全國統一州法律委員會全國會議，目的是向各州提供無黨派色彩，精心設計制定的立法，澄清並穩定關鍵的法律領域（www.uniformlaws.org/Narrative.aspx?title=About%20the%20ULC）。

註解 4

James J. White, "Symposium: One Hundred Years of Uniform State Laws: Ex Proprio Vigore," 89 Michigan Law Review, （August 1991）, at 2106.

註解 5

同上。

　　最初，大部分普通法的州只以記名制來看待財產法規，但這對沒有記名的配偶就產生了嚴重的問題。1973 年的統一婚姻法（Uniform Marriage and Divorce Act）為各州立下一個範例，放棄傳統普通法的財產處理方式，朝向能讓法庭自由裁量如何分割財產。在接下來的 10 年中，剩下的 41 個採用普通法的州和哥倫比亞特區都採用了此一原則，以公平分配為法規基礎。這個婚姻財產分配的新標準，是根據需要和公平的原則，不用特別考慮到普通法中的記名制或所有權。[6]

　　到了 90 年代初，所有州都頒布了婚姻期間所獲得的財產要按照公平分配原則，或是遵循大陸法系統的夫妻共有制的法令。採用公平分配制的州，會盡力公平的劃分夫妻財產，但不一定會相等。採夫妻共有制的州往往尋求平分婚姻財產，但在許多案件中也會採用公平分配。[7]

　　現在一般認為婚姻是一個經濟上的合夥關係，財產之所有權人登記為誰並非絕對的要件，財產是由這個婚姻的單位所取得和維護，而不是單獨分立的個體。不管是採用夫妻共有還是公平分配的州，在婚姻期間獲得的財產，無論是哪一方透過時間、技能還是勞力所得，都被視為婚姻財產的一部分。通常情況下，任何贈與、繼承、婚姻之前或離婚之後取得的，才會被視為個人單獨擁有。

　　採用公平分配方法的州，其作法是對定義為夫妻財產的資產進行公平分配。因此，不管是採用公平分配還是夫妻共有的州，都意識到無記名配偶的非經濟貢獻，所以各州的立法機構都頒布了婚姻存續期間所獲得之財產的公平分配法規。

　　分割夫妻財產作為離婚的一部分，涉及三個步驟：
一、確認婚姻財產。
二、估價。
三、分配。

註解 6

Mary Ann Glendon, "Symposium: Family Law: Family Law Reform in the 1980s," 44 Louisiana Law Review, 1553（July 1984）.

註解 7

加州要求平分。愛達荷和內華達州也要求平分，除非有令人信服的理由可以不等劃分財產。阿拉斯加州，亞利桑那州和華盛頓州要求公平分配。新墨西哥州，德州和威斯康辛州將分配細節給法庭自由裁量。路易斯安那州則沒有在法規中包含分配方式。

這三個步驟有相互關係，主要是有關「價值」這個詞通常在法規上未定義清楚。事實上，只有阿肯色州和路易斯安那州的法規明確提出要使用的價值標準，例如阿肯色州的法規，建立某些特定資產的價值標準：

當婚姻財產有部分是股票、債券或者由公司或政府等實體所發行的其他證券時，法院應在其最終的命令或判決指定有價證券到有記名的雙方，或是在確定有價證券的公平市場價值後，可以責令判決分配該證券之公允市場價值給其中一方，條件是以現金或其他財產來支付相等於公允市場價值的一半，以代替有價證券的分配。[8]

路易斯安那州要求離婚當事人用公允市場價值表列其共同資產以用來分配，[9]其他州都沒有法規針對封閉型企業和企業權益有具體規定，有些州是在其判例法指定特定的標準；其他州則建議以其處置某些價值要素之特定標準。常常一個州會在案件中指定某個價值標準，但其特性卻通常與另一價值標準互相有關聯性。

◆區分婚姻財產和個人財產

我們認為，州政府對適當價值標準的模糊性，往往是源於對普通財產與婚姻財產不同詮釋所造成的結果。事實上，大多數法規對財產定義往往不明確，採用共有財產的州，以亞利桑那州為例，定義共有財產為：

婚姻存續期間，無論是丈夫或妻子所取得的財產，除了他人贈與的禮物或遺產以外，都是夫妻共有財產。[10]

另外，採用公平分配制的州，比如說賓夕法尼亞州，定義婚姻財產為：

（a）婚姻存續期間任何一方取得的所有財產；（b）包括贈與與遺產等非婚姻財產的增值，直到離婚那一天為止；和（c）婚前財產或婚前交換的財產的增值，直到離婚那一天為止。[11]

註解 8
Arkansas Statute §9-12-315（4）.

註解 9
Louisiana Statute §9:2801.

註解 10
Arizona Statute 25-211.

註解 11
Pennsylvania Divorce Code §3501.

先不談財產如何分配，如我們所能見到的，財產的定義是相當模糊的。這對某些難以認定和估價的資產都將導致爭議。

這種模糊性在無形財產的處理上最為明顯，無形資產的認定可以包括預期（或未來）所得流量的估價，這些可能無法被轉讓，而且可能需要這對配偶在婚姻結束後繼續努力才能得到。各州法庭自行裁決這些類型的資產，是否可以包括在可分配的資產中，決定的關鍵是：對婚姻財產（marital property）這個名詞的詮釋。

在婚姻期間獲得的有形資產，其認定不會像無形資產一樣引發爭議。本質上，有形資產是實體物品，可以基於使用（來自所擁有資產的價值）或交換（出售給第三方的價值）來估價。無論是哪種方式，這些資產的鑑價通常不是問題。

有關無形資產的認定議題是更加困難的，其中最常見的是被標示為商譽（goodwill）的資產，其爭論是多元的，但在婚姻資產認定中的主要議題，如有無形資產存在的話，是其能否屬於個人或企業，以及該無形資產在婚姻存續期間是否有所發展。為了要知道各州對這些資產的處理方式，我們必須了解這些資產的性質及其如何發展。

最終，專業估價人員基於估價原則和分析加上專業的判斷、法規設定的指導方針以及法庭詮釋這些法規的先例來決定其財產價值。據此，法院將決定如何公平公正的分配，除了強制平均分配的州，「誰，得到什麼和得到多少」的最後結果是留給法庭判決。

至於財產分配，密西根州法院指出：

「離婚訴訟中婚姻資產的裁決」唯一要求是，其裁決結果在婚姻資產的分配上要公正公平。[12]

就如同一些社會原則一樣，對於專家在特殊案件估價原則的應用上，這些原則所能提供的指導相當不足。

各州，甚至同一州的價值標準都不一致，有些法庭並未定義也未遵循任何一致的價值標準。正如我們後面要講的，法院往往使用公允市場價值（fair market value）這個詞，並將其元素偏向於投資價值。法院可能沒有完全理解

註解 12

Hatcher v. Hatcher（1983），129 Mich. App. 753; 343 N.W.2d 498; 1983 Mich. App. LEXIS 3397.

這個他們採用的假設有著特定標準，他們甚至打算對所有的價值採用一定的標準。他們以自認公平公正的方式來鑑別並分配資產。另一個評論家說：

在分配婚姻財產的公平這點上，沒有任何的單一標準可以涵蓋這麼多的考量因素。[13]

除了分配婚姻期間獲得的財產以外，大多數州都有針對配偶贍養費及子女撫養費的法規，並且有判例法來實施這些法規。贍養費和財產分配之間有連帶關係，法庭會使用這些補償措施的組合，這在理論上看起來相當公平公正，沒有一定要嚴格遵守既定的價值標準或基本假設，法庭通常可以調整贍養費或財產分配的比例，以達到對雙方都公平的結果。法官可能會從心中一定的價值標準開始，根據對案件事實的詮釋，最後結果可能會是完全不同的標準。此外，法庭一般會堅持自己對法律的解釋，並在特定的案件中會更嚴格遵守公平原則，而不是堅守那些與特定價值標準有關的假設。

◆ 無形資產認定和估價之間的關係

雖然人們無法預估一個企業是否有無形資產（尤其是商譽），除非企業被估價或售出的情況下，但在婚姻案件上，常用的商譽估價方法可能包括超額盈餘估價法（excess earnings）[14] 或找出高於資產淨值的銷售價格。[15]

在華盛頓州的**霍爾案（In re: Hall）**[16] 中就有關於醫療執業的商譽估價，這案子提供了好幾個商譽估價法的範例，可供法庭在評估商譽時採用。這個案件使用了三個方法：（1）超額盈餘資本化法（the capitalization of excess earnings method）；（2）直接資本化法（the straight capitalization method）；（3）超額盈餘資本化法的利率交換變異（the IRS variation on the capitalization

---

註解 13

John McDougal and George Durant, "Business Valuation in Family Court," South Carolina Lawyer, No. 14（September/October 2001）, at 2.

註解 14

評估無形資產的超額收益法 excess earnings 是由有形資產價值的估算所構成，去估算有形資產合理的回報率，並以其企業總收益超過有形資產的合理報酬的程度，查找無形資產價值的基礎。這要用超額收益除以一個叫做資本化率（capitalization rate）的參數來計算。

註解 15

Mary K. Kistjardt, "Professional Goodwill in Marital Dissolution: The State of the Law," in Valuing Professional Practices and Licenses, Ronald L. Brown, ed.（2004 supplement）.

註解 16

692 P.2d 175（Wash. Supr. Ct. 1984）.

of excess earnings method），在該案件另外討論了兩種方法：（4）買賣協議法（the buy-sell agreement method）；（5）公開市場法（the open market approach）。

簡單地說，資本化形式的好處（前三種方法）是可以用來確定無形資產是否存在。

但從嚴格的法律角度來看，這些方法被批評為將未來的盈餘看得太重，這將持有人未來付出的努力也包含進去了。[17] 不過有一些專家反駁，認為這些資產在未來可以持續營利的能力，是歸因於婚姻存續期間埋下的因子；有另一種意見是，這些方法可能為未實現的無形資產設定相對較高的價值，而使記名者損失有形資產，如不動產或現金，這可能無形中過度補償未記名的配偶，因為要藉由流動性高的資產如現金來交換封閉型持股公司的商譽等相對缺乏流動性的權益。

案件中的第四種方法，買賣協議法，會在後面的章節中討論。買賣契約協議法往往是在專業合夥的畸零權益（fractional interest）的估價時採用，以常規協議（arm's-length agreement）來考量，如果合夥人在合夥或退夥時都是根據協議的條款來完成交易的話，法院可以更加依靠買賣協議法來決定估價。如果是離婚前不久才簽署的協議，或者合夥人在合夥或退夥時不按照協議中明確的規定來執行，法院可能就不會考慮協議的有效性。[18]

第五種方法即所謂的公開市場法，藉由假設的銷售來建立價值。在交換價值的情況下，這對某些人來說是商譽估價時最恰當的方法，可視為量化資產，以銷售企業的方式來變現。

◆ 個人財產的增值

離婚的另一個核心議題是結婚前、或者婚姻期間的贈與、或其配偶繼承的個人財產。大多數州沒有將個人財產包括在分配財產中，[19] 不過，可能有適用於婚姻存續期間財產增值的特殊規定，例如前面提到的賓州法規，就包括了婚姻過程中個人財產的增值。離婚法規通常會述明在哪一種狀況下，可以分配婚姻期間中財產的增值，這通常與增值的原因和擁有個人資產的配偶

註解 17

Mary Kay Kistjardt, "Professional Goodwill in Marital Dissolution," December 31, 2008 at 2.04 p. 41. University of Missouri at Kansas City—School of Law.

註解 18

同上，1.04，第 1-33。

之努力有關。增值的原因通常分為主動或被動，主動增值是由配偶的一方或雙方共同努力造成的；被動增值是由外力引起的，如市場波動或其他合夥人的努力。

在極端情況下，有些州法規不去區分個人財產之主動和被動增值之間的差異，這表示兩者都不分配。[20]例如德拉瓦州的解除婚約之法令：

（b）……僅為本章所討論的，「婚姻財產」是指結婚以後任何一方取得的所有財產，除了：（1）除了配偶之間的贈與以外，個別受贈人所收取的單一記名受贈人之贈與或遺產；或贈與稅申報（gift tax return 註：在美國報稅用這個詞，因為政府事先扣稅，報稅通常是退稅）時以單一記名受贈人或有公證文件註明的移轉，這個是在移轉時或之前執行，以證明移轉的性質。（2）婚前交換之所得財產；（3）雙方合法協議中所排除之財產；（4）婚前所得財產的增值。[21]（強調）

另一個極端例子是，法規並未明確包含或排除特定類型的增值。例如科羅拉多州，將以下包含在婚姻財產中：

（4）符合本條第（7）款：配偶結婚之前所得之資產，或是針對本條款，符合（2）（a）或（2）（b），現值超出結婚時或婚後取得當時的溢價，應被視為婚姻財產。[22]

大多數州的處理方式在這兩個極端之間。在有些州，如果增值是婚姻努力的產物（夫妻雙方對增值付出的貢獻，並不一定要是令資產本身價值增加，比如養育孩子，持家等也算貢獻），那麼個人財產增值可能算是婚姻財產。這不包括婚前的持股、利息或一般的市場條件造成的增值（被動增值）。例

註解 19

新罕布夏州似乎是唯一一個考慮分配全部財產的州，他們的定義是：§458：16-AI：「財產應包括，所有屬於配偶一方或雙方的有形和無形資產，不動產或個人財產，無論所有權在哪一方或雙方。無形資產包括，但不限於：就業福利、既定和非既定退休金或其他退休福利、儲蓄計劃。聯邦法律允許的範圍內，財產包括軍事退休和退伍軍人的傷殘補助金。」然而，法規持續朝向婚姻財產的分配應考慮婚前或贈與財產。其他州可能不承認個人財產，但他們沒有在法條中指明。

註解 20

伊利諾州也沒有包括增值，但包括對非記名配偶為增值付出的努力之補償規定。增值不是認定為婚姻財產，而是認定為補償。

註解 21

13 Del. C. §1513.

註解 22

Colorado Statute 14-10-113.

如北卡羅來納州，就是採取中間態度的州。北卡羅萊納州的法令明確規定了何謂主動和被動增值：

被動增值（Passiveincreases in value），比如說因為通貨膨脹或市場波動的增值，會視為個人財產的一部分，而主動增值（active appreciation），不管是配偶一方或雙方的經濟或非經濟貢獻，都視為婚姻財產的一部分。[23]（強調）

此外，法院必須對混合財產做裁定。混和（Commingling）是指個人和婚姻財產的混合。在個人財產中，這個議題是個人財產是否已經與婚姻財產混合，而這種混合是否會導致個人財產失去其性質，成為婚姻財產。這通常被稱為轉化財產（transmuted property）。個人財產可以透過混和轉化為婚姻財產。有幾個州對混合財產有具體的法律規定，例如密蘇里州規定：

非婚姻所產生的財產，不可以只因為其可能成為混合財產就被視為婚姻財產。[24]

不過阿拉巴馬州的法規，將在婚姻存續期間對夫妻雙方皆有益的個人財產視為婚姻財產：

法官不可以將任何婚前、贈與或繼承的財產列入考量，除非法官找到證據，證明這財產或其收益在婚姻存續期間經常用來促進雙方的共同利益。[25]

大多數州都在法庭上以這種方式解決混合財產議題，例如阿拉斯加州裁定，混和財產本身並不一定形成為共同擁有的財產，因此要確定哪些資產為可供分配時，法院應考慮財產的來源。[26]

讓我們再回到婚姻財產的定義，如果某項資產是在婚姻存續期間所創造的，那這些議題都還沒有解決。但是，如果某項資產是婚前存在的，估價師可能要採用多個估價資料[27]，並確認婚姻開始與結束時的資產價值。主動和

註解 23
Cheryl Lynn Daniels, "North Carolina's Equitable Distribution Statute," 64 North Carolina Law Review, Rev. 1395（August 1986）, at 1399.
註解 24
Arkansas Statute 2004 §452.330, at 4.
註解 25
Code of Alabama 2005 §30-2-51（a）.
註解 26
Julsen v. Julsen, 741 P.2d 642（Alaska 1987）.

被動增值、轉化，還有混和的議題，某種程度上，與價值前提和價值標準是無關的，但仍然是估價師的重要考量因素。

離婚的價值標準與前提

如前所述，婚姻資產的估價屬於價值連續性的兩個基本前提：交換價值（value in exchange）和持有人價值（value to the holder）。

◆ 價值前提

＊**交換價值**：採用交換價值的州在交換價值的前提下，是以銷售的觀點來看婚姻財產的辨認和估價。交換價值是假設某種虛擬交易，其中企業或企業股份兌換為現金或現金之等價物。如果認定價值取決於一方的持續努力，那這部分的價值就要排除，要視為個人財產或根本不算是財產。採用交換價值前提的州，拒絕將無形價值納入個人財產有幾個原因，包括此價值必須婚後努力才能實現價值，以及所創造的「財產」不能與個體分離等因素。

＊**持有人價值**：持有人價值是指企業或其股權價值就其被業主所持有的價值，無論他是否有意出售。還進一步假設，記名配偶將繼續在婚姻期間享有其利益或增值，並考量到，因為只有記名配偶將在婚姻結束後，繼續從該價值中受益，賣出會稀釋夫妻雙方在婚姻存續期間所享有的實際效益。

表 5.1 顯示，價值連續性第一層級中的兩個前提，各有不同假設基礎，涉及到州政府對於財產構成的判定，以及如何估價。

表 5.1
價值的連續性：價值前提

價值前提	交換價值	持有人價值

註解 27
如前所述，確定導致增值的原因是分配時的一個重要因素。估價專家應諮詢律師，以確認他們應該對此一增值的經濟原因所要表達的意見。

我們認為，這兩個前提形成了價值的連續性，企業或其權益的價值依此前提來認定、估價，及最終在離婚案件中分配。要決定交換價值時，那些屬於無法從個體獨立辨認的技能和商譽等因素（而且一旦離開，就不能繼續受益）通常不被認定為婚姻財產，而且應該要從估價中區別開來。只有企業資產可以在假設日期的一宗虛擬銷售中，賣給一個虛擬買家的情況下，才可以估價。

在持有人價值前提下，通常不會有這些問題，因為這前提是在假設沒有出售的情況下，因此不會有持有者離開的效應。價值標準在這兩個前提下，如果是公允市場價值，那就屬於交換價值；如果是投資價值，就是屬於持有人價值。因此，估價的連續性是從只對能出售的資產估價，移動到對那些有限制性，或缺乏配偶持續參與無市場性的資產估價。

法院最常用來評估婚姻財產價值的價值標準，是公允市場價值、公允價值（通常用在壓迫和異議案件），和投資價值（investment value 也稱為內含價值 intrinsic value 或持有人價值）。

在本章之後段，我們會解釋如何分析價值前提和標準，以及其應用。我們可以利用交換價值和持有人價值作為一個框架，以便了解離婚案件中使用的一般價值標準的理論和應用。

◆ 價值標準

雖然法院會使用特定價值標準的名稱，但是與該價值標準相關的假設之處理，往往不一致或根本不處理。這種例子可以很容易在各種商譽，還有股東層級的折價，以及買賣協議權重的處理中看到。專業估價師必須知道各州判例法的先例，包括每個案件的基本事實和假設，還有判決時的切確用詞。

＊公允市場價值：公允市場價值廣泛應用於離婚案件的估價上。已經有很多州透過判例法來主張公允市場價值作為合適的標準；其他州則沒有明說他們是使用公允市場價值來處理個人商譽和股東層級的折價。公允市場價值是由遺產稅條例（Estate Tax Regulations）所定義的：

財產在有一個有意願的買家和一個有意願的賣家之間交易的價格，前者非被強迫去購買且後者非被強迫去出售，且雙方都對相關的事實具有合理的認知。[28]

註解 28
Estate Tax Regulation § 20.2031-1.

離婚案件中，企業或其權益之公允市場價值標準的應用，關注在那些被認為是可轉讓的商業價值元素。不同程度上，在這個標準下的結果，通常不包括不可轉讓的元素，比如個人商譽。某些州，對這假設的應用會視賣家對交易的參與度而不同。有些州認為公允市場價值的應用，是原本具有競爭力與意願的業主能立即放手的價值，其他州則認為是有秩序轉移的價值。

簡單地說，公允市場價值是一個假設的交換價值：買方獲得資產，賣方獲得現金或等同現金的物品。此交換價值是來自對價值元素識別和估價的結果，而這些元素通常是可轉移的，或是在賣方無長期參與下的轉移。

正如我們在 Chapter 2 討論的，某些特定假設是基於公允市場價值標準的應用。例如，因為屬於交換價值的前提，並考慮到假設賣出的企業或其權益，所以通常會考量到缺乏控制權和市場性的折價。

＊公允價值：公允價值通常在與股份有限公司中有關異議和壓迫的法條與判例中定義。在離婚案件中的公允價值一般都是採用與異議和壓迫同樣的方式，也就是主要由判例法來裁定。

公允價值與公允市場價值、投資價值和內在價值都不一樣。公允市場價值是假設買賣雙方皆自願。投資價值是假設企業不會被賣掉，而持有者可以持續從企業與其權益中獲益（除非確實被賣掉了）。就某種情境中，公允價值可能意味著交換價值，而且非必須來自有意願的賣家。公允價值可能還可以主張無出售意願以阻止以交換價值來估價。正如我們將敘述的一些公允價值案件，堅持以交換價值的前提估價；其他的案件則是堅持以持有人價值估價。一般來說，如果估價是採用企業價值的持分比例，而沒有股東層級的折價者，我們認為就是屬於公允價值。

在 1950 年德拉瓦州的異議案件，**三大陸與貝特訴訟案（Tri-Continental v. Battye）**[29]，公允價值的定義是：

價值在鑑價法規中的基本觀念是：股東有權領取他所被拿走的權益價值，也就是說，永續經營假設前提下的持分權益價值。藉由企業支付股東的權益比例價值，可以求知合併股票的真實價值或者內含價值。要確定真實價值還是內含價值，估價師和法院在決定價格時必須考慮所有合理可能的因素。[30]

註解 29
74 A.2d 71，72（Del.1950）.
註解 30
同上。

　　按照這種解釋，法院看起來已經相當公允的補償了離開的那一方，因為被拿走的並非是其心甘情願的。用這個概念推論到離婚中，以公允價值來說，法院可能會試圖尋找補償非記名配偶在婚姻期間產生，但是在離婚後才實現的價值。多數情況下，法院會認定在壓迫案件中，採用折價對被壓迫方是不公平的，因為被壓迫的一方被不公平對待，而且會不願意賣掉。這將會對壓迫者造成不當暴利。同樣的，在離婚中（不考慮婚姻的過失或過錯），法院認為，折價對於繼續享受資產利潤的那一方，會產生不公平的獲益。

　　在這方面，離婚和壓迫很像，因為他們都對婚姻關係或契約有著合理的期待（企業或婚姻），股東對其在合約存續期中的分紅有所期待，如果這些期待破滅，法院會為其尋求公平的補償。婚姻也可視為經濟上的合夥關係，雙方對於分享婚姻期間所產生的利益有所期待。在這種情況下，因為折價會降低分配給持有者的價值，法院可能會認為會讓持有財產的配偶占了非持有財產配偶的便宜。

　　＊投資價值：另一個廣泛用於離婚案件的標準是投資價值，通常也被稱為內含價值。此一標準通常是以持有人價值為前提。該標準的應用不是假定一個潛在的買家，而是特定的買家，在離婚的案件中，即目前的持有者的價值。此標準也認知到，可能會也可能不會有出售或離開企業的意圖，但只要繼續經營，企業將會享有持有者繼續存在的益處。

　　在此狀況下，投資價值與公允市場價值的不同點在於，它提供了一個持續經營的價值，而不是一個假設的買方。一些法院以持有者持續經營的價值來參照這標準。這個價值標準會辨明持有者的固有或內含價值，這是不可轉移到另一個人的。有一些人認為，這一種資產是在婚姻存續期間創造的，無論其是否可以轉讓，有部分要歸功於非持有財產之配偶的努力。婚姻期間，夫妻雙方都從其營利能力中受益。離婚後，只有持有者會繼續受益。有幾個州會考量這些類型的婚姻資產，許多州則沒有。加州有個具有參考意義的案例，**哥登案（Golden v. Golden）**[31]，給予使用此一財產特性其背後之理由，引導了投資價值標準的應用：

　　在婚姻問題上，單獨執業的丈夫，將會以婚姻存續期間，其所擁有之相同的無形價值繼續執業。基於共同財產法的原則中，妻子在本質上對丈夫的收入也作出同樣的貢獻，也在婚姻存續期間一樣的累積。就如家庭事業的股

註解 31

270 Cal. App.2d 401; 75 Cal. Rptr. 735; 1969 Cal. App. LEXIS 1538.

票價值增值一樣，妻子也有權利獲得補償。[32]

在決定投資價值時會牽涉到各種假設。例如，個人商譽的可轉讓性（也就是市場流通性）通常不會成為議題，當其可能無意出售的話。為了說明這一點，我們可以看看紐澤西州的一家律師事務所，律師事務所的客戶（商譽）不能被賣給另一個律師。[33] 以公允市場價值標準來看，那家紐澤西州律師事務所的商譽在當時並無價值。[34] 然而以投資價值的標準來看，在與其對目前持有者的存續價值相比來說，能不能賣這件事不像在公允市場價值標準中那麼重要。使用投資價值標準，是表示法院試圖補償非記名配偶，對其記名配偶將來將可取得之經濟效益，不管是否會售出這些利益。這可從紐澤西州在**杜根案（Dugan v. Dugan）**中的推論看出來。[35]

此外，決定投資價值時，通常不會考慮折價，因為投資價值不考慮任何實際或假設的銷售，只有當前持有者的價值。

表 5.2

價值的連續性：價值前提和價值標準

價值前提	交換價值		持有人價值
價值標準	公允市場價值	公允價值	投資價值

註解 32

同上，738。

註解 33

參見杜根案 Dugan v. Dugan, 92 N.J. 423; 457 A.2d 1; 1983 N.J. LEXIS 2351, at 21. DR 2-108（A）專業責任守則的紀律規則：「律師不得為當事人或做為另一名律師的合夥人或為與另一名律師簽訂協議限制律師在協議終止後實行法律的權利，除非提供一個真正的退休計劃，而且只在合理必要的範圍內保護該計劃。」

註解 34

現今，律師事務所的商譽或客戶群可以在紐澤西州銷售。不過並不一定都這樣。

註解 35

Dugan v. Dugan , 92 N.J. 423; 457 A.2d 1; 1983 N.J. LEXIS 2351.

◆藉由保險代理人的估價判例來揭示價值前提

有兩個涉及州立農場專屬保險代理機構的案子，展現出交換價值前提與持有人價值前提的差異點。華盛頓州的**齊格勒案（In re: Zeigler）**[36] 講的是交換價值，而在科羅拉多州的**格雷夫案（Graff）**[37] 講的是持有人價值。

◆齊格勒案（IN RE: ZEIGLER）

齊格勒先生是州立農場保險公司專屬保險代理機構的唯一股東。在他與州立農場的協議中，他只能賣州立農場批准的產品；名稱和業務的文書是由州立農場（因此齊格勒先生不能出售）所擁有。齊格勒先生則掌控機構的組織和管理，等到協議終止時，齊格勒先生的機構能夠保留其名稱，工作人員，地點等等，但不得招攬州立農場的投保人，為期一年。依照此協議，齊格勒先生前五年可收到州立農場 20% 的佣金。

齊格勒先生聘請的專家說該機構的商譽是由州立農場所擁有，而且因為齊格勒先生沒有州立農場的股份，所以沒有任何個人商譽。專家沒有計算超額盈餘，因此機構沒有商譽價值。

齊格勒太太聘請的專家應用了超額盈餘法，並且調整齊格勒先生的工資，以反映產業的平均水準，得到 231,000 美元的商譽價值。

原審法院同意齊格勒先生的專家評估，該機構本身並沒有商譽，任何高於其公司資產的價值都產生於終止協議時。另外，公司任何超額價值都與齊格勒先生的技能、知識和努力工作有關（法院稱為營利能力），而不是因為公司商譽所招攬的客戶。從本質上來說，商譽屬於州立農場本身，而不是齊格勒先生的機構。

上訴法院同意，基於專屬代理法規和協議，任何商譽都屬於州立農場，而不是齊格勒先生或其代理機構的。

註解 36
Wash. App. 602, 849 P.2d 695（Wash. App. Div. 3, 1993）.
註解 37
In re: Marriage of Graff , 902 P.2d 402（Colo. App., 1994）.

在本案中，企業被視為獨立於（但仍然依賴於）其售出產品的實體。如果齊格勒先生終止他與州立農場的關係，他的機構就會沒有商譽價值。由於商譽屬於州立農場，齊格勒先生並沒有任何權利可以將之賣掉，因此對他來說是沒有價值的。

科羅拉多州格雷夫案件就完全相反。在**齊格勒案**的裁決後不久，科羅拉多上訴法院判決另一個州立農場機構的案子，其契約和**齊格勒案**中類似。

◆格雷夫婚姻案件（IN RE: MARRIAGE OF GRAFF）

格雷夫先生請的專家論點與齊格勒案專家的論點大部分相同。他指出，該機構不能出售，轉讓，交換，或抵押該機構營利能力的價值。格雷夫太太請的專家則認為，該機構有價值，因為格雷夫先生表現得像一個企業的所有者。格雷夫先生設定自己的工時，決定辦公地點，聘請自己的員工，決定薪資，購買自己的用品，並且決定自己在公司的股份，以便填寫納稅申報表附表 C。其妻的專家認為這機構價值為 131,500 美元，其中包括商譽價值。

原審法庭和華盛頓案件的法庭一樣檢視了轉讓和終止的協議，卻發現由於沒有考慮到轉讓或終止的情況，所以丈夫在公司的股份以及在州立農場的持續參與就構成了價值。

上訴法院維持原審法院意見，指出：

商譽價值並不一定取決於自願買方所願意支付的價格，更重要的考量是企業是否對於配偶有超越有形資產的價值。即使協議不允許出售機構，但商譽仍可以估價。[38]

該聲明對於持有人前提的價值表明了清晰的立場。雖然商譽不能出售，它對於持有者仍然具有價值。

註解 38
同上 ., [**5].

在**塞勒案（Seiler v. Seiler）**中，[39] 紐澤西州還討論了專有保險代理的價值，這案子是有關全州代理公司 Allstate agency，法院認為沒有個人獨有的商譽，因為丈夫是公司員工，而不是其個人獨資經營的公司，任何商譽都與公司有關，而不是塞勒先生自己。如同用於企業與其股權的估價，紐澤西州看起來是採用公允價值，[40] 因為法院通常拒絕折價，但法院會將商譽價值考量進去，即使是無法售出的企業商譽。然而，由於塞勒先生是公司員工，而不是其個人獨資經營的公司，法院認為塞勒先生沒擁有企業也沒有商譽價值。

由此可知，兩個州可能會以非常不同的方式來看待相同的企業。在採用估價方法時，最重要的標記之一是，標的資產是否有資格作為企業資產。正如我們所解釋的，只有紐約州[41] 認為專業學位、許可證照、營利能力，和地位等形式的商譽價值是可分割的婚姻財產，不需要相關的實體。

◆交換價值與持有人價值前提下的價值概念

由交換價值和持有人價值這兩個前提所呈現的價值的連續性，可以透過特定州對商譽的處理，以及將個人無形資產看作是婚姻還是個人資產這兩點來檢驗。讓我們先透過兩個關係相當密切的議題：個人和企業商譽對競業禁止協議，或競爭的權利的適用性，來看看交換價值。

＊**競爭**：交換價值的極端觀點，既不包括業主的參與來幫助企業移轉，也沒有業主的同意來避免買家的互相競爭。此情境代表，賣方被允許一賣出去就在隔壁開一家完全相同公司時，那家企業的價值。在這種情況下，購買的收入流量不包括任何歸因於賣方個人信譽的價值，而且其價值要將前任業主視為直接競爭者來考量。這稱為離開價值（walk-away value）。

＊**合作**：交換價值標準的另一種觀點則是認為，在賣方自願的情況下將企業的價值最大化。賣方可能最終還是會離開，可能會簽署承諾限制其努力的條款。賣方也可能同意一個有期限的諮詢契約，其間他會協助轉移企業的商譽給新業主。一般來說，基於交換價值，這條款的價值不包括在企業價值

註解 39
308 N.J. Super. 474; 706 A.2d 249; 1998 N.J. Super. LEXIS 80.
註解 40
當上述內容用於企業和企業權益時，似乎其他的婚姻財產，包括不動產，是以公允市場價值來估價。
註解 41
O'Brien v. O'Brien , 66 N.Y.2d 576; 489 N.E.2d 712; 498 N.Y.S.2d 743（1985）.

內，因為它與業主及其未來的努力密不可分。

這些賣家售後行為的不同假設會導致企業價值顯著的差異。此外，關於專業價值和其他形式的交換價值，這種競業禁止條款的觀點將成為個人和企業商譽最基本的差別之一。以持有人價值來看，因為不是一定要售出。因此，業主在過渡期的參與並沒有實際上的意義。

在實際發生銷售（離婚時或之前）的情況下，法院必須考慮這條款的價值是否為婚姻財產。因為條款的價值會影響個體行為，以交換價值來說，那就不太可能被列入婚姻財產。若是持有人價值，因為假設不會銷售，所以很少涉及這個議題。

美國 50 個州中的離婚價值標準

◆缺乏法律的洞見

正如我們已經提到過的，對於離婚訴訟的價值標準還是缺乏大量的法律洞見，在異議者權利和股東壓迫的訴訟中，公允價值毫無疑問是被普遍接受的標準。但是在離婚案件中，只有兩個州，阿肯色州和路易斯安那州，提供法定的價值標準指引。

阿肯色州的法令認為：

§9-12-315。（4）-當股票、債券或其他由公司、協會或政府實體發行的證券組成一部分的婚姻財產時，法院應在其最終的命令或判決，指定這些有價證券到有權的任何一方，或者是在確定這些有價證券的**公允市場價值**後，可以責令判決分配到其中一方，以 1/2 的公允市場價值的現金或其他財產，分配給另一方以代替證券的分割。

路易斯安那州法規則是更加普遍的採用公允市場價值標準：

§9:2801-（1）（a）45 天內，各方應提交一份有宣誓過的所有共有財產的清單，還有各個資產的**公允市場價值**和所在地點，以及所有的共同債務。（強調）

此外，路易斯安那州的法令，禁止共有財產分配中的個人商譽估價：

§9:2801.2-- 在分割共有財產的訴訟中，法院可包括任何共有財產持有之企業、商業、企業之商譽的估價。然而，**歸屬於配偶個人特質的商譽，不得列入估價**。

大多數州不主動建議離婚案件鑑價的任何特定標準。例如，紐澤西州的公平分配條款規定：

§2A:34-23h. 在離婚判決或是進入離婚法律程序的所有訴訟中，法庭除了贍養費和維護費外，還可以對當事人進行裁決，來公平的分配婚姻期間任何一方合法取得的財產，包括不動產與個人的財產。然而，任一方在婚姻期間經由贈與、轉讓、繼承等合法取得之所有財產，不管是動產或不動產或是其他方面的財產，均不受限於公平分配法規，除非是配偶之間的贈與。

儘管阿肯色州的法規對離婚價值標準的應用相當具體，不過紐澤西州以及其他多數州的法規則只有指出財產應該分配，但並沒有說明財產要如何估價，或是過程中要採用哪種價值標準。

我們研究發現，有八個州在其公平分配法規與共有財產法規中參考了公允市場價值，但沒有考慮封閉型控股企業或企業權益的價值。這些州是：蒙大拿州，北卡羅萊納州，奧勒岡州，賓夕法尼亞州，田納西州，佛蒙特州，西維吉尼亞州和威斯康辛州。

◆ 通過判例法揭示價值標準

許多州傾向以個案狀況，或是法院對某些要素的估價先例，來作為婚姻財產估價的基礎。正因為如此，價值標準適用性的清晰度就會受到估價師觀點的影響。我們可以從各州的裁決，看出可能適用的標準或其組合的建議。稍後我們將進一步討論用於這些判決時的價值連續性，以及各州實際上如何分類價值標準和前提。

然而，除了少數的例外，各州法律都沒有確定的價值標準，檢視相關判例法可以進一步的了解價值標準在特定州的應用。一些州，包括夏威夷州，佛羅里達州和密蘇里州，明白的採用公允市場價值作為判決的價值標準。例如，夏威夷州的法規並未明白的對價值標準提供指導：

§580-47- 在批准離婚後，或是除了（c）款和（d）款中賦予的權力以外，在這些事項的管轄權簽署雙方協議或法院法令之後，如果法院有正當理由認為公平的話，可以作出進一步的命令：（1）強迫雙方或其中一方來提供當事人的子女教育和撫養費用；（2）強迫任何一方提供對方的撫養與維持費用；（3）最後劃分並分配各方所有實際的、個人的或混合的財產，不管是共有，聯合持有，或分開持有；（4）分配當事人應付債務的責任，不管是共有，聯合持有，或分開持有，還有律師費一切因離婚造成的開銷。為了要作進一步的判決命令，法院應考慮以下因素：雙方各自的優點，雙方相對的能力，雙方因對方離去後所造成的情況，雙方因對方或子女的利益所造成的負擔，以及案件所有其他的情況。

因此，法規只對婚姻財產的清算給出大致的輪廓。然而，在 1988 年的**夏威夷州安托力與哈維訴訟案（Antolik v. Harvey）**中，[42] 法院顯然是採用公允市場價值作為估價的標準。

◆安托力與哈維訴訟案（ANTOLIK V. HARVEY）

丈夫是有照的整脊師，獨資經營生意。因為這生意是在結婚前就有的，雙方協議妻子有權取得自結婚日到離婚日時其生意成長的一半。家事法庭認定其價值在這兩個日期分別為 8,000 美元和 48,000 美元，所以丈夫被勒令要支付妻子 20,000 美元。

丈夫聘請的專家以調整後的帳面價值估價，得出在 1984 年婚姻開始時價值為 8,000 美元，認定有一筆用於個人支出的商業貸款 18,675.99 美元，並將之在估價時排除。專家以同樣方法得到丈夫 1986 年離婚時的價值為 48,000 美元，但包括了如前所述的商業貸款餘額。

妻子聘請的專家得出 1985 年營收有 85,445 美元，1986 年 147,151.05 美元，而且在 1987 年會有 175,000 美元，1987 年的營利估計為 105,000 美元。妻子專家採用 54,000 美元的合理補償，妻子委任的專家採用 54,000 美元作為合理的費用，最後的結論是，企業營利是 51,000 美元，並且採用 20％的未來收益率，得到企業價值為 255,000 美元，加上其有形資產的重置價值減去負債。

妻子於是提議，認為家事法庭的 48,000 美元沒有包含商譽價值。上訴法院討論了商譽的性質，而且確認商譽對企業有益，因此認可這是在有形資產之外的價值。法院指出：

當分割與分配離婚案件中當事人的財產價值時，做為一般的規定來說，該當事人權益的相關價值為在該相關日期的公允市場價值（FMV）。我們定義 FMV 為一樣東西將從一位有意願的賣家交給一位有意願的買家，買賣雙方皆非被強迫去出售或購買，而且雙方均對所有相關事實有

註解 42
761 P.2d 305（Haw. Interm. App. 1988）.

合理的認知。

法院駁回了獨資的所有權價值等於是專業經營者價值的論點，因為其他資產都是以公允市場價值來估價。

在確定結婚日期時的價值時，法院的結論是債務必須加以考慮，因此調整後的淨帳面價值為 8,136.96 美元。

而離婚日期的價值，家事法庭審結之後認定為 48,000 美元，包括 2,310 美元的病患資料（patient charts）。

上訴法庭審查時指出，賣掉包含商譽的企業時，是基於業主會持續經營的基礎上，將現有病人轉移到類似的熟練整脊師，如果丈夫立即離開不幹，商譽就無法轉移，家事法庭並沒有考慮缺少防止丈夫競爭的約束協議，不過因為丈夫並沒有對列入企業帳面價值的內容提起上訴，因此上訴法庭維持家事法庭在 1986 年的估價。

沒有哪一個州有特別在其法規的價值標準中，使用投資價值或公允價值這個詞，但各州在不同案件中的判決可能提供了可觀察的點，從而建立普遍的價值標準。紐澤西州的**布朗案（Brown v. Brown）**[43]（詳後述）則採用公允價值，並參照紐澤西州異議和壓迫案件來確定公允價值。

同樣的，阿拉巴馬州民事上訴法院在**葛雷爾（Grelier v. Grelier）**案件中，[44] 在案件的第一時間參照布朗案，來處理離婚法庭是否應該在評估離婚中配偶的封閉企業持股價值時，採用少數股和市場性折價的議題。法庭的結論是，少數股折價和缺乏市場性折價都不予採用，阿拉巴馬州民事上訴法院表示：

因為阿拉巴馬州最高法院，已經採用和紐澤西州異議股東案中同樣的理由，所以在離婚案件中的少數股和市場性折價，遵照同樣的理由看起來也很合理。[45]

註解 43
348 N.J. Super. 466; 792 A.2d 463; 2002 N.J. Super. LEXIS 105.

註解 44
63 So.3d 668（Alab. Civ. App. 2010）.

註解 45
同上。

加州的**哥登（Golden v. Golden）案**，[46] 雖然從未明確的提到投資價值，不過也清楚地描述資產的持有人價值，體現了大部分投資價值的元素。

◆哥登案（GOLDEN V. GOLDEN）

當事人歷經七年的婚姻後離婚。丈夫是一名 31 歲的醫生，妻子當時是 29 歲的家庭主婦，曾擔任過教師。在分配共有資產時，法院將價值 32,500 美元的丈夫醫療商譽納入分配中。

丈夫在上訴中辯稱，原審法院將商譽納為共有資產是錯的，並引用之前加州在法律事務所的解散之判決，在公司商譽需要依賴成員技能時不考慮商譽。此外，在稅務案件上則是認為商譽只適用於持續經營的企業。

但是其他案件中，在一家建立於個人技術和信譽的專業公司中，發現可出售的商譽價值，而且根據共有財產的解散法規，在評估共有財產時要納入個人專業技術。法院建立所謂的較佳規則，如下所示：

我們相信，在離婚案件中的較佳規則是，丈夫身為獨立從業者其專業技能的商譽，應該考慮要分配給妻子。比如里昂（Lyon）案，公司被解散時，法庭不能確定公司商譽要判給誰，這是可以理解的。但是，在婚姻議題上，丈夫的醫生生涯將會繼續下去，而且擁有和婚姻期間中相同的無形價值。基於共有財產法的原則，以及妻子的地位本質，她在婚姻期間對丈夫的無形價值也作出了同樣的貢獻。她絕對有權得到相對的補償，如同一家家族企業的股票增值一樣。

因此在價值的估價上要包含商譽。

如表 5.3 所示，我們從兩個價值前提開始看看其價值標準的應用，公允市場價值是一種交換價值，而投資價值則是一種持有人價值。公允價值則可能落入這兩者之中，因為它同時包含兩者的元素。我們已經提到的三個案件，是以價值標準用於連續性的例子。

註解 46
75 Cal. Rptr. 735（Cal. App. 1969）.

表 5.3

價值連續性：不同價值標準的判例與範例

價值前提	交換價值		持有人價值

價值標準	公允市場價值	公允價值	投資價值
判例	安托力案	布朗案	哥登案

◆ 價值標準的分類系統

　　要進行這種分析，我們首先來檢視 50 個州和哥倫比亞特區的法規，對各轄區應用價值標準的指導。我們發現，只有阿肯色州和路易斯安那州的法規有提供特定方向。我們其次檢視了各轄區的判例法，這次有另外 24 個州有較明確的指引，包括阿肯色州和路易斯安那州，有 25 個州在判例中直接使用公允市場價值，其中阿拉巴馬州使用公允價值這個詞。

　　其餘 25 個司法管轄區的價值標準，就必須從特定概念的應用來推斷。在這些司法管轄區，我們檢視了對個人與企業商譽、股東層級的少數股和缺少市場性的折價、還有買賣協議權重的處理方式。在採用交換價值的州，我們檢視案件使用的用語和應用的折價，來確認是遵循公允市場價值還是公允價值的標準。此外，透過審視案件使用的用語和對商譽與禁止競爭條款的處置，我們試圖確定州政府是遵循**離開的公允市場標準**（walk-away fair market standard）還是更傳統的公允市場價值標準。

　　某些州的價值標準就不太明確，而且其判例法並沒有堅持遵循任何特定的標準或估價原則，也許是有意讓法庭有較高的靈活性，以事實的具體情況和公平性為依據作出判斷。

　　雖然各州的價值標準往往沒有絕對，以分析目的來說，依據先前的假設進行分類會有幫助。不過這不應該被看作是採用特定標準的絕對判決，這種分類系統只是提供分析特定州如何檢視價值的合理起點。與往常一樣，估價師必須意識到任何特定的州或案件都可能會影響估價的細微差別。

　　我們首先從各州看待無形價值開始，特別是商譽。對商譽的處置方式可以當成法院如何看待婚姻財產、價值前提，以及價值標準的指標。正如公允市場價值標準意味著排除個人商譽（因其無法銷售轉讓），如果之前的判例法顯示排除個人商譽的一致性，就表示這個州遵循交換價值前提並且使用公允市場價值標準。

下列各州，透過法規或者是判例法中使用特定的用語，尤其是提到了應該在離婚估價時採用的價值標準。根據這一概念，我們在這裡舉出幾個有特別提到價值標準的案件。

阿拉巴馬州	公允價值	哈特利案 Hartley v. Hartley[47]
阿拉斯加州	公允市場價值	福特森案 FFortson v. Fortson[48]
阿肯色州	公允市場價值	法規 [49]
康乃狄克州	公允市場價值	達西爾案 Dahill v. Dahill[50]
佛羅里達州	公允市場價值	克理斯汀案 Christians v. Christians[51]
夏威夷州	公允市場價值	安托力與哈維案 Antolik v. Harvey[52]
印第安納州	公允市場價值	諾威爾案件 Nowels v. Nowels[53]
愛荷華州	公允市場價值	佛雷特案 Frett v. Frett[54]
堪薩斯州	公允市場價值	博爾案 Bohl v. Bohl[55]
路易斯安那州	公允市場價值	特拉漢案 Trahan v. Trahan[56]
明尼蘇達州	公允市場價值	貝倫伯格案 Berenberg v. Berenberg[57]
密西西比州	公允市場價值	辛莉案 Singley v. Singley[58]
密蘇里州	公允市場價值	伍德案 Wood v. Wood[59]
內布拉斯加州	公允市場價值	沙克案 Shuck v. Shuck[60]
新罕布夏州	公允市場價值	馬丁案 Martin v. Martin[61]
紐約州	公允市場價值	貝克曼案 Beckerman v. Beckerman[62]
北卡羅萊納州	公允市場價值	沃爾特案 Walter v. Walter[63]
北達科塔州	公允市場價值	索莫斯案 Sommers v. Sommers[64]
奧克拉荷馬州	公允市場價值	崔西克案 Traczyk v. Traczyk[65]
奧勒岡州	公允市場價值	值貝爾特婚姻案 Marriage of Belt[66]
南卡羅來納州	公允市場價值	希肯案 Hickum v. Hickum[67]
南達科塔州	公允市場價值	費區案 Fausch v. Fausch[68]
佛蒙特州	公允市場價值	德拉姆黑勒案 Drumheller v. Drumheller[69]
西維吉尼亞州	公允市場價值	梅案 May v. May[70]
威斯康辛州	公允市場價值	赫力克案 Herlitzke v. Herlitzke[71]
懷俄明州	公允市場價值	諾依曼案 Neuman v. Neuman[72]

註解 47

50 So.3d 1102（Alab. Civ. App. 2010）.

註解 48

131 P.3d 451（Ala. Supr. Ct. 2006）.

註解 49

Arkansas Statute §9-12-315（4）.

註解 50

1998 Conn. Super. LEXIS 846.

註解 51

732 So.2d 47（Fla. App. 1999）.

註解 52

61 P.2d 305（Haw. Interm. App. 1988）.

註解 53

836 N.E.2d 481; 2005 Ind. App. LEXIS 2039.

註解 54

LEXIS 694（Iowa. App. 2004）.

註解 55

657 P.2d1106;（Kan. Supr. Ct. 1983）.

註解 56

43 So. 3d 218（La. App. 2010）.

註解 57

474 N.W.2d 843（Minn. Ct. App. 1991）.

註解 58

LEXIS 283（Miss. Supr. Ct. 2003）.

註解 59

361 S.W.3d 36（Mo. App. 2011）.

註解 60

1806 N.W.2d 580（Neb. App. 2011）.

註解 61

LEXIS 275（N.H. Supr. Ct. 2006）.

註解 62

126 A.D.2d 591（N.Y. Supr. Ct. App. 1987）. 紐約也遵循 O'Brien v O'Brien 案件中投資價值標準，489 N.E.2d 712（N.Y. Ct. App. 1985）.Moll v. Moll, 187 Misc. 2d 770（N.Y. Supr. Ct. 2001）.

註解 63

561 S.E.2d 571, 577（N.C. App. 2002）.

註解 64

660 N.W.2d 586（N.D. Supr. Ct. 2003）.

對於其餘未分類的州，我們可以看看他們在某些議題的處理方式，來推測其價值標準。此外，可以看這些州在其判例法對特定議題所使用的特定用語，以更加具體的評估其價值標準。

　　首先，我們可以看該州在處理商譽上，是以交換價值還是持有人價值為前提。如果他們排除非經濟價值或個人商譽，那這些州是屬於交換價值前提。如果那個州沒有在其判例法上將企業商譽和個人商譽區別開來（或是具體將個人商譽包含進去），我們就歸類到持有人前提。

　　根據這種分類系統，交換價值的州依據其商譽、折價、買賣協議和案件的具體用語，不是採用公允市場價值就是採用公允價值。

　　在具體案件用語上，某些案件看來是使用公允價值的概念，而不是公允市場價值，比如非自願買家與賣家，公平，或依照企業股權比例的指令等等。其他則會使用自願買方，或是自願的賣家願意接受多少價格等等這種用語的案件，則是顯示出採用公允市場價值的標準。

　　法院在確定採用持有人價值時，經常使用表明銷售可能性不大的用語，或是企業或其股權價值應該是相對於目前持有者的價值這樣的話。

　　交換價值的前提下，會依循公允市場價值的標準，所使用的語言可能

註解 65

891 P.2d 1277（Okla. Supr. Ct. 1995）.

註解 66

672 P.2d 1205（Ore. App. 1983）.

註解 67

463 S.E.2d 321（S.C. Ct. App. 1995）.

註解 68

697 N.W.2d 748（S.D. Supr. Ct. 2005）援引 First Western Bank Wall v. Olsen,2001 S.D. 16, P.17, 621 N.W.2d 611 617.

註解 69

972 A.2d 176（Vt. Supr. Ct. 2009）.

註解 70

589 S.E.2d 536（W. Va. Supr. Ct. 2003）.

註解 71

724 N.W.2d 702（Wisc. App.2006）.

註解 72

842 P.2d 575（Wyo. Supr. Ct. 1992）.

會進一步界定公允市場價值到所謂的標準，在婚姻財產中是幾乎不考慮商譽的。同樣的，採用持有人價值的州，基於相同的用語原則，不是採用公允價值就是投資價值。

應用折價也可能揭露價值標準。如果採用股東層級的折價，大部分的案子都屬於公允市場價值。在交換價值的範圍中，如果拒絕折價，通常都屬於公允價值。在持有人價值中，折價通常不列入考慮。不過，某些案件包含了個人和企業商譽並拒絕採用折價，這可能也屬於公允價值。

買賣協議權重的分析，取決於判決內容和用語。如果判決的用語指出應給予買賣協議較大的權重，因為這是個人將實際收到的金額，就強烈暗示這是屬於交換價值。如果判決的用語是衡量權重與買賣協議公平的關聯性，這表示介於交換價值與持有人價值間。如果判決用語表示給予買賣協議的權重很少甚至沒有，因為不會有售出，那就是持有人價值。

圖表 5.4，將以圖形來呈現這些原則。

此外，某些州同時包含交換價值和持有人價值的元素。我們將這些歸屬於混合州。例如，紐約州看起來有些案件採用公允市場價值[73]，但也有其他案件明確屬於持有人價值。[74] 下述列表是根據各州處理商譽、股東層級折價、買賣協議權重的分類。

＊公允市場價值（Fair Market Value）

阿拉斯加州	福特森案 Fortson v. Fortson[75]
阿肯色州	托特李奇案 Tortorich v. Tortorich[76]
康乃狄克州	達希爾案 Dahill v. Dahill[77]
德拉瓦州（離開）	S.S. 與 C.S. 訴訟案[78]
哥倫比亞特區	麥克迪米德案 McDiarmid v. McDiarmid[79]

註解 73
Beckerman v. Beckerman , 126 A.D.2d 591（N.Y. Supr. Ct. App. 1987）.
註解 74
O'Brien v. O'Brien , 489 N.E.2d 712（N.Y. Ct. App. 1985）.
註解 75
131 P.3d 451（Alas. Supr. Ct. 2006）.
註解 76
902 S.W.2d 247（Ark. App. 1995）.

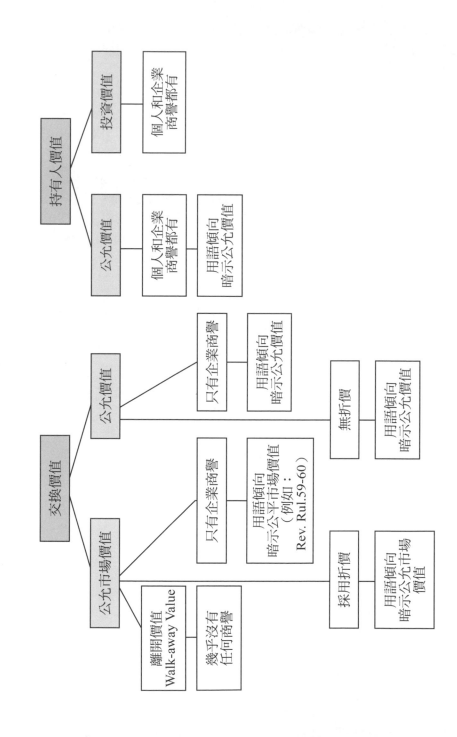

表 5.4 交換價值與持有人價值流向圖

*公允市場價值（Fair Market Value）

佛羅里達州（離開）	威廉案 Williams v. Williams[80]
喬治亞州	米勒案 Miller v. Miller[81]
夏威夷州（離開）	安托力與哈維案 Antolik v. Harvey[82]
愛達荷州	史都特案 Stewart v. Stewart[83]
伊利諾州	何瑞婚姻案 In re: Marriage of Heroy[84]
印第安納州	亞歷山大案 Alexander v. Alexander[85]
愛荷華州	佛列德案 Frett v. Frett[86]
堪薩斯州（離開）	鮑威爾案 Powell v. Powell[87]
肯塔基州	格雷斯吉爾與羅賓斯案 Gaskill v. Robbins[88]
路易斯安那州	法規 §9：2801-（1）（a）
緬因州	埃亨案 Ahern v. Ahern[89]
馬里蘭州	帕辛斯基案 Prahinski v. Prahinski[90]
明尼蘇達州	貝克案 Baker v. Baker[91]
密西西比州（離開）	路易斯案 Lewis v. Lewis[92]
密蘇里州（離開）	漢森案 Hanson v. Hanson[93]
內布拉斯加州	沙克案 Shuck v. Shuck[94]

註解 77

1998 Conn. Super. LEXIS 846（Conn. Super. Ct. 1998）.

註解 78

LEXIS 213（Del. Fam. Ct. 2003）.

註解 79

649 A.2d 810（D.C. App. 1994）.

註解 80

667 So.2d 915（Fla. Dist. Ct. App. 1996）.

註解 81

288 Ga. 274（Ga. Supr. Ct. 2010）.

註解 82

761 P.2d 305（Haw, Interm. App. 1988）. Butler v. Butler

註解 83

152 P.3d 544（Ida. Supr. Ct. 2007）.

註解 84

895 N.E.2d 1025（Ill. App.2008）.

註解 85

927 N.E.2d 926（Ind. App. 2010）.

新罕布夏州	沃特華茲案 In re: Watterworth[95]
北達科塔州	索莫斯案 Sommers v. Sommers[96]
俄亥俄州	邦克斯案 Bunkers v Bunkers[97]
奧克拉荷馬州	麥克維案 McQuay v. McQuay[98]
奧勒岡州	史萊特案 Slater v. Slater[99]
賓夕法尼亞州	巴特勒案[100]
羅德島州	莫雷蒂案 Moretti v. Moretti[101]
南卡羅來納州（離開）	希肯案 Hickum v. Hickum[102]
南達科塔州	普雷比案 Priebe v. Priebe[103]
德州	霍恩案 Von Hohn v. Von Hohn[104]
猶他州	史東哈克案 Stonehocker v. Stonehocker[105]
佛蒙特州	古德里奇案 Goodrich v. Goodrich[106]

註解 86

LEXIS 694（Iowa App. 2004）.

註解 87

648 P.2d 218（Kan. Supr. Ct. 1982）.

註解 88

282 S.W.3d 306（Ky. Supr. Ct. 2009）.

註解 89

938 A.2d 35（2008）（Me. Supr. Ct. 2008）.

註解 90

582 A.2d 784（Md. Ct. App. 1990）.

註解 91

LEXIS 94（Minn. App. 2007）.

註解 92

54 So.3d 216（Miss. Supr. Ct. 2011）.

註解 93

738 S.W.2d 429（Mo. Supr. Ct. 1987）.

註解 94

806 N.W.2d 580（Neb. App. 2011）.

註解 95

821 A.2d 1107（N.H. Supr. Ct. 2003）.

註解 96

660 N.W. 2d 586（N.D. Supr. Ct. 2003）.

註解 97

2007 Ohio 561; LEXIS 523（Ohio App. 2007）.

西維吉尼亞州	梅案 May v. May[107]
威斯康辛州	麥克瑞斯案 McReath v. McReath[108]
懷俄明州	魯特案 Root v. Root[109]

＊公允價值

阿拉巴馬州	格雷爾案 Grelier v. Grelier[110]
馬塞諸塞州	貝尼爾案 Bernier v. Bernier[111]
維吉尼亞州	豪威爾案 Howell v. Howell[112]

＊投資價值

| 新墨西哥州 | 米切爾案 Mitchell v. Mitchell[116] |
| 華盛頓州 | 霍爾婚姻案 In re: Marriage of Hall[117] |

註解 98
217 P.3d 162（Okla. Civ. App. 2009）.

註解 99
245 P.3d 676（2010 Ore. Ct. App. 2010）.

註解 100
663 A.2d 148（Pa.Supr. Ct. 1995）.

註解 101
766 A.2d 925（R.I. Supr. Ct. 2001）.

註解 102
463 S.E.2d 321（S.C. Ct. App. 1995）.

註解 103
556 N.W.2d 78（S.D. Supr. Ct. 1996）.

註解 104
260 S.W.3d 631（Tex. App. 2008）.

註解 105
176 P.3d 476（Utah App. 2008）.

註解 106
613 A.2d 203（Vt. Supr. Ct. 1992）.

註解 107
589 S.E.2d 536（W. Va. Supr. Ct. 2003）.

註解 108
800 N.W.2d 399（Wisc. Supr. Ct. 2011）.

註解 109
65 P.3d 41（Wyo. Supr. Ct. 2003）.

*混合

科羅拉多州	公允市場價值	索姆希爾婚姻案 In re: Marriage of Thornhill[118]
	投資價值	霍夫婚姻案 In re: Marriage of Huff[119]
密歇根州	公允市場價值	勒蒙案 Lemmen v. Lemmen[120]
	投資價值	科瓦爾斯基案 Kowalesky v. Kowalesky[121]
蒙大拿州	公允市場價值	德科斯案 DeCosse v. DeCosse[122]
	投資價值	史塔夫婚姻案 In re: Marriage of Stufft[123]
紐澤西州	公允價值	布朗案 Brown v. Brown[124]
	投資價值	杜根案 Dugan v. Dugan[125]
紐約州	公允市場價值	貝克曼案 Beckerman v. Beckerman[126]
	投資價值	莫爾案 Moll v. Moll[127]
北卡羅萊納州	公允市場價值	克勞德案 Crowder v. Crowder[128]
	投資價值	漢比案 Hamby v. Hamby[129]
田納西州	公允市場價值	麥基案 McKee v. McKee[130]
	公允價值	博圖卡案 Bertuca v. Bertuca[131]

每一個州都有價值標準的判決。

如同異議者權利和壓迫案件的訴訟程序，我們可以看看法律協會對價值標準的指導。ALI 的**家庭解散法原則（Principles of the Law of Family**

註解 110

63 So.3d 668（Alab. Civ. App. 2010）.

註解 111

873 N.E.2d 216（Mass. Supr. Ct. 2007）.

註解 112

523 S.E.2d 514（Va. App. 2000）. Howell uses the term intrinsic value, which is a value to the holder/investment value definition, but does not allow personal goodwill as a marital asset. Therefore, we classify Virginia as a fair value state. 豪威爾使用內含價值 intrinsic value 這個詞，這屬於持有人／投資價值的定義，但不允許個人商譽作為婚姻財產。因此，我們將維吉尼亞州歸類為採用公允價值的州。

註解 113

732 P.2d 208（Ariz. Supr. Ct. 1987）.

Dissolution）[132] 支持交換價值前提，因為他們提倡公平分配資產時排除個人無法銷售的商譽。這個推論將企業商譽與個人商譽從可以增加收入能力相關聯的所有價值分離開來。ALI 的家庭解散法原則說：

（1）配偶的收入能力，技能，以及離開後的勞動收入，都不算婚姻財產。

（2）職業證照和教育程度都不算婚姻財產。

（3）婚姻期間所獲得的公司商譽和專業商譽都算婚姻財產，除了配偶的收入能力，技能，以及離開後的勞動收入。

註解 114

75 Cal. Rptr. 735（Cal. Ct. App. 1969）. Some argue that in California community assets considered marketable should be valued using the fair market value standard of value. They cite In re: Marriage of Cream（1993）13 CA 4th, 81, 16 CR.2d 575 as the basis for the view that marketable assets should be valued at their fair market value and not under the investment value standard. What constitutes a marketable asset is undefined and in our view the issue is unsettled. The practitioner should discuss with counsel which standard to use or using both standards of value so that the issue will be delineated to the court. 一些人認為，加州的可銷售共有資產應該以公允市場價值的標準進行估價。他們引用 In re: Marriage of Cream（1993）13 CA 4th, 81, 16 CR.2d 575 ，認為可銷售資產應以公允市場價值進行估價，而不是投資價值標準。我們無法確定市場化的資產的組成份子，在我們看來這議題仍是懸而未決。從業者應與律師討論要用哪種價值標準使用，或兩種都用讓法庭來釐清。

註解 115
782 P.2d 1304（Nev. Supr. Ct. 1989）.

註解 116
719 P.2d 432（N.M. Ct. App. 1986）.

註解 117
692 P.2d 175（Wash. Supr. Ct. 1984）.

註解 118
232 P.3d 782（Colo. Supr. Ct. 2010）.

註解 119
834 P.2d 244（Colo. Supr. Ct. 1992）.

註解 120
809 N.W.2d（Mich. App.2010）.

註解 121
384 N.W.2d 112（Mich. App. 1986）.

註解 122
936 P.2d 821（Mont. Supr. Ct. 1997）.

註解 123
950 P.2d 1373（Mont. Supr. Ct. 1997）.

在詮釋這段話時，ALI 贊同用市場機制處理商譽，並表示只有市價超過資產價值時才適用。[133]

不像判例法和法學界常常在異議者權利和股東壓迫案件的公允價值中引用公司治理原則（Principles of Corporate Governance），家庭解散法原則在離婚案件中其實並沒有經常被引用。州政府通常更關心的是其本身的判例法先例，或是其他州相對於商譽、折價、營利能力、法律協會的建議等。

為了展示我們如何發展這分類系統，我們可以藉由**阿肯色州威爾森案（Wilson v. Wilson）**[134] 為例說明為什麼阿肯色州被歸類為公允市場價值的州。在這案件中，商譽要是婚姻財產的話，必須是一個獨立於特定個人商譽的企業資產。

然而，加州的**戈登案（Golden v. Golden）**，確認了醫療技能的商譽，並且執業者就算無法出售這商譽也不會影響其資產本質，因為非記名配偶對

註解 124
792 A.2d 463（N.J. Super. Ct. App. Div. 2002）.

註解 125
457 A.2d 1（N.J. Supr. Ct. 1983）.

註解 126
126 A.D.2d 591（N.Y. Supr. Ct. App. 1987）.

註解 127
187 Misc. 2d 770（N.Y. Supr. Ct. 2001）.

註解 128
556 S.E.2d 639（N.C. App. 2001）.

註解 129
547 S.E.2d 110（N.C. App. 2001）.

註解 130
LEXIS 524（Tenn. App. 2010）.

註解 131
LEXIS 690（Tenn. App. 2007）.

註解 132
ALI, "Principles of the Law of Family Dissolution: Analysis and Recommendations"（Philadelphia: Matthew Bender, 2002）, at §4.07.

註解 133
美國法律協會，" 家庭解散法原則 " "Principles of the Law of Family Dissolution"（2002 年）.

註解 134
Wilson v. Wilson, 741 S.W.2d 640（Ark. 1987）.

促成這商譽也有功勞。這樣是意味著他們採取投資價值標準。

紐澤西州的**布朗案（Brown v. Brown）**是婚姻案件，但是不斷引用異議與壓迫案件的公允價值標準。因此，紐澤西州似乎對婚姻事件，採取如同異議者和壓迫案件中企業畸零股權的同樣觀點。

紐約是混合州的一個例子。雖然他們似乎基於國稅局的稅收規則59-60，對企業的估價包含適當的採用股東層級折價（這顯示屬於公允市場價值），州政府在其他類型的婚姻財產上似乎偏向投資價值。事實上，紐約州迄今以來都採賦予職業證照、專業學位、增強營利能力價值的態度。

接下來，我們解決的關鍵議題和案例會有助形成我們的分類系統。我們從各州對於商譽，特別是企業和個人的商譽的處理開始。

交換價值

如前所述，交換價值是假定一件虛擬的銷售，並計算評價基準日可變現的資產價值。因為交換價值只考量到一些可以轉移到其他人身上的價值元素，一件虛擬的銷售會衍生出幾個議題，和只由當前所有者單獨擁有的狀況不同。我們先來看看個人和企業商譽的差異：

◆ 商譽

企業商譽：企業商譽一般是可轉讓的資產，所以，它通常是可轉移的，也幾乎都會包含在企業的估價中，即使是那些堅持狹義公允市場價值的州都一樣。[135] 當賣出企業時，賣方必須有能力將企業商譽傳給買方。布萊克法律詞典（Black's Law Dictionary）將企業商譽定義為「購買大眾對已知來自特定來源的貨物和服務的良好考量」，[136] 企業商譽的存在，是基於廣大客戶會因為地點、員工、電話、設施和整體實體的商譽，不斷回流到企業的事實。[137] 當有可預期的回流客是歸因於企業時，企業商譽就此建立。和個人商譽有所區別。19 世紀的英國**柯特案（Cruttwell v. Lye）**有個優雅的說法：[138]

註解 135

專業技能的企業商譽可能有所區別，因為那需要依賴一個特定的持有者。

註解 136

Bryan A. Garner, Black's Law Dictionary, 8th ed.（St. Paul, MN: Thompson West, 2004）, at 694.

註解 137

Jay Fishman, "Personal Goodwill v. Enterprise Goodwill," 2004 AICPA National Business Valuation Conference, Session 5, Orlando, FL, November 7, 2004.

商譽，即銷售的主體，無非是讓老客戶經常光顧老地方有更多的可能性。

有個 20 世紀初期紐約的商業案例，使商譽有更廣泛的描述，商譽不僅包括單一特別的點，而是一個可以被出售給另一個企業的特定優點：

人們將會願意為任何在競賽中能給予合理有利的期望之特權，付出代價。[139]

這些特權可能包括企業名稱、電話號碼、商標，或任何可能讓企業有持續競爭優勢的東西。企業商譽是附著於一個實體的商譽，而且不管它是由任何特定個人的投入所建立的。

個人商譽：個人商譽依附在個人的名聲上。它是由個人素質組成，包括人際關係，技能。個人商譽，以及其他各種因素，通常是不可轉讓的，因此，採用持有人價值的州，通常不會要求它和企業商譽分開。

最高法院的陪審法官約瑟夫史托瑞，在 1812 到 1845 年間，建立了一個概念，商譽不僅依附在某個地點，還包括驅動人們去進行特定行為的名聲。

足夠正確描述商譽的可能是：藉由不只是資本，股票，基金或財產等純粹價值所建立的優勢或利益，形成廣大市民惠顧，並建立習慣性的客戶，是因為地點，一般的名望，或是技能或富裕，正點的名聲，或是因為被需要，甚至長期偏好或是成見所造成的結果。[140]

個人商譽的基本問題來自於：是否某些能力，人際關係，品質和個人特質等產生收入（包括其商譽）的個人商譽，可以、或應該被視為婚姻財產來做分配？此外，這些個人資產是否能透過與當事人的合作，在一定合理的時間框架內轉移到該實體中呢？

個人商譽的一種有用定義是：「由名聲，知識和個人技能所提高之營利能力的一部分，而且是不可轉讓與無市場性的。」[141] 簡單地說，個人商譽就是會使醫生的病人一直跟著他，即使這醫生改變工作地點、團隊人員和電話號碼也一樣。

註解 138

34 Eng. Rep. 129, 134（1810）.

註解 139

In re: Brown , 150 N.E. 581, 583（N.Y. 1926）.

註解 140

Joseph Story, "Commentaries on the Law of Partnerships," §99, at 170（6th ed., 1868）.

加州羅培茲婚姻案（In re: Marriage of Lopez）的例子[142]，就是法院建議評估商譽時應考量各種因素的早期範例，這五個因素分別是：

1、專業者的年齡和健康狀況

2、專業者所展現的賺錢能力

3、社會對專業者技能和知識的口碑

4、專業者的成功事蹟

5、專業者執業的性質和期間，要詳細檢視，不管是個人經營者、合夥或專業公司的成員。

經過仔細檢視下，顯然，這五個因素中至少有四個和個人屬性有關。通常買家比較不會考慮專業者的年齡和健康狀況，除非這會影響歷史業績，或用來當談判策略。因為加州採用這些因素，代表他們是採用持有人價值的前提，因為在專業上和實際執行上其差異似乎不明確。在採用交換價值的州，這五個因素都用來確定商譽有多少成分是取決於個人，因此應當從估值中排除。

業主的報酬：企業商譽與個人商譽以及支付給業主受雇者的金額之間往往有交互關係。封閉型公司的一個特點是，通常其業主也是主要的受雇員工。因此勞力報酬（工資）和資本回報率（利潤/股息）就合併在一起了。估價專家的任務是將這兩個報酬，分成給員工的合理薪資和企業所產出的利潤。一般來說這很困難，尤其如果這公司與個人不好區分時就會變得更加困難。要將這兩個收益分離，就要基於交換價值和持有人價值。假設我們可以估算更換代理時的補償，那去了解所得利潤是全部歸於公司、還是部份歸於公司，或僅僅是個人的能力，是很重要的。

杜根案（Dugan v. Dugan）[143]顯現出，在評估合理的報酬時要考慮的幾個因素，包括年齡、經歷、學歷、專業知識、努力和地點。採用交換價值的州認為，在某種程度上這些超額利潤是因為初期的獨特性所產生的，超額利潤的合理報酬被認為屬個人商譽，不能包含在婚姻財產中。採用持有人價

註解 141

Helga White, "Professional Goodwill: Is It a Settled Question or Is There 'Value' in Discussing It?" 15 Journal of the American Academy of Matrimonial Lawyers,（1998），Vol. No. 2 at 499.

註解 142

113 Cal. Rptr. 58, 38 Cal. App.3d 1044（1974）.

註解 143

92 N.J. 423; 457 A.2d 1; 1983 N.J. LEXIS 2351.

值的州，通常不會明確排除個人貢獻，但會在合理報酬的選擇和資本化比率的估價方法上列入考量。[144]

◆ 商譽與持續經營

賓州的蓋朵絲案（Gaydos v. Gaydos）[145] 可以進一步闡明個人商譽的特徵。本案中的丈夫是一位單獨執業的牙醫，主張緊急出售的價值和法院的價值（採用平均所得法求償）之間的差額即是個人商譽。原審法院表示，這僅僅是公司的持續經營價值，因此要算是婚姻財產。在上訴中，上訴法院裁定，丈夫負責業務而非診所的淨收入，而持續經營的價值要靠丈夫繼續執行業務才行，而不是另一個牙醫在同樣的地方代班就可以。（上訴法院說這個算是個人從業者的價值。）

持續經營的價值，如法院在**蓋朵絲案**中所展現的，是不一樣的商譽。持續經營價值是指像訓練有素的勞動力、運營中的工廠、必要的證照、系統和程序等等這種無形的元素。這也正是基於預期企業未來將繼續運營。[146] 企業商譽的概念並不關注實質的資產；相反的，它可以看作是企業因為其商譽和技術所生產的超額利潤（除其他事項外）。[147] 個人商譽則關注依賴於從業者個人特質的超額收益。

表 5.5 建立在價值的連續性，還有附表顯示各類無形價值以及它們屬於價值連續性的哪一部分。在下一節中，我們處理交換價值中包含在婚姻財產中的無形價值，以及這些價值和持有人價值中的無形價值的區分。稍後，我們將處理持有人價值概念分析下最具包容性的無形資產。

註解 144

用於確定合理報酬的方法還有很多爭論；然而，這超出了本書的範圍。對於這樣的研究，請參見 Dugan v. Dugan, 92 N.J. 423; 457 A.2d 1; 1983 N.J. LEXIS 2351, or Jay E. Fishman, Shannon P. Pratt, and J. Clifford Griffith, "PPC's Guide to Business Valuation"（Thompson PPC, 2004）, at 11-12.

註解 145

693 A.2d（Pa. Super. Ct. 1993）.

註解 146

"Valuations in the Business Setting: International Glossary of Business Valuation Terms"（2000）. William & Mary Annual Tax Conference. Paper 184. <http://scholarship.law.wm.edu/tax/184>.

註解 147

Kathryn J. Murphy, "Business Valuations in Divorce," Dallas Chapter Texas Society of Certified Public accountants, 1998 Divorce Conference, September 22, 1998, at 19.

表 5.5

價值的連續性：無形資產

價值前提	交換價值		持有人價值	
價值標準	公允市場價值	公允價值	投資價值	
無形價值	企業商譽可能微乎其微或根本不存在	僅有企業商譽	企業和個人商譽	個人的無形價值
基本假設	離開與競爭 / 協議競業禁止排除於價值外	包括議競業禁止 / 沒提到協議	法院的裁決	假設業主將繼續擁有的持續經營價值	強化的盈餘能力

區分個人和企業的商譽：通常情況下，商業上的商譽在制度上已經被視為是婚姻財產。在區分商譽是依附在個人或是企業時，在估價上會有問題。區分個人和企業商譽的要求，往往可以做為試探特定的州的價值觀點之試劑。在採用持有人價值前提的州，這個問題幾乎從來沒有被明確解決過，因為並沒有要求去區分可轉讓的企業商譽和不可轉讓的個人商譽。一般的企業商譽，就是預期已經形成客人回購風氣的商譽，被認為是可銷售的。個人商譽只與個人有關，一般來說如果缺乏離婚後該配偶的持續參與則無法銷售。[148]

在以交換價值作為假設前提的州，可轉移的企業商譽必須和不可轉移的個人商譽區分開來，但這區分並不容易。個人對企業成功的貢獻，和企業本身成功之間的界限並不一定十分清楚。但是，使用公允市場價值或其他價值

註解 148

Alica Brokers Kelly, "Sharing a Piece of the Future Post-Divorce: Toward a More Equitable Distribution of Professional Goodwill," 51 Rutgers Law Review, （Spring 1999）, at 588.

標準以交換價值為前提的州，需要估價師來區分這兩個概念。

佛羅里達州具影響性的**湯普森案**（Thompson v. Thompson）[149] 提供了深入的解析，以了解該州如何看待個人和企業商譽之間的區別，本案是有關專門職業的商譽區分。

◆湯普森案（THOMPSON V. THOMPSON）

湯普森夫婦結婚 23 年。湯普森先生在婚姻期間完成法學院的學業，成為專門從事人身傷害和醫療糾紛的律師，而湯普森夫人則為專職家庭主婦持家育兒。

原審法院判湯普森夫人永久性定期贍養費、婚姻超過 10 年的一次性贍養費、子女撫養費、及其他不動產與動產，這在一定程度上代表了湯普森先生在一家專業協會之唯一股東權益的商譽。在上訴中，湯普森先生認為，原審法院不應該將專業技術商譽包含在婚姻財產的分配中。法院指出，通常情況下，婚姻存續期間非職業配偶付出的努力增加了專業配偶的收入能力，所以應該有更高的贍養費補償。法院隨後聲明，如果專業商譽確實存在，並且是在婚姻期間才發展的，那就應該在離婚時包含在婚姻財產中。

法院已確認商譽是一家企業所有超越其財產和資本價值的商業利益。法院隨後審查其他州對專業商譽的處理方式，最後與密蘇里州**漢森案**（Hanson v. Hanson）[150] 達成一致結論，指出專業商譽是依附於現有企業實體的財產。然而，任何屬於個人的組成份子，包括個人商譽和技能，不是專業技能商譽的組成部分，因此不受公平分配的管轄。

密蘇里州法院，接著定義商譽為超過有形資產的執行業務價值，而這商譽是依賴於客戶回流到企業，而和個人從業者的實踐價值無關。如果商譽依賴於執行者，那就是無法買賣的，並代表未來可能的營利能力，可能與確定贍養費有關，但是與財產分配無關。

湯普森案的法院指示，公允市場價值是評估企業價值最清楚的方法，並指示它應該是衡量專業商譽的唯一方法。

註解 149
576 So.2d 267（Fl. Supr. Ct. 1991）.

可惜的是，**湯普森案**認為公允市場價值是估價方法之一，而並非價值標準。雖然有許多方法可以用來建立公允市場價值，但是公允市場價值（fair market value）這個專有名詞，是指各種估價方法所採用的標準。

在實務中，專業的有效性可能依賴於個人執業者的繼續參與，使得企業商譽和個人商譽難以區分。法院在某些案件中尋求可交易的價值，乾脆排除專業技能商譽，因為這個不是無法銷售就是依賴於特定的個人。其他法院則認為，專業技能商譽應該同時含有個人和企業商譽的元素，認為企業銷售給另一個體時會有企業價值的產生。在價值連續性的另一端，偏好持有人前提的州法院可能偏向不區分個人與企業之間的商譽，因為並不預期會有交易，因此不會有轉讓問題。

因為專業技術和其他的服務之營運的服務層面，就是個人和企業商譽的議題中最明顯的。群體或合夥型態的專業技能，可能需要依賴個人的商譽，因為它可能涉及一些個體所提供的服務與以合夥形式買進或賣出一項專業技能的轉移性。其他型態的商業，包括製造業、零售業、批發等，對個人商譽的依賴性就沒那麼高；因此，個人的商譽可能不太普遍，這取決於企業的性質和管理結構。當然，這些概念都會基於企業的具體情況而有彈性。

不管有無明文規定價值標準的州，都可能對被認定為婚姻財產的專業技術商譽的元素有很大的影響。印第安納州的**尹詠案** [151] 就是法院試圖區分個人與公司的專業性商譽的一個案例。

註解 150
738 S.W.2d 429, 434（Mo. Supr. Ct. 1987）.

註解 151
711 N.E.2d 1265; 1999.

◆尹詠案（YOON V. YOON）

在解除婚姻關係時，法院判決尹醫生要支付子女撫養費給他太太，並且分割婚姻財產的 55% 給她。這些財產的價值包括尹醫生的醫療技能。印第安納州之前的判例法，曾經有專業技能商譽可以包括在婚姻財產中的範例。尹醫生針對這一商譽的估價上訴，他聲稱該商譽代表他未來的營利能力，已經被用來作為不平等分配給妻子的理由（55% 對 45%）。

法院認為專業技能商譽可以歸功於供應商，客戶或其他人的安排，還有預期的未來客戶群。不過，這也可能是由於業主的個人技能，培訓或商譽。法院已認知到其他司法管轄區已經確認企業商譽是可分割資產的判例法。然而，回顧以往印第安納州的案例，法院把個人商譽看成是不可分割的未來營利能力。為了確認商譽是否應該被列入財產，法院必須確定這部分是歸屬於個人，並排除該價值。

至於估價，妻子請的專家用「內含價值」來評估對「該醫生」的價值。而法院認定這個價值是醫生未來營利能力。法院在其判決中解釋說，企業商譽要公平分配，而個人商譽則可能只會影響財產的相對分配，法院的說明如下：

在將自營業務或專業技能的商譽納入婚姻財產之前，法院必須確認商譽是歸因於公司，而不是執行業務者單獨擁有的。如果歸屬於個人，這就不是可分割的資產，而且僅僅是可能影響相對財產分配的未來收入能力。在這方面，自僱人士的未來營利能力（或主要依賴老闆服務的公司）只能視為如同員工的未來營利能力和商譽一樣。

法院認為這價值在實際上是歸因於個人技能價值，而不是尹詠的商譽，所以發還下級法院排除個人商譽價值。在發回重審中，該案件在下級法院出具意見之前就已經解決了。

繼**尹詠案**後，**博布羅案件（Bobrow v. Bobrow）**[152] 討論的則是 E&Y 會計事務所的企業商譽。這案件認定在公司中沒有個人老闆的個人商譽，只有企業商譽的存在。

註解 152

State of Indiana, Hamilton Superior Court No. 29D01-0003-DR-166

◆ 博布羅案（BOBROW V. BOBROW）

在離婚訴訟中，因為丈夫曾有四大會計師事務所中 E&Y 事務所的合夥權益。雖然有一個合夥協議限制了所有人資本帳戶的價值，從而排除商譽，但是其合夥人博布羅先生承認，該協議只適用於他的合夥權益的交易（離職，退休或死亡）。

根據**尹詠案**的論點，法院認為 E&Y 的資產不屬合夥人個人，而是屬於該事務所由每個合夥人共享。這些機構資產包括無形資產，比如說 E&Y 的商標。具體而言，E&Y 這家事務所本身具有良好的商業信用和知名度、E&Y 擁有令公司具有價值的方法和工具、E&Y 與供應商有良好關係，這些都是可以轉移到其他收購者的項目。兩案對比，尹案中這些資產都與醫生自己有關，而與公司無關。法院認定這些資產都無法轉移到另一個人身上。

最終，因為印第安納法規對**尹詠案**的詮釋，法院將企業商譽包含在 E&Y 的估價中，並按比例授予博布羅太太一份其先生在 E&Y 的合夥人權益之持分價值。

由於該價值結論是企業價值的持分比例，博布羅案可以視為是交換價值前提下的公允價值標準。儘管買賣協議只針對資本賬戶之支付，法院評估了博布羅先生在企業的所有權比例，就像在異議和壓迫案件中的公允價值標準一樣。

資產可以出售，企業的商譽可以估價，並且沒有涉及個人商譽。然而，如果這是從公允市場價值標準來看待的，通常會同時考量缺乏控制權折價和缺少市場性折價。我們將在本章後面討論這個區別。

此外，對於獨資企業的商譽價值，是否應該以像合夥或封閉持股公司的同樣方式來處理，則有很多爭論。在獨資企業中，企業的價值，本質上可能更依賴於經營者，而不是由幾個經理人合作管理的公司。賓夕法尼亞州的**比斯利案**（Beasley v. Beasley）[153] 就注意到這種差異：

註解 153
518 A.2d 545（Pa. Super. Ct., 1986）.

獨資經營（sole proprietor）和合夥（partnership），或專業公司（professional corporation）不同，後兩者可以從買進或退出該組織關係，而得到一個確定的價值：但是估價的對象是該組織本身或其部分持分，而不是個別合夥人的價值。當獨資企業終止其營運時，企業的價值也消失了，而且無法轉讓。

許多州都遵循賓夕法尼亞州的**比斯利案**，認可專業技能的商譽，但通常沒有包含獨資企業。這些包括阿拉斯加州 [154]，康乃狄克州 [155]，馬里蘭州 [156]，內布拉斯加州 [157]，奧克拉荷馬州 [158]，明尼蘇達州 [159]，路易斯安那州 [160]，俄亥俄州 [161]，田納西州 [162]，和猶他州 [163]。

內布拉斯加州的**泰勒案（Taylor v. Taylor）** [164] 評論了商譽對特定個人不斷努力的依賴性。此評論後來在佛羅里達州的**湯普森案（Thompson v. Thompson）** [165] 中被引用，用以確定個人商譽是否應該包括在專業能力的價值中。泰勒案的法院指出：

如果商譽是僅僅依賴於某一個人的話，這樣的商譽照定義來說在離開這個人之後就無法買賣。任何獨立依附在實體上的價值，如果價值是來自代表未來營利能力的個人商譽，雖然與贍養費的認定有相關，但不適用於離婚訴訟的婚姻財產分配。 [166]

註解 154

Moffitt v. Moffitt, 813 P.2d 674（Al. Supr. Ct. 1991）.

註解 155

Cardillo v. Cardillo , 1992 WL 139248（Conn. Super. Ct 1992）.

註解 156

Prahinski v. Prahinski , 540 A.2d 833（Md. Spec. App. 1988）.

註解 157

Taylor v. Taylor , 386 N.W.2d 851（Neb. 1986）.

註解 158

Travis v. Travis, 795 P.2d 96（Okla. 1990）.

註解 159

Roth v. Roth , 406 N.W.2d 77（Minn. App. 1987）.

註解 160

Depner v. Depner, 478 So.2d 532（La. App. 1985）.

註解 161

Burma v. Burma , No. 65062（Ohio App. 8 Dist. Sept. 29, 1994）.

註解 162

Smith v. Smith , 709 S.W.2d 588（Tenn. App. 1985）.

　＊**離開價值：**在佛羅里達州的**哈爾德案（Held v. Held）**[167] 中，原審法院依據專家意見，認為不招攬協議是企業商譽的一部分。在上訴中，法院裁定下級法院對於不招攬協議中含有個人商譽的估價並不適當，所以發還重審，要求承審法庭在確定企業公允市場價值時只能使用調整後的帳面價值。同樣的，如前所述，在夏威夷州的**安托力**與**哈維案（ Antolik v. Harvey ）**[168] 中，法院評論認為下級法院並未考慮到整脊師可能在他的業務出售案中競爭。

　以此狹義的公允市場價值觀點來說，其假設論點是賣方可能會與買方競爭，從而接收幾乎其所有的可轉讓的商譽。在這種情況下，該企業的價值將可能貼近其有形資產淨值。在公允市場價值中，更常見的傳統解釋是，賣方在一定程度上將與買方進行合作。出於這個原因，有些州採用較狹義的公允市場價值論點，成為所謂的離開價值（walk-away value）。

　下列各州的案件所使用的用語暗指採用離開價值標準。

州	資料來源
德拉瓦州	S.S. 與 C.S. 案 S.S. v. C.S.[169]
佛羅里達州	威廉斯案 Williams v. Williams[170]
夏威夷州	安托力與哈維案 Antolik v. Harvey[171]
堪薩斯州	鮑威爾案 Powell v. Powell[172]
密西西比州	辛力案 Singley v. Singley[173]
密蘇里州	泰勒案 Taylor v. Taylor[174]
南卡羅來納州	希肯案 Hickum v. Hickum[175]

註解 163
Sorenson v. Sorenson（769 P.2d 820（Utah App. 1989），aff'd 839 P.2d 774（Utah 1992）.

註解 164
Taylor v. Taylor , 386 N.W.2d 851（Neb. 1986）.

註解 165
576 So.2d 267; 1991 Fla. LEXIS.

註解 166
同上。

註解 167
912 So.2d 637（Fla. App. 2005）.

註解 168
761 P.2d 305（Haw. Interm. App. 1988）.

＊**個人與技能商譽的合併**：也有例子是個人商譽與企業商譽合併。這通常是因為專業人員選擇培養專業技能，並讓有能力的人圍繞他，並將個人商譽機構化（譯註：即變成企業組織的商譽）的結果。梅奧診所就是個人商譽合併技能將個人商譽機構化的一個例子。很顯然的，沒有人只是因為「梅奧」這個人才去梅奧診所看醫生，但是診所醫術的名聲使得人們寧可從遠方而來求診。[176] 企業商譽可能（通常會）超過個人商譽價值，尤其是個人的商譽價值已經機構化的時候。

　　競業禁止契約：個人商譽的無法轉讓性，是許多法院將其排除在婚姻財產的部分原因。然而，個人商譽的一些元素，可能會因為個人參與而隨著時間而轉移，至少藉由簽署競業禁止契約參與該轉移。[177]

　　無論是編輯還是律師，或是醫生，都無法將他的風格，他的學習，還是他的舉止轉移到另一個人身上。但是，透過競業禁止契約，可以增加另一個同領域同業務的人成功和獲利的機會。這樣一來，就有一個賣方賣出和一個買方買入某項有價值的東西——一方賣出未來可能的業務，而另一方購買這個和其他人競爭的權力，並且可免於來自賣方的競爭。[178]

註解 169
LEXIS 213（Del. Fam. Ct. Aug. 22, 2003）.

註解 170
667 So.2d 915（Fla. Dist. Ct. App. 1996）.

註解 171
761 P.2d 305（Haw. Interm. App. 1988）.

註解 172
648 P.2d 218（Kan. Supr. Ct. 1982）.

註解 173
LEXIS 283（Miss. Supr. Ct. 2003）.

註解 174
736 S.W.2d 388（Mo. Supr. Ct. 1987）.

註解 175
463 S.E.2d 321（S.C. Ct. App. 1995）.

註解 176
Fishman, "Personal Goodwill v. Enterprise Goodwill."

註解 177
Jay E. Fishman, Shannon P. Pratt, and Clifford Griffith, "PPC's Guide to Business Valuation," at 1205.19. Reference to Minnesota case, Sweere v. Gilbert-Sweere, 534 N.W.2d 294（Minn. Ct. App. 1995）.

通過限制前老闆的執業能力，買家有效的購買一些個人商譽，以免人家帶走顧客。[179] 這種轉讓還可以包括諮詢契約，即賣方透過留在公司幫助過渡給買方而獲得補償，從而將其個人商譽的一部分轉移給公司。

競業禁止合約的存在，可以移轉部分的個人商譽給企業。有趣的是，立約的必要性指出了兩個要點：首先，買方認知商譽最終是可以轉移的；第二，在估價基準日時，部分或全部商譽仍屬於賣方。由於個人商譽就其本質而言，與個體本身密不可分，大多數的州都將競業禁止合約視為個人財產。

換句話說，在有交換價值前提下的判決，最常考慮的是以競業禁止合約作為證明，證明一些商譽確實是屬於個人的，因而從婚姻財產中排除，因此任何從這種契約得到的收益是獨立的財產。但是在持有人價值中，通常不會解決這個議題，因為不一定會有銷售的行為。

佛羅里達州的**威廉斯案（Williams v. Williams）**[180] 有考量競業禁止合約的效果。在這案子中，上訴法院詳細闡述了**湯普森案（Thompson v. Thompson）**的判決，該案使用公允市場價值標準作為評估商譽的決定因素。

◆威廉斯案（WILLIAMS V. WILLIAMS）

威廉斯先生要求重審下級法院對財產的估價，該判決認定他的會計專業有可分配的商譽。法院認為根據佛州法律，專業技能商譽如果確實存在，並且是在婚姻存續期間發生的，那麼就可以分配。然而，依據湯普森案法庭的判決，這個必須是與個人商譽分開而單獨存在的。

威廉斯太太請的專家討論其他會計專業的銷售，但法院認定這些企業和威廉斯先生的專業之間幾乎沒有相似性。威廉斯先生請的專家說，如果沒有競業禁止協議，沒有人會買他的專業技能。從本質上來講，如果沒有協議，我們有理由相信威廉斯先生的客戶將跟隨他到新的地方，而舊地方的淨資產價值幾乎微乎其微。

法院判決這當中不存在技能商譽，威廉斯先生是唯一的會計師，是他本人執行所有的工作並與客戶接洽。

註解 178

Mcfadden v. Jenkins , 40 N.D.422, 442, 169 N.W. 151, 155-56（1918）（quoting Cowan v. Fairbrother, 118 N.C. 406, 411-12, 24 S.E. 212, 213（1896））.

南卡羅來納州的判例**艾爾比案（Ellerbie v. Ellerbie）**[181] 就是一個法院判決實質上競業禁止協議的價值，不應該被包含在可分配財產中的案例。在這案件中，實際交易行為協議——「合併資產收購和競業禁止協議」，協議指出，公司資產價值 422,000 美元，另外還有價值 1,200,000 美元的競業禁止協議。法院在這案子的判決中，認為競業禁止協議的價值為個人財產，因此不應該被包含在企業價值中。要知道的是，在這些實例中，都假設協議是防止有能力競爭的賣方作出競爭行為，而不僅僅是構建銷售的另一種方式。

奧勒岡州的**史萊特案（Slater v. Slater）**[182] 討論了是否應該將假設企業的業主將履行競業禁止協議作為交易的一部分。奧勒岡州上訴法院指出：

> 在重審中，我們同意丈夫的意見，認為原審法院在其預估該企業價值上犯了錯誤，特別是在其商譽上假設丈夫會履行競業禁止協議。[183]

法院推翻判決並發回原審法院，以確定在丈夫沒有履行協議時，其整脊醫療專業的價值。

明尼蘇達州**思維爾案（Sweere v. Gilbert Sweere）**[184] 具體的處理了一個競業禁止協議。在本案中，法院要決定，由競業禁止協議所產生的 200,000 美元，是否應包括於離婚協議的婚姻財產中。法院認為，付給限制婚後的個人化服務的補償有部分算是獨立財產。但是，任何確保企業資產轉移的支出都要算婚姻財產。最終，法院認為該協議的目的是阻止思維爾先生干擾商譽的轉移。這在這情況下，競業禁止協議是代表婚姻的商譽，而不是婚後的勞動，因此要被列入婚姻財產中。[185]

註解 179

John Dwight Ingram, "Covenants Not to Compete," 36 Akron Law Review, No. 49（2002）, at 51.

註解 180

667 So.2d 915.

註解 181

323 S.C. 283; 473 S.E.2d 881; 1996 S.C. App. LEXIS 113.

註解 182

245 P.3d 676（Ore. Ct. App. 2010）.

註解 183

同上.

註解 184

534 N.W.2d 294; 1995 Minn. App. LEXIS 912.

　　如前所述，採用交換價值的州是基於假設有一宗虛擬之交易，尋求在一個有意願之買家與一個有意願賣家之間，在接近具體的估價日的交易中可變現的資產價值，這些州都選擇排除個人商譽。

　　表 5.6 顯示，價值連續性中交換價值的部分，以及競業禁止協議在相關的價值標準、假設下的不同處置方式的案例，以及對無形資產的處理方式。

　　價值連續性的最左側，是認定記名持有人不會同意簽署協議，會立即與任何潛在買家競爭的州。假設商譽是屬於個人的，通常在這種情況下，如果這個技能沒有辦法將個人商譽合併到企業商譽中，那麼對企業而言，在有形資產只有非常小的價值。再往價值連續性的右邊一點，買賣雙方的轉移過度時間就會越長。

表 5.6

價值連續性：在交換價值下的無形資產及案例

價值前提	交換價值		
價值標準	公允市場價值		公允價值
無形資產價值	企業商譽可能極小的或不存在的	僅有企業商譽	
案例	威廉斯案	湯普森案 / 思維爾案	
基本假設	離開和競爭	包括競業禁止協議	法院
	競業禁止協議排除於價值以外	沒有協議	自由裁量權

註解 185
Fishman, Pratt, and Griffith, "PPC's Guide to Business Valuation."

如列於附錄 C 中之價值連續性圖：

一、4 州（德拉瓦州，堪薩斯州，密西西比州和南卡羅來納州）認為企業和個人商譽都不是婚姻財產。

二、33 州（阿拉斯加州，阿肯色州，康乃狄克州，哥倫比亞特區，佛羅里達，喬治亞州，夏威夷州，愛達荷州，伊利諾州，印第安納州，肯塔基州，路易斯安那州，緬因州，馬里蘭州，麻塞諸塞州，明尼蘇達州，密蘇里州，內布拉斯加州，新罕布夏州，北達科塔州，俄亥俄州，奧克拉荷馬州，奧勒岡州，賓夕法尼亞州，羅德島州，田納西州，德州，猶他州，佛蒙特州，維吉尼亞州，西維吉尼亞州，威斯康辛州和懷俄明州）認為只有企業商譽是婚姻財產。

三、11 個州（亞利桑那州，加州，科羅拉多州，密西根州，蒙大拿州，內華達州，紐澤西州，新墨西哥州，紐約州，北卡羅萊納州和華盛頓州）認為兩者都是婚姻財產。

四、3 個州（阿拉巴馬州，愛荷華州和南達科塔州）對這個議題沒有明確的判決。

在進行到持有人價值前提下的無形資產處理，以及投資價值標準之前，我們需要先解決交換價值下的股東層級折價和買賣協議的權重。

◆交換價值下的缺乏控制權折價和市場性折價

缺乏控制權和市場性折價，也是在交換價值與持有人價值比較時常見的議題。州政府對這些折價的處理，可以當成是法院處理離婚案件時，對價值前提和價值標準觀點的另一個指標。理論上來說，在交換價值前提的價值標準下，對持有者股份的估價，通常需要明確的考量缺乏控制權折價和市場性折價（通常稱為股東層級折價），以辨明自願買方在假設性的銷售中願意付出的價格。另外，如果是持有人價值前提的價值標準，就不會要求明確考慮的這些折價，因為這是只有在銷售成立時才適用，而這個價值標準並不會去考量銷售的事項。有些州不屬於任何一類。此外，有些州採用極為類似異議股東案件中的公允價值標準，不像公允市場價值，沒有要求一定要買賣雙方自願，這些州一般不會採用股東層級折價。

在美國稅務法院中，通常會考量缺少控制權折價和市場性折價，而且適當時，也會採用公允市場價值。這些異議和壓迫案件中股東層級折價的應用，在離婚的情況下可能會有較多問題。正如我們在 Chapter 3 中所討論的，異議和壓迫案件不存在特殊情況，法院和法律協會一直趨向朝著消除股東層面的折價。這一趨勢的原因是，既然買賣雙方都不是自願的參與者，移動方應該得到其所被剝奪權益之補償，無論是按持續經營公司的權益持分比例，或持有者合理預期持續參與經營的收益。

我們認為，對於股東層面折價的處理方式可以提供額外的洞察力，來分辨屬於交換價值的州、持有人價值的州、或是混合州。通常情況下，交換價值州使用公允市場價值標準，會需要考慮股東層級折價；持有人價值州使用一些投資價值版本的則沒有考慮。混合州使用各種標準的組合，有時也會使用公允價值作為標準。

賣方的意願在處理折價時是否有影響呢？通常在公允市場價值標準的情況下，賣方意願只會影響折價的大小。由於公允市場價值是假定一個企業或權益的銷售，通常會酌情應用股東層級的折價，比如說缺乏控制權折價或是市場性折價。然而在某些情況下，依照案件情況來說，股東層級折價到底是否應該採用本身就是一個問題。公允市場價值標準的規定是強制要考慮股東層級折價。

對一些法院來說，賣方意願在決定個人預期的收入流量以及是否要採用股東層級折價時是一個重要因素。奧勒岡州的**托夫特案（Tofte v. Tofte）**[186]就直指這一點。

◆ 托夫特案（TOFTE V. TOFTE）

在離婚時，丈夫在他家的遊樂園公司中工作並有少數股權。他的工作內容很多，包括監督維護、設計和宣傳。

兩個估價師都採用淨收益資本法來估價，同意以淨收益的九倍作為採用的乘數。他們估價的差異在折價的應用。原審法院依據丈夫請的專家說法，採用公允市場價值，其股份應該有 35% 的少數股和市場性折價。

妻子請的專家認為，發給丈夫的年度分紅已經足夠吸引買方願意支付全價。然而，丈夫請的專家說，分紅和持有股份毫無關係。不應視為股權的收益。

註解 186

134 Ore. App. 449; 895 P.2d 1387; 1995 Ore. App. LEXIS 772.

> 此外，妻子認為，折價不應該包含在丈夫的股票價值中，因為他並沒有打算出售。法院認為出售意願在決定封閉家庭企業的價值上並不重要，因此要採用折價。

科羅拉多最高法院在**索恩希爾婚姻案** [187]（In re: Marriage of Thornhill）中面臨著類似情況，妻子辯稱不應採用任何折價，而且離婚的價值標準應該是公允價值。

◆ 索恩希爾婚姻案（IN RE: MARRIAGE OF THORNHILL）

這是一段 27 年的婚姻，丈夫在石油公司工作。丈夫於 2001 年開始作石油和天然氣設備的銷售業務，他擁有該企業股權的 70.5％，或一個控制性的權益。

在大部分婚姻存續期間，丈夫在石油和天然氣工業做過不同的工作，而妻子則是兼職打一些低工資的零工。在 2001 年，丈夫成立了 NRG 公司從事石油和天然氣服務的業務。

離婚時，這對在科羅拉多州的配偶簽署了一份對財產處置和維護的協議。夫妻簽訂協議，其中丈夫公司的股份價值在扣掉 33％ 的市場性折價後是 1,625,000 美元。在聽證會的時候，妻子已經認為這個價值太低了。

因為離婚協議的關係，初審法院的記錄顯示，初審從未明確裁定市場性折價的適用性，只有在離婚協議中，確認丈夫控股權益的價值時，為了有效並可實際執行分割夫妻的資產才採用這樣的折價。

索恩希爾案是價值標準的一個重要案例。在這案件中，妻子以普韋布洛（Pueblo）[188] 的一個異議者案件為例，認為同樣適用於離婚案件。科羅拉多州最高法院不同意，並表示以異議和壓迫案中的法律用語來說，公允價值才是適當的。

由於在離婚法規中沒有這樣的用語，法院拒絕將**普韋布洛案**延伸到離

註解 186

134 Ore. App. 449; 895 P.2d 1387; 1995 Ore. App. LEXIS 772.

婚案中。

因此，雖然科羅拉多州的案件，表明某些類型的資產更接近持有人價值，**索恩希爾案**則顯示，是否採用市場性折價是法院的自由裁量權。

法院會看情況使用股東層級折價來作為決定採用哪種價值標準的準則，這些州可歸類為公允市場價值的州：阿拉斯加州，阿肯色州，康乃狄克州，佛羅里達州，夏威夷州，愛達荷州，伊利諾州，印第安納州，愛荷華州，肯塔基州，路易斯安那州，密西根州，明尼蘇達州，密西西比州，密蘇里州，內布拉斯加州，新罕布夏州，紐約州，北卡羅來納州，俄亥俄州，奧勒岡州，羅德島州，南卡羅來納州，南達科塔州，德州，佛蒙特州，西維吉尼亞州和威斯康辛州。

當法院用商譽的處理和採用股東層級折價作為決定價值標準的兩個準則時，我們可以發現，州政府對每個議題的處理都不會只有一個標準。例如，某個州可能不需要辨別個人和企業商譽，這表示其屬於持有人價值前提，但是州政府也可能會要求要考量股東層級折價。

◆ 公允價值

正如前面提到的，公允價值和公允市場價值是不同的。公允市場價值要考量一個有意願的買家和一個有意願的賣家，而一般來說，公允價值有一方當事人是不樂意的，這是為了要公平的補償其中一方的特別考量。

在異議者的權利與股東壓迫的案件中，許多州會考量不允許折價或者只在特殊情況下才能採用。但是在離婚案中，不管對待個人商譽的處理方式如何，法院也可決定對股價採用折價是不公平的。在那些情況下，法院採用配偶的企業持分比例的價值，也就是通常使用於公允價值的用語。

維吉尼亞州的**豪威爾案（Howell v. Howell）**[189]的結論表示，交換價值沒有折價。這案件探討折價的適用性，但排除任何個人名聲所代表的個人商譽，這個案件通常被認定為公允價值案件。

註解 187
2010 WL-216-9086, June 1, 2010.

註解 188
Pueblo Bancorporation v. Lindoe, Inc. ,63 P.3d 353（Colorado 2003）.

註解 189
46 Va. Cir. 339; 1998 Va. Cir. LEXIS 256.

◆豪威爾案（HOWELL V. HOWELL）

被告豪威爾先生於婚姻期間，曾有 Hunton & Williams 法律事務所的合夥權益。維吉尼亞州的判例法指出，可轉讓的企業商譽屬於婚姻財產，但個人商譽和未來營利能力都不算。維吉尼亞州的法律也禁止出售法律事務所的商譽。此外，Hunton & Williams 的合夥協議規定，當合夥人從公司退出時，他可以在退夥日收到他的資本帳戶的餘額和公司淨收入的持分金額。法院要檢視是否有任何商譽包含在資產分配中，以及如果有又要如何計算。

法院引用了以前維吉尼亞州的一個案子，[190] 認為初審法院的職責，是確定該公司的內在價值，雖然有著一個限制性協議，但不應該影響估價。法院檢視了維吉尼亞州法院以及其他州的各項判決，主審判定有證據表明，無論是否有合夥協議存在，合夥本身具有商譽。

專家們對於估計持分權益的價值時所採用折價幅度意見分歧。被告請的專家採用了 40％的市場性折價，而原告請的專家採用了 6.9％的折價。審判法官則認為，根本沒有缺乏控制權折價的問題，因為沒有哪個合夥人有公司控股權。法庭同樣發現，採用市場性折價並不恰當，因為被告股份是要留在公司才能發揮最高和最佳的用途，上訴法院認為審判法官的判決是適當的。

在此案中，法院使用「最高和最佳」這個概念，解釋所謂的最高價值是，持續存在的業主，才能夠實現價值，而非銷售，因此不宜採用折價。而維吉尼亞州要求區分個人商譽和企業商譽，從而隱含記名配偶的離開，法院在本案的考量是記名持有人繼續存在的最高與最佳價值。這案件中，似乎同時存在著公允市場價值和投資價值的元素。我們將之歸類為公允價值，因為它以企業價值的持分比例來估價。

紐澤西州的**布朗案（Brown v. Brown）**[191] 發布一個花卉批發商之離婚案的估價，採用類似一般在壓迫異議案件中使用的公允價值的元素。這案件沒

註解 190

Bosserman v. Bosserman, 9 Va. App. 1, 5, 384 S.E.2d 104（1989）.

註解 191

348 N.J. Super. 466; 792 A.2d 463.

有區別個人商譽或企業商譽，估價師之間的議題僅為是否應該採用市場性折價和少數股折價。

◆ 布朗案（BROWN V. BROWN）

詹姆斯布朗是一個擁有花卉公司 47.5％股權的警官。布朗先生有 75,000 美元的 W-2 收入（譯註：薪資所得），1099 的收入（譯註：其他所得）為 75,000 美元，而利息收入為 7,131 美元。原審法院已經接受其妻子委任的專家之估價，認為布朗先生在該公司的股權價值為 561,925 美元，不包括任何市場性折價或缺乏控制權折價。

妻子請的專家，就上訴之日的該企業整體價值來進行估價，然後再以丈夫的持股比例計算其持分的權益價值。他認為該持分權益的價值應包含在公平分配中。丈夫請的專家估價結果相同，但是卻採用了 25％的市場性折價和 15％的缺乏控制權折價。

法院認為紐澤西州以前沒有在公平分配的判決上採取折價的先例。

在檢視過兩個估價的假設和元素後，法院比較認同妻子請的專家之證詞。因為標的公司是一家封閉公司，因為無意出售業務，所以沒有任何流動性的議題，因此可以採用公允價值進行評估。法院提到**巴沙美地案**（Balsamides v. Protameen Chemicals, Inc.）[192]（壓迫案件）和**羅森案**（Lawson Mardon Wheaton, Inc. v. Smith）[193]（異議者權利案件）所做出的公允價值判決。

上訴法院說：

ALI 提醒說除了異議股東鑑價請求權以外的估價（比如稅收等估價時），也可以用不同的方法來折價（ALI 準則 §7.22，註釋 325-26）。然而，我們認為在公平分配中沒有理由採用不同的方法。即使詹姆斯請的專家，巴森，承認在紐澤西州的「公允價值」法規下，少數股權的價值不會因為缺乏控制權而打折。他對於在公平分配中採用不同規則並未提供任何

註解 192
160 N.J. 352, 368, 734 A.2d 721（1999）（Balsamides）.

註解 193
160 N.J. 383, 397, 734 A.2d 738（1999）（Lawson）.

解釋。雖然巴森引用「＊490」條款控股股東具有「改變底線的力量」（譯註：即影響損益之能力），作為在本案採用折價的理由之一，但是沒有任何一位單一股東控制得了花店或其主管的底線。

根據我們之前的記錄顯示，沒有關於營運或公司控制權的特殊情況，使得公司的公允價值因為市場性折價可採用「＊＊＊40」條款的折價，或是從詹姆斯的權益價值扣掉了少數股折價。在這種情況下，結果和最高法院的推理一致，我們認為沒有理由因為流動性不足（市場性折價），或缺乏控制權折價（少數股折價）而減少詹姆斯的47.5股（47.5％）的持分價值。

鑑於公平分配的目的，公平的分割婚姻關係所積累的財富，而且對於股東配偶股權估價的目的，是要確定非持有者的配偶，在婚姻中其他資產的公允份額；其中，股東將保留其股份，離婚不會使得這些股份被賣掉，而缺乏流動性不影響少數股權益的公允價值，哪種折價都不合適。

布朗案有公允價值的元素，它否決折價和投資價值，因為考量到企業是不太可能出售。此案指出，丈夫將繼續持有該資產所有權所獲得的好處。如前所述，阿拉巴馬州的**葛瑞爾案（Grelier）**[194] 即引用**布朗案**。

◆ 葛瑞爾案（GRELIER V. GRELIER）

對這個阿拉巴馬州案件的第一印象，是涉及一家房地產開發公司的所有者權益。案件到了阿拉巴馬州上訴法院兩次，包括該法庭在二度聽證會上撤回其判決。

在這案件中，丈夫擁有一家商業地產開發公司25％的股權。有個專家估計該／股權的價值，在按比例估價的基礎上，剛剛好超過100萬美元。原審法院接受其估價，但在該丈夫所委任專家的作證下，採用了40％結合少數股和市場性的折價。原審法院認為「不這樣做就會忽略掉

註解 194
Grelier III. 2009 WL 5149267（Ala Civ. App.）（Dec. 30, 2009）.

當事人財務狀況的現實。」當事人曾在此度過艱困時期，並有顯著的信用卡和其他債務。此外，丈夫的一些不動產開發項目有負的權益。

妻子就原審法院對一些問題的判決提出上訴，其中包括 40%的合併少數股以及市場性的折價。妻子認為，對封閉公司因離婚目的而採用這樣的折價並不恰當，因為公司還是在持續經營狀態，並沒有被出售。最初，民事上訴法庭肯定折價，是因為在協議上有指出特定事件時，雙方同意請專家來決定丈夫 25%股權的公允市場價值。

該意見經重新審理後被撤回，上訴法院陳述了新的意見。在新的意見中，法院將離婚案件類比到股東的異議案件。結論認為不應該採用少數股折價和缺乏市場性折價，並引用紐澤西州**布朗案**的結論。阿拉巴馬州民事法院表示：

因為阿拉巴馬州最高法院，已經採用了與紐澤西州異議者案件同樣的理由，似乎有理由認為，後續涉及封閉持股企業的少數股的離婚案件，也將遵循同樣的理由。

北達科塔州也有兩個法庭看來是以公允價值作出判決。其中一個案子[195]審視一種情況，認為妻子唯一可收回其權益的方式，是以一位被壓迫股東的身分申訴；因此，在離婚訴訟中，法庭判給她其權益的公允價值，沒有市場性折價和缺乏控制權折價。在另一個案例中，[196] 法院維持原審法院對於缺乏控制權的小折價，認為是公平的判決。在這些案件中，法院似乎一直在尋找公平的解決方案，而不是嚴格的依循特定價值標準。

在 2003 年的**索馬斯案（Sommers）**[197] 和 2011 年的**紐芬案（Nuveen）**[198]中，北達科塔州法院設定的標準為公允市場價值。

註解 195

Fisher v. Fisher, 1997 N.D. 176; 568 N.W.2d 728; 1997 N.D. LEXIS 195.

註解 196

Kaiser v. Kaiser , 555 N.W.2d 585; 1996 N.D. LEXIS 253.

註解 197

Sommers v. Sommers , 660 N.W.2d 586（N.D. Supr. Ct. 2003）.

註解 198

Nuveen v. Nuveen , 795 N.W.2d 308（N.D. Supr. Ct. 2011）.

總之，有 3 個州看來似乎是在交換價值的前提下，偏向公允價值標準：阿拉巴馬州，麻薩諸塞州和維吉尼亞州。表 5.7 顯示有關股東層級折價的價值連續性。

表 5.7

價值連續性：公允市場價值和公允價值下的折價

價值前提	交換價值		持有人價值
價值標準	公允市場價值	公允價值	
折價	採用折價	不採用折價	
案例	托夫特案	豪威爾案	
		布朗案	

◆ 交換價值下的買賣協議

很多時候，評估一個企業，尤其是專業公司的時候，存有股東間或合夥人間的協議，提供股東或合夥人在死亡、退休、或其他退出方式的處理方法。

這樣的合夥或股東協議的存在，可能會對價值產生影響，因為，這樣的協議有助於勾畫參與者在某些情況下可得之金額。在離婚訴訟中，許多人認為這樣的協議是一種價值指標，但不一定可以用來推論價值。還有一些州視這樣的協議為價值的唯一指標，如果它是合時宜的、符合常規的、並且遵照執行的話。

從邏輯上講，如果協議符合上述標準的話，採用公允市場價值標準的州，可能會傾向於遵循這樣的協議。然而，如果有個買賣協議，但從來卻沒有真正被執行過，它的影響力會比定期更新與執行的買賣協議低很多。[199] 更有甚

註解 199

Frank Louis, "Economic Realism: A Proposed Standard," New Jersey Institute of Continuing Legal Education 2005 Family Law Symposium.

者，因為沒有銷售的事實，採用投資價值標準的州可能會給這些協議很低的權重（如果有的話）。一直以來，以我們的經驗來說，不管在任何價值標準下，買賣協議的權重取決於事實的情況。

在交換價值的前提下，買賣協議通常要從兩個方面來看。首先，協議可被視為可以推定的，因為股份出售時，協議中規定的數字，是所有的股東可能會接受的數字。相反的，法庭如採用公允市場價值標準，可能會給予買賣協議較小的權重，因為它並不代表假設的公開市場上的自願買賣雙方。

許多法院已經考量要採用買賣協議中規定的值，但很少考慮將這種協議用在離婚案件上。比如說，**賓州巴可案（Buckl v. Buckl）**[200] 指出，買賣協議或其他類似協議應視為企業估價的因素之一。然而它並沒有確立這協議規定的價值必須為主。

康乃狄克州的達希爾案（Dahill v. Dahill）[201] 也討論了這個問題，更加依循公允市場價值的假設本質。

◆ 達希爾案（DAHILL V. DAHILL）

達希爾先生擁有一家家族企業的股份，當達希爾先生病時，他與其他股東簽署協議，協議提供了對達希爾先生將股份給兒子的第一否決權，並設定在其死亡時的購買價格。然而，在婚姻關係終止時，達希爾先生有權在公開市場出售他的股份。

達希爾夫人請的專家估計該股份的價值為帳面價值的 1.5 倍，1,100,000 美元，就是依據該協議在達希爾先生去世時可得到的價值。專家承認這不是該股份的公允市場價值，而是在達希爾先生手上的價值。達希爾先生作證說，1992 年時，他的股份根據專家的估值為 350,000 美元。法院認為，這個日期已太久遠而難以控制。

註解 200
373 Pa. Super. 521; 542 A.2d 65; 1988 Pa. Super. LEXIS 1048.
註解 201
1998 Conn. Super. LEXIS 846（Conn. Super. Ct. 1998）.

法院指定一個專家，對達希爾先生持有之公司權益以公允市場價值估價，扣除流通性折價後，得到 490,000 美元的價值，法院判決達希爾先生的股份價值為 500,000 美元。法院指出，由於沒有觸發股東協議的事件發生，因此基於協議所提出的估算價值是不正確的。法院還指出，它的責任是要找出公允市場價值而非帳面價值或「在手的價值」（in-hand value）[譯註]

紐澤西的**史騰案（Stern v. Stern）**[202] 顯示了在買賣協議中，以交換價值作為主要指標的範例。

◆史騰案（STERN V. STERN）

史騰先生是一家備受尊重的律師事務所的合夥人，在承認他的合夥權益是婚姻財產的同時，他就法庭對該合夥的估價判決提出抗告，原審法院也評估過其營利能力。

從營利能力的議題開始，上訴法院認為，即使營利能力被另一方的配偶強化，也不應該被認定為婚姻財產，但這可以在公平分配財產時考量進去，也和贍養費的計算有關。

至於該合夥權益的價值，上訴法院則是檢視一份合夥協議的條款。該協議反映了合夥的價值超出其資本賬戶的價值。這個超出的價值是每季調整的，儘管在不同狀況下會有不同的價值，法院認為合夥人死亡時的價值應用到離婚的情況中。

雖然協議中規定的價值構成了該合夥權益價值的推定值（並因此可能受到質疑），但法庭認為，只要公司書面資料保存良好，合夥權益的價值是經過定期且仔細審查的，那麼價值的推定應該是有效的，除非有明確和令人信服的證據，證明該價值與合夥協議的數字差異甚大。

譯註
即持有價值。

註解 202
66 N.J. 340; 331 A.2d 257; 1975.

這案件在紐澤西州持續造成很大的爭議，有人認為該協議應該控制，因為這是全部股東將會得到的。此外，一些從業者認為協議的條款，在股東變老和接近他取得他的收購時會顯得更重要。這是遵循交換價值的前提。其他人則認為，**杜根案**的投資價值原則，和**布朗案**的公允價值原則可以取代這個案件。根據案件的事實和情節，最終法院會是各種爭論的仲裁者。

表 5.8，顯示買賣協議對我們分析圖表的補強。

表 5.8

價值的連續性：交換價值下的買賣協議

價值前提	交換價值
價值標準	公允市場價值

買／賣	視為經濟現實而接受：賣方最終得會到的最大值
	史騰案
	視為決定價值的因素之一，但不是推定價值
	布倫納婚姻案
	拒絕接受經濟現實，法院尋求假設的自願買賣雙方
	達希爾案

審視阿肯色州的判例法，看來似乎不太依賴買賣協議的規定，因為它不堅持公允市場價值的嚴格解釋。正如**達希爾案**提到的，一些康乃狄克州案件就不太強調買賣協議的規定，但其他州似乎比較強調這樣的協定。在阿拉斯加州、哥倫比亞特區、愛荷華州、奧克拉荷馬州和德州法院，就是基於買賣協議來估算價值。康乃狄克州、佛羅里達州、喬治亞州、伊利諾州、肯塔基州、明尼蘇達州、密蘇里州、俄亥俄州、奧勒岡州、賓夕法尼亞州，西維吉尼亞州和威斯康辛州都認為，買賣協議對個案的情況是很敏感的，可以在估價中考慮進去，但不一定會是推定值。

表 5.9

呈現交換價值前提下之價值的連續性，包括至目前所討論的公允市場價值標準和公允價值標準。

價值前提	交換價值			

價值標準	公允市場價值	公允價值
	安托力與哈維案	博布羅案

無形價值	企業商譽可能很低或不存在	僅有企業商譽
	威廉斯案	湯普森案

基本假設	離開與競爭	包括議競業禁止	法院的裁決
	協議競業禁止排除於價值外	沒提到協議	

折價	採用折價	不採用折價
	托夫特案	豪威爾案

買／賣	視為經濟現實而接受：賣方最終得會到的最大值
	史騰案
	視為決定價值的因素之一，但不是推定價值
	布倫納婚姻案
	拒絕接受經濟現實，法院尋求假設的自願買賣雙方
	達希爾案

總之，根據我們的分析，有 40 個州屬於交換價值前提：

阿拉巴馬州	密西西比州	密蘇里州	阿拉巴馬州
阿肯色州	內布拉斯加州	康乃狄克州	新罕布夏州
德拉瓦州	北達科塔州	阿肯色州	阿肯色州
哥倫比亞特區			
俄亥俄州	奧克拉荷馬州	佛羅里達州	喬治亞州
奧勒岡州	夏威夷州	賓夕法尼亞州	愛達荷州
羅德島州	伊利諾州	南卡羅來納州	印第安納州
南達科塔州	愛荷華州	田納西州	堪薩斯州
德州	肯塔基州	猶他州	路易斯安那州
佛蒙特州	維吉尼亞州	緬因州	馬里蘭州
西維吉尼亞州	麻薩諸塞州	威斯康辛州	明尼蘇達州
懷俄明州			

持有人價值

採持有人價值的州，通常會對資產或婚姻期間由配偶雙方共同努力所創造的資產，進行辨認與估價，不管該資產是否具有市場流通性。偏向採用持有人價值前提的州，會考量記名持有之配偶所收取的現金流，不管這資產是否可轉讓。

◆ 商譽

商譽的定義有很大程度代表特定個人屬性的投資價值：

相較於新公司，持續經營公司可以享受的經濟利益，從（1）與所有市場所建立的關係，包含輸出和輸入，（2）與所有的政府部門和其他非商業機構所建立的關係，和（3）個人關係。[203]

依循投資價值標準的州似乎採用這樣的概念，就是雖然企業可能不會立即出售，而且可能在缺乏業主／關鍵員工時，沒有超過其有形資產淨值的價值，但是公司對業主來說具有持續經營的價值，因此算是婚姻財產。在採用持有人價值的州，對財產的觀點廣泛得多，而且承認記名持有人將繼續作為

註解 203

Allen Parkman, "The Treatment of Professional Goodwill in Divorce Proceedings," 18 Family Law Quarterly, No. 213（1984）.

業主，並持續從現存的資產中受益。

紐澤西州的**杜根案（Dugan v. Dugan）**[204]，就是早期處理商譽的案件之一，顯示了法院對將個人商譽納入婚姻財產的理由。

◆ 杜根案（DUGAN V. DUGAN）

經歷 20 年的婚姻後，杜根與妻子離婚。杜根先生是紐澤西州律師協會的成員，並會繼續在一家專業事務所執業。

杜根先生對下級法院有關財產分配的判決提起上訴，紐澤西州最高法院必須確認杜根先生法律技能的商譽是否可作為公平分配的資產，如果可以，要如何估價。在這案件當時（1983 年），紐澤西州律師不准出售其商譽。

紐澤西最高法院將有形資產與無形資產區別開來，無形資產沒有內在價值，但卻有所有權，而且會佔到部分的有形資產。無形資產，比如說商標、專利是可辨認的無形資產，而商譽則是基於可能會產生未來業務的名氣。

法院隨後指出，商譽是一種法律保護的利益，從以競業禁止協議防止賣方進行競爭來看可見其效力。此外，紐澤西州的遺產稅需要考慮商譽。它也被認為是屬於清算價值的元素之一。

商譽可以轉化為預期收益，而且從會計的角度來看，可以定義為超過正常投資報酬的未來預估收益。法院闡明，認為商譽和未來營利能力中，商譽不僅反映了未來營利的可能性，而且根據現有狀況以及離婚後的機率，法律這個職業將會繼續從商譽中獲益，如同在婚姻存續期間一樣。以分配來說，忽視另一方對經濟發展的貢獻是不公平的。

法院還認為，出售法律專業的商譽存在著侷限性；然而，商譽本身具有顯著的價值，不管任何限制。法院發現了幾個估價上的問題，包括確定合理補償的方法。法院認為，這些方法是用來確定企業效能，而不是原告的合理補償。相對的，法院指出有關年齡、經歷、學歷、專業知識、

註解 204
92 N.J. 423; 457 A.2d 1; 1983 N.J.

努力和所在地等等，應該是確定合理補償的考慮因素。此外，估價師在收入流添加太多的費用，而且將律師薪酬與全國各地平均值比較，而不是與特定的區域比較。法院還檢視了非實質資本化率的議題。

透過這案子所建立的重要概念是，商譽具有價值，如果只針對持有人，那就不用管其市場性。

＊名人商譽： 目前，紐澤西州是唯一有將名人商譽作為婚姻財產的州，因為州政府意識到名人的發展就像企業中的個人商譽，也要靠非名人配偶對婚姻關係的貢獻才能創造。[205] 紐約州也有類似的概念，但將它歸類為名人地位，而不是名人商譽。

在**彼斯柯波案（Piscopo v. Piscopo）** 中，[206] 喜劇演員喬彼斯柯波，在離婚後，其名人地位的價值被法庭分配。

◆彼斯柯波案（PISCOPO V. PISCOPO）

紐澤西州高級法院於 1989 年在彼斯柯波案中處理名人商譽的話題，審判法庭[207] 認為，婚姻財產包括喬彼斯柯波的名人商譽。

法院的專家發現，彼斯柯波的收入是透過彼斯柯波製作公司，而他的收入是在每年年底確定，就如在任何公司一樣。專家對公司估價，如同其他專業公司一樣，考慮到彼斯柯波的商譽。

在對彼斯柯波的商譽估價時，專家以其三年間總收入平均的 25％計算出價值 158,863 美元的商譽。審判法庭援引**杜根案**[208]，接受商譽是可能產生未來收入的可分配資產。

註解 205

Robin P. Rosen, "A Critical Analysis of Celebrity Careers as Property upon Dissolution of Marriage," 61 George Washington Law Review, No. 522（January 1993）.

註解 206

232 N.J. Super. 559; 557 A.2d 1040; 1989.

註解 207

Piscopo v. Piscopo , 231 N.J. Super. 576, 580-581（Ch. Div. 1988）.

彼斯柯波聲稱這情況和杜根案不一樣，因為專業在未來能有可靠的收入，而演藝界收入不穩定。法院不同意，理由是杜根案是由過去的營利能力以及未來可能持續的機率來衡量商譽。

上訴法院也同意原審法院的意見，法官指出，如果衡平法院「藉由盜取其商譽的不當得利」，Ali v. Playgirl, Inc., 447 F.Supp. 723, 729（S.D.N.Y.1978），來保護名人和公司，而同時又剝奪配偶共享這個保護的利益的話，這樣會令人無法接受。[209]

法院還援引紐約的**戈盧布案**（139 Misc.2d 440，527 NYS2d 946（Sup. Ct.1988）），案中認定名人的營利能力為一項資產，而因為其能力的提高也有另一方的努力。

上訴法院認可原審法院，認為彼斯柯波有名人商譽的價值，而且應當在離婚中進行分配。

加州在電影導演約翰‧麥克蒂南案件中作了首次有關的名人商譽的判決。原審法院認為，他的名聲本質上有資產價值，基於他的營利能力遠超過其他一般的導演。法官認為他的職業類似於律師，醫生，牙醫，建築師，以及任何其他專業，都是很專門的職業，丈夫已經開發出超過一般導演的營利能力。然而當上訴法院重新審視判決時，認定商譽必須依附於企業體，哪怕是獨資經營或專業事務所。[210]導演這種職業在案件中，不被認為是公司型態。該案件有上訴，但是加州最高法院拒絕重審。[211]

紐約州已經有幾起名人商譽的案件，但這些案件都和配偶在婚姻過程中增加營利能力有關，這個被稱為名人地位（celebrity status），以**戈盧布案**[212]

註解 208

Dugan v. Dugan , 92 N.J. 423（1983）.

註解 209

Piscopo v. Piscopo , 231 N.J. Super., at 579（slip opinion at 4）.

註解 210

McTiernan v. Dobrow , 133 Cal. App. 4th 1090; 35 Cal. Rptr. 3d 287; 2005 Cal. App. LEXIS 1692.

註解 211

2006 Cal. LEXIS 1743.

為例，法院判決名人地位及其伴隨的營利能力增加應包括在內，因為非名人的配偶在婚姻存續期間對名聲有其貢獻。在紐約，法院遵循和**曼恩案（Mann v. Mann）**[213] 一樣的基本原則，認為表演者的職業生涯在結婚前已經建立，法院認定商譽並非由於婚姻的努力，因此沒有納入應分配的財產項目。

　　＊**個人商譽 VS 營利能力**：要區分個人商譽與固有獨立財產，有些人認為，個人商譽和營利能力（無法分配的）無法區分。以威斯康辛州的**霍爾布魯克案（Holbrook v. Holbrook）**[214] 為例，顯示：「當人們會試圖將專業商譽與未來營利能力區分開來時，這個商譽的概念即消失無蹤。」法院認為，一個專業公司的商譽具有價值，但認為這價值不屬於獨立的財產，因為這僅僅是保證未來營利的延續。排除商譽是基於幾個因素，包括估價的困難度，就業範圍之狀況對商譽的存在有決定性，商譽是否真正有營利能力的考量，重複計算的疑慮（稱之為雙重計價）和離婚時有形資產（現金或等值品）與無形資產（企業商譽）交換的需求。這種觀點衍生了幾個判決，其中包括南卡羅來納州的**唐納修案（Donahue v. Donahue）**[215] 和**希肯案（Hickum v. Hickum）**[216]。

　　威斯康辛州法院後來在自己的**裴文鵬案（Peerenboom v. Peerenboom）**

註解 212

139 Misc. 2d 440, 527 N.Y.S.2d 946（Sup. Ct. 1988）.

註解 213

N.Y.L.J ., Jan. 10, 1995, at 26（Sup. Ct. N.Y. County）.

註解 210

McTiernan v. Dobrow , 133 Cal. App. 4th 1090; 35 Cal. Rptr. 3d 287; 2005 Cal. App. LEXIS 1692.

註解 211

2006 Cal. LEXIS 1743.

註解 212

139 Misc. 2d 440, 527 N.Y.S.2d 946（Sup. Ct. 1988）.

註解 213

N.Y.L.J ., Jan. 10, 1995, at 26（Sup. Ct. N.Y. County）.

註解 214

103 Wis.2d 327, 309 N.W.2d 343, 1981 Wisc. App. LEXIS 3322（Wis. Ct. App. 1981）.

註解 215

S.C.（1989）299 S.C. 353, 384 S.E.2d 741.

註解 216

463 S.E.2d 321（S.C. Ct. App. 1995）.

中，[217] 一個牙科診所的估價案件，和**霍爾布魯克案**區分開來。法院檢視了律師在其事務所的權益，因為道德因素是不可以賣的概念（如**霍爾布魯克案**）。但是，在醫療診所中沒有這樣的理由，因此，價值中可能會包括可轉移的商譽。然而，法院的確保留了商譽必須與個人商譽分開的作法。**裴文鵬案**後來延伸出一個概念，認為持續經營企業的商譽是可銷售和可分配的。[218]

曾有好幾個評論認為，專業技能的商譽無法和營利能力加以區分，而且由於這兩個分不開，商譽不應該包含在婚姻資產中。首先，許多人認為與公平分配的目標不相稱：認為婚姻應該被視為經濟的合夥關係，認為配偶雙方各對特定資產有貢獻。其次，因為估價困難而否認非所有權人之配偶對資產的持份，是不公平的。不過，有些人認為商譽不僅反映未來的收益，也不宜認定為是夫妻合夥的產物。[219]

科羅拉多州法院在**布考特案（In re: Bookout）**中[220] 則支持，商譽是財產或補強另一種資產、企業、或專業營利能力的資產之觀點，因此這不是營利能力本身。此案援引華盛頓州、加州和紐澤西州的眾多判決，都是將營利能力和商譽分開。正如預期的，這些州似乎都認為在一定程度上，這都屬於持有人價值的前提。

為了進一步闡明商譽和營利能力之間的差異，華盛頓州的**霍爾案（In re: Hall）**[221] 中，配偶雙方都同樣有醫生學歷，其中一個執業，而另一位擔任老師。法院認為，儘管這兩個醫生可能有平等的賺錢能力，不過只有執業醫生有商譽，因為商譽需要依附在個人上。這一概念也為紐澤西州認可。

＊專業學位及證照或增強的營利能力的價值：所謂走開論（walk-away doctrine）是在價值連續性的一個極端，專業學位、證照的估價，以及增強的賺錢能力是價值連續性的另一端。此外，婚姻財產的這些項目，沒有基於

註解 217
433 N.W.2d 282（Wis. Ct. App. 1998）.

註解 218
Sommerfeld v. Sommerfield , 454 N.W.2d 55（Wis. Ct. App. 1990）.

註解 219
Kistjardt, "Professional Goodwill in Marital Dissolution," 2.04.

註解 220
833 P.2d 800（Colo. App. 1991）, cert. denied, 846 P.2d 189（Colo. 1993）.

註解 221
103 Wn.2d 236, 692 P.2d 175（1984）.

企業需求性的估價。布萊克法律詞典（Black's Law Dictionary）對營利能力
（earning capacity）的定義為：

　　一個人的賺錢能力，來自天賦、技能、培訓和經驗。營利能力是在個人
傷害訴訟中，衡量損害可回復性的元素之一。而在家庭法中，在離婚時，要
給子女撫養費和配偶贍養費以及分財產的時候，營利能力要列入考量。[222]

　　增強的營利能力（Enhanced earning capacity）是一個人賺取，超過所謂
的正常職業發展所能賺取的盈餘之強化能力，而且這能力是由於婚姻存續期
間，配偶的共同努力所導致的。這通常是由個人在剛結婚時可以賺取的金額
和婚姻結束時可以賺取的金額，之間的差額來量化。這可能是因為取得學位、
證照或某種類型的培訓、經驗，或技能精進，導致可以產生超越正常職業水
準的非凡營利。據我們所知，只有紐約將專業學位以及證照和職業技能的提
升視為婚姻財產。

　　紐澤西拒絕將營利能力納入可以公平分配的資產。有一個審判法庭將營
利能力納為個人的「無形」資產[223]，紐澤西州最高法院駁回了這個概念，聲明：

　　潛在的營利能力，無疑的是為主審法官決定如何「公平」分配的因素之一，
而且它更是和贍養費議題明顯相關。但是在法規中它不應該被視為財產。[224]

　　通常情況下，營利能力無疑是決定配偶贍養費或分配資產的一個考量，
而非在決定婚姻財產。大多數州認為個人進入婚姻時本來就具有一定的知識
技能或人力資本。

　　他們擁有特定營利能力的技能、天份、教育和經驗。在婚姻期間，透過
進修教育或增加經驗，他們可能藉由學位或證照增強本身的人力資本，而不
管是直接還是間接，配偶都有其貢獻。將這些類型的資產納入婚姻財產的理
由似乎是基於這樣的貢獻，配偶應該可以分享未來創造的利益。這樣的包含
基本上認定是配偶聯合投資在學歷或職業證照持有人之職涯的概念。[225]

註解 222
Garner, Black's Law Dictionary, at 547.
註解 223
123 N.J. Super., at 568.
註解 224
Stern v. Stern, 66 N.J. 340, at 260.
註解 225
Kelly, "Sharing a Piece of the Future Post-Divorce," at 73.

對於在婚姻期間營利能力能夠增強部分來自配偶另一方的努力和犧牲的觀點，以及這些在婚姻存續期間發展出來的強化營利能力，看來應該是有意識地決定要將其視為資產，而不是看作收入用來決定扶養費。最初，分配增強的營利能力其背後的觀點似乎是，如果沒有分配這個資產，為此增強的營利能力做出貢獻的受扶養配偶就分不到任何資產。[226] 紐約的**歐布萊恩案**（O'Brien v. O'Brien）[227] 就可以看出這樣的推論，這個案子建立紐約州對婚姻存續期間取得的專業證照要視為婚姻財產的處置模式。

◆ 歐布萊恩案（O'BRIEN v. O'BRIEN）

在本案中，在醫生和他的妻子進行離婚訴訟期間，法院討論有關醫師執照是否視為婚姻財產有可分配的價值，在婚姻期間沒有其他相應價值的資產，丈夫最近獲得了醫師執照。上訴法院認為，原告的證照不是婚姻財產，但發回給審判法庭作進一步審理。紐約上訴法院不同意低階上訴法院的判決，認為根據紐約家庭關係法，這個證照應該要視為財產。

這對夫妻結婚時，兩人都在一所私立學校當老師。妻子有學士學位和教師證照，但還需要進修教育學分以獲得紐約州的認證。法院認為，她放棄了進修取得紐約州認證的機會，讓丈夫去追求學歷。婚後兩年夫妻搬到墨西哥，丈夫在那裏當全職的醫科學生，三年後回到紐約，丈夫完成了醫學院最後兩個學期的學業，妻子也復職。丈夫取得醫師執照四年後不久就離婚。

婚姻期間，雙方都對教育和生活費用做出了貢獻，也都從他們的家人那裏接受資助。但法院發現，婚姻中在丈夫取得學位期間，妻子在收入上貢獻了 76％，妻子請的專家比較普通外科醫生的以及一般大學生平均收入，時間是從丈夫離開起到 65 歲為止，認為醫師執照的價值為472,000 美元。以通貨膨脹，稅收和利息等等調整還原到目前的價值。該專家還認為，妻子對丈夫教育的貢獻是 103,390 美元。

註解 226

David M. Wildstein and Charles F. Vuotto, "Enhanced Earning Capacity: Is It an Asset Subject to Equitable Distribution under New Jersey Law?"（www.vuotto.com/earningcapacity.htm）.

註解 227

66 N.Y.2d 576; 489 N.E.2d 712; 498 N.Y.S.2d 743; 1985.

原審法院判決應分配醫師執照的 40％給妻子，以 11 年分期支付。上訴法院推翻這判決，認為基於以前案例證照價值不被視為婚姻財產。

丈夫聲稱他的執照應被排除在財產外，不管是婚姻財產還是個人財產，因為其代表個人的知識程度。法院審查後表示：「法院應考慮無所有權的一方，不管是身為配偶、父母，有收入者和家庭主婦的共同努力或支出與服務，對於諸如另一方事業生涯或執業權益等，這種難以評估的婚姻財產，有著直接與間接貢獻的任何公平補償。」（家庭關係法 §236（B）（5）（D）（6），（9）。

上訴法院（紐約最高法院）解釋這句話的意思是，專業或職業生涯的權益算是婚姻財產。法院提出法規的歷史來佐證這個解釋，因為傳統普通法的記名制度不公平。

而這項法規的目的，就是將婚姻視為經濟合夥關係，與列入證照價值的考量是一致的。

上訴法院指出，有沒有市場價值、是否可以讓渡無關緊要，最終，法院判決，如果有執照現值和工作配偶貢獻的證據，醫師執照可視為婚姻財產作合理分配。

法官 J. Titone 持同意的意見並指出，紐約的家庭關係法是為了提供靈活性以求取公平。

然而，**歐布萊恩案**的論點卻遭受批評，評論者指出其法律用語，關注在財產的分配而不是其本身定義上。該法令指示法院在分配婚姻財產時，要考量「對另一方職涯或職涯的潛力的貢獻」，而不是辨別這項貢獻。該段建議配偶的貢獻應該算進可分配財產。[228] 實質上，貢獻的配偶應該分到這塊餅的更大比例，而不是擴大這塊餅。

因為個人商譽最終可能會與技能商譽合併，有人認為最終，醫師執照的價值會包含在其執業之中。紐約州**麥克史派隆案（McSparron v. McSparron）**[229]

註解 228

Kenneth R. Davis, "The Doctrine of O'Brien v. O'Brien: Critical Analysis," 13 Pace Law Review（1994），at 869.

探討了這個問題，並質問是否要最終這執照的價值會反應在其收入的增加？在這案件中，法院考慮的因素包括執業的環境和地點的變化，最終認為，不管怎樣，證照具有職業生涯之外的價值，認定這沒有合併。

在持有人價值的前提下，我們已經找到了最極端的應用，紐約州**修吉案**（Hougie v. Hougie）[230]，一個有關在財產分配時納入投資銀行家其增強營利能力的案子。該案件的事實表明丈夫必須有證照才能執行工作，但是法院認為，無論是否需要證照，丈夫增強的營利能力是可分配的資產。

麥克史派隆案在紐約州創造了一個可能性，就是婚姻期間取得的證照還有一家企業或企業權益，在離婚時都可能可以估價以及可以分配。這在**格倫菲爾德案**（Grunfeld v. Grunfeld）[231]也是同樣的議題，身為海關律師的先生，在婚姻期間取得律師執照並執業。在審判法院時，兩者都進行估價。不過主審法官判贍養費給老婆時，對於證照價值也同樣使用預估執業收入的方法。因為避免重複計算，審判法庭法官並未分配證照的價值，因為已經被列入贍養費中。妻子上訴，而上訴法院修改了原審法院的判決，並責令丈夫專業執照價值的一半要分給妻子。

丈夫上訴到紐約最高法庭的上訴法院。上訴法院認為：

作為婚姻關係的資產，專業執照的價值，是需要仰賴持照人未來勞力的一種人力資本形式。這項資產完全無法區分，也不是獨立於未來職業收入的存在，無法構成贍養費的基礎。有執照的配偶的資產與收入，被重複分配給無執照的配偶。[232]

上訴法院認為原審法院分配證照價值和贍養費是重複計算。

紐約處理這些資產的方法是有點獨特，也有批評聲音。一個紐約婚姻委員會的報告就建議修改法規，建議紐約考慮婚姻財產排除增強的營利能力，

註解 229

87 N.Y.2d 275; 662 N.E.2d 745; 639 N.Y.S.2d 265; 1995 N.Y. LEXIS 4451.

註解 230

261 A.D.2d 161; 689 N.Y.S.2d 490; 1999 N.Y. App. Div. LEXIS 4588.

註解 231

Grunfeld v. Grunfeld , 94 N.Y. N.Y.S.2d 486（Ct. App. 2000）.

註解 232

Id .

專業學位或證照以及名人地位。[233] 而其中學位、證照及名人地位在紐約都被認為是婚姻財產。一些部門還考慮將增強的營利能力也列入婚姻財產。然而在過去的幾年中，分給非記名配偶的總金額已經在減少了。

◆ 雙重計價

一個企業的價值是企業未來預期收益的現值，不管是透過資產、市場或收入方法。當企業價值在離婚要分配時，非業主的配偶即可獲得某些類型的資產，以換取共有財產的公平比例。要分給非業主的配偶的企業股份，是基於對業主未來預期的收益。雙重收費可能是因為在估價和贍養費的計算時，使用同樣的收入流量。在處理婚姻財產的分配和贍養費之間的相互關係時，這個議題越來越重要。

例如，在使用收益法或超額盈餘法對公司估價時，主管的報酬超出合理的報酬的部分會加回到公司的收入流量並資本化。從本質上講，這估價拿業主的一部分報酬加以資本化以估計該企業的價值，然而，在同一時間，會將所有可得的全考慮進去計算贍養費，結果造成兩次計算。[234]

雙重計價最早是在以婚姻財產處理養老金時出現。至於在企業估價的應用是在 1963 年美國威斯康辛州**克羅佛斯特案（Kronforst v. Kronforst）**[235]，法庭指出：「這樣的資產不能被包括在財產分割的主要資產，然後又包括在給贍養費的收入項目中。」但是紐澤西州在**史坦那肯案（Steneken v. Steneken）**[236] 中，允許贍養費和公平分配使用相同的收入來源。

＊持有人價值的分類，基於各州對商譽的處理方式

使用投資價值的州，通常會考量到所有專業技能或專業公司的商譽，而且

註解 233

Hon. Sondra Miller, "Report to the Chief Judge of the State of New York," New York Matrimonial Commission, February 2006.

註解 234

Donald J. Degrazia, "Controversial Valuation Issues in Divorce," presented at the 2003 AICPA National Business Valuation Conference.

註解 235

21 Wis.2d 54, 123 N.W.2d 528（1963）.

註解 236

2005 N.J. LEXIS 57.

不會要將個人和公司商譽區分開來。加州的**哥登案（Golden v. Golden）**[237] 就是採用投資價值的一個例子，法庭的理由是基於非專業配偶在這個價值中的貢獻。

有趣的是，**哥登案**和賓州的**蓋德斯案（Gaydos v. Gaydos）**[238] 在婚姻財產的處理之間有顯著的差異。兩案的法院都認為專業技能在婚姻結束後依然存在價值。加州認為商譽是婚姻期間有持續營運價值的公司之產物，應該雙方分配，而賓州則排除這個價值，因為這個和個人執行以及未來能力的關係過與緊密。

華盛頓州對個人商譽的看法可能和加州稍微不同，如**盧肯案（In re: Lukens）**[239] 的範例。華盛頓州法院認為個人商譽可能沒有市場性，但表示它仍然是一種資產。法院認為商譽是一種剛畢業或是剛換工作地點需要重新開始的概念。雖然執行者透過培訓和實習獲得技能，但是他在新的地方並不會有商譽，而商譽與執業息息相關。

如前所述，紐約是唯一一個，明確將專業學歷、職業證照、名人地位，或是婚姻期間獲得的營利能力，納入婚姻財產的州。另外，紐澤西州沒有將專業學歷納為婚姻財產，但會考慮名人的商譽價值。其他州則認為，包括專業證照或學位的價值可以會在某些情況下被認可。

表 5.10 展現持有人價值前提下的價值連續性。

註解 237

270 Cal. App. 2d 401; 75 Cal. Rptr. 735（1969 Cal. App.）.

註解 238

693 A.2d（Pa. Super. Ct. 1993）.

註解 239

16 Wn. App. 481, 558 P.2d 279（1976）, review denied, 88 Wn.2d 1011（1977）.

表 5.10

價值的連續性：持有人價值前提下的無形資產與案例

價值前提	持有人價值	
價值標準	公允價值	投資價值
無形價值	企業和個人商譽	個人的無形價值
案例	杜根案	歐布萊恩案
基本假設	假設業主將繼續擁有的持續經營價值權	增強收入能力

接下來我們進入採用持有人價值前提的州，其股東層級的折價和買賣協議權重的討論。

◆持有人價值前提下的股東層級折價

在持有人價值前提下，在假設公司所有權不會變動的情況下估價。正如我們所討論的，基於這個前提，即使個人商譽不能出售，仍須納入婚姻財產項目中。因此，和交換價值前提有關的，缺乏控制權折價和缺乏市場性折價通常不適用。

蒙大拿州屬於混合州，在特定的離婚估價中會採用折價，比如**德科斯案（In Re: Decosse）**[240] 就採用 20％的缺乏控制權折價。我們認為，紐約州也是一個混合州，紐約州在企業估價上遵循公允市場價值標準，但是婚姻財產中的專業學歷、證照以及增強營利能力的估價上採用最自由的定義。

遵循持有人價值的州，在沒有特殊情況下都不會採用折價：亞利桑那州、加州、內華達州、紐澤西州、新墨西哥州和華盛頓州。

註解 240
282 Mont. 212; 936 P.2d 821; 1997 Mont. LEXIS 66; 54 Mont. St. Rep. 318.

◆ 公允價值（Fair Value）

有些案子在使用公允價值的語言時，常常採用投資價值的假設，這個用在交換價值或持有人價值都可以。當案件提到企業價值的比例，拒絕股東層級折價，或提到了買方或賣方不願意，他們用的價值標準一般都是公允價值。雖然紐澤西州的**布朗案（Brown v. Brown）**[241] 和路易斯安那州的**艾靈頓案（Ellington v. Ellington）**[242] 引用投資價值的概念，像業主與僱員的持續經營價值，這些案件的主要語言都涉及公允價值。

正如前面提到的，路易斯安那州的**艾靈頓案**可能被認為是公允價值。而妻子請的專家使用超額盈餘法估出 668,000 美元的價值，丈夫請的專家認為債務的公允市場價值比資產還要更高出約 55,000 美元，因此公司沒有價值。法院駁回兩位專家的證詞，因為每個都使用公允市場價值標準，而這是不恰當的，因為雙方皆非自願的賣家。考慮到這一點，法院得出 293,000 美元這個價值。上訴法院認可這個判決，因為丈夫將繼續擁有所有權和管理權力，也會繼續從這些資產中獲益。隨後，路易斯安那州法規進行了修訂，要求遵守公允市場價值標準，而且要排除個人商譽。

表 5.11 顯示在持有人價值前提下，離婚訴訟中投資價值和公允價值的價值連續性

表 5.11

價值連續性：公允價值和投資價值下的折價

價值前提	持有人價值	
價值標準	公允價值	投資價值
折價	無折價	不適用
案例	布朗案	不適用

註解 241

348 N.J. Super. 466; 792 A.2d 463.

註解 242

842 So.2d 1160; 2003 La. App. LEXIS 675.

接下來我們進入採用持有人價值前提的州，其股東層級的折價和買賣協議權重的討論。

◆ 持有人價值下的買賣協議

正如我們在**格拉夫案（Graff）**所看到的，科羅拉多州通常偏向持有人價值的前提。這觀念延伸到買賣協議，在**霍夫案（In re: Huff）**也可以看出。[243]

◆ 霍夫案（IN RE: HUFF）

在本案中，丈夫是一家大型成功的律師事務所的合夥人，擁有 90 位合夥人和 66 位的準合夥人。公司有詳細的買賣協議，包括退夥和死亡等各種狀況，根據應收款項的價值加上部分公司資本設計了合夥人退夥的公式，這沒有包括商譽在內。這些書面協議和公式會定期審查和更新。此外，因為協議的限制，合夥人不能自由出售自己的權益。

丈夫請的專家提供了兩個估價，第一個估價以合夥協議的公式得到 42,442 美元的價值，第二個估價使用超額盈餘法得到 113,000 美元的價值。妻子請的專家也採用超額盈餘法得到 309,500 美元的價值。兩者的差異在於使用的資本化比率。原審法院認為 113,000 美元是合適的價值，因為丈夫請的專家採用的資本化比率，比妻子請的專家更接近真實。

丈夫請的專家認為，合夥協議不鼓勵合夥人離開公司，因此退夥時只授予其應收帳款的 50%。妻子請的專家則說，超額盈餘法代表該合夥對丈夫的價值，如果他繼續留在公司中執業的話。

法院駁回依據合夥協議的估價，因為丈夫打算繼續留在公司。地方法院裁決，合夥數字忽略了「目前事實和各方意圖」，而應該使用超額盈餘法。丈夫上訴，認為判決有誤，因為合夥協議僅對他和其他合夥人具有約束力。

地方法庭（初審法院）判決，因為合夥協議的目的是打消合夥人離開公司的念頭，而丈夫顯然打算留在公司，法院認為，對離婚來說，這並沒有受到該協議條款的限制。科羅拉多州最高法院維持該判決。[244]

註解 243

834 P.2d 244（Colo. 1992）.

股東協議實際上的應用可能決定家事法庭是否採納。在紐澤西州的**史騰案**（Stern v. Stern）中[245]，法院認為該協議每季度更新一次，為企業建立了高於合夥人資本帳戶價值的無形價值，並被普遍用於退夥的合夥人。在這案件中，法院判決其價值應該不會受到干擾。

亞利桑那州、科羅拉多州、蒙大拿州、紐約州和華盛頓州都是在離婚時使用投資價值對某些企業估價的州，這些州都採用應該考量買賣協議但不可被其約束的概念。因此，我們會同時依據交換價值和持有人價值的前提，以表 5.12 所示的方式來檢視買賣協議。

表 5.12
價值連續性：交換價值和持有人價值下的買賣協議

價值前提	交換價值		持有人價值	
價值標準	公允市場價值	公允價值	投資價值	

買 / 賣	接受經濟現實：賣方真正可得到的最大值	一般來說會被否絕
	是估價時的考量因素，但不是推定值	
	否認經濟現實：法院尋求假設的自願買賣雙方	

案例	史騰案	一般來說會被否絕
	布倫納婚姻案	
	達希爾案	

　　總之，根據我們的分析，有 5 個州屬於某些版本的持有人價值前提：[246]
亞利桑那州、新墨西哥州、加州、華盛頓州和內華達州。

　　此外，有 6 個州同時有交換價值和持有人價值的特徵：科羅拉多州、紐
澤西州、密西根州、紐約州、蒙大拿州和北卡羅萊納州。

重點回顧

　　我們已經介紹了，每個州在離婚案件中，評估封閉型企業或企業權益的
各種價值前提和標準，不論有無明文規定。但是現實的情況是，法院通常不
太關心企業估價的理論基礎，他們關心的是令各方得到公平的結果。紐澤西
州的一位評論員說，這與 2003 年的紐澤西州**布朗案**[247] 有關：

　　布朗案強調的不僅是離婚案件中公平概念的重要性，還有當政策與估價方
法之間存在著衝突時，政策將占優勢。[248]

　　對以遺產稅、贈與稅，或所得稅為目的而進行的估價，往往視為和分割營
運中的資產不同（比如離婚，異議，或壓迫案件），這有時不是自願狀況。在
這些案件中，法院似乎更傾向尋求一個公平的補償措施，以公平地補償當事人。

　　例如，北卡羅萊納州的**漢比案（Hamby v. Hamby）**[249]，就是採用不同
的標準。在保險公司估價時，法院指示專家用公允市場價值減去任何債務。
法院最終採用的專家意見，其目的是要找到公允市場價值，專家認為該價值
是個人的持續經營價值。專家進一步指出，即使企業不能出售，還有對業主
的持有人的價值，即他所收到的薪水之價值。在決定淨值時（就是公允市場

註解 244
同上 ., LEXIS 607; 16 BTR 1304.

註解 245
66 N.J. 340; 331 A.2d 257; 1975.

註解 246
紐澤西州也有案例具有持有人價值的元素，不過也有其他更接近交換價值的案例。所以我們認
為紐澤西州屬於混和州。

註解 247
348 N.J. Super. 466; 792 A.2d 463.

註解 248
Louis, "Economic Realism."

註解 249
Hamby v. Hamby, 143 N.C. App. 635, 547 S.E.2d 110（2001）.

價值減去債務），根據妻子請的專家意見，法院選定採用持有人價值。

　　此案件中，似乎有一個明顯的意圖，試圖公平的補償當事人，而不嚴格遵守傳統基本價值標準的假設。雖然**漢比案**是在前提和價值標準之間搖擺，不過其他案件都不是參照價值標準，而是一個公平的解決方案，在我們看來是這樣。紐約的**歐布萊恩案（O'Brien v. O'Brien）**[250] 和紐澤西的**布朗案（Brown v. Brown）**[251] 都是這樣採用公平原則。

　　總之，離婚的價值標準是依各州的差異自行決定。我們依照各州遵循的價值前提和價值標準來檢視。從兩個顯著不同的前提，即交換價值和持有者價值，還有三個價值標準，即公允市場價值、公允價值和投資價值開始。然後，我們檢視了對商譽，股東層級的折價，還有買賣協議的權重的處置方式，作為各州在各種價值前提和價值標準應用的指標。結論是，我們可以藉由檢視價值的連續性，來作為結合估價理論和判例法的概念，並使用這個價值連續性作為離婚案件價值標準的分類系統。表 5.13 代表價值的連續性，包括前提，標準，指標和案例。雖然這種結構對估價專家和鑑價人員可能會有所幫助，還是要忠告：雖然認為我們建議的分類系統，對於解釋法庭如何採用價值標準是個有用的方法，不過法院很可能會以他們認為公平的方式來辨認、估價以及分配婚姻財產，而不會受估價理論的約束。

註解 250

66 N.Y.2d 576; 489 N.E.2d 712; 498 N.Y.S.2d 743; 1985.

註解 251

348 N.J. Super. 466; 792 A.2d 463.

表 5.13 價值的連續性

價值前提	交換價值		持有人價值	

價值標準	公允市場價值	公允價值	投資價值
	安托力與哈維案	布朗案	哥登案

無形價值	企業商譽可能微乎其微或根本不存在	僅有企業商譽	企業和個人商譽	個人的無形價值
	威廉斯案	湯普森案 思維爾案	杜根案	歐布萊恩案

基本假設	離開與競爭	包括議競業禁止	法院的裁決	假設業主將繼續擁有的持續經營價值	強化的盈餘能力
	協議競業禁止排除於價值外	沒提到協議			

折價	採用折價	不採用折價	不適用
	托夫特案	豪威爾案 布朗案	不適用

買／賣協議	接受經濟現實：賣方真正可得到的最大值	一般來說會被否絕
	拒絕作為經濟現實：法院尋求假設的自願買賣雙方	
	史騰案	霍夫案
	達希爾案	

財務報導中的
公允價值

Chapter 06

Fair Value in
Financial Reporting

引言

2003 年 5 月，美國財務會計準則委員會（FASB）在委員會會議記錄（BMM）中，提出公允價值的指導方針。 BMM 是在議程加入公允價值衡量計劃，是廣泛處理公允價值衡量問題的先驅，2004 年 6 月，FASB 根據 BMM，公佈了**公允價值衡量（Fair Value Measurements）之公開徵求意見草案（ED）**。根據這些意見，FASB 在 2006 年 9 月基於和隨後與各利益關係者（包括企業主，首席財務官，會計師和其他有關各方）的討論中發布了**財務準則聲明第 157 號：公允價值衡量**。此外，2009 年 7 月，FASB 頒布了**會計準則彙編（ASC）第 820 號：公允價值衡量**，作為統一宣告各級的公認會計原則（GAAP）的一部分。本章更新了自 ASC 820（以前的 SFAS 157）導入以來，編制公司財務報表時使用的公允價值標準之理論和應用。雖然這些術語都相同，但本章的公允價值一詞與 Chapter 3 所討論的異議者權利，和壓迫案中所用的公允價值不同。會計文獻中的公允價值標準，是指財務報表中資產和負債的衡量。目前對**公允價值**的定義是：

在衡量日時，市場參與者之間，在有序交易中賣出資產所將收到或轉移負債所需付出的價格。[1]

本章解釋公允價值標準，並討論會計文獻中公允價值的歷史、用於財務報導的估價時所使用的標準，以及公允價值為何與其他價值標準（比如公允市場價值）有所不同的解釋。本章的重點是，企業合併和資產減損測試（asset impairment test）中的公允價值衡量，因為估價業者經常遇到這些類型的估價計算。本章還將討論公允價值衡量相關的審計問題。

◆ 何謂財務報導中的公允價值？

公允價值是用於財務報導目的時，在公司財務報表的估價中所使用的價值標準。這個詞來自會計文獻，包括 GAAP 和美國證券交易委員會（SEC）。簡而言之，公允價值是用於公司資產負債表上資產和負債的重新估計，以反映其公允價值，即這些資產和負債，在市場參與者中有序交易的交換價值。

公允價值衡量的目的，是要估算在當前市場條件下，參與者之間於衡量日，在市場上有序交易來進行出售資產，或轉移負債時的價格。公允價值衡量要求一份實體報告，來確定以下的「所有」內容：

註解 1

FASB ASC Topic No. 820, Fair Value Measurements and Disclosures（ASC 820）.

＊衡量主體的特定資產或負債（要與其帳戶一致）。

＊對於非金融資產，適合用來衡量的價值前提（與其最高和最佳的使用一致）。

＊資產或負債的主要（或最有利）市場。

＊適當的衡量技術，要考慮到數據的可得性，這些數據須能代表市場參與者在對資產或負債定價時會使用的假設，以及輸入值分類的公允價值層次。

關於公允價值衡量之徵求意見草案（ED）的背景說明中，美國財務會計準則委員會（FASB）指出，會計文獻中，先前關於公允價值衡量的指導是隨著時間而逐步發展的，包含在不同的會計聲明中，這些會計聲明不一定相互一致。 FASB 表示，希望建立一個以當前做法為基礎的框架，來解決這些不一致，也以釐清公允價值衡量的方式，使其一致地適用於所有資產和負債。[2]

ASC 820（以前的 SFAS 157）涵蓋了各種資產和負債，包括股東權益的要素。除了大多數會計師熟悉的典型資產和負債外，ASC 820 還適用於金融衍生品，備供出售的證券投資、退休資產債務、擔保，與企業合併相關的對價或其他金融工具。雖然財務報導上還有其他公允價值的應用，但這些就超出了本章範圍。建議讀者參閱其他 FASB 聲明，包括 **ASC No. 815-15：衍生工具和套利 - 嵌入式衍生工具**，**ASC No. 825-10：金融工具 - 綜覽**，以及 **ASC 860-50：移轉和服務 - 服務資產與負債**。

公允價值的應用

如前言所述，公允價值的定義是「在衡量日，市場參與者間，在有秩序交易中出售某一資產所能收到或移轉某一負債所需支付之價格」。根據 ASC 820，公允價值是基於**出場價格（exit price）**（即賣出資產所能收到、或移轉負債所需支付之價格），而不是交易價格或進場價格（即為支付資產的價格或接受債務的價格）。

雖然出場價格和進場價可以相同，但大多數情況下它們不一樣，因為出場價格，通常基於市場參與者，當時對於銷售或移轉預期價格的角度，而不是基於資產或負債初始交換的價格。理解包含於公允價值衡量之各種概念是很重要的，公允價值衡量之主要考量是會計科目單位。

註解 2

June 2004 FASB ED, Proposed Statement of Financial Accounting Standards—Fair Value Measurements, paragraphs C4 and C11.

ASC 820-10-35-2B 至 35-2E 指出，公允價值衡量與特定的資產或負債有關。因此，在以公允價值估算資產或負債時，如果市場參與者，在衡量日對資產或負債定價時，考慮到這些限制，則分析師應當考慮特定的特性，比如銷售或使用限制等。除了特定資產或負債外，公允價值衡量可應用於獨立資產或負債，或一個群組的相關資產或負債。公允價值衡量要如何應用於資產或負債，取決於科目單位。科目單位是基於適用於被衡量的特定資產或負債的公認會計準則之合計或分解的資產或負債決定。

　　正如前述聲明所暗示的那樣，科目單位可以根據資產或負債的情況而有所不同。後面也會提到，在 ASC 350（ASC 350-30-35-21 至 35-28）下的商譽減損分析中，會計科目單位可以是整個企業單位，而不是 ASC 805 下的個別無形資產的公允價值衡量。分析師必須考慮所有的事實和情況，以決定正確的會計科目單位。

　　ASC 820-108 的另一個重要概念，主要市場（the principal market），存在於 ASC 820-10-35-5。在主要市場的概念下，交易發生在資產或負債有最大交易量和活動水平的市場，或是如果沒有主要市場時，則是發生在最有利的市場。最有利的市場是在考慮到交易和運輸成本後，銷售資產將收到最大化的金額或轉移負債時將支付最小化的金額之市場。然而，要知道的是，主要市場是指被衡量的資產或負債有最大的交易數量和活動水平的市場，而不一定是特定報告實體的最大活動量的市場。如果特定資產或負債沒有市場的話，則需要假設一個市場。

　　主要市場後續的重要概念是市場參與者，市場參與者是資產負債主要市場的買賣雙方。市場參與者可以被視為無相互關係的當事人，他們了解資產或負債，有能力為資產或負債進行交易，而且願意在沒有強制的情況下，就該資產或負債進行交易。

　　在討論本節中公允價值的最終概念之前，還有最後一個重點，在 2011 年之前，ASC 820 考慮了兩種方法來確定資產的最高和最佳使用：使用（in-use）和交換（in-exchange）。

　　使用（in-use）提到了一種資產的估價前提，該資產主要是透過和其他資產之使用成為組合，為市場參與者提供最大的價值。另一方面，交換（in-exchange）所提到的資產的估價前提是，為市場參與者在獨立基礎上可提供的最大價值。修訂後的指南不使用這兩種方法來支持其他指導方針。根據修訂後的指導，估價前提以及最高最佳的概念，僅和衡量非金融資產的公允價值有關。因此，金融工具的公允價值必須在前面討論的科目單位層級中單獨衡量。

　　本節所涵蓋的最終概念是公允價值層級（fair value hierarchy）（ASC 820-10-35），其中用於公允價值估價技術的輸入值，優先劃分為三大層級，如下所示：

　　一、第一級輸入值的定義為：在衡量日時，在活絡市場中對與報告實體相同的資產或負債所能夠得到的報價（未調整）。資產負債的活絡市場，是指資產或負債的交易，能夠以充足的頻率和數量進行交易，以致能持續提供定價資訊的市場。活絡市場中的報價提供了最可靠的公允價值證據，並且可以用於衡量公允價值。

　　二、第二級輸入值的定義為：「除了第 1 級報價以外，所有直接或間接公開的資產負債訊息。」如果資產或負債具有指定的期限（契約上的），則第二級輸入訊息，必須在該資產或負債期限的全部時間都要是可觀察的。第二級輸入值包括：

　　　　a、活絡市場中類似的資產或負債之報價。

　　　　b、相同或類似的資產負債在非活絡市場中的報價，也就是說資產或負債交易量很少，價格不是最新的，或報價隨時間或造市者而變化很大的市場（例如，一些中介市場），或者公開發布的信息很少的市場（例如主要交易人對主要交易人的報價）。

　　　　c、資產或負債，可觀察到的報價以外的輸入值（例如，普通報價區間可觀察到的利率、收益率曲線、波動率、提前還款速度、損失嚴重程度、信用風險和違約率）。

　　　　d、輸入值的主要來源，是透過相關的可觀察市場資料或經由其他方式（市場證實的資訊）加以證實的輸入值。

　　三、第三級輸入值的定義為：「資產負債的不可觀察輸入值。」應該是在可觀察的輸入值無法取得的情況下，才拿來衡量公允價值，也就是資產或負債的市場，在衡量日的活動很少甚至沒有的情況使用。然而，公允價值的衡量目標保持不變，也就是從擁有該資產或負債的市場參與者觀點來看的退出價格。因此，不可觀察輸入值應該要反映報告本身對於市場參與者，在資產或負債定價時所使用的假設（包括風險假設）。不可觀察輸入值應該根據現況下可用的最佳信息來設定，這可能包括該報告實體本身的數據。在尋找不可觀察輸入值時，報告不一定必需要取得所有市場參與者的假設資訊。但是報告也不應該完全忽略市場參與者的假設資訊，尤其如果這些假設無須過多的成本和努力就可合理取得的話，報告本身所使用的不可觀察數據就應該調整。

只要有相關證據時，都應該使用第一級的輸入值。受契約約束的輸入值，基本上必須是在整個期限都可觀察的，才有資格作為第二級輸入值。使用第三級輸入值的估價，需要有更多顯著的揭露，以及實質的敏感性測試。儘管 ASC 820 中沒有定義「重要性」的內涵，公允價值層級中的級別指定，是根據對於公允價值衡量中，輸入值具有「重要性」的最低級別。在評估市場輸入值的重要性時，估價師應考慮其所使用的輸入值變動時，對該資產或負債的公允價值之敏感性。評估一項輸入值的重要性，需要考慮對被評估的資產或負債之特定因素。藉由原則基礎準則的設計，確認一項市場輸入值的重要性是一個判斷性的問題。因此，不同的從業人員，對相同的資產或負債指定輸入值的等級，使用類似的輸入值也可能會得到不同結果的公允價值。

儘管 ASC 820 有包含大量其他的指南，但本章的重點是，使用公允價值作為財務報導中的價值標準。所以，聲明中包含的其他概念超出了本章的範圍。再次鼓勵讀者閱讀整個 ASC 820 以及會計準則更新（ASU）中包含的修訂，更全面地去了解其公允價值的聲明。

◆美國會計文獻中的公允價值歷史

公允價值長期以來是在會計文獻中使用的一個術語。但是，提到這一術語時，常常沒有提供關於如何衡量的定義或指導。因此，公允價值用於財務報導目的的理論和應用，是隨著時間的推移而逐漸形成的。[3] 公允價值一詞最早可以追溯到 1953 年，見於會計研究公報第 43 號——**會計研究公告的重述和修訂（Restatement and Revision of Accounting Research Bulletins）**中，ARB 43 本身是更早期會計公報的重新修訂。其他有提及公允價值的早期會計公告，包括 1973 年發布的會計原則委員會意見書，APB 第 29 號：**非貨幣交易之會計處理（Accounting for Non-monetary Transactions）**，以及 1977 年發布的 FASB 第 15 號，**債務人和債權人之問題債務重整的會計處理（Accounting by Debtors and Creditors for Troubled Debt Restructurings）**。

註解 3

2004 年 6 月 FASB ED, Proposed Statement of Accounting Standards—Fair Value Measurements, paragraph C4.

美國會計公報由 FASB 頒布。在 2004 年，發行公允價值衡量之徵求意見草案的計劃項目之前，FASB 已正式解決了公允價值標準的定義和使用，主要是在金融工具報告方面。[4] 金融工具的例子包括現金和短期和長期投資。1986 年，FASB 在其關於金融工具和資產負債表外融資（off-balance-sheet）的議程中，增加了一個項目，最終於 1991 年發布了 SFAS 第 107 號，關於**金融工具公允價值之揭露（Disclosures About Fair Value for Financial Instruments）**，以及 1998 年發布的財務會計準則第 133 號，**衍生工具和避險活動之會計處理（Accounting for Derivative Instruments and Hedging Activities）**。在制定這些公報時，FASB 採用了一個長期目標，就是要以公允價值衡量所有金融工具。[5]

在企業合併中使用公允價值標準（fair value standard）可追溯到 1970 年頒布的 APB 16 和 APB 17。雖然已經過了 30 多年，但還是沒有對這個詞作出定義，也沒有提供如何衡量的指導。在 20 世紀 80 年代，併購活動的數量顯著增加。與此同時，美國經濟也持續轉變朝向服務導向型和信息導向型的企業型態。

隨著這些現象，一些上市公司的股票開始以高於帳面價值（book value）的倍數交易。股利的增加，解釋了這些現象是無形價值的結果，無論是基於內部發展還是企業併購。無形資產包括知識產權，如商標、商業名稱、專利技術、專業技術、商業秘密、配方和食譜，以及研究和開發的價值。

由於無形價值對公司的企業價值變得更加重要，關於解釋無形價值的討論增加了許多。在財務報導目的的公司財務報告中的資產負債表不會記錄公司內部開發的無形資產，但是卻會記錄企業併購時購買的無形資產。然而，沒有足夠的指南說明，如何衡量企業合併案中資產的公允價值，這導致了實務上的分歧，以及在衡量各種不同領域企業的可類比資產時造成各種不同的結果。例如，有些公司將其企業合併時所購買之商譽，與其無形資產合併，而其他公司則沒有。

比如在 1990 年代中後期，某些在公司合併時對技術部門進行中之研究與開發（IPR&D）之估價和大額沖銷的案例，就被指控濫用。在 1998 年，

註解 4
同上，在 C6。

註解 5
同上，在 C7。

美國證券交易委員會（SEC）給美國註冊會計師協會（AICPA）的一封信中，美國證券交易委員會的首席會計師林恩透納 Lynn Turner 表示：

期許 AICPA 發揮更大的領導作用，透過制定詳細廣泛的估價指導模型和方法，可用於（a）在 FASB 的監督下衡量公允價值，以及（b）公允價值的審計中。[6]

AICPA 隨即成立了一個由會計師和估價專業人員組成的工作小組，來研究這個問題。2001 年，AICPA 發表了實務輔助（Practice Aid）：**企業合併所取得用於研究開發行動之資產：針對軟體，電子設備和製藥行業（Assets Acquired in a Business Combination to Be Used in Research and Development Activities: A Focus on Software, Electronic Devices, and Pharmaceutical Industries）**（IPR&D 實務輔助）。IPR&D 實務輔助簡介說明其目的是：

組織一個工作團隊，來決定企業合併時，財務報導中 IPR&D 估價的最佳做法。[7]

同時，SEC 持續就財務報導中資產的公允價值，對各種其他主題的應用提供意見，包括將可辨認無形資產與商譽分開，商譽減損費用，客戶相關的無形資產，以及有期限的無形資產之攤提。在 2000 年 SEC 年會上的演講中，SEC 的一名官員就當前 SEC 的發展提出建議：

標準制定者必須提供更詳細的會計、估價和審計的指導。

專業人士間必須緊密合作，並且與專業以外的其他人士，包括使用者和估價專家通力。

報表製作人員、審計人員和使用者必須更加深對於公允價值會計的了解。[8]

註解 6

Jackson M. Day, Deputy Chief Accountant, Office of the Chief Accountant, U.S. Securities and Exchange Commission, "Fair Value Accounting—Let's Get Together and Get It Done!" remarks to the 28th Annual National Conference on Current SEC Developments, December 5, 2000.

註解 7

AICPA Practice Aid, Assets Acquired in a Business Combination to Be Used in Research and Development Activities: A Focus on Software, Electronic Devices and Pharmaceutical Industries, Introduction.

註解 8

Day, "Fair Value Accounting."

該演講特別提到金融工具的公允價值，其指引已經被廣泛的應用於因財務報導需要，而進行公允價值衡量的所有資產。

SEC 還提及估價人員和審計人員的責任，在 2001 年的一場證券會議演講中，特納先生說：

無論是對收購的企業進行減損測試，還是對帳上的無形資產在移轉時所進行之估價，幾乎在每一種情況下，公司都需要有能力和知識豐富的專業人員的協助，以協助對這些無形資產的估價。基於幕僚人員的過去經驗……，我對這一過程的結果感到憂心，因為用於衡量公允價值的估價模型和方法，還有這些衡量的審計，都缺乏任何有意義的指引。[9]

近年來，會計組織和規則制定機構已經回應了這些挑戰，因此已經增加對於財務報導需求之公允價值的指南。

2000 年，FASB 發布了 FASB 第 7 號概念聲明，在**會計衡量中使用現金資訊和現值（Using Cash Information and Present Value in Accounting Measurements）**，這就是 FASB 在 1988 年其議程中，加入在會計衡量時考量現值問題之工作計劃的成果。[10] 並且，FASB 在 1996 年以合併和收購活動的數量增加為由，成立了一個與企業合併會計相關的新工作計劃。這促成了 2001 年的 SFAS 第 141 號，**企業合併（Business Combinations）**和 SFAS 第 142 號，**商譽和其他無形資產（Goodwill and Other Intangible Assets）**的發布。這兩項都對公允價值提供了比 APB 16 和 17 更具體的指引。後來 SFAS 141 已被 ASC 805 替代，而 SFAS 142 已被 ASC 350 替代。

2003 年，FASB 組建了評價資源小組（VRG），由報表製作人員，審計師和估價專家組成，為 FASB 提供了公允價值衡量問題的常設資源。[11] 同樣在 2003 年，審計準則委員會發布了審計準則（SAS）第 101 號**公允價值衡量草案和揭露之審計（Auditing Fair Value Measurements and Disclosures）**。

註解 9
Lynn E. Turner, Chief Accountant, U.S. Securities and Exchange Commission, "The Times, They Are a Changing," remarks to the 33rd Rocky Mountain Securities Conference, May 18, 2001.

註解 10
FASB Concepts Statement No. 7, Using Cash Flow Information and Present Value in Accounting Measurement, paragraph 2.

註解 11
June 2004 FASB ED, Proposed Statement of Accounting Standards—Fair Value Measurements, paragraph C13.

在 2004 年 6 月發布的公允價值衡量徵求意見草案的背景說明中，財務會計準則委員會指出，會計文獻中，先前關於公允價值衡量的指導是隨著時間的推移逐漸形成的，並且包含在一些不同的會計聲明中，不一定彼此一致。FASB 表示希望，透過建立以當前做法為基礎的框架，來解決這些不一致性，但也希望以能夠適用於所有資產和負債的方法，來澄清公允價值衡量。[12]FASB 在公開評議期間後進一步商議，於 2005 年 10 月和 2006 年 3 月發布了新會計準則的工作草案。2006 年 9 月發布了新的公允價值衡量會計準則。最後，2009 年 7 月，FASB 啟動了前面章節中詳細討論的 ASC。ASC 並沒有改變 GAAP，而是針對會計主題，來組織會計聲明的新架構。ASC 820 現在是各實體在財務報表中衡量和揭露公允價值的唯一指導。自 2009 年 7 月起，FASB 透過 ASU 修正，對 ASC 820 和其他公允價值指引進行了數度的更新。

應用於企業合併中的公允價值標準

企業合併使用公允價值標準的時間，可回溯至 1970 年發布的 APB 16 和 APB 17。APB 16 定義了在企業合併會計中允許使用的兩種會計方法：權益結合法（the pooling of interests method）和收購法（the purchase method）。APB 16 對照比對這兩種方法，並描繪出觸發使用各方法的要求條件。APB 17 是有關包括於企業合併中取得的無形資產，包括可辨認的和不可辨認的（比如商譽），不管是單獨或成組取得之會計處理。

在 APB 16 中，公允價值是與收購法相關的。公允價值用以連結「歷史成本」原則，作為決定所收購資產的「成本」的一種方式。[13] 特別的是，公允價值是將收購的「成本」分配給以群組為形式取得的資產的指定標準。APB 16 規定：

> 以群組為單位所取得的資產，不僅需要以群組為單位來確認資產成本，還需要將成本分配給群組中的各個資產……然後將總成本的一部分根據公允價值之基礎，分配給取得的各個資產。有形資產和可辨認無形資產的分配成

註解 12
同上，在 C4 和 C11。

註解 13
APB 第 16 號企業合併（APB No. 16, Business Combinations）第 66 段。購買法被描述為：「通常適用於遵循以歷史成本認列收購資產和發行股票的會計原則，並在收購後對資產和負債進行會計處理。」

註解 14
同上，第 68 段。

本之總額減去所承擔之負債，和該群組取得成本之間的差額，即是未指定的無形價值的證據。[14]

　　儘管 APB 16 已經為使用公允價值標準提供了指引，但 APB 16 沒有包含這個詞的定義，也沒有提到如何衡量公允價值。 APB 16 只是確實表明獨立估價可用來作為衡量公允價值的輔助 [15]。

　　APB 17 是有關已經被企業收購的無形資產的會計處理，不管是可辨認和不可辨認（不可辨認的無形資產中最常見的是商譽）。APB 17 描述無形資產為缺乏物理的特徵，使得其存在的證據無可捉摸。此外，APB 17 表明無形資產的價值通常難以估計，其使用壽命可能無法確定。[16]

　　APB 17[17] 中援引在 APB 16 中的歷史成本原則，對所取得無形資產的處置，是以取得之日的成本認列。以群組取得的無形資產按成本認列，該成本則是按其公允價值分配給予群組內各個可以辨認的無形資產。[18]

　　APB 17 處理不可辨認的無形資產（即商譽）的方式與可辨認的無形資產不同。不可辨認的無形資產使用剩餘價值法（residual method）來核算：

　　不可辨認的無形資產成本，是按照取得企業或該群組資產的成本，與個別有形資產與可辨認無形資產的已分配成本總和減去承擔負債（liabilities assumed）後之差額來衡量。[19]

　　APB 17 與 APB 16 一樣，沒有定義公允價值，也沒有提到如何決定公允價值。由於缺乏關於公允價值的定義，而且會計文獻中也很少關於如何衡量的指引，從業人員會根據特定任務的事實和情況，採用各種方法包括成本，市場和收入法，來估算企業合併時，財務報導之有形和無形資產的估價。因此，估價師之間發展出多種方法，將公允價值應用於企業合併的財務報導。

註解 15
同上，第 87 段。

註解 16
APB No. 17, Intangible Assets, paragraph 2.

註解 17
同上，第 15 段。

註解 18
同上，第 26 段。

註解 19
同上，第 26 段。

SFAS 141 和 SFAS 142 在 2001 年取代了 APB 16 和 APB 17。SFAS 141 將企業合併會計處理的可接受方法從兩個減少到了一個。權益結合法（The pooling of interestsmethod）被刪除，並且透過 SFAS 141 的有效性，令所有企業合併都使用收購法進行會計處理。然而，SFAS 141 並未從根本上改變 APB 16 將被收購實體的成本視為其公允價值的指引。因為缺乏具說服力的證據，買賣雙方的交易價格被假定為被收購實體的成本，也就變成其公允價值。而基於公允價值對收購資產分配成本的要求保持不變，現在企業合併是根據 ASC 805，商譽減損測試則根據 ASC 350，到目前為止都一樣。

　　除了少數例外，ASC 805 要求，以收購日的公允價值來衡量所取得的資產和承擔之負債。ASC 805 與 ASC 820 使用相同的公允價值定義。因此，ASC 820 預先排除使用特定實體的假設，並且要求以市場參與者觀點的假設來估算公允價值（如果特定實體的假設與市場參與者觀點一致，這些假設都被允許用於公允價值的估算）。因此，收購方必須確定收購資產和承擔負債的公允價值，而不考慮收購方的預期用途。這通常很棘手，因為許多公司是為本身目的而要取得特定的資產。因此，收購方可能需要開發假設的市場，並考慮多種的估價技術，即使這些假設市場並未被實際收購方所期待。這通常是一項複雜的工作，需要借助在公允價值衡量方面受過培訓的專家。

　　SFAS 141 中來自 APB 16 的另一個關鍵變化是，它額外提供了關於辨認無形資產並將其與商譽分離，及分開估價的指引。這些概念被導入 ASC 805，應用於公允價值衡量的估價技術，並且被更詳細地擴展和描述。

　　ASC 820 規定，在某些情況下交易價格等於公允價值，例如交易日時買入資產的交易發生在該資產被出售的市場上。然而，如同 ASC 820-10-30-3A 中所討論，以及本章前面所敘述的，在某些條件下，交易價格不一定代表一項資產或負債在初始時的公允價值。這些狀況包括關係方交易，強制交易，或者在主要市場之外完成的交易。為了幫助衡量取得資產或承擔負債的公允價值，ASC 820 描述了公允價值的三種估價方法：市場法（the market approach），收益法（the income approach）和成本法（the cost approach）。由於這些方法在其他書中已經充分涵蓋了，本章僅僅強調它們與企業合併相關性的應用。

　　ASC 820 並未規定使用特定的收益法，來衡量公允價值。相反的，ASC 820 建議，報告應根據要估價的資產、或負債的特定情況及交易市場，來使用適當的技術。然而，ASC 820-10-55-4 確實討論了具體的現值技術，包括折現率調整技術（DRAT）和預期現金流量（預期現值）技術（EPVT）。同樣的，這些具體技術的詳細解釋，超出了本章的範圍，但是建議大家閱讀 ASC 820 的完整內容。然而，有個重點是，如果初始確認的交易價格被認為是公允價值，並且使用不可觀察輸入值的估價技術來計算後續期間的公允價值，那麼在初始確認時應該要調整估價技術，以使得估價技術計算結果等於交易價格。

在利用各種估價技術時，需要估價的輸入值。這些輸入值，通常是指市場參與者用來做定價決策的假設。ASC 820 在以下兩者間區分：（1）可觀察輸入值，係基於獨立的資料來源所獲得的市場資料，和（2）不可觀察輸入值，係反映報告實體本身之假設，假設市場參與者可能使用的假設。如前所述，ASC 820 強調，無論是使用市場法，收益法還是成本法，報告實體用以衡量公允價值的估價技術，應該要將可觀察的輸入值最大化，並最大限度地減少不可觀察輸入值。輸入值可以包括價格訊息、波動性因子、特定和廣泛的信貸數據，流動性統計以及對公允價值的估算，具有重大影響的所有其他因素。

應用於資產減損測試的公允價值標準

企業合併處理資產和負債的「初始認列」，初始認列後，資產和負債的會計處理，是有關消耗性資產的折舊和攤銷，以及測試長期（消耗性）資產，和具有不確定或無法確定壽命（非消耗性）的資產減損。

1995 年，FASB 發布了「**財務會計準則第 121 號**」：**長期資產和待處分長期資產減損的會計處理（Accounting for the Impairment of Long-Lived Assets and for Long-Lived Assets to Be Disposed Of.）**。SFAS 121 適用於有形資產，某些可辨認的無形資產，和與這些資產相關的商譽，一旦確認有減損損失，該損失的衡量就是根據資產的公允價值來確定。

在 2001 年，FASB 發布了 SFAS 第 144 號：**長期資產處分減損之會計處理（Accounting for the Impairment of Disposal of Long-Lived Assets）**，作為 SFAS 121 的更新，並取代了 SFAS 121。SFAS 144 中，關於公允價值的討論與 SFAS 121 類似，但是有更新以符合 2000 年頒布的概念 7 中所包含的指導原則。

2001 年，FASB 還發布了 SFAS 第 142 號，**商譽和其他無形資產之會計處理（Goodwill and Other Intangible Assets.）**。SFAS 142 處理無確定年限的無形資產。

SFAS 142 自 APB 17 以來的一個關鍵變化是對於商譽和其他無確定年限無形資產的處理；他們不再採用攤提，而是至少每年都進行減損測試。減損測試包括兩個步驟的測試過程。FASB 用 ASC 350 取代 SFAS 142，用 ASC 360 取代 SFAS 144，與立法過程一致。ASC 350 和 360 中的許多相同的原理都來自 SFAS 142 和 144。

然而，2011 年 9 月，FASB 發布了 ASU No. 2011-08（ASU 2011-08），這是源於私人公司財務報表編製人員考量到遵循 ASC 第 350 號：**無形資產——商譽與其他**的成本和複雜性，而衍生出來的。這些編製者建議，採用更加定性的方法來進行減損測試，以期能減輕成本和複雜性。根據先前 ASC 350 的指導，要求企業至少每年對商譽進行減損測試，採用兩步驟流程（如下所述）。基於 ASU，現在可以使用定性因素來評估公司商譽，以確定報導單位的公允價值是否「極可能」小於其帳面價值，這就意味著價值減損。可能性的定義是大於 50％。如果報導單位的公允價值小於其帳面價值，則必須執行第二步的測試。雖然原先的成本考量聚焦於私人公司上，上市公司也會關注成本和複雜性。因此，ASU 現在適用於財務報表上有商譽的公開和私人公司。

雖然公司現在可以選擇，根據 2011 年 8 月的 ASU 來先評估商譽減值的定性因素，但他們可以任意略過任何報導單位在任何期間的定性評估，並直接進行減損測試的第一步驟。然而，公司可以在後續之任何期間再執行定性評估。不過還要注意的是，根據 SFAS 142，原本准許公司將前一年度報導單位所執行之詳細計算的的公允價值帶入本年度之作法已不再被允許。這些修訂，對於 2011 年 12 月 15 日後開始的會計年度，所執行之年度或期中的商譽減損測試都有效。

雖然 ASU 2011-08，沒有討論現行用於測試其他無確定年限的無形資產減損的指南，但 FASB 增加了一個單獨的工作計劃，以探討 2011 年 9 月，所提出有關此類措施的替代方法。2012 年 1 月，FASB 針對無確定年限的無形資產減值測試，發布了一個研議中的 ASU 草案，旨在簡化其複雜性，降低依循 ASC 第 350 號：**無形資產——商譽和其他（Intangibles—Goodwill and Other）**條文時的成本。與 ASU 2011-08 類似，草案允許報表編製人員先評估定性因素，以確定無確定年限的無形資產的公允價值是否「極可能」小於其帳面價值，這即代表減損。所謂的「極可能」的門檻，在 ASU 2011-08 和 ASU 提議的草案之間，其意義是一致的。ASU 草案的修訂，將適用於自 2012 年 6 月 15 日起的會計年度，所執行之年度或期中的商譽減損測試，並允許提早採用。ASU 的草案開放徵詢公眾意見，直到 2012 年 4 月，預計將在 2012 年後期批准。現在，讓我們看看商譽減損測試的第一步驟和第二步驟。

　　商譽減損測試的第一步驟是辨認潛在的減損損失，第二步驟則是衡量減損損失的金額。商譽減損測試的第一步，是在報導單位的層級執行。一個報導單位的定義是：一組共同營運的資產組合就如持續經營之企業。報導單位可以是報告部門的下一層級，被認定是管理階層擷取和分析一項業務之財務數據的最低層級。此外，報導單位具有自己的管理，並且有相對於報導部門中其他業務的獨特風險。

　　測試的第一步，包括估算報導單位的公允價值，以及比較該報導單位的公允價值與帳面價值。帳面價值（Carrying value）是，認列於報導單位資產負債表上的資產扣除負債後的淨值。如果公允價值超過其帳面價值，則不需要執行下一步驟。但是，如果報導單位的公允價值低於其帳面價值，則需要進行第二步驟之測試。測試的第二步，類似於對所取得資產、和承擔負債的公允價值分析所作之價值分配（通常會被誤解為收購價格之分配）。對所收購資產和承擔負債的公允價值分析，包括對每個報導單位有形和無形資產的辨認和估價，以計算每個報導單位之商譽所隱含的公允價值。商譽減損的金額不一定是報導單位的公允價值與其帳面價值之間的差額，因為報導單位相關資產的公允價值，可能大於或小於其帳面價值。測試的第二步，則是確定商譽減損的金額。

　　ASC 350 中，公允價值的定義與 ASC 805 相同，兩者均遵循 ASC 820。ASC 350 也描述了公允價值衡量方法的相同優先權或層級：（1）如果有的話，活絡市場的報價是公允價值的最佳證據。（2）在沒有報價的情況下，公允價值的估算應該基於可取得的最佳信息，包括類似資產的價格和／或現值技術。

公允價值與其他價值標準的比較

◆財務報導的公允價值與異議者權利案件的公允價值

　　用於會計文獻財務報導中的公允價值，與用於異議者權利，和壓迫案件中的公允價值不同。異議者權利和壓迫案件中的公允價值，是一種司法上所創造的概念，出現在州法令和判例法中，並且在這些案件中用來作為區分其與公允市場價值評價概念的因素。

◆財務報導的公允價值與投資價值的比較

　　財務報導的公允價值與投資價值不同之處在於：

　　公允價值反映了市場價值，並基於假設的市場參與者（有意願的買家和賣家）來決定。相比之下，投資價值反映了特定投資者（買方或賣方）的價值，並且通常以投資者角度作為投資（買賣）決策的基礎。公允價值與投資價值之間的差異，可歸因於不同因素（包括綜效）。綜效一般是指，將兩個或更多資產或資產組合（例如，營運單位）結合起來的好處，並分為兩大類：（a）所有市場參與者普遍可獲得的綜效（市場綜效：marketplace synergies）和（b）對於其他市場參與者而言，不常有的特定買方之綜效（特定買方之綜效：buyer-specific synergies）。[20]

◆ 財務報導的公允價值與公允市場價值的比較

　　財務報導中的公允價值，有好幾個面向都與公允市場價值不一樣。公允市場價值在以稅務為目的的估價中很普遍，而公允價值則用於財務報導目的的需要。即使數年前就已經頒布，但是公允價值衡量草案裡面，對於財務報導中的公允價值和 ED 中的公允市場價值，在公允價值衡量之間的差異說明仍然模糊：

　　用於財務報導目的的公允價值，其定義經常與用於估價目的的公允市場價值相混淆。具體來說，國稅局收入法規 59-60，將公允市場價值定義為「公允市場價值是物業在一個有意願的買方，和一個有意願的賣方之間易手的價格，且該買、賣雙方都不是被強迫去購買或出售，而且雙方都對相關的事實具有合理的知識。」公允市場價值的定義，代表許多估價案的法定價值標準。因為公允市場價值和公允價值的定義很像，兩者都強調需要考慮市場參與者（有意願的買家和賣家）在假設交易背景下的行為，有一些委員質疑委員會，就其觀點來看，這兩種定義是否相同。委員會認為，定義中所體現的衡量目標，基本上是相同的。然而委員會有注意到，公允市場價值的定義中有大量的解釋性判例法，都是在稅收法規的背景下制定的。由於這種解釋判例法在財務報導上可能不相關，因此委員會選擇不單純採用公允市場價值的定義，及其解釋性判例法作為財務報導目的（的價值標準）。[21]

　　一些估價人員認為，公允市場價值的實際應用，是一種以交易為基礎的方法，而公允價值則是在較大的交易背景下，對一個資產或一組資產進行估

註解 20

June 2004 FASB ED, Proposed Statement of Accounting Standards—Fair Value Measurements, paragraph B2.

註解 21

同上，在 C27。

價（例如交易後的購買價格分攤之資產估價）。公允市場價值是基於交換價值前提，也就是所取得的資產和所承擔的負債之公允價值，常常是以使用價值為前提。然而，根據 ASC 820，是從市場參與者的角度，採用基於資產最高和最佳使用的估價前提（金融資產的處理方式不同），這可能與報導實體的預期用途不同。

在企業合併中有關資產的公允價值方面，被收購企業的每項資產，都是根據其對整個企業的貢獻來估價，不論該資產是否可以單獨購買或出售。有一項非契約性客戶關係的例子，這種資產本身通常不可與公司分離，但在公允市場價值的定義下，其本身在交易中只有有限的價值。在公允價值的定義下，這些客戶可以具有相當大的使用價值，因為這些關係可以代表公司的主要收益資產。

在適用 ASC 805 時，企業支付的價格，被假設為所收購企業的公允價值，因為它是非關係雙方（自願的買賣雙方）之間的正常交易，類似公允市場價值的定義。因為缺乏有說服力的反證，很難去爭論，有關取得企業的公允價值不等於交易價格。在這種情況下，公允價值取決於一次交易的支付價格。

公允價值的另一個例子是，在收購會計背景下所推導出來的特定資產之公允價值。當採用收益法估計價值時，一般實務上會考慮如資產獨立出售時，資產所能產生的稅收優惠。但採用市場法時，則已經假設將稅收優惠包含於市場的交易價格中。至於採用成本法時是否應包括稅收優惠，實務上仍存有相當多的爭論和分歧。

說明公允價值與公允市場價值之差異的最後一個例子是「廉價股票」。廉價股票議題，通常與正要首次公開發行（IPO）的私人公司有關。要進行 IPO，公司需要在發行前公布多年歷史績效的財務報表。廉價股票的費用通常需要估價，並根據公司發給其管理層與其他人的選擇權之執行價格，與其普通股股權的公允價值兩者之間的差額來決定。有意思的是，FASB 明確地將 ASC No.718：股份基礎給付（Stock-Based Compensation），從 ASC 820 的公允價值定義中排除。

美國證券交易委員會在審查財務報表時，有時會質疑股票的 IPO 價格與 IPO 之前六個月內公允價值的任何差異，即使 IPO 是發生在估價日期之後。SEC 有時會否決，因為完成 IPO 的不確定性，而採用之市場性折價和缺乏控制權折價。原因之一可能是，因為這些折價程度的主觀性。另一個原因可能是偏愛使用隨後的 IPO 價格，因為這是可驗證的（也就是說不是主觀的）價格。無論如何，廉價股票議題背景下的公允價值，可能相當依賴於後續的事件，有時，公司有義務去辯駁後續 IPO 價格的假設，與公允價值不同。

相比之下，在公允市場價值標準的應用中，對後續事件（即 IPO 價格）並未給予相同的重要性對待。此外，在做結論時，市場性折價和缺乏控制權折價、風險變化和商業問題的變化通通都要考慮到。

審計議題

因為公允價值在會計公告逐漸增加，使得審計師在審計公允價值時需要更多的指引。在沒有具體審計指引的情況下，審計師、管理層和估價專家，有著不同觀點，造成其對資產負債表上記錄的資產負債之公允價值之審計的不一致。2003 年，審計準則委員會（ASB）發布了 SAS 第 101 號「**公允價值衡量和揭露之審計**」（**Auditing Fair Value Measurements and Disclosures**）。

SAS 101 指出，GAAP 要求某些項目以公允價值衡量，SAS 101 指的是概念 7 中的公允價值定義。SAS 101 指出，GAAP 傾向於使用可觀察的市場價格，來進行公允價值的衡量，但同時指出其他估價技術也是可以接受的，尤其是當沒有可觀察的市場價格的時候。SAS 101 中的主要概念包括：

＊管理假設：用於準備公允價值估計的假設，包括在董事會指導下的管理層所設定的假設以及估價專家所設定的假設。

＊市場資訊和市場參與者：當市場資訊可得時，評估方法必須包括市場參與者會使用的資訊。

＊合理基礎：審計人員必須評估，管理層的假設是否合理，與市場訊息是否一致。

＊估價專家：審計人員應該評估，評價者在公允價值估算上的經驗和專業知識；管理層應該要評估所聘請估價專家的能力，審計人員應該要決定是否聘請估價專家對公允價值進行審計。

＊期後事件：在資產負債表日期之後，但是在完成審計工作之前所發生的事件，可用於證實公允價值的估算。

自頒布 SAS 101 以來，ASB 就停止了關於審計議題的書面指引，轉向 FASB 的會計指引。因此，SAS 101 雖未被更新，現今仍然是會計行業的指引來源。

今天的審計領域，越來越側重於公允價值衡量和審計人員對公允價值衡量的責任。許多大型會計師事務所，已經建立了估價專家部門來與審計組合作，以協助公允價值衡量的審計。此外，FASB 定期出版 ASU，以解決會計領域的具體問題。ASCs 為會計公告提供大量的一致性準則，最近的 ASU，反映 FASB 對各種會計公告的成本和複雜度的敏感性。

重點回顧

近年來，會計文獻和公認會計準則在就財務報表中使用公允價值的衡量，已有一致地溝通。1990 年代之前，財務報導中較少使用公允價值標準，而且其定義和衡量的指引也很模糊且不一致。自從 FASB 在 1990 年代對金融工具的處理完成後，直到 2000 年發行的概念 7（包含今天使用的公允價值定義），2004 年發行的公允價值衡量草案，以及 2009 年最後的會計準則彙編（ASC），公允價值衡量在財務報導中的使用持續成長。FASB 表示，對於會計文獻中的公允價值，如有更明確的指引將可改進其在應用的一致性，從而改善財務報導，而 SEC 已要求在這方面繼續努力。雖然沒有在本章中提到，但 FASB 倡議與國際財務報導準則（IFRS）銜接之努力仍在持續，如許多 ASU 內所詳述的。雖然進度緩慢，但美國公認會計原則與國際財務報導準則之間完全接軌的工作，仍然一致的推動，只是仍然存在著重大障礙。

估價專家有機會參與受重視的財務報導之公允價值衡量，財務報導對估價專家的需求也大大增加。然而，估價專家有責任去了解各種公允價值的會計公告，以決定適用於財務報導的一致性以及適當的估價方法。

幸運的是，AICPA 已經採取了一些措施來提高估價人員對公允價值報告的一致性，包括進行中之研究開發（IPR&D）的實用輔助，商譽減損測試，偶發事件考量，或是股份基礎給付。

財務報導中公允價值衡量的演變趨勢包括：

＊公允價值衡量的指引在美國和國際上都在擴增：

‧最近會計準則更新（ASU）已經解決了一些問題，如衡量負債和以每股淨值投資之特定實體的公允價值。

‧FASB 持續與世界各地的會計規則制定機構合作，使美國公認會計準則與國際會計準則趨於一致。如果全面一致性實現了，這應該會增加美國估價實務，與其他已開發國家的一致性。

‧估價人員一直認真地嘗試，讓適用於公允價值衡量的估價技術能趨向一致。

· 已成立鑑價問題工作小組，作為估價從業人員特設委員會，以討論與公允價值有關的衍生問題，並就為財務報導目的而進行的估價，為一致做法的發展建立共識。

· 公允價值衡量審計新實務之發展。

· 增加估價專家在審計公司中的角色，以協助公允價值衡量的審計。

附錄：資訊來源

Accounting Research Bulletin（ARB）No.43, *Restatement and Revision of Accounting Research Bulletins*

Accounting Principles Board Opinions（APB）No. 16, *Business Combinations*

APB No. 17, *Intangible Assets*

American Institute of Certified Public Accountants（AICPA）Statement of Position（SOP）90-7, *Financial Reporting by Entities in Reorganization Under the Bankruptcy Code*

AICPA Practice Aid, *Valuation of Privately-Held-Company Equity Securities Issued as Compensation*

AICPA Practice Aid, *Assets Acquired in a Business Combination to Be Used in Research and Development Activities: A Focuson Software, Electronic Devices, and Pharmaceutical Industries*

AICPA Exposure Draft, *Proposed Statement on Standards for Valuation Services（SSVS）—Valuation of a Business, Business Ownership Interest, Security or Intangible Asset*

Financial Accounting Standards Board（FASB）Concepts Statement No. 7, *Using Cash Flow Information and Present Value in Accounting Measurement*

FASB Exposure Draft, *Proposed Statement of Accounting Standards—Fair Value Measurements*

FASB Working Draft, *Proposed Statement of Accounting Standards—Fair Value Measurements*

Statement on Auditing Standards（SAS）No. 73, *Using the Work of a Specialist*

SAS No. 101, *Auditing Fair Value Measurements and Disclosures*

Statement of Financial Accounting Standards（SFAS）No. 121, *Accounting for the Impairment of Long-Lived Assets and for Long-Lived Assets to Be Disposed Of*

SFAS No. 141, *Business Combinations*

SFAS No. 142, *Goodwill and Other Intangible Assets*

SFAS No. 144, *Accounting for the Impairment or Disposal of Long-Lived Assets*

Day, Jackson M., Deputy Chief Accountant, Office of the Chief Accountant, U.S. Securities and Exchange Commission, "Fair ValueAccounting— Let's Work Together and Get It Done!" remarks to the 28th *Annual National Conference on Current SEC Developments, December 5,2000*

Kokenge, Chad A., Professional Accounting Fellow, Office of the Chief Accountant, U.S. Securities and Exchange Commission, "Speech by SEC Staff: 2003 Thirty-First AICPA National Conference on Current SEC Developments, " December11, 2003

Letter, dated September 16, 2004, from the Accounting Standards Executive Committee to the FASB, commenting on the FASB Exposure Draft on fair value measurement

Turner, Lynn E., Chief Accountant, U.S. Securities and Exchange Commission, Letter dated September 9, 1998 to Robert Herz, Chair AICPA SEC Regulations Committee.

Turner, Lynn E., Chief Accountant, U.S. Securities and Exchange Commission, "The Times, They Are-a-Changing," remarks to *33rd Rocky Mountain Securities Conference,* sponsored by Continuing Legal Education in Colorado, Inc. and the Central Regional Office of the U.S. Securities and Exchange Commission, Denver, Colorado, May 18, 2001

國際企業評價準則

Appendix A

International Business
Valuation Standards

引言

國際企業評價準則仍在持續演變中，大多數北美地區以外的國際企業評價準則，都涵蓋更廣泛的商業領域，也就是說不僅僅是企業的評價準則，同時還包括其他類型的財產，諸如房地產和個人財產。

國際評價準則委員會
（ International Valuation Standards Council, IVSC ）

迄今為止，國際評價準則委員會（IVSC）仍是最早及最有發展的國際評價準則組織，它也是聯合國的一個非政府組織（NGO）。

自 1981 年起，IVSC 即以國際資產評價準則委員會（TIAVSC）的名義成立，委員會在 1994 年改名為國際評價準則委員會（IVSC）。隨著不同領域和市場對評價準則需求的增加，IVSC 清楚地認知到其章程和架構，無法再滿足這些新挑戰所需要的合法性或資源。2007 年 1 月，IVSC 發布了一項重大的改組提案，將 IVSC 從由其評價組織成員的代表所組成的委員會轉變為獨立機構，同時，組織名稱也更改為國際評價準則委員會。

該組織目前包含三個主要機構：

一、保管人獨立委員會：負責 IVSC 的策略方向和資金，還有任命準則委員會和專業委員會的成員。

二、準則委員會：擁有議程自主權，可以制定並修訂評價準則。

三、專業委員會：透過製作支持該準則的專業和教育的素材，促進該專業準則在全世界的發展。[1]

◆ 評價組織

其成員傳統上是由每一個國家的一個國家協會所組成，然而，美國評價協會（Appraisal Institute of the United States）、加拿大評價協會（Appraisal Institute of Canada）、加拿大特許商業估價師協會（Canadian Institute of Chartered Business Valuators），以及美國評價公會（ASAs）都是正式成員。[2] 撰寫本文時，該組織大約有 72 個成員。ASA 在 IVSC 前期的代表是范恩‧布萊爾

註解 1

International Valuation Standards Council, About the International ValuationStandards Council（IVSC），
April 20,2012（http://www.ivsc.org/about/index.html）.

（Vern Blair），自 2011 年 11 月起，ASA 的代表改為安東尼‧艾隆（Anthony Aaron）。

IVSC 的企業評價準則與美國評價基金會頒布的「專業評價實務統一準則」（USPAP）密切相關。

2011 年，IVSC 發布第九版的**國際評價準則（International Valuation Standards）**。最新版本的主要更新包括：[3]

一、建立一個國際評價準則（IVS）框架，包含 IVS 100-103 的大部分內容。因為 IVS 100-103 大多數是關於評價概念和原則，所以需要清楚地將這些標準區分開來，為評價的工作內容提供明確的方向。

二、制定新的「一般準則」，處理評價工作在執行階段的相關事宜。

三、重組資產準則，更加清楚地區分每個準則的要求與其背景的討論。

四、重整財務報導準則。大多數內容保留，但明確的作為國際財務報導準則（IFRS）下各種評價要求的指引，使得 IFRS 或其他的相關會計準則明確地成為必須依循的標準。

五、增加了不動產權益、企業和企業權益、工廠和設備和無形資產的評價、有害及有毒原料的考量、還有對歷史性財產的評價，的新準則。

第九版的準則之架構如下：[4]

一、IVS 定義

包含在這些準則或出現在多個準則中，具有特定涵義的單字或用語。僅在單一準則中使用的定義就僅會在該準則中定義。

註解 2

International Valuation Standards Council, Membership, April 20,（http://www.ivsc.org/members/index.html）.

註解 3

International Valuation Standards Council,The International Valuation Standards（IVS）, April 20, 2012

註解 4

International Valuation Standards Council, Staff Draft—Proposed Revised InternationalValuation Standards, at 3-4, April 27, 2012（http://www.ivsc.org/standards/20110214_staff_draft.pdf）.

二、IVS 框架

包含 IVS 之一般公認的評價概念和原則，而且這些都是在遵循這些準則時需要考量與適用的。

三、一般準則

這三項一般準則普遍適用於所有的評價目的上，僅受限於資產準則或估價適用法中特定的附加要求或差異之限制。這三項一般準則是 IVS 101：**工作範圍（Scope of Work）**；IVS 102：**執行（Implementation）**，和 IVS 103：報導（Reporting）。

四、資產準則

資產準則包括準則和註釋。這項準則設定了在修訂和新增一般準則時的要求，以及一般準則之原則如何適用於特定資產類別的範例。註釋則是額外提供評價工作之方法和特性的

背景資訊。資產準則包括 IVS 200：**企業和企業權益**；IVS 210：**無形資產**；IVS 220：**工廠和設備**，IVS 230：**不動產權益**；IVS 233：**在建中投資財產**，和 IVS 250：**金融工具**。

五、評價應用

評價應用是為了兩個最常需要評價的目的而生：財務報導和擔保貸款。每個應用都包含一個準則及一個指引。

◆ 廣義定義

IVSC 準則廣義地將**價值（value）**定義為：

價值不是一個事實，而是一種意見，它是：a）為交換資產所支付的最可能價格，或是 b）擁有資產的經濟利益。交換價值（value in exchange）是一種假設價格，其假設是該價值是由估價之目的所決定的。持有人價值（value to the owner）則是由特定方的所有權中，可以獲得的收益來估算。

「估價」（valuation）一詞可以用來指估算出來的價值（評價結論，the valuation conclusion），也可以用來指估算價值時的動作（估價行為，the act of valuing）。這些標準準則一般從上下文應該可以清楚明白。如果可能混淆，或需要明確區分時，則使用附加詞句。[5]

IVSC 準則將**市場價值**（market value）定義為：

在適當的銷售之後，當雙方在知情而謹慎，沒有強制的情況下，資產於評價日在自願的買賣雙方之間正常交易的估計金額。[6]

該準則將**投資價值**（investment value）或**價值**（worth）定義為：

業主或潛在業主對其個別投資或營運標的所認定之資產價值，這是以特定實體為基礎的價值。雖然資產對其持有者的價值，可能與銷售給另一方所能實現的價值相同，但投資價值是反映該實體持有該資產時，所能獲得的收益，因此不一定要假設性的交換。投資價值反映了估價實體（譯者註：即業主或潛在業主）之狀況和財務目標，通常用於衡量投資績效。[7]

◆評價方法

根據 IVSC 準則，框架中所描述和定義的三種方法是估價中使用的主要方法。它們都是基於價格均衡、預期收益或替代的經濟原則：

＊**市場法**（Market Approach）：這種比較方法，是透過與標的資產相同或類似，但可以得到其價格的資產來進行比較，以得出參考價值。一般來說，被評估的財產（標的財產）是與在公開市場上交易的類似資產進行比較，也可以參考行情表和報價。

＊**收益法**（Income Approach）：這種比較方法透過將未來現金流，轉換為單一流動資本價值，來得出參考價值。收益法會考量資產在其使用壽命內所產生的收益，並通過資本化（Capitalization）過程求得其價值。資本化是透過適當的折現率，將收益轉換為現值。收益流量可以根據一個或多個契約，或甚至是非契約性的取得，例如使用或持有中的資產所產生的預期利潤。收益法的各種應用方法，包括：1）收益資本化法，2）現金流量折現法，3）各種選擇權定價模型。一般來說，替代原則是，在給定風險水準下產生的最高回報之收益流量，導致最可能的價值數。

註解 5

International Valuation Standards Council, IVS Framework, April 27, 2012（http://www.ivsc.org/standards/reg_framework.html）.

註解 6
同上，第 8 頁。

註解 7
同上，第 10-11 頁。

＊**成本法**（Cost Approach）：這種方法是透過經濟原則提供一種參考價值，即買方支付的費用不超過取得同等效能資產的成本，不管是透過購買或是自製。[8] 在房地產方面，通常不會支付標的財產，超出取得約當的土地和建造成本的費用，除非遇到不當的時機、不便利和風險。實務上，這種方法還涉及對老舊或過時資產的折舊估算，其中對新品成本的估計，會不合理地超過標的資產的可能價格。[9]

在最新版的**國際評價準則（IVS）**中，刪除了有關非市場基礎的估價之討論。

◆ 資產類型

IVSC 以財產慣用區別分成六個不同類別：[10]

一、企業和企業權益

二、無形資產

三、工廠和設備

四、不動產權益

五、在建投資性物業

六、金融工具

IVS 將企業定義為任何商業，工業，服務或投資的活動。

IVSC 的準則分析了三種企業估價方法：

一、IVS 框架中描述的市場法和收益法，可以應用於企業或企業權益的估價。成本法通常不適用，除非是用於早期階段或初創企業，在利潤和現金流量不能確定，而該實體的資產有足夠的市場訊息時才能用。

二、某些類型的企業（例如投資或控股企業）的價值可以從資產和負債的總和得出。這有時被稱為**淨資產法**（net asset approach）或**資產法**（asset

---

註解 8
同上，第 13-14 頁。

註解 9
同上，第 33-34 頁。在 26。

註解 10
International Valuation Standards Council, Staff Draft: Proposed Revised International Valuation Standards, April 2012, at 79（www.ivsc.org/standards/20110214_staff_draft.pdf）.

approach）。這不是單一種估價方法，因為個別資產和負債的價值，是綜合 IVS 框架中的一種或多種主要估價法所得出。[11]

三、IVS 將金融工具定義為在特定方之間創造權利義務，以現金或其他財務或權益工具收付的契約。契約中可能會要求在特定日期或之前，或再指定事件觸發時進行收付。權益工具是一種契約，表彰實體資產扣除所有負債後的剩餘權益。

在使用金融工具準則時有幾個特別注意事項：

＊許多類型的工具，特別是那些在交易所的工具，通常都用電腦自動估價模型來計算。這些模型通常會連接到自營交易平台，要對這些模型詳細檢查的話，就超出了 IVS 的範圍。

＊使用特定估價方法或模型，來確保其定期以可觀察的市場訊息進行校準非常重要。這可以確保模型反映當前的市場條件，並辨認任何潛在的缺陷。隨著市場條件的變化，可能需要改變所使用的模型，或對估價進行額外的調整。[12]

多倫多評價協定（TORONTO VALUATION ACCORD）

多倫多評價協定（TVA）誕生於 2003 年底，旨在使會計政策的超大權力組織——國際會計準則委員會（IASB）和美國財務會計準則委員會（FASB）——在財務報導的評價方面達成一致。[13]

簽署 TVA 的署名者包含：

美國評價師協會（American Society of Appraisers）

評價協會（Appraisal Institute）

加拿大評價協會（Appraisal Institute of Canada）

註解 11

International Valuation Standards Council, International Valuation Standards2011, April 27, 2012（www.ivsc.org/standards/reg_200.html）.

註解 12

同上。

註解 13

非常感謝美國評價協會執行副總裁李海克特（Lee Hackett）對本節的意見，他也是參與多倫多評價協定的評價基金會代表之一。

美國皇家特許鑑價師學會（Royal Institution of Chartered Surveyors—United States）

加拿大皇家特許鑑價師學會（Royal Institution of Chartered Surveyors—Canada）

高級物業經濟中心（Centre for Advanced Property Economics）

評價基金會（The Appraisal Foundation）[14]

TVA 的活動和關注焦點應該在於權益，特別是那些為財務報導需求提供服務的人之權益。

◆ 使命和目標

TVA 是這樣陳述自己的使命和目標：

財務報導的估價議題，是估價專業的一個新興關鍵話題。最近在會計業和商業界發生的事件，引發了專業獨立性、資產價值衡量和報告透明度的議題。美國和加拿大的會計準則預計將與國際會計界的全球共同的準則接軌，其中一部分是資產的報導之方法論。根據巴塞爾資本協定（Basel capital accords），銀行業必須以市場基礎作為資產和負債之計價，這對評價專業會有影響。

因此，更重要的是，代表美國和加拿大的各專業估價組織，包括不動產、個人財產和企業估價，要參與協調，以確保能代表估價師和價值標準作統一回應。參加 2003 年 10 月「多倫多評價協定」，就是這項努力的第一步。以下為各組織和專業人員對持續開展計劃的建議：

一、我們意識到，最近國際準則趨向協同一致的動態，還有強調市場（公允）價值，提升了美加和世界各地的估價師們，為了客戶的財務報導和廣大公眾的利益，參與制訂報導準則的責任；

二、作為為財務報導目的和相關服務提供估值的首選專業人員，我們同意共同制訂政策與計劃以建立各成員所代表的估價專業。

三、我們鼓勵各組織各自制訂計劃，說明該組織將如何培訓其成員有關財務報導議題的評價，並確認各組織將來與其他組織協調交流有關這些議題

註解 14

International Valuation Standards Council, Toronto Valuation Accord, April 20,2012
（www.ivsc.org/news/nr/2003/1022nr-toronto.pdf）.

以及組織計劃的主要聯繫人。[15]

◆ 定義

IASB 規定當前價值為公允價值，IASB 將其定義為「在常規交易中，知情的且自願的當事人之間可以交換資產或清償負債的金額」。IASB 列出了這三項作為衡量公允價值的標準：

一、活躍市場中的市場報價

二、類似資產的近期交易

三、其他的評價技術

FASB 將**公允價值**定義為「市場參與者間於衡量日在有序交易中賣出資產所能收到，或轉移負債所必須支付的價格」（例如：並非被強制或清算之出售）。它進一步指出，用於公允價值的估價技術，應強調市場的輸入值，包括來自活躍市場的資訊，不管使用哪種方法（市場法、收益法、成本法）都一樣。

雖然大家一致同意財務報導使用當前價值，但在 TVA 內部，還在持續討論有關公允價值的前提。部分委員認為應該取消公允價值，而現有價值應定義為市場價值；此外，他們認為市場價值應以交換為前提，反應最高和最佳的使用。其他成員認為，超大型會計組織所規定的公允價值是可接受的基礎（多年來是在 16/17 年會計程序委員會，目前是在 FASB 141 下），而且應該基於市場價值概念。TVA 定義和使用的市場價值概念，意味著市場價值的前提可以是交換前提（in-exchange）、使用前提（in-use）或清算前提（liquidation），這取決於事實狀況，以及所有者或市場參與者的意願。

◆ 公允價值衡量

無論是否採用當前價值會計，IASB 和 FASB 都會仔細檢查所收購資產的公允價值。上一節有列出 IASB 的準則。

FASB 於 2004 年 6 月 23 日發布了公允價值衡量草案的公開徵求意見書。隨後，有定期評論報告和兩次公開聽證會來討論這些提議，形成了 2006 年 6 月的公允價值衡量票選後的草案。FASB 贊成一個分級式衡量公允價值的方法，稱為「層級」：

註解 15

Toronto Valuation Accord Mission Statement 2003.

第一層級：報導主體在衡量日能夠取得的相同資產或負債的活絡市場之報價（未調整）。

第二層級：活絡市場中類似資產或負債的報價，或非活絡市場中相同或相似資產或負債的報價。

第三層級：資產或負債沒有可觀察的輸入值，也就是說輸入值僅是反映報導實體本身之假設，假設市場參與者在資產或負債定價時將使用該輸入值。

顯然，對於可得、可靠和可比較的市場輸入值，會優先採用。但是沒有什麼可以排除評價師根據以前的實務經驗，採用適當的評價技術之有效經濟數據。

FASB 確認了兩個可以用於公允價值的價值前提：**交換價值和使用價值**。**使用價值（Value-in-use）** 是基於一部已裝置好的機器，可以被一個實體用於產生收入的活動。交換價值（Valuein-exchange）則是相對於一部已裝置好的機器，可以被賣給另一個實體。這其中有一種涵義是，買方的意圖將驅動價值的前提。然而，要達到這點，有必要去證明任何可能的買家會以類似方式來行動。

FASB 進一步確認其他可能採用的前提，例如，如果因為監管法令而必須處置任何資產，則可以進行**有序的清算（Orderly liquidation）**。如果產品要重新命名或廢止商標，**拋棄基礎（Abandonment basis）** 也可能是適當的選擇。FASB 在關於使用未來現金流量的現值於會計衡量時，提出兩種方法選項。一種為**傳統方法（traditional approach）**：接受對於未來現金流量採用單一最佳估計，並以反應其風險的折現率折現。另一種方法，稱為**預期現金流量法（expected cash flow approach）**，利用多個機率分配預測的可能結果，然後折現算出現值。

使用預期現金流量法的折現率處理，可能需要以下列兩個方法中取其一，來反映市場的風險溢酬。預期現金流量會因為風險減少，然後以無風險利率折現。或者，預期現金流量以風險調整之折現率（risk-adjusted discount rate）來折現。

FASB 最近做出的決定以及對於新議題的方針，為我們提供了一個明確的訊息：FASB 已經意識到，全球金融市場要求一套統一的財務報導標準。公司不需要像以前一樣，將其股票依據美國一般公認會計原則（GAAP）在紐約掛牌上市，卻又同時根據英國公認會計原則，或國際公認會計準則在倫敦掛牌上市。

接軌的另一個訊息是，對進行中的研發工作之處置的變化，它不再允許被註銷，但必須按照國際會計準則（IAS）36 和 38 的要求來進行攤銷。根據 IAS 和 FASB 的企業合併規則，在辨認可與商譽分離的無形資產這方面可能會變得相同。

更多接軌跡像比比皆是，IASB 採用了 FASB 對企業合併的定義：「在一個交易或其他事件中，收購者取得一個或多個企業的控制權」。兩個集團在商譽的定義上也趨向相同：「商譽是從不能單獨辨認和分開認列的資產在未來所產生的經濟利益。」[16]

◆ 結論

北美的專業估價團隊齊聚一堂，提升專業估價師的能力，來滿足新的全球財務報導準則對於估價的需求。會計和監管機構及估價人員本身必須意識到這些改變，而且要研究這些改變，以期在專業估價領域中持續成長。

皇家特許鑑價師學會

英國的皇家特許鑑價師學會（RICS）主要由不動產鑑價師所組成，RICS 在 1974 年公佈了第一套評價準則。RICS 準則的目的是為了給予使用評價服務的用戶信心，也就是說 RICS 認證的合格估價師所提供的估價服務，可以符合最高的專業標準。這些標準已經演變成為 2012 年 3 月 RICS 最後修訂的**鑑價與評價準則（Appraisal and Valuation Standards）**[17]

RICS 將市場價值定義為：

一項資產或負債在適當的銷售之後，在自願的買賣雙方之間於評價日在常規交易下，且雙方都知情而謹慎，沒有強制的情況下交易的估計金額。[18]

註解 16

Lee P. Hackett, Executive Vice President of American Appraisal Associates, Inc., "Valuation for Financial Reporting," unpublished paper, Milwaukee, WI（2005）.

註解 17

RICS Appraisal and Valuation Standards, 修訂版（RICS Business Services Limited, 英國皇家特許鑑價師學會的全資子公司, Coventry,UK, January 2005）.Isurv, VS 3.2 Market Value, July 25, 2012（www.isurv.com/site/scripts/documents_info.aspx?categoryID=1158&documentID=4764&pageNumber）.

註解 18

同上，在詞彙表 2。

RICS 的既定目標，是盡可能地縮小 RICS 與國際評價準則之間的差異。

國際財務報導準則

國際財務報導準則（IFRS）前身為國際會計準則（IAS），由國際會計準則委員會（IASB）制定。該委員會與美國財務會計準則委員會（FASB）密切合作。相對照來看，國際會計準則委員會（IASB）之於美國財務會計準則委員會（FASB），如同國際評價準則委員會（IVSC）對美國之 USPAP（統一專業鑑價實務準則：Uniform Standards of Professional Appraisal Practice）。

異議和壓迫
前提下的公允價值
（美國各州相關法規比較表）

Appendix B

Chart—Fair Value in Dissent
and Oppression

STATE	ALABAMA	ALASKA	ARIZONA
Valuation Term	Fair Value	Dissent: Fair Value Dissolution:Fair alue (under Liquidation)	Fair Value
Precedent in Allowing Discounts	(Case law) Rejects discounts.		(Case law) Rejects discounts.
Cases Addressing Discounts	Ex parte Baron Services, Inc. 874 So.2d 545 (Ala. 2003) No discounts applied.		Pro Finish USA v. Johnson 63 P.3d 288 (Ariz. App. 2003) No discounts applied.
Definition of Valuation Term	§ 10A-2-13.01(4): Fair value excludes any appreciation or depreciation in anticipation of the corporate action unless exclusion would be inequitable.	Appraisal: § 10.06.580(c): In fixing the fair value of the shares, the court shall consider the nature of the transaction giving rise to the right to dissent, its effects on the corporation and its shareholders, the concepts and methods customary in the relevant securities and financial markets for determining the fair value of shares of a corporation engaging in a similar transaction under comparable circumstances, and other relevant factors. Oppression: § 10.06.630(a): The fair value shall be determined on the basis of the liquidation value as of the valuation date but taking into account the possibility, if any, of sale of the entire business as a going concern in a liquidation.	§ 10-1301(4): Fair value excludes any appreciation or depreciation in anticipation of the corporate action unless exclusion would be inequitable.
Valuation Date	§ 10A-2-13.01(4): Immediately before the effectuation of the corporate action to which the dissenter objects.	§ 10.06.580(c): The close of business on the day before the date on which the vote was taken approving the proposed corporate action.	§ 10-1301: Immediately before the effectuation of the corporate action to which the dissenter objects.
Dissolution by shareholder as a remedy for oppression or oppressive behavior?	Yes— § 10A-2-14.30(2)(ii)	Yes— § 10.06.628(b)(4) [Oppression not used as term in statute.]	Yes— § 10-1430 (B)(2)
Buyout election in lieu of dissolution?	Yes— § 10A-2-14.34(d)	Yes— § 10.06.630	Yes— § 10-1434
Dissolution Valuation Date	§ 10A-2-14.34(d): The day before the date the petition was filed or as of the other date the court deems appropriate under the circumstances.		§ 10-1434(D): The day before the date the petition was filed or as of another date as the court deems appropriate under the circumstances.

STATE	ARKANSAS	CALIFORNIA	COLORADO
Valuation Term	Fair Value	Dissent: Fair Value Dissolution: Fair alue (under Liquidation)	Fair Value
Precedent in Allowing Discounts	(Case law) Rejects discounts.	(Case law) Rejects minority discounts; no precedent re marketability discounts.	(Case law) Rejects discounts.
Cases Addressing Discounts	Winn v. Winn Enterprises, L.P. 265 S.W.3d 125 (Ark. App. 2007) Rejected minority and marketability discounts.	Brown v. Allied Corrugated Box Co. 154 Cal. Rptr. 170 (Cal. App. 1979) Rejected minority discount.	Pueblo Bancorp. v. Lindoe, Inc. 37 P.3d 492 (Colo. App. 2001), aff'd, 37 P.3d 492 (Colo. 2003) No minority discount and, except under extraordinary circumstances, no marketability discount.
Definition of Valuation Term	§ 4-27-1301(3): Fair value means the value of the shares immediately before the effectuation of the corporate action to which the dissenter objects, excluding any appreciation or depreciation in anticipation of the corporate action unless exclusion would be inequitable.	Appraisal: § 1300(a): Fair market value excludes any appreciation or depreciation in consequence of the proposed action, but adjusted for any stock split, reverse stock split, or share dividend that becomes effective thereafter. Oppression: § 2000(a): The fair value shall be determined on the basis of the liquidation value as of the valuation date but taking into account the possibility, if any, of sale of the entire business as a going concern in a liquidation.	§ 7-113-101(4): Fair value means the value of the shares immediately before the effectuation of the corporate action to which the dissenter objects, excluding any appreciation or depreciation in anticipation of the corporate action unless exclusion would be inequitable.
Valuation Date	§ 4-27-1301(3): Immediately before the effectuation of the corporate action to which the dissenter objects.	§ 1300(a): The day before the first announcement of the terms of the proposed reorganization or short-form merger.	§ 7-113-101(4): Immediately before the effective date of corporate action.
Dissolution by shareholder as a remedy for oppression or oppressive behavior?	Yes— § 4-27-1430(2)(ii)	Yes*— § 1800(b)(4) [Oppression not used as term in statute.]	Yes— § 7-114-301(2)(b)
Buyout election in lieu of dissolution?	No	Yes— § 2000	No
Dissolution Valuation Date		Trahan v. Trahan (2002): Valuation date is the date the dissolution proceeding was initiated; § 2000(f): in the case of a suit for involuntary dissolution under § 1800, the date upon which that action was commenced.	

STATE	CONNECTICUT	DELAWARE	DISTRICT OF COLUMBIA
Valuation Term	Fair Value	Fair Value	Fair Value
Precedent in Allowing Discounts	(Statute) Rejects discounts.	(Case law) Rejects discounts.	(Statute) Rejects discounts.
Cases Addressing Discounts	Devivo v. Devivo 2001 Conn. Super. LEXIS 1285 Due to extraordinary circumstances, discounts applied. [Predates statute]	Cavalier Oil Corp. v. Harnett 564 A.2d 1137 (Del. 1989) Minority and marketability discounts are improper under Delaware law.	
Definition of Valuation Term	§ 33-855(4): Fair value means the value of the shares immediately before the effectuation of the corporate action to which the shareholder objects using customary and current valuation concepts and techniques generally employed for similar businesses in the context of the transaction requiring appraisal, and without discounting for lack of marketability or minority status except, if appropriate, for amendments to the certificate of incorporation.	§ 262(h): Fair value means the value exclusive of any element of value arising from the accomplishment or expectation of the merger or consolidation. In determining such fair value, the court shall take taking into account all relevant factors.	§ 29-311.01(4): Immediately before the effectuation of the corporate action to which the shareholder objects using customary and current valuation concepts and techniques generally employed for similar businesses in the context of the transaction requiring appraisal and without discounting for lack of marketability or minority status except, if appropriate, for amendments to the articles pursuant to § 29-311.02(a)(5).
Valuation Date	§ 33-855(4): Immediately before the effectuation of corporate action.	§ 262(h): Date at the point before the effective date of the corporate action.	§ 29-311.01(4): Immediately before the effectuation of the corporate action to which the shareholder objects.
Dissolution by shareholder as a remedy for oppression or oppressive behavior?	Yes— § 33-896(a)(1)(B)	No— § 275:Majority of directors plus majority of shareholders, or all shareholders by written consent.	Yes— § 29-312.20(a)(2)(B) [corporations]; § 29-807.01(a)(5)(B) [LLCs]
Buyout election in lieu of dissolution?	Yes— § 33-900	No	Yes— § 29-312.24
Dissolution Valuation Date	§ 33-900(d): The day before the date on which the petition was filed or as of such other date as the court deems appropriate under the circumstances.		§ 29-312.24(d): The day before the date on which the petition was filed or as of such other date as the court deems appropriate under the circumstances.

STATE	FLORIDA	GEORGIA	HAWAII
Valuation Term	Fair Value	Fair Value	Fair Value
Precedent in Allowing Discounts	(Statute) Rejects discounts for corporations with ≤ 10 shareholders.	(Case law) Rejects discounts.	
Cases Addressing Discounts	Cox Enterprises, Inc. v. News-Journal Corp. 510 F.3d 1350 (11th Cir. 2007) No marketability discount applied by federal court due to lack of evidence. Munshower v. Kolbenheyer 732 So.2d 385 (Fla. App. 1999) Marketability discount allowed.	Blitch v. People's Bank 540 S.E.2d 667 (Ga. App. 2000) No discounts permitted.	
Definition of Valuation Term	§ 607.1301(4) [corporations]; [§ 608.4351(4) [LLCs]]; § [§ 620.2113(4) [LPs]]: Using customary and current valuation concepts and techniques generally employed for similar businesses in the context of the transaction requiring appraisal, excluding any appreciation or depreciation in anticipation of the corporate action unless exclusion would be inequitable to the corporation [LLC] [LP] and its remaining shareholders [members] [partners]. For a corporation [LLC] [LP] with 10 or fewer shareholders [members] [partners], without discounting for lack of marketability or minority status.	§ 14-2-1301(5) [corporations]; [§ 14-11-1001(3) [LLCs]]: Fair value means the value of the shares immediately before the effectuation of the corporate [LLC] action to which the dissenter objects, excluding any appreciation or depreciation in anticipation of the corporate [LLC] action	§ 414-341: Fair value means the value of the shares immediately before the effectuation of the corporate action to which the dissenter objects, excluding any appreciation or depreciation in anticipation of the corporate action unless exclusion would be inequitable.
Valuation Date	§ 607.1301(4)(a)[corporations]; § 608.4351(4)(a) [LLCs]: Immediately before the effectuation of the corporate action to which the shareholder [member] objects	§ 14-2-1301(5)[corporations]; § 14-11-1001(3) [LLCs]: Immediately before the effectuation of corporate [LLC] action.	§ 414-341: Immediately before the effectuation of corporate action
Dissolution by shareholder as a remedy for oppression or oppressive behavior?	Yes— § 607.1430(3)(b) (in corporations with 35 or fewer shareholders) [Oppression not used as term in statute.]	Yes— § 14-2-1430 (2)(B): Must be brought by holders of at least 20% of shares. Yes— § 14-2- 940(a)(1): (for close corporations) [Oppression not used as term in statute.]	Yes— § 414-411(2)(B)
Buyout election in lieu of dissolution?	Yes— § 607.1436	Yes— under articles of a close corporation— § 14-2-942(b)(1)	Yes— § 414-415
Dissolution Valuation Date	§ 607.1436(4): The day before the date the petition was filed.		§ 414-415(d): The day before the date the petition was filed.

STATE	IDAHO	ILLINOIS	INDIANA
Valuation Term	Fair Value	Fair Value	Fair Value
Precedent in Allowing Discounts	Statute (1997) rejects discounts but federal court (2006) allowed minority discount in oppression case.	(Statute 2007) Rejects discounts.	(Case law) Rejects discounts.
Cases Addressing Discounts	Hall v. Glenn's Ferry Grazing Assn. 2006 U.S. Dist. LEXIS 68051 (D. Idaho) Minority discount applied by federal court applying Idaho law in oppression case.	Brynwood Co. v. Schweisberger 913 N.E.2d 150 (Ill. App. 2009) Discounts should generally be disallowed because they inequitably harm minority shareholders.	Wenzel v. Hopper & Galliher, P.C. 779 N.E.2d 30 (Ind. App. 2002) No discounts applied because discounts would unfairly benefit the buyer of the shares.
Definition of Valuation Term	§ 30-1-1301(4): Immediately before the effectuation of the corporate action to which the shareholder objects using customary and current valuation concepts and techniques generally employed for similar businesses in the context of the transaction requiring appraisal and without discounting for lack of marketability or minority status except for amendments to articles of incorporation.	§ 805 ILCS 5/11.70(j)(1): Fair value means the proportionate interest of the shareholder in the corporation, without discount for minority status or, absent extraordinary circumstance, lack of marketability, immediately before the consummation of the corporate action to which the dissenter objects excluding any appreciation or depreciation in anticipation of the corporate action, unless exclusion would be inequitable.	§ 23-1-44-3: Fair value means the value of the shares excluding any appreciation or depreciation in anticipation of the corporate action unless exclusion would be inequitable.
Valuation Date	§ 30-1-1301(4)(a): Immediately before the effectuation of the corporate action.	§ 805 ILCS 5/11.70(j)(1): Immediately before the consummation of the corporate action.	§ 23-1-44-3: Immediately before the effectuation of the corporate action.
Dissolution by shareholder as a remedy for oppression or oppressive behavior?	Yes— § 30-1-1430(2)(b) [corporations]; § 30-6-701(1)(e)(ii) [LLCs]	Yes— § 805 ILCS 5/12.55(2)	No— § 23-1-47-1: Only in deadlock.
Buyout election in lieu of dissolution?	Yes— § 30-1-1434	Yes— § 805 ILCS 5/12.55(3)	No
Dissolution Valuation Date	§ 30-1-1434(4): The day before the date the petition was filed.	§ 805 ILCS 5/12.55(3)(d): Such date as the court finds equitable.	

STATE	IOWA	KANSAS	KENTUCKY
Valuation Term	Fair Value	Fair Value	Fair Value
Precedent in Allowing Discounts	(Statute) Rejects discounts except for banks and bank holding companies. (Case law) Control premium may be accepted.	(Case law) Rejects discounts.	(Case law) Rejects shareholder-level discounts.
Cases Addressing Discounts	Rolfe State Bank v. Gunderson 794 N.W.2d 561 (Iowa 2011). Discounts rejected for bank's reverse stock split. Northwest Investment Corp. v. Wallace 741 N.W.2d 782 (Iowa 2007) Control premium accepted in valuing a bank.	Arnaud. v. Stockgrowers State Bank of Ashland, Kansas 992 P.2d 216 (Kan. 1999) Discounts are not appropriate when purchaser is the corporation or the majority.	Shawnee Telecom Resources v. Brown 354 S.W.3d 542 (Ky. 2011) Discounts rejected.
Definition of Valuation Term	For companies other than banks: § 490.1301(4): Fair value means the value of the shares using customary and current valuation concepts and techniques generally employed for similar businesses in the context of the transaction requiring appraisal and without discounting for lack of marketability or minority status except for amendments to 490.1302(1)(e). For banks: § 524.1406(3(a): In determining the fair value of shares of a bank or a bank holding company, due consideration shall be given to valuation factors recognized for federal tax purposes, including discounts for minority interests and discounts for lack of marketability. However, any payment shall be in an amount not less than the stockholders' equity in the bank as disclosed in its last statement of condition.	§ 17-6712(h): Fair value means the value exclusive of any element of value arising from the accomplishment or expectation of the merger or consolidation. In determining such fair value, the court shall take into account all relevant factors.	§ 271B.13-010(3): Fair value means the value of the shares excluding any appreciation or depreciation in anticipation of the corporate action unless exclusion would be inequitable.
Valuation Date	§ 490.1301(4)(a): Immediately before the effectuation of the corporate action to which the shareholder objects.	§ 17-6712(h): Date at the point before the effective date of the corporate action.	§ 271B.13-010(3): Immediately before the effectuation of corporate action.
Dissolution by shareholder as a remedy for oppression or oppressive behavior?	Yes— § 490.1430 (2)(b) [corporations]; § 489.701 (1)(e)(2) [LLCs]	No— § 17-6804: Voluntary	Yes— § 271B.14-300 (2)(b) [Oppression not used as term in statute.]
Buyout election in lieu of dissolution?	Yes— § 490.1434	No	No
Dissolution Valuation Date	§ 490.1434: The day before the date the petition was filed.		

STATE	LOUISIANA	MAINE	MARYLAND
Valuation Term	Fair Cash Value	Fair Value	Fair Value
Precedent in Allowing Discounts	(Case law) Allows discounts "sparingly."	(Statute) Rejects discounts.	
Cases Addressing Discounts	Cannon v. Bertrand So.3d 393 (La. 2009) Rejected discounts, stating that "discounts must be used sparingly and only when the facts support their use."	Kaplan v. First Hartford Corp. 603 F. Supp. 2d 195 (D. Me. 2009) Federal court rejected discounts and adjusted market prices to reverse built-in discounts. In re: Val. of Penobscot Shoe Co. 2003 Me. Super. LEXIS 140 Rejected discounts. In re: Val. of McLoon Oil Co. 565 A.2d 997 (Me. 1989) Rejected discounts.	
Definition of Valuation Term	§ 12:140.2(C): Fair cash value means a value not less than the highest price paid per share by the acquiring person in the control share acquisition.	§ 1301(4): Fair value means the value of the shares using customary and current valuation concepts and techniques generally employed for similar businesses in the context of the transaction requiring appraisal and without discounting for lack of marketability or minority status.	§ 3-202(b)(3): Fair value may not include any appreciation or depreciation that directly or indirectly results from the transaction objected to or from its proposal.
Valuation Date	§ 12:134(3): If voted upon, the latter of the date prior to the date of the shareholders vote or the day 20 days prior to the consummation of the business combination, otherwise the date of the action.	§ 1301(4): Immediately before the effectuation of the corporate action.	§ 3-202(b)(1): On the day notice of a merger is given or the date of a stockholder vote for other transactions.
Dissolution by shareholder as a remedy for oppression or oppressive behavior?	No— § 12:141-146: Voluntary, or deadlock; deadlock only if shareholders or corporation are suffering irreparable damage, or if the corporation has been guilty of ultra vires acts.	Yes— § 1430 (2)B	Yes— § 3-413(b)(2); § 4-602(a) (close corporations)
Buyout election in lieu of dissolution?	No	Yes— § 1434	Yes— under articles of a close corporation— § 4-603
Dissolution Valuation Date			§ 4-603(b)(2): As of the close of business on the day on which the petition for dissolution was filed.

STATE	MASSACHUSETTS	MICHIGAN	MINNESOTA
Valuation Term	Fair Value	Fair Value	Fair Value
Precedent in Allowing Discounts	(Case law) Rejects discounts.		(Case law) Rejects minority discounts; marketability discounts at court's discretion.
Cases Addressing Discounts	Spenlinhauer v. Spencer Press, Inc. 959 N.E.2d 436; Mass. App. 2011 No discounts applied. BNE Massachusetts Corp. v. Sims 588 N.E.2d 14 (Mass. App. 1992) No discounts applied.		Advanced Communication Design, Inc. v. Follett 615 N.W.2d 285 (Minn. 2000) Marketability discount accepted. Foy v. Klapmeier 992 F.2d 774 (8th Cir. 1993) Federal court rejected minority discount. MT Properties, Inc. v. CMC Real Estate Corp. 481 N.W.2d 38 (Minn. Ct. App. 1992) Prohibited minority discounts.
Definition of Valuation Term	Ch. 156D, § 13.01: Fair value means the value of the shares excluding any appreciation or depreciation in anticipation of the corporate action unless exclusion would be inequitable.	§ 450.1761(d): Fair value is the value of the shares excluding any appreciation or depreciation in anticipation of the corporate action unless exclusion would be inequitable.	§ 302A.473(c) [corporations]; § 322B.386 subd. 1(c) [LLCs]: Fair value means the value of the shares of a corporation [LLC] immediately before the effective date of the corporate [LLC] action.
Valuation Date	Ch. 156D, § 13.01: Day immediately before the effective date of the corporate action to which the shareholder demanding appraisal objects.	§ 450.1779: The latter of the day prior to the date of the vote and 20 days before the business combination, or the date of the business combination if there is no vote.	§ 302A.473 [corporations]; § 322B.386 subd. 1(c) [LLCs]: Value of the shares of a corporation [LLC] immediately before the effective date of the corporate [LLC] action.
Dissolution by shareholder as a remedy for oppression or oppressive behavior?	No— Ch. 156D, § 14.30–.34: Deadlock	Yes— § 450.1489(1)	Yes— § 302A.751 subd. 1(b)(3) [Oppression not used as term in statute.]
Buyout election in lieu of dissolution?	No	Yes— § 450.1489(1)(e)	Yes— § 302A.751 subd. 2 [corporations]; § 322B.833 subd. 2 [LLCs]
Dissolution Valuation Date			§ 302A.751 subd. 2 [corporations]; § 322B.833 subd. 2 [LLCs]: The date of the commencement of the action or as of another date found equitable by the court.

STATE	MISSISSIPPI	MISSOURI	MONTANA
Valuation Term	Fair Value	Fair Value	Fair Value
Precedent in Allowing Discounts	(Statute) Rejects discounts.	(Case law) Court's discretion.	(Case law) Rejects discounts.
Cases Addressing Discounts	Dawkins v. Hickman Family Corp. 2011 U.S. Dist. LEXIS 63101 (N.D. Miss.) Federal court rejected discounts based on Mississippi statute.	Swope v. Siegel-Robert, Inc. 243 F.3d 486, 492 (8th Cir. 2001) Federal court rejected discounts. Hunter v. Mitek Indus. 721 F. Supp. 1102 (E.D. Mo. 1989) Federal court rejected discounts, but noted that discounts are at court's discretion. King v. F.T.J., Inc. 765 S.W.2d 301 (Mo. Ct. App. 1988) Accepted discounts.	Hansen v. 75 Ranch Co. 957 P.2d 32 (Mont. 1998) Minority discounts inapplicable when the shares are purchased by the company or an insider.
Definition of Valuation Term	§ 79-4-13.01(4): Fair value means the value of the shares using customary and current valuation concepts and techniques generally employed for similar businesses in the context of the transaction requiring appraisal and without discounting for lack of marketability or minority status.	§ 351.870: Fair value means the value of the shares excluding any appreciation or depreciation in anticipation of the corporate action unless exclusion would be inequitable.	§ 35-1-826(4): Fair value means the value of the shares excluding any appreciation or depreciation in anticipation of the corporate action unless exclusion would be inequitable.
Valuation Date	§ 79-4-13.01(4)(i): Immediately before the effectuation of the corporate action to which the shareholder objects.	§ 351.455(1): As of the day prior to the date on which the vote was taken.	§ 35-1-826(4): Immediately before the effectuation of the corporate action to which the shareholder objects.
Dissolution by shareholder as a remedy for oppression or oppressive behavior?	Yes— § 79-4-14.30(2)(ii)	Yes— § 351.494(2)(b)	Yes— § 35-1-938(2)(b) [corporations]; § 35-8-902(1)(e) [LLCs]; § 35-9-501(1)(a) and § 35-9-504 [close corporations]
Buyout election in lieu of dissolution?	Yes— § 79-4-14.34	Yes— under articles of a close corporation— § 351.790	Yes— § 35-1-939(1)(d) [corporations]; § 35-9-503 [close corporations]
Dissolution Valuation Date	§ 79-4-14.34(d): The day before the date the petition was filed or such other date the court deems appropriate under the circumstances.		

STATE	NEBRASKA	NEVADA	NEW HAMPSHIRE
Valuation Term	Fair Value	Fair Value	Fair Value
Precedent in Allowing Discounts	(Case law) Rejects discounts.	(Statute) Rejects discounts.	
Cases Addressing Discounts	Camino Inc. v. Wilson 59 F. Supp. 2d 962 (D. Neb. 1999) Federal court rejected discounts based on Nebraska case law. Rigel Corp. v. Cutchall 511 N.W.2d 519 (Neb. 1994) Discounts rejected.	American Ethanol Inc. v. Cordillera Fund, L.P. 252 P.3d 663 (Nev. 2011) No discounts applied. McMinn v. MBF Operating Acq. Corp. 164 P.3d 41 (N.M. 2007) Discounts rejected.	
Definition of Valuation Term	§ 21-20,137(4): Fair value means the value of the shares excluding any appreciation or depreciation in anticipation of the corporate action unless exclusion would be inequitable.	§ 92A.320: Fair value means the value of the shares excluding any appreciation or depreciation in anticipation of the corporate action unless exclusion would be inequitable, using customary and current valuation concepts and techniques generally employed for similar businesses in the context of the transaction requiring appraisal, and without discounting for lack of marketability or minority status.	Corporations: § 293-A:13.01(3): Fair value means the value of the shares excluding any appreciation or depreciation in anticipation of the corporate action unless exclusion would be inequitable. LLCs and LPs: § 304-C:22-a(II) [LLCs]; § 304-B:16-c(II) [LPs]: Fair value means the value of the dissenter's interest excluding any appreciation or depreciation in anticipation of the limited liability [partnership] action.
Valuation Date	§ 21-20,137(4): Immediately before the effectuation of the corporate action to which the shareholder objects.	§ 92A.320: Immediately before the effectuation of the corporate action to which the shareholder objects.	§ 293-A:13.01(3 [corporations]: Immediately before the effectuation of the corporate action to which the shareholder objects. § 304-C:22-a(II) [LLCs]: Immediately before the effective date of the limited liability action.
Dissolution by shareholder as a remedy for oppression or oppressive behavior?	Yes— § 21-20,162(2)(a)(ii)[corporations]; § 21-147(5)(a) [LLCs]	No— In a close corporation, only if by provision of the articles of incorporation— § 78-A160	Yes— § 293-A:14.30(b)(iii) [corporations]; § 304-C:51(IV) [LLCs] [Oppression not used as term in statute.]
Buyout election in lieu of dissolution?	Yes— § 21-20,166 [corporations]; § 21-147(5) (b) [LLCs—the court may order a remedy other than dissolution.]	No	Yes— § 293-A:14.34
Dissolution Valuation Date	§ 21-20,166: The day before the date on which the petition was filed or as of such other date as the court deems appropriate under the circumstances.		§ 293-A:14.34: The day before the date on which the petition was filed or as of such other date as the court deems appropriate under the circumstances.

STATE	NEW JERSEY	NEW MEXICO	NEW YORK
Valuation Term	Dissent: Fair Value Oppression: Fair Value + Equitable Adjustments, if any	Fair Value	Fair Value
Precedent in Allowing Discounts	(Case law) Rejects discounts except in oppression; allows control premiums on a case-by-case consideration.	(Case law) Rejects discounts; permits control premiums at court's discretion.	(Case law) Allows marketability discounts; rejects minority discounts.
Cases Addressing Discounts	Casey v. Brennan 780 A.2d 553 (N.J. Super. 2001) Control premium permitted but cannot include future benefits of merger. Lawson Mardon Wheaton Inc. v. Smith 734 A.2d 738 (N.J. 1999) No discounts applied. Balsamides v. Protameen Chemicals, Inc. 734 A.2d 721 (N.J. 1999) Marketability discount applied to reflect potential discount if company was sold.	Peters Corp. v. New Mexico Banquest Investors Corp. 188 P.3d 1185 (N.M. 2008) Control premium rejected based on facts of case. McMinn v. MBF Operating Acq. Corp. 164 P.3d 41 (N.M. 2007) Discounts rejected.	Application of Adelstein 2011 N.Y. Misc. LEXIS 5956 (N.Y. Supr.) Marketability discount applied, but not minority discount. Murphy v. United States Dredging Corp. 74 A.D.3d 815 (N.Y. App. Div. 2010) New York law prohibits minority discounts but allows marketability discounts.
Definition of Valuation Term	§ 14A:11-3: Fair value shall exclude any appreciation or depreciation resulting from the proposed action.	§ 53-15-4(A): Fair value means the value excluding any appreciation or depreciation in anticipation of the corporate action.	§ 623(h)(4): In fixing the fair value of the shares, the court shall consider the nature of the transaction giving rise to the shareholder's right to receive payment for shares and its effects on the corporation and its shareholders, the concepts and methods then customary in the relevant securities and financial markets for determining fair value of shares of a corporation engaging in a similar transaction under comparable circumstances and all other relevant factors.
Valuation Date	§ 14A:11-3(3): The day prior to the day of the [corporate action].	§ 53-15-4(A): The date prior to the day on which the vote was taken for the corporate action.	§ 623(h)(4): The close of business on the day prior to the shareholders' authorization date.
Dissolution by shareholder as a remedy for oppression or oppressive behavior?	Yes— § 14A:12-7(1)(c)	Yes— § 53-16-16(A)(1)(b)	Yes— § § 1104-a(a)(1)
Buyout election in lieu of dissolution?	Yes— § 14A:12-7	No	Yes— § § 1118
Dissolution Valuation Date	§ 14A:12-7: The date of the commencement of the action or such earlier or later date deemed equitable by the court.		§ 1118(b): The day prior to the date on which the petition was filed.

STATE	NORTH CAROLINA	NORTH DAKOTA	OHIO
Valuation Term	Fair Value	Fair Value	Fair Cash Value
Precedent in Allowing Discounts	(Case law) Court's discretion but disfavors Wdiscounts.		(Statute) Fair market value standard. (Case law) Permits discounts.
Cases Addressing Discounts	Vernon v. Cuomo 2010 NCBC LEXIS 7 (N.C. Super.) Rejected minority discount. Garlock v. South Eastern Gas & Power, Inc. 2001 NCBC LEXIS 9 (N.C. Super.) Rejected minority and marketability discounts as inequitable but permitted key-man discount applied.		English v. Artromick Intl., Inc. 2000 Ohio App. LEXIS 3580 Discounts applied, distinguishing "fair cash value" standard from "fair value." Armstrong v. Marathon Oil Co. 513 N.E.2d 776 (Ohio App. 1987) Valued dissenters' shares at pre-announcement market price.
Definition of Valuation Term	55-13-01(5): Fair value means the value of the shares immediately before the effectuation of the corporate action as to which the shareholder asserts appraisal rights, excluding any appreciation or depreciation in anticipation of the corporate action unless exclusion would be inequitable, using customary and current valuation concepts and techniques generally employed for similar business in the context of the transaction requiring appraisal, and without discounting for lack of marketability or minority status except, if appropriate, for amendments to the articles.	§§ 10-19.1-88(b) [corporations]; § 10-32- 55(1)(a) [LLCs]; Fair value of the shares means the value of the shares the day immediately before the effective date of a corporate [LLC] action.	§§ 1701.85(C) [corporations]; §§§ 1705.42(B) [LLCs]; §§§ 1782.437(B) [LPs]: Fair cash value is the amount that a willing seller who is under no compulsion to sell would be willing to accept and that a willing buyer who is under no compulsion to purchase would be willing to pay, but in no event shall the fair cash value exceed the amount specified in the demand of the particular shareholder [member] [partner]. Any appreciation or depreciation in market value resulting from the proposal [merger, consolidation, or conversion] shall be excluded. (Corporations only): Any control premium or any discount for lack of marketability or minority status shall be excluded. The fair cash value of a share listed on a national securities exchange shall be the closing sale price immediately before the effective time of a merger or consolidation.
Valuation Date	§ 55-13-01(3): Immediately before the effectuation of the corporate action to which the shareholder objects.	§§ 10-19.1-88(b) [corporations]; § 10-32- 55(1)(a) [LLCs]; Day immediately before the effective date of a corporate [LLC] action objected to.	§§ 1701.85(C) [corporations]; §§§ 1705.42(B) [LLCs]; §§§ 1782.437(B) [LPs]: The day prior to that on which the shareholders' [members'] [partners'] vote on the transaction was taken or the day before the day on which the request for approval or other action was sent.
Dissolution by shareholder as a remedy for oppression or oppressive behavior?	Yes— §§ 55-14-30(2)(ii) [corporations]; § 57C-6-02(2)(ii) [LLCs] [Oppression not used as term in statute.]	Yes— §§ 10-19.1-115(1)(b) [corporations]; § 10-32-119(1)(b) [LLCs] [Oppression not used as term in statute.]	No— § 1701.91: Attorney general if corporation has acted unlawfully, voluntary dissolution; when it is established that it is beneficial to the shareholders that the corporation be judicially dissolved.
Buyout election in lieu of dissolution?	Yes— §§ 55-14-31(d) [corporations]; § 57C-6-02.1(d) [LLCs]: After dissolution has been okayed by court.	Yes— §§ 10-19.1-115(3) [corporations]; § 10-32-119(2) [LLCs]: within the court's discretion.	No
Dissolution Valuation Date		§§ 10-19.1-115(3)(a) [corporations]; § 10-32-119(2)(a) [LLCs]: The date of the commencement of the action or as of another date found equitable by the court.	

STATE	OKLAHOMA	OREGON	PENNSYLVANIA
Valuation Term	Fair Value	Fair Value	Fair Value
Precedent in Allowing Discounts	(Case law) Rejects discounts.	(Case law) Rejects discounts.	
Cases Addressing Discounts	Woolf v Universal Fidelity Life Ins. Co. 849 P.2d 1093 (Okla. App. 1992) Discounts rejected.	Marker v. Marker 242 P.3d 638 (Ore. App. 2010) No discounts applied. Hayes v. Olmsted & Associates, Inc. 21 P.3d 178 (Ore. App. 2001) Discounts rejected.	
Definition of Valuation Term	§ 1091(H): Fair value means the value exclusive of any element of value arising from the accomplishment or expectation of the merger or consolidation. In determining such fair value, the court shall take into account all relevant factors.	§ 60.551(4): Fair value means the value of the shares excluding any appreciation or depreciation in anticipation of the corporate action unless exclusion would be inequitable.	§ 1572: The fair value of shares taking into account all relevant factors, but excluding any appreciation or depreciation in anticipation of the corporate action.
Valuation Date	§ 1091: Effective date of the merger or consolidation.	§ 60.551(4): Immediately before the effectuation of the corporate action to which the shareholder objects.	§ 1572: Immediately before the effectuation of the corporate action to which the shareholder objects.
Dissolution by shareholder as a remedy for oppression or oppressive behavior?	No— § 1096: Majority of shareholders	Yes— § 60.661(2)(b); § 60.952(1)(b)	Yes— § 1981 (a)(1)
Buyout election in lieu of dissolution?	No	Yes— close corporation provision only— § 60.952(1)(k)	No
Dissolution Valuation Date		§ 60.952(6)(f): The day before the date on which the proceeding was filed or such other date as the court deems appropriate under the circumstances.	

STATE	RHODE ISLAND	SOUTH CAROLINA	SOUTH DAKOTA
Valuation Term	Fair Value	Fair Value	Fair Value
Precedent in Allowing Discounts	(Case law) Rejects discounts.	(Case law) Rejects discounts.	(Statute) Rejects discounts.
Cases Addressing Discounts	DiLuglio v. Providence Auto Body, Inc. 755 A.2d 757 (R.I. 2000) Discounts rejected.	Morrow v. Martschink 922 F. Supp. 1093 (D. S.C.1995) Federal court found that discounts are inapplicable in intra-family transfers in closely held company or in forced sale under S.C. law.	First Western Bank of Wall v. Olsen 621 N.W.2d 611 (S.D. 2001) Discounts rejected. [Predates statute]
Definition of Valuation Term	§ 7-1.2-1202(a): Fair value means the value of the shares excluding any appreciation or depreciation in anticipation of the corporate action.	§ 33-13-101(3): Fair value means the value of shares excluding any appreciation or depreciation in anticipation of the corporate action to which the dissenter objects, excluding any appreciation or depreciation in anticipation of the corporate action unless exclusion would be inequitable. To be determined by generally accepted techniques in the financial community.	§ 47-1A-1301(4): Fair value means the value of the shares using customary and current valuation concepts and techniques generally employed for similar businesses in the context of the transaction requiring appraisal; and without discounting for lack of marketability or minority status except, if appropriate, for amendments to the articles pursuant to subdivision (5) of § 47-1A-1302.
Valuation Date	§ 7-1.2-1202(a): As of the day prior to the date on which the vote was taken approving the proposed corporate action.	§ 33-13-101(3): Immediately before the effectuation of the corporate action to which the dissenter objects.	§ 47-1A-1301(4): Immediately before the effectuation of the corporate action to which the dissenter objects.
Dissolution by shareholder as a remedy for oppression or oppressive behavior?	Yes— § 7-1.2-1314(a)(1)(ii)	Yes— § 33-14-300(2)(ii) [corporations]; § 33-18-400(a)(1) & § 33-18-430 [close corporations]; § 33-44-801(4)(e) [LLCs]	Yes— § 47-1A-1430(b)
Buyout election in lieu of dissolution?	Yes— § 7-1.2-1315	Yes— § 33-14-310(d)(4) [corporations] (within the court's discretion); close corporation provision— § 33-18-420	Yes— § 47-1A-1434
Dissolution Valuation Date	§ 7-1.2-1315: The day on which the petition for dissolution was filed.		§ 47-1A-1434.3: The day before the date on which the petition was filed or as of such other date as the court deems appropriate under the circumstances.

STATE	TENNESSEE	TEXAS	UTAH
Valuation Term	Fair Value	Fair Value	Fair Value
Precedent in Allowing Discounts		(Statute) Rejects discounts. (Case law) Permitted discounts when shareholder had intent to sell to third party.	(Case law) Rejects discounts.
Cases Addressing Discounts		Ritchie v. Rupe 339 S.W.3d 275 (Tex. App. 2011) Discounts are applicable when minority shareholder has expressed intent to sell.	Hogle v. Zinetics Medical, Inc. 63 P.3d 80 (Utah 2002) Discounts rejected.
Definition of Valuation Term	§§ 48-23-101(4) [corporations]; § 48-231-101(2) [LLCs]: Fair value means the value of the shares excluding any appreciation or depreciation in anticipation of the corporate [LLC] action.	§ 10.362 (a): Any appreciation or depreciation in the value of the ownership interest occurring in anticipation of the proposed action or as a result of the action must be specifically excluded from the computation of the fair value of the ownership interest. (b) Consideration must be given to the value of the domestic entity as a going concern without including in the computation of value any control premium, any minority ownership discount, or any discount for lack of marketability.	§ 16-10a-1301(4): Fair value means the value of the shares excluding any appreciation or depreciation in anticipation of the corporate action.
Valuation Date	§§ 48-23-101(4) [corporations]; § 48-231-101(2) [LLCs]: Immediately before the effectuation of the corporate [LLC] action to which the dissenter objects.	§ 10.362(a): The date preceding the date of the action that is the subject of the appraisal.	§ 16-10a-1301(4): Immediately before the effectuation of the corporate action to which the dissenter objects.
Dissolution by shareholder as a remedy for oppression or oppressive behavior?	Yes— § 48-24-301(2)(B)	No	Yes— §§ 16-10a-1430(2)(b) [corporations]; § 48-3-701(5) [LLCs]
Buyout election in lieu of dissolution?	No	No	Yes— §§ 16-10a-1434 [corporations]; § 48-3-702 [LLCs]
Dissolution Valuation Date			§§ 16-10a-1434 [corporations]; § 48-3-702(4) [LLCs]: The day before the date the petition was filed or as of any other date the court determines to be appropriate under the circumstances and based on the factors the court determines to be appropriate.

STATE	VERMONT	VIRGINIA	WASHINGTON
Valuation Term	Fair Value	Fair Value	Fair Value
Precedent in Allowing Discounts	(Case law) Rejects discounts; accepts control premiums.	(Statute) Rejects discounts.	(Case law) Rejects discounts.
Cases Addressing Discounts	In re: Shares of Madden, Fulford and Trumbull 2005 Vt. Super. LEXIS 112 Control premium applied. Waller v. American Intl. Distrib. Corp. 706 A.2d 460 (Vt. 1997) No minority discount when oppression is found. In re: Shares of Trapp Family Lodge, Inc. 725 A.2d 927 (Vt. 1999) Control premium applied.	U.S. Inspect, Inc. v. McGreevy 2000 Va. Cir. LEXIS 524 Discounts rejected.	Matthew G. Norton Co. v. Smyth 51 P.3d 159 (Wash. App. 2002) No discounts applied.
Definition of Valuation Term	11A V.S.A. § 13.01(3): Fair value means the value of the shares excluding any appreciation or depreciation in anticipation of the corporate action unless exclusion would be inequitable.	§ 13.1-729: Fair value means the value of the shares immediately before the effectuation of the corporate action to which the shareholder objects; using customary and current valuation concepts and techniques generally employed for similar businesses in the context of the transaction requiring appraisal; and without discounting for lack of marketability or minority status except, if appropriate, for amendments to the articles pursuant to subdivision A 5 of § 13.1-730.	§ 23B.13.010(3) [corporations]; § 25.15.425(3) [LLCs]; § 25.10.831(2) [LPs]; Fair value means the value of the shares excluding any appreciation or depreciation in anticipation of the corporate action [merger] unless exclusion would be inequitable.
Valuation Date	11A V.S.A. § 13.01(3): Immediately before the effectuation of the corporate action to which the dissenter objects.	§ 13.1-729: Immediately before the effectuation of the corporate action to which the dissenter objects.	§ 23B.13.010(3) [corporations]; 25.15.425(3) [LLCs]; § 25.10.831(2) [LPs]: Immediately before the effectuation of the corporate action [merger] to which the dissenter objects.
Dissolution by shareholder as a remedy for oppression or oppressive behavior?	Yes— 11A V.S.A. § 14.30(2)(B) [corporations]; 11 V.S.A. § 3101(5)(E) [LLCs]	Yes— § 13.1-747(A)(1)(b)	Yes— § 23B.14.300(2)(b)
Buyout election in lieu of dissolution?	Yes— close corporation provision—11A V.S.A. § 20.15	Yes— § 13.1-749.1	No
Dissolution Valuation Date	11A V.S.A. § 20.15: As of the close of the business on the day on which the petition for dissolution was filed.	§ 13.1-749.1(D): The day before the date the petition was filed or as of such other date as the court deems appropriate under the circumstances.	

STATE	WEST VIRGINIA	WISCONSIN	WYOMING
Valuation Term	Fair Value	Fair Market Value (for business combinations); Fair Value (for all other transactions)	Fair Value
Precedent in Allowing Discounts	(Statute) Rejects discounts by statute.	(Case law) Fair value rejects discounts for lack of control and lack of marketability; court's discretion.	(Statute) Rejects discounts.
Cases Addressing Discounts		Edler v. Edler 745 N.W.2d 87 (Wisc. App. 2007) Discounts rejected HMO-W Inc. v. SSM Health Care System 611 N.W.2d 250 (Wisc. 2000) Discounts rejected.	Brown v. Arp and Hammond Hardware Co. 141 P.3d 673 (Wyo. 2006) Minority discount rejected; marketability discount not applied by lower court.
Definition of Valuation Term	§ 31D-13-1301(4): Fair value means the value of the shares using customary and current valuation concepts and techniques generally employed for similar businesses in the context of the transaction requiring appraisal and without discounting for lack of marketability or minority status except for amendments to § 31D-13-1302(5)(a).	For business combinations: § 180.1130(9)(a): Market value means, if shares are publicly traded, the highest closing sales price per share during the valuation period; if not publicly traded, the fair market value as determined in good faith by the board of directors. For all other transactions: § 180.1301(4): Fair value means the value of the shares immediately before the effectuation of the corporate action to which the dissenter objects, excluding appreciation or depreciation in anticipation of the corporate action unless exclusion would be inequitable.	§ 17-16-1301(a)(iv): Fair value means the value of the shares using customary and current valuation concepts and techniques generally employed for similar businesses in the context of the transaction requiring appraisal; and without discounting for lack of marketability or minority status except, if appropriate, for certain amendments to the articles.
Valuation Date	§ 31D-13-1301(4): Immediately before the effectuation of the corporate action to which the shareholder objects.	§ 180.1301(4): Immediately before the effectuation of the corporate action.	§ 17-16-1301(a)(iv)(A): Immediately before the effectuation of the corporate action to which the dissenter objects.
Dissolution by shareholder as a remedy for oppression or oppressive behavior?	Yes— § 31D-14-1430(2)(B) [corporations]; § 31B-8-801(b)(5)(v) [LLCs]	Yes— § 180.1430(2)(b) [corporations]; § 183.0902 [LLCs]	Yes— § 17-16-1430 (a)(ii)(B) [corporations]; § 17-17-140(a)(i) [close corporations]; § 17-29- 701(a)(v)(B) [LLCs]
Buyout election in lieu of dissolution?	Yes— § 31D-14-1434	Yes— close corporation provision— § 180.1833	Yes— § 17-16-1434 [corporations]; § 17-17-142 [close corporations]
Dissolution Valuation Date	§ 31D-14-1434(d): The day before the date the petition was filed or as of another date as the court deems appropriate under the circumstances.		§ 17-16-1434: The day before the date the petition was filed or as of such other date as the court deems appropriate under the circumstances.

This appendix can also be downloaded at www.wiley.com/go/fishmanappendices (password: fishman358).

離婚案件所適用之價值標準

（按州別及價值標準分類）

Appendix C

Standards of Value in Divorce Classifications
by State and Standard of Value

本表為各州價值標準（SOV）應用之指南，輔助價值標準分類。

參考任何案件之前，應先檢視判決的全文，以確定案件的實際型態，與不同狀況下的估價標的。表中的空白欄，表示無法找出相對的應用案例。這裡

例與其判決。我們沒有要把這個當成各州如何處理商譽、折價，和買賣協議的價值標準之決定性因素。這裡只列舉了案

盡可能收集各州相關各主題案例的代表性案例，不過並非各州相關各主題案例的完整列表。

	VALUE IN EXCHANGE		VALUE TO THE HOLDER
	Fair Market Value	Fair Value	Investment Value
ALABAMA			
Goodwill			
Discounts		**Grelier v. Grelier,** 63 So.3d 668 (Alab. Civ. App 2010): The Alabama civil appeals court concluded that no discount for minority interest and lack of marketability should be applied; citing Brown of New Jersey. The court indicated: "Because the Alabama Supreme court has adopted the same reasoning that is applied in New Jersey in dissenting-shareholder cases, it seems reasonable to conclude that it would follow the same reasoning in divorce cases involving minority ownership of closely held business organizations."	
Buy-Sell			
SOV in Statute or Case Law		**In Hartley v. Hartley,** 50 So.3d 1102 (Alab. Civ. App. 2010): Court of civil appeals of Alabama made the "determination that valuation in divorce actions is to be based upon a 'fair value' concept and not necessarily a 'fair market value' principle."	

Based on Grelier (2009), we characterize Alabama as a fair value state in that it rejects minority and marketability discounts except in extraordinary circumstances as applied in dissentingshareholder cases and as set forth in New Jersey's Brown case.

	VALUE IN EXCHANGE		VALUE TO THE HOLDER
	Fair Market Value	Fair Value	Investment Value
ALASKA			
Goodwill	**Walker v. Walker,** 151 P.3d 444 (Alas. Supr. Ct. 2007): If the trial court determines either that no goodwill exists or that goodwill is unmarketable, then no value for goodwill should be considered in dividing the marital assets. **Fortson v. Fortson,** 131 P. 3d 451 (Alas. Supr. Ct. 2006): Lack of marketable goodwill in a dermatology clinic renders goodwill valuation moot. **Richmond v. Richmond,** 779 P.2d 1211 (Alas. Supr. Ct. 1989): Professional goodwill must be marketable in order for it to be included in a marital estate. **Moffitt v. Moffitt,** 749 P.2d 343 (Alas. Supr. Ct 1988): If the trial court determines either that no goodwill exists or that goodwill is unmarketable, then no value for goodwill should be considered in dividing the marital assets.		
Discounts	**Hanson v. Hanson,** 125 P.3d 299 (Alas. Supr. Ct. 2005): "Nowhere in Money v. Money did the Supreme Court of Alaska require application of minority discounts in all instances. Instead the court simply acknowledged that such discounts could be utilized and resolved a dispute about the size of a particular discount (marketability)." **Money v. Money,** 852 P.2d 1158 (Alas. Supr. Ct. 1993): The Superior Court concluded that such a minority discount was inappropriate in this case because the minority interest was being acquired by the party that also controlled the rest of the shares. The Supreme Court found that the Superior Court's valuation was not unreasonable using a marketability discount higher than 15%.		
Buy-Sell	**Money v. Money,** 852 P.2d 1158 (Alas. Supr Ct.1993): Accepts buy–sell as means of valuing business.		
SOV in Statute or Case Law	**Fortson v. Fortson,** 131 P.3d 451 (Alas. Supr. Ct. 2006):"Regarding marital assets, the Supreme Court of Alaska has defined fair market value as the amount at which property would change hands, between a willing buyer and a willing seller, neither being under compulsion to buy or sell and both having reasonable knowledge of the relevant facts."		

We characterize Alaska as a fair market value state. The Supreme Court of Alaska defined fair market value in Fortson (2006) as "the amount at which property would change hands, between a willing buyer and a willing seller, neither being under compulsion to buy or sell and both having reasonable knowledge of relevant facts." Both Moffitt (1988) and Richmond (1989) require that goodwill must exist and be marketable in order to be considered as marital property. In addition, minority and marketability discounts have been applied in Alaska cases, notably the Money case.

	VALUE IN EXCHANGE		VALUE TO THE HOLDER
	Fair Market Value	Fair Value	Investment Value
ARIZONA			
Goodwill			**Walsh v. Walsh Arizona** 2012 Ct. App. (1-CA-CV-110269): This case involves an interest in a large national law firm. The trial court departed from state precedent and found that goodwill was limited to the amount stated on the firm's stock purchase agreement. The trial court decision indicated that value emanated from what was "realizable" (which we understand to be what is saleable). Following Arizona case law precedent, the Appellate Court reversed and held that goodwill does not have to be realizable in order to have value, and distinguished between professional goodwill, which should be included as a marital asset, and future earning capacity which should not be included. **Mitchell v. Mitchell**, 732 P.2d 208 (Ariz. Supr. Ct. 1987): Valuation of intangible component of a professional practice attributable to goodwill was proper despite partnership agreement that specified goodwill had no value. **Wisner v. Wisner**, 631 P.2d 115 (Ariz. App. 1981): A sole proprietor corporation may have a goodwill value.
Discounts			
Buy-Sell			**In re: Marriage of Kells**, 897 P.2d 1366 (Ariz. Ct. App. 1995): A buy–sell agreement or other such agreement should be considered as a factor in valuing a business but it is not determinative of the value of marital stock.
SOV in Statute or Case Law			

Investment value appears to be the predominant standard of value in Arizona. The Arizona decisions generally view that goodwill exists in a sole proprietorship and a professional practice, and considers the practitioner's age, health, past earning power, reputation in the community for judgment, skill and knowledge, and comparative professional success as elements of goodwill. Wisner (1981) specifically rejects the contention that goodwill must be marketable to have value, and Mitchell (1987) follows Wisner (1981) on that principle. Kells suggests that a buy–sell agreement should be considered, but not necessarily relied upon in determining value.

		VALUE IN EXCHANGE		VALUE TO THE HOLDER
		Fair Market Value	Fair Value	Investment Value
		ARKANSAS		
Goodwill		**Cole v. Cole**, 201 S.W.3d 21 (Ark. App. 2005): Expert report for a surgery center was accepted based upon fair market value. Personal goodwill was determined to be 50% of fair market value. **Tortorich v. Tortorich**, 902 S.W.2d 247 (Ark. App. 1995): Business goodwill must be independent of individual goodwill in a sole proprietorship. **Wilson v. Wilson**, 741 S.W.2d 640 (Ark. 1987): For goodwill to be marital property, it has to be a business asset with value independent of the presence or reputation of a particular individual.		
Discounts		**Farrell v. Farrell**, 231 S.W. 3d 619; Ark. (Supr. Ct. Ark. 2006) : "A minority discount was appropriate, even though Ms. Farrell presently has control of a majority of the voting stock of ARC, because the value of the shares can best be established by the past actual sales of the stock." **Crismon v. Crismon**, 34 S.W.3d 763 (Ark. App. 2000): Allows marketability discount of 12% because that reflects expenses that would be incurred in marketing and selling a partnership interest.		
Buy-Sell		**Cole v. Cole**, 201 S.W.3d 21; (Ark. App. 2005): Trial court erred by valuing the former husband's 50% interest in a surgery center based on his buy–sell agreement with another shareholder instead of by determining the fair market value as required by statute.		
SOV in Statute or Case Law		**Arkansas Statute §9-12-315(4):** "When stocks, bonds, or other securities issued by a corporation, association, or government entity make up part of the marital property, the court shall designate in its final order or judgment the specific property in securities to which each party is entitled, or after determining the fair market value of securities, may order and adjudge that the securities be distributed to one (1) party on condition that one-half (1/2) the fair market value of the securities in money or other property be set aside and distributed to the other party in lieu of division and distribution of the securities."		

	VALUE IN EXCHANGE		VALUE TO THE HOLDER
	Fair Market Value	Fair Value	Investment Value

SOV in Statute or Case Law	**Arkansas Statute §9:2801.2:** "In a proceeding to partition the community, the court may include in the valuation of any community-owned corporate, commercial, or professional business, the goodwill of the business. However, that portion of the goodwill attributable to any personal quality of the spouse awarded the business shall not be included in the valuation of a business."

We categorize Arkansas as a fair market value state, primarily because of the statutory requirement that securities be valued at their fair market value. Arkansas case law follows this principle. Additionally, these cases require that goodwill be a business asset, independent of the presence or reputation of a particular individual.

CALIFORNIA

Goodwill			**In re: Marriage of Fenton,** 184 Cal. Rptr. 597 (Cal. Ct. App. 1982): Personal goodwill is included in marital estate; proper valuation of community goodwill (business or personal) is not necessarily its fair market value. **In re: Foster,** 117 Cal. Rptr. 49 (1974): The value of community goodwill is not necessarily the specified amount of money that a willing buyer would pay for such goodwill. In view of exigencies that are ordinarily attendant to a marriage dissolution, the amount obtainable in the marketplace might well be less than the true value of the goodwill. **Golden v. Golden,** 75 Cal. Rptr. 735 (Cal. App. 1969): In a matrimonial matter, the practice of a sole practitioner husband will continue with the same intangible value as it had during the marriage. Under the principles of community property law, the wife, by virtue of her position of wife, made to that value the same contribution as does a wife to any of the husband's earnings and accumulations during the marriage. She is as much entitled to the recompense for that contribution as if it were represented by the increased value of a stock in a family business.
Discounts			

Buy-Sell	**In re: Marriage of Micalizio,** 199 Cal. App. 3d 662; 245 Cal. Rptr. 673 (Cal. App. 1988); citing In re: Marriage of Rosan (1972) 24 Cal. App. 3d 885: ". . an agreement between the husband and the majority shareholder provided that the husband's shares could not be sold or transferred to anyone other than the corporation or the other shareholder without prior written consent." The other shareholder could purchase such shares for the lower of their "computed value" or the price offered by a third party. "Computed value" was to be determined by a formula based primarily on the book asset value of the stock. Moreover, if the husband quit or was terminated for cause, the other shareholder could purchase the husband's stock for 70% of its "computed value." The trial court was justified in assessing the value of the stock at 70% of its "computed value." Although that was its lowest value except in the event of a sale to a third person for less, it was the only value that was relatively certain.	
SOV in Statute or Case Law	**In re: Marriage of Olga L. and Howard J. Cream,** 13 Cal. App. 4th 81; 16 Cal. Rptr. 2d 575 (Cal. App. 1993); "Pursuant to Cal. Civ. Code § 4800, the trial court must divide the community property equally and cannot delegate the responsibility to fix the fair market value of the community estate where assets were not divided in kind. The appellate court remanded the case to the trial court to determine the fair market value of the property on the date of the bid. The fair market value of a marketable asset in marital dissolution cases is the highest price on the date of valuation that would be agreed to by a seller, being willing to sell but under no obligation or urgent necessity to do so, and a buyer being ready, willing and able to buy but under no particular necessity for so doing."	We categorize California as predominantly an investment value state. California cases have considered goodwill as a community asset, whether adhering to an individual or a business. Golden (1969), the earliest case on this issue in California, argued that the spouse makes an equal contribution to the other spouse's goodwill by his or her contributions as spouse. Further, both Foster (1974) and Fenton (1982) establish that the proper valuation of goodwill is not necessarily its fair market value. However, some argue that in California, community assets considered marketable should be valued using the fair market value standard of value. They cite In Marriage of Cream as the basis for the view that marketable assets should be valued at their fair market value. What constitutes a "marketable asset" is undefined and, in our view, the issue is unsettled.

	VALUE IN EXCHANGE		VALUE TO THE HOLDER	
	Fair Market Value	Fair Value	Fair Value	Investment Value
COLORADO				
Hybrid—Review case law				
Goodwill				**In re: Marriage of Graff**, 902 P.2d 402 (Colo. App. 1994): Goodwill was included in valuation of a one-man insurance agency. The judge stated "The value of goodwill is not necessarily what a willing buyer would pay for such goodwill, rather, the important consideration is whether the business has a value to the spouse over and above tangible assets." **In re: Huff**, 834 P.2d 244 (Colo. Supr. Ct. 1992): In determining the intangible value of the husband's business, the important consideration is whether the business has a value to him above and beyond the tangible assets. Valuation does not necessarily depend on what a willing buyer would pay.
Discounts	**In re: Marriage of Thornhill**, 232 P.3d 782 (Colo. Supr. Ct. 2010): The Colorado Supr. court confirmed its Appellate division rejecting Pueblo, 63 P.3d at 369, which rejected marketability discounts in the context of dissenting shareholder. The court found that "trial courts may, in their discretion, apply marketability discounts when valuing an ownership interest in a closely held corporation in marital dissolution proceedings."			
Buy-Sell				**In re: Huff**, 834 P.2d 244 (Colo. Supr. Ct. 1992): Trial court is not bound by partnership agreement in determining value of law practice. Where partnership agreement was designed to discourage partners from leaving the firm and it appeared the husband intended to stay with firm, court was free to use an alternate valuation method, such as the excess earnings method.
SOV in Statute or Case Law				

Colorado's case, In re: Huff (1992), suggests that Colorado is predominantly an investment value state, endorsing the principles of the value to the holder premise, that an asset may have a value to the owner of that asset above and beyond what a willing buyer would pay for it. However, In re: Marriage of Thornhill (2010) allows the court to apply marketability discounts to an ownership interest in a closely held corporation, a fair market value concept. The court made it clear that the holding in Pueblo is not necessarily applicable in divorce cases. Therefore, we classify Colorado as a hybrid state.

		VALUE IN EXCHANGE		VALUE TO THE HOLDER
		Fair Market Value	Fair Value	Investment Value
CONNECTICUT				
Goodwill		**Eslami v. Eslami,** 591 A.2d 411 (Conn. Supr. Ct. 1991): Goodwill of a radiology medical practice must be marketable in order to be included in the marital assets. "To the extent that the goodwill of the practice cannot be detached from the personal reputation and ability of the practitioner through a sale, it cannot be said to have any significant market value, even though it may enhance the earning power of the same practitioner so long as he continues to work in the same community. If goodwill depends on the continued presence of a particular individual, such goodwill, by definition, is not a marketable asset distinct from the individual."		
Discounts		**Ferguson v. Ferguson,** No. FA 960713118, 1998 WL 851426 (Conn. Super. Ct. 1998): Applied marketability discount.		
Buy-Sell		**Dahill v. Dahill,** 1998 Conn. Super. LEXIS 846 (Conn. Super. Ct. 1998): In a divorce proceeding, the court did not accept the valuation of stock in a closely held corporation offered by the husband's expert, where it was based on the shareholder agreement and none of the triggering events in the shareholder agreement had occurred. **Stearns v. Stearns,** 494 A.2d 595 (Conn. App. Ct. 1985): A buy–sell agreement or other such agreement should be considered as a factor in valuing a business, but it is not necessarily determinative of the value of marital stock.		
SOV in Statute or Case Law		**Dahill v. Dahill,** 1998 Conn. Super. LEXIS 846 (Conn. Super. Ct. Mar. 30 1998): "It was the court's duty to find the fair market value, not the book value or the 'in-hand value' to the husband."		

Connecticut's decisions suggest that it generally follows a fair market value standard. Eslami (1991) establishes the principle that goodwill must be marketable in order to be included in the marital assets and Dahill (1998) suggests that although a buy–sell agreement may be in place, the court is looking to find the fair market value, which is not necessarily the value established by that agreement. Connecticut courts have also applied marketability discounts, as in Ferguson (1998).

	VALUE IN EXCHANGE		VALUE TO THE HOLDER
	Fair Market Value	Fair Value	Investment Value
DELAWARE			
Goodwill	**S.S. v. C.S.**, LEXIS 213 (Del. Fam. Ct. 2003): Goodwill should be dealt with in the context of alimony rather than property distribution, so that the risks and rewards may both be shared, instead of ascribing a current value on a speculative future income stream. **E.E.C. v. E.J.C.**, 457 A.2d 688 (Del. Supr. Ct. 1983): Rejected capitalization of husband's earnings to determine value of business for marital assets. The parties agreed that there were no excess earnings and therefore no goodwill in a sole proprietorship.		
Discounts			
Buy-Sell			
SOV in Statute or Case Law			

Delaware cases have established that a business should be valued as the market value company's tangible assets, in excess of its liabilities, its accounts receivable, and work-in-progress. They have also suggested that although goodwill may exist, it should be handled in the form of alimony, where risks and rewards are shared. Because of this treatment of goodwill in the valuation of stock, we believe that Delaware may be predominantly categorized as a walk-away fair market value state.

	VALUE IN EXCHANGE		VALUE TO THE HOLDER
	Fair Market Value	Fair Value	Investment Value
DISTRICT OF COLUMBIA			
Goodwill	**McDiarmid v. McDiarmid**, 649 A.2d 810 (D.C. App. 1994): Goodwill may exist in a professional practice and if acquired during the marriage is marital property. However, a partner's ability to realize that goodwill upon exiting affects whether that goodwill has any value.		
Discounts			
Buy-Sell	**McDiarmid v. McDiarmid**, 649 A.2d 810 (D.C. App. 1994): Trial judge erred in valuing goodwill of husband's partnership interest in law firm, given express terms of partnership agreement that made goodwill nonsalable and the absence of any other factors that could make the goodwill valuable.		

	VALUE IN EXCHANGE		VALUE TO THE HOLDER	
SOV in Statute or Case Law				
	Fair Market Value	Fair Value		Investment Value

The court in McDiarmid (1994) recognized that goodwill exists in a professional practice, but suggested that the value of the goodwill was dependent on the ability of the professional to realize that value upon exit, and the partnership agreement limited the partner's ability to sell the goodwill. Because of this, we classify the District of Columbia as being fair market value. The case did not consider the value of the goodwill as if the owner remained, but instead, it valued the goodwill based on the owner's ability to realize it upon exit.

		FLORIDA		
Goodwill	**Held v. Held,** 912 So.2d 637 (Fla. App 2005): The adjusted book value was used in determining the fair market value of the business. The court rejected the inclusion of a non-solicitation agreement in enterprise goodwill. **Williams v. Williams,** 667 So.2d 915 (Fla. Dist. Ct. App. 1996): Business goodwill of a professional practice is a marital asset subject to division if it exists and was developed during the marriage. However, if a noncompete agreement would be required pursuant to a sale, there is no reason to believe that the goodwill adheres to the enterprise. **Thompson v. Thompson,** 576 So.2d 267 (Fla. Supr. Ct. 1991): Fair market value approach should be the exclusive method of measuring business goodwill.			
Discounts	**Erp v. Erp,** 976 So.2d 1234 (Fla. App. 2007): "A trial court should be accorded the discretion to determine whether a marketability discount should apply to the valuation of a closely held corporation in a dissolution of marriage case where the court is traditionally charged with achieving, equity through the use of various remedies." The appeals court found "no abuse of discretion in the trial court's decision to apply a ten-percent marketability discount in this case."			
Buy-Sell	**Garcia v. Garcia,** 25 So.3d 687 (Fla. App. 2010): "The sale price set by restrictive provisions on transfer of closely held stock is not conclusive as to the value. However, restrictive transfer covenants affect value through impaired marketability and must be considered when a trial court determines the value of stock for purposes of equitable distribution. When stock is subject to a restrictive transfer agreement the price fixed by such provisions will not control its value, but the restriction on transfer is a factor which affects the value of the stock for purposes of equitable distribution."			

	VALUE IN EXCHANGE		VALUE TO THE HOLDER
	Fair Market Value	Fair Value	Investment Value
SOV in Statute or Case Law	**Christians v. Christians,** 732 So. 2d 47; (Fla. App. 1999): "The valuation of a business is calculated by determining the fair market value of the business which is the amount a willing buyer and willing seller would exchange assets absent duress." citing Makowski v. Makowski 613 So. 2d 924, 926 (Fla. 3d DCA 1993).		
	Because of the treatment of goodwill in the valuation of businesses in Florida, we consider Florida a walk-away fair market value state. Although business goodwill may be included in a valuation, Florida cases have recognized business goodwill in a professional practice. However, Florida indicated that the business is to be valued absent the efforts of the owner and assumes the owner is free to compete. We have categorized these assumptions as a "walk-away" doctrine.		
	GEORGIA		
Goodwill	**Miller v. Miller,** 288 Ga. 274 (Ga. Supr.Ct. 2010): In this case involving a medical practice, the court found that enterprise goodwill is marital and personal goodwill is not. "Enterprise or commercial goodwill is transferred whenever the enterprise to which it attaches is bought and sold as an ongoing concern. Individual or personal goodwill is not transferable when the enterprise is bought and sold, and instead resides primarily in the personal reputation of the owner. The strong general rule is that enterprise goodwill must be included when valuing a business entity as marital property."		
Discounts			
Buy-Sell	**Barton v. Barton,** 639 S.E.2d 481 (Ga. Supr. Ct. 2007): The Georgia Supreme Court answers the question: "Whether in placing a value on the stock of a closely-held corporation for purposes of dividing marital property, was the court bound by the value set forth in a buy-sell provision of the stockholder agreement? The short answer was 'no'. A clear majority of courts held that the value established in the buy-sell agreement of a closelyheld corporation, not signed by the non-shareholder spouse, was not binding on the non-shareholder spouse, but was considered along with other factors, in valuing the interest of the shareholder spouse. The rationale for this rule was simply because the buy-sell price in a closely-held corporation could be manipulated and did not necessarily reflect true value."		

Miller (2010) follows the line of thinking that enterprise goodwill is marital, but personal goodwill is not. Accordingly, we categorize Georgia as a fair market value state.

	VALUE IN EXCHANGE		VALUE TO THE HOLDER
	Fair Market Value	Fair Value	Investment Value
HAWAII			
Goodwill	**Weinberg v. Weinberg,** 220 P.3d 264; 2009 (Haw. Interm. App. 2009): "Where goodwill is a marketable business asset distinct from the personal reputation of a particular individual, as is usually the case with many commercial enterprises, that goodwill has immediately discernible value as an asset of the business and may be identified as an amount reflected in a sale or transfer of such business. On the other hand, if goodwill depends on the continued presence of a particular individual, such goodwill, by definition, is not a marketable asset distinct from the individual. Any value which attaches to the entity solely as a result of personal goodwill represents nothing more than probable future earning capacity, which although relevant in determining alimony, is not a proper consideration in dividing marital property in a dissolution proceeding."		
Discounts	**Doe v. Roe,** LEXIS 310 (Haw. Interm. App. 2010): Husband owned 20% interest of his family's residential property in Honolulu. Each of his four siblings owned 20% as well. The family court considered testimony from experts on both sides and found testimony by the husband's expert credible that "lack of control" and "lack of marketability" adjustments should be utilized.		
Buy-Sell			
SOV in Statute or Case Law	**Antolik v. Harvey,** 761 P.2d 305 (Haw. Interm. App. 1988): When dividing and distributing the value of the property of the parties in a divorce case, the relevant value is, as a general rule, the fair market value on the relevant date.		

Antolik v. Harvey (1988) indicates that the relevant value is the fair market value on the relevant date. It has acknowledged that goodwill has value, but it must be distinguished from an individual's reputation. In its treatment of goodwill in this case, Hawaii considered that the goodwill in the business in the form of patient charts would not be able to be sold, because the current owner would become a competitor and maintain those patients for himself. Because of this, we classify Hawaii as a walk-away fair market value state.

	VALUE IN EXCHANGE		VALUE TO THE HOLDER
	Fair Market Value	Fair Value	Investment Value
	IDAHO		
Goodwill	**Stewart v. Stewart,** 152 P.3d 544 (Ida. Supr. Ct. 2007): In this case involving a dermatology practice, the court did not distinguish between enterprise goodwill and personal goodwill. The Supreme Court of Idaho states that the plaintiff "would have the court enter the morass of trying to draw a distinction between the value attributable to a professional practice by virtue of the individual attributes of the professional and the value of goodwill not attributable to those personal assets, valuing each separately and then dividing the latter but not the former. Quite frankly such an approach does not make a good deal of sense." However, the court noted that the Idaho law "treats personal skill and reputation as separate assets rather than community property." This case cites Wolford v. Wolford, 117 Idaho 61, [**549] [*678] 67,785 P.2d 625, 631 (1990), "holding that personal attributes, including knowledge, skill, and reputation, were not property, either separate or community." Stewart also cites Olsen, 125 Idaho at 606, 873 P.2d at 860. This case concludes that knowledge, skill, and background are personal attributes, not community property. To the extent that a professional services corporation has goodwill above these personal assets, however, that goodwill is community property. The issue in Stewart was whether the valuation methodology that the appellate court found was properly applied. However, clearly the intent in Idaho is to value only enterprise, not personal goodwill. **Chandler v. Chandler,** 32 P.3d 140 (Ida. Supr. Ct. 2001): Trial court found that community business had intangible value independent of personal goodwill.		
Discounts	**Olsen v. Olsen,** 873 P2d 857 (Ida. Supr. Ct. 1994): The Supreme Court of Idaho decided that "The trial court should not have employed a capitalization rate and a discount for marketability that reduced the value of the corporation based on the concept that lower rates would force Mr. Olsen to share his future earnings with Mrs. Olsen."		
Buy-Sell			

	VALUE IN EXCHANGE		VALUE TO THE HOLDER
	Fair Market Value	Fair Value	Investment Value
SOV in Statute or Case Law	Chandler (2001) distinguished the intangible value of the community business from the personal goodwill of the owner, indicating fair market value. Stewart (2007) does not distinguish between enterprise and personal goodwill because of the difficulty of doing so. However, Stewart notes that personal skill and reputation are not community property. Stewart cites Wolford and Olsen, two cases that conclude personal goodwill is not community property. Therefore, we believe that Idaho is a fair market value state.		

ILLINOIS

	Fair Market Value	Fair Value	Investment Value
Goodwill	**James Alexander v. Valery Alexander,** 857 N.E.2d 766 (Ill. App. Ct. 2006): "Enterprise goodwill is considered a marital asset for the purposes of the just division of marital property. Personal goodwill is not considered a marital asset for the purposes of the just division of marital property. The supreme court observed that because other factors under section 503(d) of the [*196] Act (750 ILCS 5/503(d) (West 2004)) (the section of the Act that sets forth factors that the circuit court is to consider when making a just division of marital property) already reflect elements that constitute personal goodwill, to consider personal goodwill in addition to these other factors would result in impermissible double-counting." **In re: Marriage of Head,** 652 N.E.2d 1246 (Ill. App. 1995): Business goodwill may be valued, but not in this case. **In re: Marriage of Zells,** 572 N.E.2d 944 (Ill. 1991): Personal goodwill should not be considered in the valuation of a business.		
Discounts	**In re: Marriage of Heroy,** 895 N.E.2d 1025 (Ill. App. 2008): Trial court applied combined minority and marketability discounts of 30% and the appellate court confirmed.		
Buy-Sell	**In re: Marriage of Brenner,** 601 N.E.2d 1270 (Ill App. Ct. 1992): A buy–sell agreement or other such agreement should be considered as a factor in valuing a business but it is not determinative of the value of marital stock.		
SOV in Statute or Case Law	We believe that Illinois should be categorized as predominantly following a fair market value standard. Personal goodwill is excluded from the valuation of a business, but business goodwill may be considered a marital asset where appropriate. In Heroy (2008), the courts have allowed minority and marketability discounts.		

	VALUE IN EXCHANGE		VALUE TO THE HOLDER
	Fair Market Value	Fair Value	Investment Value
	INDIANA		
Goodwill	**Balicki v. Balicki,** 837 N.E.2d 532 (Ind. App. 2005): Stated that personal goodwill was not marital, but the party wishing to remove personal goodwill must present evidence of its existence. "We conclude that if a party wishes to exclude personal goodwill from a business's valuation in a dissolution proceeding, they must submit evidence of its existence and value to the trial court by ensuring that their chosen expert provides proof of such existence and value." **Yoon v. Yoon,** 711 N.E.2d 1265 (Ind. Supreme Ct.1999): Personal goodwill is future earnings capacity and should not be included in valuation. Business goodwill is future patronage and should be considered.	**Bobrow v. Bobrow,** No. 29D01-0003-DR-166 (Hamilton County Ind. 2002): Goodwill in professional corporation adhered to the corporation itself. Value was calculated as the pro rata proportion of the value of the business as a whole.	
Discounts	**Jerry Alexander v. Susan Alexander,** 927 N.E.2d 926 (Ind. App. 2010): "We conclude that marketability discounts and minority interest discounts can be utilized by a trial court in dissolution proceedings when determining the value of ownership interest such as the interest which Susan holds in Bush and Bush farms." **In re: Marriage of Conner,** 713 N.E.2d 883 (Ind. App. 1999): Trial court applied 20% discount; appellate court deemed evidence insufficient to declare discount.		
Buy-Sell		**Bobrow v. Bobrow,** No. 29D01-0003-DR-166 (Hamilton County Ind. 2002): Case used pro rata proportion of value as a going concern rather than partnership agreement value.	
SOV in Statute or Case Law	**Nowels v. Nowels,** 836 N.E.2d 481; 2005 Ind. App. LEXIS 2039: The appellate court appeared to agree with the trial court's opinion, which states, "It is the fair market value of Mr. Nowels' 50% interest in Wible Lumber which is at issue in this case, not the value of Wible Lumber as an entity, or the value of Wible Lumber to the owners as a going concern."		

Indiana follows a value in exchange premise in that personal goodwill is not subject to equitable distribution. Conner (1999) rejects discounts, but Alexander (2010) allows them. Bobrow (1999) valued the interest in the accounting firm, Ernst & Young, at the pro rata share of the enterprise value. Nowels (2005) defines the value as the fair market value, not the value as an entity or the value as a going concern. Therefore, Indiana has followed fair value concepts under Bobrow, but now defines value as fair market value and allows discounts under Alexander, leading us to identify Indiana as a predominantly fair market value state.

	VALUE IN EXCHANGE		VALUE TO THE HOLDER
	Fair Market Value	Fair Value	Investment Value
		IOWA	
Goodwill	**Hogeland II v. Hogeland,** 448 N.W.2d 678; (Iowa App. 1989): "The future or goodwill of a professional's practice is a factor that needs to be considered in assessing the economic issues in a dissolution. Where the professional will continue the practice, it is a factor that should be considered in assessing future earning capacity of the professional. This has been done here, as the substantial alimony award, guaranteed by life insurance requiring payment of premiums by John, is based at least in a large part on John's future earnings as a dentist. We therefore disagree with the trial court's decision to also treat goodwill as an asset in valuating the stock in a professional corporation."		
Discounts	**In re: Marriage of Steele,** 502 N.W.2d 18 (Iowa Ct. App. 1993): Accepts minority discount. The court discounted the husband's stock 20% because it was a minority interest. **In re: Marriage of Hoak,** 364 N.W.2d 185 (Iowa Supr. Ct. 1985): This was a publicly owned corporation. The appellate court proposed a 20% to 30% discount because of the legal restrictions on sale. **Frett v. Frett,** LEXIS 694 (Iowa App. 2004): The appellate court found the husband's expert's marketability discount of 15% and an additional 20% key-person discount excessive. A party's interest in a corporation may be discounted for lack of marketability. They allowed a 10% discount.	**Becker v. Becker,** LEXIS 1223 (Iowa App. 2007): The appellate court did not allow a discount because they were not persuaded that the husband's expert's marketability discount was supported by evidence since there was no basis for an assumption that the business will be sold.	
Buy-Sell	**In re: Marriage of Baker,** 810 N.W.2d 25 (Iowa App. 2011): Iowa accepts value based upon the buyout provision of owner's agreement. Husband's ownership interest cannot be sold or transferred.		

	VALUE IN EXCHANGE		VALUE TO THE HOLDER
	Fair Market Value	Fair Value	Investment Value
Buy-Sell	**Hogeland II v. Hogeland,** 448 N.W.2d 678 (Iowa App. 1989): "Restrictions on marketability and legal restrictions on sale can justify a discount on stock. The Iowa court has recognized the value of stock in a dissolution is not necessarily decided by a value fixed in a stock redemption agreement where there is a finding that as a practical matter, the spouse owning the stock is not limited to the option price. In such a case the stock option price is one factor to be considered in determining the value of the interest." **In re: Marriage of Moffatt,** 279 N.W.2d 15 (Iowa Supr. Ct.1979): A buy–sell agreement or other such agreement should be considered as a factor in valuing a business but it is not determinative of the value of marital stock.		
SOV in Statute or Case Law	**Frett v. Frett,** LEXIS 694 (Iowa App. 2004): Assets should be valued at fair market value, if this can be reasonably ascertained, citing In re: Marriage of Dennis, 467 N.W.2d 806, 808 (Iowa Ct. App. 1991).		

In Hogeland the Iowa Court of Appeals decided not to value goodwill in a dental practice. Steele and Hoak apply discounts. Hogeland (1989) and Moffatt (1979) considered the restrictions in the stockholder agreement. This led us to classify Iowa as a predominantly fair market value state.

	VALUE IN EXCHANGE		VALUE TO THE HOLDER
	Fair Market Value	Fair Value	Investment Value
	KANSAS		
Goodwill	**Powell v. Powell,** 648 P.2d 218 (Kan. Supr. Ct.1982): Business goodwill in a professional practice may be an asset, but because in a professional practice it adheres to the individual rather than the practice, it should not be an asset subject to distribution in a divorce.		
Discounts			
Buy-Sell			
SOV in Statute or Case Law	**Bohl v. Bohl,** 657 P.2d 1106 (Kan. Supr. Ct. 1983): "It is clear the method utilized by the trial court in arriving at the fair market value for "M.W. Watson, Inc. was entirely proper.		

We classify Kansas as a fair market value state. Powell (1982) establishes that goodwill in Dr. Powell's practice was not an asset subject to distribution, because it was personal to the practitioner. The court established that goodwill in a professional practice is not an asset, because it is too heavily reliant on an individual. In such a business, the practitioner only serves the clients, and if he or she died, there would be no value to the business. This suggests a walk-away fair market value standard.

	VALUE IN EXCHANGE		VALUE TO THE HOLDER
	Fair Market Value	Fair Value	Investment Value
	KENTUCKY		
Goodwill	**Gaskill v. Robbins**, 282 S.W.3d 306 (Ky. Supr. Ct. 2009): In this case, the Kentucky Supreme Court determined that enterprise goodwill is marital; personal goodwill is not marital. "Skill, personality, work ethic, reputation, and relationships developed by Gaskill are (wife's) alone and cannot be sold to a subsequent practitioner. In this manner, these attributes constitute nonmarital property that will continue with her regardless of the presence of any spouse. To consider this highly personal value as marital would effectively attach her future earnings, to which Robbins has no claim. Further, if he or someone similarly situated were then awarded maintenance this would amount to 'double dipping,' and cause a dual inequity to Gaskill." The court further stated that "in order to evaluate the fair market value of the practice, everything of value, including transferable goodwill, must be counted."		
Discounts	**Cornett v. Cornett**, LEXIS 843 (Ky. App. 2005): "The court took an average of the figures presented by both experts, which was within its discretion," for one of the contract mining subsidiaries and applied a combined minority and marketability discount of 17.90%. **Tatum v. Tatum**, LEXIS 139 (Ky. App. 2004): The court applied a marketability discount because a discount for marketability is used to determine fair market value. **Zambos v. Zambos**, LEXIS 182 (Ky. App. 2004): "The court reasoned that a 30% discount for lack of marketability would be more reasonable (than the husband's expert's 60% DLOM) based upon a lack of evidence that the contract with the hospital would not be renewed. The court reasoned that although a 50% ownership interest is a minority interest, a gridlock is highly unlikely in a lucrative corporation such as this. The court applied a 30% marketability discount and a minority discount of 10%.		

| | VALUE IN EXCHANGE | | VALUE TO THE HOLDER |
	Fair Market Value	Fair Value	Investment Value
Buy-Sell	**Drake v. Drake,** 809 S.W.2d 710 (Ky. App. 1991): "A buy-sell agreement for a closely held corporation which sets or provides a method for setting value on its shares for purposes of distribution is not binding on a spouse in a dissolution proceeding, rather it is to be weighed with other factors in determining value. The majority position is sound because that approach would produce a value closer to what one could receive in a free and fair market." **Clark v. Clark,** 782 S.W.2d 56 (Ky. App. 1990); Cites Weaver v. Weaver, 72 N.C. App. 409, 324 S.E.2d 915 (1985), and Stern v. Stern, 66 N.J. 340, 331 A.2d 257 (1975): "When the terms of a partnership agreement are used, however, the value of the interest calculated is only a presumptive value, which can be attacked by either plaintiff or defendant as not reflective of the true value." Also, utilizing a buy–sell agreement in this case would be unfair as it would not recognize goodwill.		
SOV in Statute or Case Law	We classify Kentucky as a fair market value state, because in Gaskill (2009) the Supreme Court established that marketable enterprise goodwill is subject to equitable distribution but personal goodwill represents the future earnings of the business owner not subject to equitable distribution. Gaskill also set the standard of value as fair market value.		

LOUISIANA

Hybrid—Review case law

| | VALUE IN EXCHANGE | | VALUE TO THE HOLDER |
	Fair Market Value	Fair Value	Investment Value
Goodwill	**Clemons v. Clemons,** 960 So.2d 1068 (La. App. 2007): "If the underlying business is community, the goodwill will be considered as community property for purposes of partition. Goodwill that represents future earnings of a spouse may be considered a personal attribute not subject to distribution as community property. In addition, where one spouse holds a professional degree or license and the goodwill results solely from that professional's personal relationship with clients, that goodwill is not included in the community." Further, "a professional degree or license is not community property and is not subject to community property distribution." **Godwin v. Godwin,** 533 So.2d 1009 (La. App. 1988): Business goodwill in a commercial enterprise is marital property and should be considered in the valuation.	**Ellington v. Ellington,** 842 So.2d 1160 (La. App. 2003): While the experts came to a fair market value for the assets in question, the trial court rejected the expert's opinion, using the fair value language that the wife was not a willing seller and that it would be unfair not to include the value of the client base, the intangible asset.	

	Fair Market Value	Fair Value	Investment Value
Goodwill	**Pearce v. Pearce**, 482 So.2d 108 (La. App. 1986): Goodwill in a medical practice does not exist separately from the practitioner and thus is not part of the marital estate.		
Discounts	**Trahan v. Trahan**, 43 So.3d 218 (La. App. 2010): The fact that this company is small, closely held, and not traded on the open market limits the available buyers and thereby reduces the price. The marketability discount was appropriate in this case—the court allowed a 20% marketability discount.	**Head v. Head**, 714 So.2d 231 (La. App. 1998): Rejected marketability discount on the basis that a third-party sale was not contemplated.	
Buy-Sell			
SOV in Statute or Case Law	La. statute § 9:2801-(1)(a): "Within forty-five days of service of a motion by either party, each party shall file a sworn detailed descriptive list of all community property, the fair market value and location of each asset, and all community liabilities" (emphasis added). La. Revised Statute 9:2801.2 prohibits the valuation of personal goodwill. La. RS. 9:2801.2, added by Acts 2003 No. 837 §§1 and amended by Acts 2004, No. 177 §1, provides that "the court may include goodwill in valuing any communityowned corporate, commercial or professional business. However that portion of goodwill attributable to any personal quality of the spouse awarded the business shall not be included in the value of the business."		

Although the Louisiana statute prescribes fair market value, we have categorized Louisiana as a hybrid value state because Ellington (2003) and Head (1998) rejected discounts and used "unwilling seller" language, which indicates fair value. This is fair value under value in exchange, because Louisiana statute bars valuation and inclusion of personal goodwill in the marital assets. However, Trahan (2010) allowed discounts.

	VALUE IN EXCHANGE		VALUE TO THE HOLDER
	Fair Market Value	Fair Value	Investment Value
MAINE			
Goodwill	**Ahern v. Ahern**, 938 A.2d 35 (Me. Supr. Ct. 2008): The Maine Supreme Court stated: "We now adopt the enterprise/personal framework for the purpose of evaluating the goodwill of a professional practice in the context of an equitable distribution of property. As a general principle, the personal goodwill of a professional practice, such as the dental practice at issue in this case is not a species of property. It is however, relevant to establishing a professional's earning capacity for purposes of determining support issues."		
Discounts			

411

	Fair Market Value	Fair Value	Investment Value
Buy-Sell			
SOV in Statute or Case Law			

We categorized Maine as a fair market value state under Ahern, in which the court found that enterprise goodwill is marital and personal goodwill is not, thereby establishing a value in exchange premise.

	VALUE IN EXCHANGE		VALUE TO THE HOLDER
	Fair Market Value	Fair Value	Investment Value
		MARYLAND	
Goodwill	**Strauss v. Strauss,** 647 A.2d 818 (Md. Ct. Spec. App. 1994): Personal goodwill attached to a business is not marital property. **Hollander v. Hollander,** 597 A.2d 1012 (Md. App. 1991): "In order for goodwill to be marital property, it must be an asset having a separate value from the reputation of the practitioner. Goodwill cannot be based solely on the skill, experience or reputation of the practitioner if it is to be considered marital property. We hold that a dental practice can in fact have goodwill that is separate from the reputation of the dentist and therefore properly characterized as marital property." **Prahinski v. Prahinski,** 582 A.2d 784 (Md. App.1990): Goodwill of a solo law practice is personal to the individual and thus is not marketable.		
Discounts			
Buy-Sell			
SOV in Statute or Case Law			

We classify Maryland as a fair market value state due to the treatment of goodwill in both the Strauss, Hollander (1991), and Prahinski (1990) decisions. While allowing business goodwill, personal goodwill attached to a business or a sole proprietorship is not marital property.

	VALUE IN EXCHANGE		VALUE TO THE HOLDER	
	Fair Market Value	Fair Value	Fair Value	Investment Value
MASSACHUSETTS				
Goodwill	**Goldman v. Goldman,** 554 N.E.2d 860 (Mass. App. 1990): There was no goodwill found in a one-man professional corporation.			
Discounts		**Caveney v. Caveney,** 960 N.E.2d 331 (Mass. App. 2012): "When valuing a party's interest in a business in divorce, a minority discount should not be applied absent extraordinary circumstances." Although a minority discount was not specifically at issue in Bernier, the court, through dictum, made clear that such a discount "should not be applied absent extraordinary circumstances." **Bernier v. Bernier,** 873 N.E.2d 216 (Mass. Supr. Ct. 2007): The Massachusetts supreme court found that "neither marketability nor a minority discount should be applied absent extraordinary circumstances. Close corporations by their nature have less value to outsiders, but at the same time their value may be even greater to other shareholders who want to keep the business in the form of a close corporation."		
Buy-Sell				
SOV in Statute or Case Law	**Adams v. Adams,** 945 N.E.2d 844 (Mass. Supr. Judicial Ct. 2011): The special master appeared to accept the wife's expert's $9.09 billion computation of the fair market value of Wellington as a whole. However, the value was based on the discounted cash flow method with no carve out for personal goodwill. The Supreme Judicial Court "did not discern clear error in the judge's adoption of the special master's seemingly conservative projections of the husband's future income stream."		**Bernier v. Bernier,** 873 N.E.2d 216 (Mass. Supr. Ct. 2007): "Where valuation of assets occurs in the context of divorce, and where one of the parties will maintain, and the other entirely divested of, ownership of a marital assets after divorce, the judge must take particular care to treat the parties not as arm's-length hypothetical buyers and sellers in a theoretical open market but as fiduciaries entitled to equitable distribution of their marital assets."	

The decision in Goldman (1990) establishes that Massachusetts is a value in exchange state in that only enterprise goodwill is included as a marital asset. Bernier (2007) and Caveney (2012) follow the line of thinking established in the dissenters' and oppression cases in which minority and marketability discounts are taken only in extraordinary circumstances. Bernier treats the parties as fiduciaries, not arm's-length hypothetical buyers and sellers. Therefore, we classify Massachusetts as being closer to a fair value state; however, in light of Adams, practitioners need to check whether fair market value can be applied in a particular case.

	VALUE IN EXCHANGE		VALUE TO THE HOLDER	
	Fair Market Value	Fair Value	Fair Value	Investment Value
MICHIGAN				
Goodwill				**Kowalesky v. Kowalesky,** 384 N.W.2d 112 (Mich. App. 1986): Goodwill was valued in a one-man professional dental practice. The doctor's expert, a business broker, valued the dental practice at value of a distressed sale. The appellate court concluded that there was no evidence the dentist was prepared to leave or that the staff would not remain. The valuation of the practice should be the value to the plaintiff as a going concern.

	VALUE IN EXCHANGE		VALUE TO THE HOLDER
	Fair Market Value	Fair Value	Investment Value
Discounts	**Lemmen v. Lemmen**, 809 N.W. 2d 208 (Mich. App. 2010): The court applied a 25% minority discount and a 30% discount for DLOM, which the wife's expert had applied in an earlier valuation while he did not apply discounts in his valuation for the marital dissolution. The dissenting judge criticized the court for failing to follow the Owens, 2003 Va. App. Lexis 639 (2003), which declined to discount the value of a family owned company in a divorce.		
Buy-Sell			
SOV in Statute or Case Law			

Michigan follows an investment value concept in Kowalesky (1986). The court valued the practice as "the value to the plaintiff as a going concern," an investment value concept. In Lemmen (2010), the court allowed both minority and marketability discounts, which is a fair market value concept. Thus, we classify Michigan as a hybrid state.

	VALUE IN EXCHANGE		VALUE TO THE HOLDER
	Fair Market Value	Fair Value	Investment Value
MINNESOTA			
Goodwill	**Baker v. Baker**, LEXIS 94 (Minn. App. 2007): The court, following Roth, separated enterprise goodwill from personal goodwill. The issue of the non-competition agreement was addressed by the court and the court found that the non-competition agreement does not "by itself establish that a spouse will be restricted in his or her future employment." **Roth v. Roth**, 406 N.W.2d 77 (Minn. App. 1987): In this valuation of a chiropractic practice, the court determined that enterprise goodwill is marital and personal goodwill is not.		
Discounts	**Gottsacker v. Gottsacker**, 664 N.W.2d 848 (Minn. Supr. Ct. 2003): The trial court's decision to apply a marketability discount was affirmed by the court of appeals, as "nothing in the record indicates that there is a readily available market for [wife] to sell her Edcoat shares." The court applied a 28.93% marketability discount.		

	VALUE IN EXCHANGE		VALUE TO THE HOLDER
	Fair Market Value	Fair Value	Investment Value
Discounts	**Berenberg v. Berenberg**, 474 N.W.2d 843 (Minn. Ct. App. 1991): Despite the existence of a buy–sell agreement, a family member redeemed shares in excess of what was set forth in the buy–sell agreement. As per Lyons 439 N.W.2d at 20, "a trial court acts within its discretion when it chooses not to apply a buy-sell price, but also discounts the fair market value. The current fair market value was discounted by 35% for nonmarketability and lack of control."		
Buy-Sell	**Berenberg v. Berenberg**, 474 N.W.2d 843 (Minn. Ct. App. 1991): A buy–sell agreement or other such agreement should be considered as a factor, but is not determinative of the value of marital stock (rejected here).		
SOV in Statute or Case Law	**Berenberg v. Berenberg**, 474 N.W.2d 843 (Minn. Ct. App. 1991): "The establishment of a fair market value contemplates nothing more than the assignment of a fair and reasonable value to a family business as a whole to allow equitable apportionment of the marital property."		

Because Minnesota's representative cases have looked to the market value of a company's assets in determining their value for equitable distribution, we believe that Minnesota may be classified as a fair market value state. Discounts have also been accepted in Berenberg (1991).

MISSISSIPPI		
Goodwill	**Lewis v. Lewis**, 54 So.3d 216 (Miss. Supr. Ct. 2011): Lewis involved a residential real estate development company, owned equally by the husband and wife. In citing Singley, Watson, and Yelverton, the court confirmed the rule that in Mississippi, the goodwill value of any business is not marital property. Two justices on the Lewis panel dissented, stating "Watson therefore should be read to limit the blanket rule promulgated in Singley to those cases either involving a solo professional practice or those cases that are closely analogous". **Rhodes v. Rhodes**, 52 So.3d 430; (Miss. App. 2011): The Supreme court confirmed the rule in both Singley and Watson that goodwill is simply not property; "thus it cannot be deemed a divisible marital asset." However, three of the ten justices strongly dissented from the view stating that the husband's flooring business was not a professional service firm and the Supreme Court needs to carefully examine precedent.		

Goodwill	**Yelverton v. Yelverton,** 961 So.2d 19 (Miss. 2007): The court addressed goodwill in a car dealership and found that goodwill, whether personal, business, or enterprise goodwill, should not be included in the value of the dealership. **Goodson v. Goodson,** 910 So.2d 19 (Miss. App. 2005): "The Mississippi Supreme Court has ruled that goodwill cannot be used as a factor in valuing a business for the purpose of dividing marital property. The court decided that the jurisdictions that have excluded goodwill in determining the fair market value of a business have adopted the better rule." **Watson v. Watson,** 882 So.2d 95 (Miss. Supr. 2004): The court ruled: "Although there is a distinction between 'personal goodwill' and 'business enterprise goodwill' neither should be included in the valuation of a solo professional practice for purposes of a division of marital assets. In such cases, the two are simply too interwoven and not divisible." Upon remand, the parties may address this issue by providing evidence of the valuation of the clinic, absent goodwill. In the event an asset-based approach is used, the valuation should not exceed the fair market value of the tangible assets, assuming they were sold in their current configuration. **Singley v. Singley,** LEXIS 283 (Miss. Supr. Ct. 2003): Goodwill may not be included in the determination of a business's fair market value (walk-away value) for a dental practice sole proprietorship. "Goodwill is simply not property; thus it cannot be deemed a divisible marital asset in a divorce action."	
Discounts	**Cox v. Cox,** 61 So.3d 927 (Miss. App. 2011): This is a case involving depreciation of a business during a marriage. No discounts were applied at the start of the marriage. At the end of the marriage, the joint expert applied a 50% discount, which he labeled a marketability discount. However, he based the discount on "a variety of changed circumstances" since the time of the company's pre-marital value. In addition to its reduced profitability, these "lack of marketability factors included the company's inability to attract new investors and secure bank financing; its inability to obtain bonding for future projects and its increased industry cost, including environmental contamination of its property." The court allowed this unconventional marketability discount.	
Buy-Sell		

	VALUE IN EXCHANGE		VALUE TO THE HOLDER
	Fair Market Value	Fair Value	Investment Value
SOV in Statute or Case Law	**Singley v. Singley,** LEXIS 283 (Miss. Supr. Ct. 2003): "Regardless of what method an expert might choose to arrive at the value of a business, the bottom line is one must arrive at the 'Fair market value' or that price at which property would change hands between a willing buyer and willing seller when the former is not under any compulsion to buy and the latter is not under any compulsion to sell, both parties having reasonable knowledge of the relevant facts."		

Singley defines fair market value. Singley (2003) and Watson (2004) involve solo professional practices. The court found that neither personal nor enterprise goodwill are marital. Thus, we classify Mississippi as a walk-away fair market value state. Yelverton (2007) extends this concept to a car dealership (i.e., no goodwill). In 2011, Rhodes confirmed Singley and Watson, saying there was no marital goodwill in a flooring business. Lewis (2011) found the same for a real estate development business. Both Rhodes and Lewis have strong dissents on the appellate panel, indicating that Mississippi may be attempting to clarify the nature of goodwill in a business enterprise as compared to a small professional practice.

	VALUE IN EXCHANGE		VALUE TO THE HOLDER
	Fair Market Value	Fair Value	Investment Value
MISSOURI			
Goodwill	**Hanson v. Hanson,** 738 S.W.2d 429 (Mo. Supr. Ct. 1987): Business goodwill may exist in both commercial and professional entities. Accepts the fair market value approach to valuing goodwill. **Taylor v. Taylor,** 736 S.W.2d 388 (Mo. Supr. Ct. 1987):Without fair market value evidence, it is proper to find no business goodwill for valuation purposes.		
Discounts	**L.R.M. v. R.K.M.,** 46 S.W.3d 24 (Mo. App. 2001): This pertains to the valuation of a partnership interest in a law firm. The court found that "there was substantial evidence to support the trial court's findings that the reasonable fair market value of husband's interest in the partnership was $99,221 based on the fair market value of the firm's assets minus liabilities, adjusted for the value of collectible accounts receivable and work in progress, and discounted for minority interest and lack of marketability."		
Buy-Sell	**Hanson v. Hanson,** 738 S.W.2d 429 (Mo. Supr. Ct. 1987): Prefers fair market value but may accept a buy–sell agreement as determinative of value.		
SOV in Statute or Case Law	**Wood v. Wood,** 361 S.W.3d 36 (Mo. App. 2011): The trial court valued the business in accordance with a formula in the buy–sell agreement. The appellate court remanded the case to the trial court to determine the fair market value and stated: "In a dissolution proceeding, the object of a business valuation is to determine fair market value."		

The appellate court in Wood remanded the case for the determination of fair market value. Hanson (1987) accepts a fair market value approach to the value of goodwill. L.R.M. accepts a marketability discount; therefore, we consider Missouri to be a fair market value state.

	VALUE IN EXCHANGE		VALUE TO THE HOLDER
	Fair Market Value	Fair Value	Investment Value
		MONTANA	
Goodwill			**In re: Marriage of Stufft**, 950 P.2d 1373 (Mont. Supr. Ct. 1997): Supreme Court: The court found no distinction between personal and business goodwill following Washington's Hull and Fleege that, although goodwill may not be readily marketable, it is an asset with value. According to Stufft, "The goodwill of a professional practice may be a marital asset subject to property division in a marriage dissolution. The determination of goodwill value can be reached with the aid of expert testimony and by consideration of such factors as the practitioner's age, health, past earning power, reputation in the community for judgment, and his comparative professional success."
Discounts	**DeCosse v. DeCosse**, 936 P.2d 821 (Supr. Ct. 1997): The trial court valued the business at $1,060,000 accepting a 20% minority and marketability discount. The Supreme Court reversed the trial court's decision, which disregarded a buy–sell agreement. Supreme Court accepted the application of a minority/marketability discount and applied it to the amount obtained as a result of the buy–sell agreement.	**In re: Marriage of Taylor**, 848 P.2d 478 (Mont. Supr. Ct. 1993): It is inappropriate to apply a discount to the stock when the value is arrived at by determining the market value of underlying assets.	
Buy-Sell	**DeCosse v. DeCosse**, 936 P.2d 821 (Mont. Supr. Ct. 1997): "A majority of jurisdictions hold that a restrictive agreement while not conclusive evidence of the value of an interest in a closely held corporation, is a factor that must be considered by a trial court in the stock valuation process. There is no uniform rule for valuing stock in closely held corporations. Whatever method is used, however, must take into consideration inhibitions on the transfer of the corporate interest resulting from a limited market or contractual provisions."		
SOV in Statute or Case Law			

Stufft holds that goodwill need not be marketable to have value, which indicates investment value. However, DeCosse (1997) limits the value subject to equitable distribution to the amount that the husband would receive pursuant to the buy–sell agreement if he sold his stock. This indicates fair market value. Thus we classify Montana as a hybrid state.

	VALUE IN EXCHANGE		VALUE TO THE HOLDER
	Fair Market Value	Fair Value	Investment Value
	NEBRASKA		
Goodwill	**Kricsfeld v. Kricsfeld,** 588 N.W.2d 210 (Neb. App. 1999): Cites Taylor v. Taylor, "If goodwill depends on the continued presence of a particular individual, such goodwill, by definition, is not a marketable asset distinct from the individual." **Taylor v. Taylor,** 386 N.W.2d 851 (Neb. Supr. Ct. 1986): Nebraska Supreme Court: "To be properly within the purview of this section as property divisible and distributable in a dissolution proceeding, we conclude that goodwill must be a business asset with value independent of the presence or reputation of a particular individual, an asset which may be sold, transferred, conveyed, or pledged."		
Discounts	**Shuck v. Shuck,** 806 N.W.2d 580 (Neb. App. 2011): "Reduction for lack of control was acceptable in determining the fair market value of (Mr.) and (Mrs.) ownership interests in the entities, because it is undisputed that neither is a majority shareholder in any of the Shuck family businesses. With regard to the lack of marketability adjustment, such was also appropriate in calculating fair market value, because the stock in each of the entities is not publicly traded and the other stock is held by other Shuck family members—making the stock less appealing to an outside purchaser."		
Buy-Sell			
SOV in Statute or Case Law	**Shuck v. Shuck,** 806 N.W.2d 580 (Neb. App. 2011) : "Reduction for lack of control was acceptable in determining the fair market value of (Mr.) and (Mrs.) ownership interests in the entities."		

We believe Nebraska predominantly follows a fair market value standard because of its requirement, expressed by Taylor (1986), that goodwill must be a marketable business asset independent of the reputation or presence of a particular individual. Shuck (2011) allowed for minority and marketability discounts in calculating fair market value.

VALUE IN EXCHANGE — VALUE TO THE HOLDER

NEVADA

	VALUE IN EXCHANGE		VALUE TO THE HOLDER
	Fair Market Value	Fair Value	Investment Value
Goodwill			**Ford v. Ford,** 782 P.2d 1304 (Nev. Supr. Ct. 1989): Business goodwill based in a solo medical practice is a marital asset subject to division.
Discounts			
Buy-Sell			
SOV in Statute or Case Law			

We believe Nevada predominantly follows an investment value standard. The rationale in Ford (1989) relies on cases such as Dugan v. Dugan from New Jersey, Marriage of Foster from California, and Marriage of Fleege from Washington in supporting the notion that even though goodwill may not be readily marketable, it does have a value in a going business.

NEW HAMPSHIRE

	VALUE IN EXCHANGE		VALUE TO THE HOLDER
	Fair Market Value	Fair Value	Investment Value
Goodwill	**In re: Watterworth,** 821 A.2d 1107 (N.H. Supr. Ct. 2003): The court upheld the lower court's decision that there was no goodwill in a medical practice because of a binding shareholder agreement setting a fair market value, as well as the fact that no one would pay for the intangible value of the practice because the owner would compete.		
Discounts	**Rattee v. Rattee,** 767 A.2d 415 (N.H. Supr. Ct. 2001): The court applied a combined 28.5% minority and marketability discount.		
Buy-Sell			
SOV in Statute or Case Law	**Martin v. Martin,** LEXIS 275 (N.H. Supr. Ct. 2006): "To determine an appropriate division of marital property, courts generally look to the fair market value of the assets." Citing Rattee v. Rattee, 146 N.H. 44, 50, 767 A.3d 415 (2001).		

We categorize New Hampshire as a fair market value state. In the Watterworth (2003) case, a restrictive agreement was in place limiting the marketability of the practice. Additionally, the court reasoned that no one would purchase the goodwill of the practice without a noncompete provision from the shareholder. The court focused on the ability and proceeds from the sale of the asset. Additionally, in the Rattee case, the court applied discounts in calculating the fair market value of the assets regardless of whether there was an intent to sell those assets.

	VALUE IN EXCHANGE		VALUE TO THE HOLDER	
	Fair Market Value	Fair Value	Fair Value	Investment Value
			NEW JERSEY	
			Hybrid—Review case law	
Goodwill				**Dugan v. Dugan**, 457 A.2d 1 (N.J. Supreme Ct. 1983): The court stated that undoubtedly goodwill exists, and the individual practitioner's inability to sell it should not affect consideration as an asset. **Piscopo v. Piscopo**, 557 A.2d 1040 (N.J. Superior Ct. App. Div. 1989): Goodwill attributable to celebrity status is asset subject to equitable distribution.
Discounts		**Brown v. Brown**, 792 A.2d 463 (N.J. Super. Ct. App. Div. 2002): Discounts rejected in valuation of a commercial flower shop based on standards of dissent and oppression statutes and case law (Balsamides and Lawson).		
Buy-Sell		**In re: Marriage of Bowen**, 473 A.2d 73 (N.J. Supr. Ct. 1984): A buy–sell agreement or other such agreement should be considered as a factor in valuing a business, but it is not determinative of the value of marital stock (rejected in this case). **Stern v. Stern**, 331 A.2d 257 (N.J. Supr. Ct. 1975): The partnership agreement allowed for the value of the capital account plus a frequently revised number indicating a certain intangible value of the individual's contribution to the firm (to be paid upon death). The court stated that if it is established that the books are well kept and the value of the partner's interests are periodically reviewed, the value should not be subject to effective attack.		
SOV in Statute or Case Law				

We believe New Jersey is a hybrid state. The Brown case used concepts of fair value in rejecting the application of discounts in a valuation, and the court based that decision upon cases dealing with fair value in shareholder oppression and dissent. Interestingly, the language in Brown (2002) allows for interpretation under either a value in exchange or a value to the holder premise.
Dugan (1983) and Piscopo (1989) can be considered to adhere to an investment value standard with regard to personal goodwill. Moreover, an area of controversy in New Jersey is the weight to be afforded a buy–sell agreement, especially in a professional practice, in light of the New Jersey Supreme Court case Stern (1975).

NEW MEXICO

	VALUE IN EXCHANGE		VALUE TO THE HOLDER
	Fair Market Value	Fair Value	Investment Value
Goodwill			**Mitchell v. Mitchell,** 719 P.2d 432 (N.M. App. Ct.1986): Both personal and enterprise goodwill constitute marital property upon divorce. In **Hurley v. Hurley,** 615 P.2d 256 (N.M. Supr. Ct. 1980): The dispositive question is not whether a doctor can sell his goodwill. As long as he maintains his practice, the physician will continue to benefit from goodwill associated with his name.
Discounts			
Buy-Sell	**Hertz v. Hertz,** 657 P.2d 1169 (N.M. Supr. Ct.1983): Where a professional spouse's stock in a corporation was subject to restrictive agreements and the value of the goodwill of the corporation was fixed by the agreements, the trial court had to use that value to determine the wife's share in a dissolution action.		**Cox v. Cox,** 775 P.2d 1315 (N.M. App. Ct. 1989): "We view Hertz as a decision based on its own facts and circumstances. It was those facts and circumstances that relegated the parties to the value assigned in the shareholders' agreement. Such is not the case here. We do not believe the supreme court intended to adopt a rule that would allow married couples to invest in a professional association without protecting the right of the non-shareholder spouse in the event of dissolution of that marriage."
SOV in Statute or Case Law	Because of the treatment of goodwill in the valuation of businesses in New Mexico, we classify New Mexico to be an investment value state. In Mitchell (1986), the court did not distinguish personal and enterprise goodwill. Further, the court in Hurley (1980) stated that there was no marketability requirement for the goodwill of a business to be valued upon divorce. However, the decision in Hertz (1983) required that the court in this case adhere to a binding buy–sell agreement, suggesting that the value upon exit must be considered, a concept more closely akin to fair market value. However, Cox (1989) holds that the special circumstances of Hertz relegated the parties to the value in the buy–sell agreement.		

NEW YORK

Hybrid—Review case law

	VALUE IN EXCHANGE		VALUE TO THE HOLDER
	Fair Market Value	Fair Value	Investment Value
Goodwill			**Moll v. Moll,** 187 Misc. 2d 770 (N.Y. Supr. Ct. 2001): This case involved the book of business of a stockbroker at Dean Witter. The court found that personal goodwill of a stockbroker's book of business is included as marital property.

Goodwill	**McSparron v. McSparron,** 662 N.E.2d 745 (N.Y. Ct. App. 1995): In O'Brien, the court included the value of a professional license of a newly licensed doctor. Subsequent cases held that the value of a license merged with the career or practice of the professional. In this case, the New York Court of Appeals stated that "the merger doctrine should be discarded in favor of a commonsense approach that recognizes the ongoing independent vitality that a professional license may have and focuses solely on the problem of valuing that asset in a way that avoids duplicative awards." **O'Brien v. O'Brien,** 489 N.E.2d 712 (N.Y. Ct. App. 1985): The value of a license is includable in the marital assets.
Discounts	**Ellis v. Ellis,** 235 A.D.2d 1002, (N.Y. Supr. Ct. App. Div. 1997): Applied marketability discount in the case of a closely held furniture business of which plaintiff owned "34% acquired either prior to the parties' marriage or by gift or bequest thereafter." Marketability discount applies since "his shares in this closely held corporation could not readily be sold on a public market."	
Buy-Sell	**Amodio v. Amodio,** 509 N.E.2d 936 (N.Y. Ct. App. 1987): "Whatever method is used, however, must take into consideration inhibitions on the transfer of the corporate interest resulting from a limited market or contractual provisions. If transfer of the stock of a closely held corporation is restricted by a bona fide buysell agreement which predates the marital discord, the price fixed by the agreement, although not conclusive, is a factor which should be considered."	**Harmon v. Harmon,** 173 A.D.2d 98 (N.Y. App. Div. 1992): The court found the death benefit provision in a partnership a more compelling estimate of value than the withdrawal provision. The withdrawing partner forgoes interest in work in progress, receivables, and goodwill. The death benefit included an amount in excess of the capital account value to reflect these assets. Therefore, the death benefit reflected the economic reality of the value of a partnership interest upon divorce.
SOV in Statute or Case Law	**Beckerman v. Beckerman,** 126 A.D.2d 591 (N.Y. Supr. Ct. App. 1987): "Experts testified for both parties as to the fair market value of the business."	

New York considers professional degrees, licenses, enhanced earning capacity, and celebrity status as marital assets; however, as applied to commercial businesses, New York generally considers fair market value. Additionally, in both divorces and shareholder disputes, New York may apply marketability discounts. Because of this divergent treatment of the various elements that allow us to categorize the states, we are calling New York a hybrid state.

	VALUE IN EXCHANGE		VALUE TO THE HOLDER
	Fair Market Value	Fair Value	Investment Value
	NORTH CAROLINA		
Goodwill			**Hamby v. Hamby,** 547 S.E.2d 110 (N.C. App. 2001): While the court looked to determine fair market value, it used an expert's testimony of value that looked at the going-concern value of the business to the owner, an investment value standard. **Sonek v. Sonek,** 412 S.E.2d 917 (N.C. App. 1992): This involved a salaried employee on an OBGYN practice. The court found no goodwill because he had no ownership interest. The court said that North Carolina follows Washington's Hall and cites Poore, which allows for personal goodwill in a business. **Poore v. Poore,** 331 S.E.2d 266, cert. denied, 335 S.E.2d 316 (N.C. App. 1985): There may be goodwill in a professional practice, and if so, it should be included in the value. The court considered personal intangibles such as age, health, and reputation of the practitioner in valuing goodwill.
Discounts	**Crowder v. Crowder,** 556 S.E.2d 639 (N.C. App. 2001): This is the valuation of a 50% interest in a logging company. The appellate court accepted a 25% marketability discount.		
Buy-Sell			
SOV in Statute or Case Law	**Walter v. Walter,** 561 S.E.2d 571 (N.C. App. 2002): According to Walter, an oral and maxillofacial surgery sole practitioner, it stated: "In an equitable distribution proceeding, the trial court is to determine the net fair market value of the property based on the evidence offered by the parties."		

While North Carolina has used the term fair market value, and Crowder allows discounts, the state has not attempted in its case law to differentiate personal and enterprise goodwill in a professional practice. In Poore (1985), the court considered the age, health, and professional reputation of the practitioner himself in determining goodwill. Additionally, the court agreed with the expert's assessment in Hamby (2001), where the going-concern value to the business owner, a value to the holder premise, was sought. These cases suggest that North Carolina is predominantly a fair market value; however, Hamby, Sonek, and Poore may provide some exceptions.

	VALUE IN EXCHANGE		VALUE TO THE HOLDER
	Fair Market Value	Fair Value	Investment Value
	NORTH DAKOTA		
Goodwill	**Wold v. Wold**, 744 N.W.2d 541 (N.D. Supr. Ct. 2008): This business involved pressure testing oil field equipment. The trial court valued the business at the asset value because the goodwill arose from the long hours and contacts of the owner-husband and this was not transferrable. **Sommers v. Sommers**, 660 N.W. 2d 586 (N.D. Supr. Ct. 2003): The trial court valued the business at liquidation value. The appellate court found that Dr. Sommers, an orthodontist, had no intention to sell and remanded the case to determine the value of the practice at fair market value. The appellate court defined fair market value as the price a buyer is willing to pay and the seller is willing to accept under circumstances that do not amount to coercion.		
Discounts		**Fisher v. Fisher**, 568 N. W.2d 728 (N.D. Supr. Ct. 1997): Rejected application of discounts for minority shares. However, this was a unique circumstance in which the wife received the minority shares and argued for the discount. The court chose to treat her as a minority owner under the distribution statutes with all rights afforded a minority owner and did not allow a discount. **Kaiser v. Kaiser**, 555 N.W.2d 585 (N.D. Supr. Ct. 1996): Applied minority discounts of 11.3% of the wife's family business because the business was controlled by the family and there was no intent to sell. The Supreme Court concluded that the "trial court had discounted the applicable interest too severely after the first trial, because the business was controlled by the family there was no intent to sell."	
Buy-Sell			
SOV in Statute or Case Law	**Nuveen v. Nuveen**, 795 N.W.2d 308 (N.D. Supr. Ct. 2011): "The fair market value of a business is ordinarily the proper method for valuing property in a divorce." **Sommers v. Sommers**, 660 N. W.2d 586 (N.D. Supr. Ct. 2003): "Ordinarily, fair market value, not 'liquidation value' is the proper method of valuing property in divorce. Fair market value is the price a buyer is willing to pay and the seller is willing to accept under circumstances that do not amount to coercion." Trial court should have used the fair market value of a husband's orthodontic practice during equitable distribution instead of the liquidation value because there was no evidence that a liquidation was imminent or necessary under the circumstances.		

North Dakota prescribes fair market value in its valuations of property upon divorce (Nuveen, 2011). Rather than valuing the business at the net value of its assets in liquidation, the court in Sommers sought a going-concern fair market value. Discounts are applied on a case-by-case basis. In Fisher (1997), because of special circumstances, the court chose to treat the owner (wife) as a minority owner in an oppression matter. Sommers (2003) and Wold (2008) include only transferrable goodwill in the business value. Therefore, we classify North Dakota as a fair market value state.

	VALUE IN EXCHANGE		VALUE TO THE HOLDER	
	Fair Market Value	Fair Value	Investment Value	
		OHIO		
Goodwill	**Banchefsky v. Banchefsky,** 2010 Ohio 4267; LEXIS 3611 (Ohio App. 2010): In this case involving an actual sale of a dental practice in which "a covenant-not-to-compete is considered a nonmarital asset." **Pearlstein v. Pearlstein,** 2009 Ohio 2191; LEXIS 1856 (Ohio App. 2009): "The magistrate found that goodwill should be included in the valuation of the business (medical practice) because it has been in existence for fifty years and has offices in three locations." **Bunkers v. Bunkers,** 2007 Ohio 561; LEXIS 523 (Ohio App. 2007): Appellant contended that the trial court improperly included the value of appellant's personal goodwill. The appellate court cited Spayd v. Turner, Granzow & Hollenkamp (1985), 19 Ohio St. 3d 55, 19 Ohio B.54, 482 N.E.2d 1232, which in turn quoted the Supreme Court of New Jersey, Dugan v. Dugan NJ 1983: "Though other elements may contribute to goodwill in the context of a professional service, such as locality and specialization, reputation is at the core. It does not exist at the time professional qualifications and a license to practice are obtained. A good reputation is earned after accomplishment and performance. Field testing is an essential ingredient before goodwill comes into being. Future earning capacity per se is not goodwill. However, when that future earning capacity has been enhanced because reputation leads to probable future patronage from existing and potential clients, goodwill may exist and have value. When that occurs the resulting goodwill is property subject to equitable distribution." The appellate court in its decision stated that the court did not abuse its discretion in valuing the appellant's orthodontic practice. **Goswami v. Goswami,** 787 N.E.2d 26 (Ohio App. 7th Dist. 2003): Personal goodwill is not marital property.			

Goodwill	**Barone v. Barone,** 2000 Ohio App. LEXIS 3911 "Where the evidence established that a professional partnership has generated measurable goodwill, it is not against public policy to include that amount of goodwill as an asset upon the dissolution of the business. Future earning capacity per se is not goodwill. However, when that future earning capacity has been enhanced because reputation leads to probable future patronage from existing and potential clients, goodwill may exist and have value. When that occurs the resulting is properly subject to equitable distribution." **Flexman v. Flexman,** No. 8834, 1985 WL 8075 (Ohio App. 1985): Business goodwill in a sole-proprietorship corporation does not exist separate of the owner and thus is not marital property. **Kahn v. Kahn,** 536 N.E.2d 678 (Ohio App.) 1987: "Future earnings capacity per se is not goodwill. However, when that future earning capacity has been enhanced because reputation leads to probable future patronage from existing and potential clients, goodwill may exist and have value." Citing Spayd (19 Ohio St. 3d) at 63 19 OBR at 6], 482 N.E.2d at 1239. Therefore, according to Kahn, "a court may consider both future earnings capacity and professional goodwill without being accused of considering exactly the same assets twice."	
Discounts	**Entingh v. Entingh,** 2008 Ohio 756; LEXIS 659 (Ohio App. 2008): Wife's expert "was of the opinion that the discounts were unnecessary due to the family nature of the business, with Daniel having significant input in the business decisions, and because (wife's expert) did not add in any value for the goodwill of the business." **Bunkers v. Bunkers,** 2007 Ohio 561; LEXIS 523 (Ohio App. 2007): "Because we determined that the trial court did not err when it included goodwill in valuing appellant's practice, we further find that the court did not abuse its discretion when it limited the (marketability) discount to ten percent, or potential transaction costs, and rejected the proposed marketability discount which is, under the facts of this case, essentially a discount for goodwill." **Oatey v. Oatey,** No. 67809, 1996 WL 200273 (Ohio App. 1996): Rejects minority discount because the husband effectively controlled the business through family ownership.	**Kapp v. Kapp,** 2005 Ohio 6830; LEXIS 6144 (Ohio App. 2005): "We conclude that the trial court abused its discretion in applying a 7.5% discount for transaction costs, because there is no indication that Mr. Kapp plans to sell KCI in the foreseeable future."

| | VALUE IN EXCHANGE | | VALUE TO THE HOLDER |
	Fair Market Value	Fair Value	Investment Value
Buy-Sell	**Herron v. Herron,** 2004 Ohio 5765; LEXIS 5209 (Ohio App. 2004): "We can not say that the trial court erred in considering the buy/sell agreement and the book value of the stock in establishing the fair market value of the Robinson Fin stock. Any willing buyer would certainly take into account the buy/sell agreement before making any offer on the stock. In fact, it would have been an abuse of discretion for the trial court to determine Robinson Fin's fair market value without considering the buy/sell agreement and the book value."		
SOV in Statute or Case Law	**Bunkers v. Bunkers,** 2007 Ohio 561; LEXIS 523 (Ohio App, 2007): "The trial court adopted use of (expert's) fair market standard of value."		

We consider Ohio to be a predominantly fair market value state. Ohio cases appear to use a fair market value treatment for goodwill; however, in Kapp, the court considered intent to sell in rejecting discounts, and in Etingh and Oatey, the court rejected discounts because "the family" controlled the business.

OKLAHOMA

| | VALUE IN EXCHANGE | | VALUE TO THE HOLDER |
	Fair Market Value	Fair Value	Investment Value
Goodwill	**McQuay v. McQuay,** 217 P.3d 162 (Okla. Civ. App. 2009): Cites Favell v. Favell 1998 OK Civ App. 22 957 P.2d 556,561: The Appellate Court ruled against including goodwill in the value of a sole proprietor in the concrete business. The goodwill was dependent on the personal reputation of the husband; therefore, "there was no evidence of goodwill as a marketable business asset distinct from the husband's reputation." **Traczyk v. Traczyk,** 891 P.2d 1277 (Ok. Supr. Ct. 1995): "Where goodwill is a marketable business asset distinct from the personal reputation of a particular individual, as is usually the case with many commercial enterprises, that goodwill has an immediately discernible value as an asset of the business and may be identified as an amount reflected in a sale or transfer of a business. If the goodwill depends on the continued presence of an individual, such goodwill, by definition is not a marketable asset distinct from the individual." **Ford v. Ford,** 840 P.2d 36 (Okla. Ct. App. 1992): Law practitioner's personal goodwill has no value for the purpose of marital property. **Mocnik v. Mocnik,** 838 P.2d 500 (Okla. Supr. Ct.1992): If business goodwill is to be divided as an asset, it should be valued using a buy–sell agreement or its fair market value.		

Goodwill	**Travis v. Travis,** 795 P.2d 96 (Okla.Supr.Ct. 1990): Personal goodwill in a law practice is not subject to distribution.		
Discounts			
Buy-Sell	**Ford v. Ford,** 840 P.2d 36 (Okla. Ct. App. 1992): Oklahoma follows jurisdictions that view a buy–sell agreement as controlling in marital dissolutions. This case involved a stockholder in a large law firm. The court held that the stockholder agreement, which paid a departing shareholder book value without goodwill, controlled because the goodwill stayed at the firm the stockholder left.		
SOV in Statute or Case Law	**Traczyk v. Traczyk,** 891 P.2d 1277 (Okla. Supr. Ct. 1995) : "If goodwill is to be divided as an asset, its value should be determined by an agreement or by its fair market value."		
We believe that Oklahoma may be classified as a fair market value state. According to McQuay (2009), Traczyk (1995), Ford (1992), and Travis (1990), personal goodwill is not to be valued in marital dissolution. Mocnik goes further to prescribe either a fair market value valuation or adherence to a buy–sell agreement. Ford states that a buy–sell agreement is controlling as for the valuation of a large law firm.			
	VALUE IN EXCHANGE		**VALUE TO THE HOLDER**
	Fair Market Value	Fair Value	Investment Value
OREGON			
Goodwill	**Slater v. Slater,** 245 P.3d 676 (Ore. Ct. App. 2010): "Personal goodwill is not goodwill" for purposes of valuation in the marital dissolution context. "To the extent that a noncompetition covenant corresponds to a business's future earning capacity attributable to an individual's skills, qualities, reputation, or continued presence, the value of that covenant is not cognizable in a marital property division." **In re: Marriage of Tofte,** 895 P.2d 1387 (Ore. Ct. App. 1995): To value the fair market value of a closely held corporation, one must focus on the price that a hypothetical willing buyer would pay a hypothetical willing seller. **In the Matter of the Marriage of Maxwell and Maxwell,** 876 P.2d 811 (Ore. App. 1994): "A business ordinarily has value over and above the value of its assets, known as 'goodwill' value. However, when a business consists of the work of a sole practitioner, the court shall decline to assign a value for goodwill. . . . There is generally no goodwill in a personal services business unless the owner personally promises his services to accompany the sale of his business."		

| | VALUE IN EXCHANGE | | VALUE TO THE HOLDER |
	Fair Market Value	Fair Value	Investment Value
Discounts	**In re: Marriage of Tofte**, 895 P.2d 1387 (Ore. Ct. App. 1995): After calculating the value of husband's stock to be $834 per share, the trial court, relying on husband's expert's testimony, applied a 35% discount to the fair market value of the shares "to reflect the lack of marketability." **Matter of Marriage of Belt**, 672 P.2d 1205 (Ore. App. 1983): The court accepted a 50% discount for a 9% interest in a family-owned dairy farm with restricted by-laws.		
Buy-Sell	**In the Matter of the Marriage of Belt**, 672 P.2d 1205 (Ore. App. 1983): A buy–sell agreement or other such agreement should be considered as a factor in valuing a business but it is not determinative of the value of marital stock.		
SOV in Statute or Case Law	**In the Matter of the Marriage of Belt**, 672 P.2d 1205 (Ore. App. 1983): "Given this state of the record, we think that the most reasonable solution is to accept wife's expert witness' opinion as to the net asset value of the stock and to apply husband's expert witness opinion as to the extent of the discount to arrive at its fair market value."		

Maxwell (1994) and Slater (2010) do not value personal goodwill. Tofte (1995) defines fair market value as willing buyer/willing seller. Discounts are applied without an intent to sell. Therefore, we characterize Oregon as a fair market value state.

PENNSYLVANIA

| | VALUE IN EXCHANGE | | VALUE TO THE HOLDER |
	Fair Market Value	Fair Value	Investment Value
Goodwill	**Smith v. Smith**, 904 A.2d 15 (Pa. Superior. 2006): "That goodwill which is intrinsically tied to the attributes and/or skills or certain individuals is not subject to equitable distribution because the value thereof does not survive the disassociation of those individuals from the business . . . On the other hand, goodwill which is wholly attributable to the business itself is subject to distribution." **Butler v. Butler**, 663 A.2d 148 (Pa. Supreme. Ct. 1995): Personal goodwill is not marital property. **Beasley v. Beasley**, 518 A.2d 545 (Pa. Super. Ct. 1986): One's personal reputation is not separate property, as it cannot be sold or even given away and, accordingly, courts should not become embroiled in the impossible task of evaluating professional reputation and distributing it as an asset of the marriage.		

| | VALUE IN EXCHANGE | | VALUE TO THE HOLDER |
	Fair Market Value	Fair Value	Investment Value
Discounts			**Verholek v. Verholek,** 741 A.2d 792 (Pa. Super. Ct. 1999): Rejects minority discount.
Buy-Sell	**Buckl v. Buckl,** 542 A.2d 65 (1988 Pa. Super. 1988): A buy–sell agreement or other such agreement should be considered as a factor in valuing a business, but it is not determinative of the value of marital stock.		
SOV in Statute or Case Law			

Because Pennsylvania attempts to distinguish and exclude value based on reputation or personal skill, we believe Pennsylvania may be considered a fair market value state. While the Verholek (1999) case rejected a minority discount, the predominant trend in the treatment of goodwill suggests a fair market value standard.

RHODE ISLAND

| | VALUE IN EXCHANGE | | VALUE TO THE HOLDER |
	Fair Market Value	Fair Value	Investment Value
Goodwill	**Moretti v. Moretti,** 766 A.2d 925 (R.I. Supr. Ct. 2001): Personal goodwill is not a marital asset subject to distribution. "Enterprise goodwill is an asset of the business and accordingly is property that is divisible in a dissolution to the extent that it inheres in the business, independent of any single individual's personal efforts and will outlast any person's involvement in the business."		
Discounts	**Vicario v. Vicario,** 901 A.2d 603 (R.I. Supr. Ct. 2006): In the valuation of a 50% interest in an actuarial consulting business, the Supreme Court accepted a 25% marketability and a 10% minority discount.		
Buy-Sell			
SOV in Statute or Case Law			

While the case law in Rhode Island is limited, Moretti (2001) specifically excluded the consideration of personal goodwill in equitable distribution; we believe that Rhode Island may be classified as a fair market value state.

	VALUE IN EXCHANGE		VALUE TO THE HOLDER
	Fair Market Value	Fair Value	Investment Value
SOUTH CAROLINA			
Goodwill	**Dickert v. Dickert**, 691 S.E.2d 448 (S.C. Supr. Ct. 2010): This case follows Donahue that enterprise goodwill is not subject to equitable distribution because it is dependent on the professional. **Donahue v. Donahue**, 384 S.E.2d 741 (S.C. Supr. Ct. 1989): "The court disallows the inclusion of goodwill in a dental practice. However, the court clearly describes goodwill as personal goodwill attached to the practitioner." **Hickum v. Hickum**, 463 S.E.2d 321 (S.C. App. 1995): The court declined to include goodwill in a cosmetology business because it was too speculative.		
Discounts	**Fields v. Fields**, 536 S.E.2d 684 (S.C. App. 2000): In this case, the appellate court upheld the valuation of an 18% interest in a family owned corporation without regard to a minority or marketability discount because the wife's father owned the other 82% of the stock.		
Buy-Sell			
SOV in Statute or Case Law	**Hickum v. Hickum**, 463 S.E.2d 321 (S.C. App. 1995): "Marital businesses are to be valued at fair market value as ongoing businesses," citing RGM v. DEM, 306 S.C. 145, 410 S.E.2d 564 (1991).		

South Carolina is predominantly a fair market value state with an asset dependent on the professional, not considered marital, property. A careful reading of these cases indicates some walk-away attributes.

	VALUE IN EXCHANGE		VALUE TO THE HOLDER
	Fair Market Value	Fair Value	Investment Value
SOUTH DAKOTA			
Goodwill	**Endres v. Endres**, 532 N.W.2d 65 (S.D. Supr. Ct. 1995): The court valued the goodwill of a commercial business (concrete). As such the court saw no need to address the issue of personal goodwill.		

	VALUE IN EXCHANGE		VALUE TO THE HOLDER
	Fair Market Value	Fair Value	Investment Value
Discounts	**Priebe v. Priebe**, 556 N.W.2d 78 (S.D. Supr. Ct.1996): South Dakota applies discounts on a case-by-case basis. The court accepted a 40% minority discount in the husband's 25% interest in a family business. The trial court stated that "a minority discount is appropriate because Steve does not own a controlling interest in any of these business interests and because any attempted sale of the properties would result in the value being discounted by a would-be purchaser."		
Buy-Sell			
SOV in Statute or Case Law	**Fausch v. Fausch**, 697 N.W.2d 748 (S.D. Supr. Ct. 2005): Fair market value is "the price a willing buyer would pay a willing seller, both under no obligation to act."		

While including goodwill in the calculation of value of a commercial concrete business, the court in Endres (1995) did not need to address whether goodwill adhering to an individual was includable in the marital assets, as the goodwill in this case adhered to the business. South Dakota has accepted minority discounts, but without further evidence, we believe that the state's case law appears to be fair market value.

	VALUE IN EXCHANGE		VALUE TO THE HOLDER
	Fair Market Value	Fair Value	Investment Value
	TENNESSEE		
Goodwill	**McKee v. McKee**, LEXIS 524 (Tenn. App. 2010): Under Tennessee law, personal goodwill is not considered a marital asset. The court disallowed the intangible value of patient records as personal goodwill because the court found they included a covenant not to compete in order to have value. **Nicholson v. Nicholson**, LEXIS 651 (Tenn. App. 2010): "Rather than measuring its value by goodwill or potential future earnings, the correct method for valuing a sole practitioner dental practice is the value of its tangible assets such as cash on hand, accounts receivable, and equipment, less any encumbrances on these assets." **Roberts v. Roberts**, LEXIS 738 (Tenn. App. 2010): "In valuing a professional practice it has long been held that goodwill of the business dependent as it is on the person and personality of the spouse practicing the profession, is no part of the marital estate." The court accounted for this fact by discounting the value of the practice should the husband leave. **Alsup v. Alsup**, No. 01A01-9509-CH-00404; LEXIS 425 (Tenn. Ct. App. 1996): Business goodwill in a professional practice or sole proprietorship is not a marital asset for equitable distribution purposes.		

	VALUE IN EXCHANGE		VALUE TO THE HOLDER
	Fair Market Value	Fair Value	Investment Value
Discounts	**Fickle v. Fickle,** 287 S.W.3d 723 (Tenn. App. 2008): The husband's company held farmland as its only asset. The court disallowed a 15% marketability discount proposed by the husband's expert and valued the land at net asset value because the value of the company equaled the value of the land. **Bertuca v. Bertuca,** LEXIS 690 (Tenn. App. 2007): The court rejected the 20% marketability discount for a 90% ownership in a company that held McDonald's franchises because he had no plan to sell, concluding, "Lack of marketability . . . only affects the value if he plans to sell his interest in the partnership and the record is devoid of any suggestion that he intends to do so."		
Buy-Sell	**Inzer v. Inzer,** LEXIS 498 (Tenn. App. 2009); cites Harmon v. Harmon LEXIS 137 (Tenn. App. 2000) "The court summarized the view held by a majority of jurisdictions as one where "the value established in the buy–sell agreement of a closely held corporation, not signed by the non-shareholder spouse, is not binding on the non-shareholder spouse but is considered, along with other factors, in valuing the interest of the shareholder spouse."	**Bertuca v. Bertuca,** LEXIS 690 (Tenn. App. 2007): "A buysell provision only affects the husband's value if the plans to sell his interest in the partnership and the record is devoid on any suggestion that he intends to do so. The buy–sell provision therefore, does not affect the value of his interest in the partnership determined on a value of earnings basis."	
SOV in Statute or Case Law	Tennessee does not value personal goodwill. Fickle (2008) and Bertuca (2007) did not apply marketability discounts where there is no intent to sell. Bertuca (2007) holds that the buy–sell does not control where there is no intent to sell. Inzer (2009) holds that the buy–sell is a consideration. On balance, Tennessee appears to be a predominantly fair market value state.		

TEXAS

	VALUE IN EXCHANGE		VALUE TO THE HOLDER
	Fair Market Value	Fair Value	Investment Value
Goodwill	**Von Hohn v. Von Hohn,** 260 S.W.3d 631 (Tex. App. 2008): "In order to determine whether goodwill attaches to a professional practice that is subject to division upon divorce, we apply a two prong test: (1) goodwill must be determined to exist independently of the professional spouse; and (2) if such goodwill is found to exist, then it must be determined whether that goodwill has a commercial value in which the community estate is entitled to share."		

Goodwill	**Nowzaradan v. Nowzaradan,** LEXIS 1021 (Tex. App. 2007): "Texas law distinguishes the personal goodwill of a professional practice from its commercial goodwill. Professional goodwill attaches to the person of the professional as a result of confidence in his skill and ability; it does not possess or constitute an asset separate and apart from the professional's person, or from his individual ability to practice his profession; and therefore would be extinguished in the event of the professional's death, retirement or disablement. In valuating a business interest for purposes of dividing community property on divorce, the personal goodwill of an individual must be excluded. The value to the community estate is limited to the commercial goodwill of the business—its value as a recognized business, separate and apart from the individual-- and is properly considered an asset when dividing a community estate." **Guzman v. Guzman,** 827 S.W.2d 445 (Tex. App. 1992): "Goodwill in a professional business is not considered part of the marital estate unless it exists independently of the professional's skills, and the estate is otherwise entitled to share in the asset. Goodwill in a professional corporation which exists independently of a professional's personal skills may be subject to division as marital property."
Discounts	**R.VK. v. L.L.K.,** LEXIS 7700 (Tex. App. 2002): The appellate court remanded the valuation to the trial court because, "A company's 'enterprise value' is the highest level at which the company's worth may be assessed. But enterprise value by its nature does not include a discount based on the shares' minority status or lack of marketability. Enterprise value may thus be an appropriate means of valuing the stock of an ongoing business to determine 'fair value' in the context of a stockholder who dissents to a merger or acquisition since the purchase contemplated gives the buyer total control over the corporation. But, enterprise value is entirely inappropriate in the context of valuing a minority position in stock subject to a buy/sell agreement for purposes of divorce."

	VALUE IN EXCHANGE		VALUE TO THE HOLDER
	Fair Market Value	Fair Value	Investment Value
Buy-Sell	**Mandell v. Mandell**, 310 S.W.3d 531 (Tex. App. 2010): "Because the evidence establishes the "comparable sales value" for Lance's 22,000 shares of the Association's stock was $11,000 based on prior sales by former physician-shareholders and because $11,000 is the only price Lance's stock may be sold at, the trial court did not abuse its discretion by valuing the stock at $11,000 under a comparable sales valuation and as mandated by the Shareholders Agreement even though Susan (wife) did not sign it."		
SOV in Statute or Case Law	**Mandell v. Mandell**, 310 S.W.3d 531 (Tex. App. 2010): As a general rule, the value to be accorded community property that is to be divided in a divorce proceeding is "market value" See R.V.K. v. L.L.K., 103 S.W.3d 612, 618. "Fair market value has been consistently defined as the amount that a willing buyer who desires to buy, but is under no obligation to buy would pay to a willing seller, who desires to sell, but is under no obligation to sell. (Quoting Wendlandt v. Wendlandt, 596 S.W.2d 323, 325 Tex. Civ. App.–Houston [1st Dist] 1980.)		

Texas clearly excludes personal goodwill in Von Hohn (2008), Nowzaradan (2007), and Guzman (1992). R.V.K. v. L.L.K. mandates a fair market value valuation, not fair value. Mandell (2010) values the stock at the amount in the buy-sell agreement because that is all the owner will receive upon sale. Therefore, Texas may be classified as a fair market value state.

	VALUE IN EXCHANGE		VALUE TO THE HOLDER
	Fair Market Value	Fair Value	Investment Value
UTAH			
Goodwill	**Stonehocker v. Stonehocker,** 176 P.3d 476 (Utah App. 2008): "There can be no goodwill in a business that is dependent for its existence upon the individual who conducts the enterprise and would vanish were the individual to die, retire, or quit work. ;.. The reputation of a solo practitioner is personal as is a professional degree. Unless the professional retires and his practice is sold, his reputation should not be treated differently from a professional degree or an advanced degree: both simply enhance the earning ability of the holder."		

	VALUE IN EXCHANGE		VALUE TO THE HOLDER
	Fair Market Value	Fair Value	Investment Value
Goodwill	**Sorenson v. Sorenson,** 839 P.2d 774, 775-776 (Utah Supr. Ct. 1992); 1992 Utah LEXIS 24: Goodwill was not included in the valuation of a solo dental practice, and would not be unless that practice was sold and the goodwill realized by the seller.		
Discounts			
Buy-Sell			
SOV in Statute or Case Law			

The court in Sorensen (1992) suggests Utah's classification as a fair market value state, including the value of goodwill in a marital business only if it was clear that the practice would be sold and the goodwill value would be realized by the practitioner.

	VALUE IN EXCHANGE		VALUE TO THE HOLDER
VERMONT			
	Fair Market Value	Fair Value	Investment Value
Goodwill	**Mills v. Mills,** 702 A.2d 79 (Vt. Supr. Ct. 1997): "There was no abuse of discretion in finding that plaintiff's future legal services had no market value subject to distribution. . . . Goodwill is subject to distribution only if business has value independent of particular individual. . . . Sole proprietorship law practice has no goodwill because it cannot be sold." **Goodrich v. Goodrich,** 613 A.2d 203 (Vt. Supr. Ct. 1992): Supreme court would not mandate single methodology for determining value of interest in closely held company in divorce action. The court accepted the view that for the purposes of a divorce valuation, as long as the value determined by the trial court was that which a willing buyer would pay a willing seller and that value was supported by credible evidence in record, it was not clearly erroneous.		

437

Discounts	**Drumheller v. Drumheller,** 972 A.2d 176 (Vt. Supr. Ct. 2009): "In a divorce case, the trial court properly refused a minority discount to the husband, who owned a one-third interest in a partnership. While the husband did not have a controlling interest in the partnership, he was certainly the most important of the three equal partners because he had effective control of the corporate tenant from which the income was derived; reducing the value of the partnership interest, while the husband received full income from the partnership based on full valuation, would be unfair to wife." **Kasser v. Kasser,** 895 A.2d 134 (Vt. Supr. Ct 2006): "The (trial) court acted within its discretion in reducing the value of husband's interests by 25% to 33% to account for his 50% ownership (in hotel interests)." **Goodrich v. Goodrich,** 613 A.2d 203 (Vt. Supr. Ct. 1992): The court applied a minority discount because "the shares are not readily marketable and could not convey a controlling interest in the company."
Buy-Sell	
SOV in Statute or Case Law	**Drumheller v. Drumheller,** 972 A.2d 176 (Vt. Supr. Ct. 2009): "Thus, for property taxation purposes, fair market value is: the price which the property will bring in the market when offered for sale and purchased by another, taking into consideration all the elements of the availability of the property, its use both potential and prospective, any functional deficiencies, and all other elements such as age and condition which combine to give property a market value."

We believe that Vermont may be classified as a fair market value state. It has allowed discounts in the valuation of businesses upon divorce and has allowed valuations to reflect what a willing buyer would pay a willing seller for shares of a business.

VALUE IN EXCHANGE		VALUE TO THE HOLDER	
Fair Market Value	Fair Value	Investment Value	

VIRGINIA

Goodwill	**Newman v. Newman,** LEXIS 142 (Va. Cir. 2010): "Individual goodwill categorized as Wife's separate property." **Carrington v. Carrington,** LEXIS 250 (Va. App. 2008): "Goodwill does not exist in every business, nor is goodwill easy to value without expert testimony."

438

Goodwill	**Howell v. Howell**, 523 S.E.2d 514 (Va. App. 2000): The value of goodwill can have two components: (1) professional goodwill, also designated as individual, personal, or separate goodwill, which is attributable to the individual and is categorized as separate property in a divorce action, and (2) practice goodwill, also designated as business or commercial goodwill, which is attributable to the business entity, the professional firm, and may be marital property. **Howell v. Howell**, 46 Va. Cir. 339 (Va. Cir. 1998): "Goodwill is defined as the increased value of the business, over and above the value of its assets, that results from the expectation of continued public patronage. The reputation of an individual, as well as his or her future earning capacity, are not considered to be components of goodwill."	
Discounts	**Hoebelheinrich v. Hoebelheinrich**, 600 S.E.2d 152 (Va. App. 2004): "A discount for lack of marketability that is applied to a business that is being valued presupposes a probable sale. If a sale is improbable the discount need not be applied." **Owens v. Owens**, 589 S.E.2d 488 (Va. App. 2003): "When the controlling interests in a family company oppress a minority shareholder or use a substantial amount of the corporation's assets for their own personal benefit, the trial court may take that fact into consideration in determining the value, if any, of the minority interest. But when no evidence suggests that the stock should be discounted because it represented a minority holding, the trial court should give the stock its proportionate value." In Owens, "Given the absence of any suggestion of actual oppression relating to husband's alleged minority status coupled with the availability of judicial remedies for the most egregious forms of potential oppression, we reject husband's assertion that his position as an equal co-owner should entitle him as a matter of law to a minority discount for equitable distribution purposes." **Howell v. Howell**, 523 S.E.2d 514 (Va. App. 2000): Rejects minority and marketability discount. "The large discount for lack of marketability was inappropriate, as the highest and best use for the defendant's share is to remain with Hunton & Williams; an interest in a Virginia legal services corporation may not be bought or sold."	
Buy-Sell	**Scott v. Scott**, LEXIS 454 (Va. App. 2007): "For equitable distribution purposes courts reject the value set by buyout provisions, as they do not necessarily represent the intrinsic worth of the stock to the parties." **Howell v. Howell**, 523 S.E.2d 514 (Va. App. 2000): "The reason for rejecting the value set by the buyout provision is that they do not necessarily represent the intrinsic work of the stock to the parties." (Citing Bosserman 9 Va. App. at 6, 384 S.E.2d at 107.) **Bosserman v. Bosserman**, 9 Va. App. 1, 384 S.E.2d 104 (1989): A buy-sell agreement should be considered as a factor in valuing a business, but it is not determinative of the value of marital stock.	

SOV in Statute or Case Law		**Bolton v. Bolton,** LEXIS 34 (Va. Cir. 2011) cites Bosserman v. Bosserman 9 Va App. 1,6, 384 S.E. 2d 104, 6 Va. Law Rep. 196 (1989): "Trial courts valuing marital property for the purpose of making a monetary award must determine from the evidence that value which represents the property's intrinsic worth to the parties upon dissolution of marriage." **Owens v. Owens,** 589 S.E. 2d 488; (Va. App. 2003): "Virginia's equitable distribution law employs the concept of 'intrinsic value' when determining the worth of certain types of marital assets." **Howell v Howell,** 523 S.E.2d 514 (Va. App. 2000): "Intrinsic value for equitable distribution in a dissolution of marriage proceeding is a very subjective concept that looks to the worth of the property to the parties. The methods of valuation must take into consideration the parties themselves and the different situations in which they exist. The item may have no established market value, and neither party may contemplate selling the item; indeed , sale may be restricted or forbidden. Commonly, one party will continue to enjoy the benefits of the property while the other must relinquish all future benefits. Still, its intrinsic value must be translated into a monetary amount."	

We believe Virginia predominantly follows a fair value standard. Virginia views goodwill under the value in exchange premise; that is, only enterprise goodwill may be included in the valuation of a business for the purposes of divorce. However, the state also rejects minority and marketability discounts in favor of a pro rata share of the enterprise value, suggesting a fair value standard.

	VALUE IN EXCHANGE		VALUE TO THE HOLDER
	Fair Market Value	Fair Value	Investment Value
WASHINGTON			
Goodwill			**In re: Marriage of Hall,** 692 P.2d 175 (Wash. Supr. Ct.1984): Both personal and enterprise goodwill may be included in the value of a professional practice as community property. **Matter of Marriage of Fleege,** 588 P2d 1136 (Wash. Supr. Ct. 1979): Business goodwill is the expectation of continued public patronage, and value of business goodwill to a professional spouse, enabling him to continue to enjoy the patronage engendered by that goodwill is a community asset subject to division.
Discounts		**Baltrusis v. Baltrusis,** LEXIS 2241 (Wash. App. 2002): The court rejected the use of marketability discounts, using fair value language that the husband was more like a dissenting shareholder: an unwilling seller of the interest.	

	VALUE IN EXCHANGE		VALUE TO THE HOLDER
	Fair Market Value	Fair Value	Investment Value
Buy-Sell	**Overbey v. Overbey,** LEXIS 1651 (Wash. App. 2007): Washington courts have consistently found that valuation provisions contained in buy–sell agreements, "while relevant to a determination of value, constitute 'one factor to be considered, but [are] not determinative.'" **In re: Luckey,** 868 P.2d 189 (Wash. App. 1994): Accepts buy–sell agreement as means of valuing business. **In re: Marriage of Brooks,** 756 P.2d 161 (Wash. Ct. App. 1988): A buy–sell agreement or other such agreement should be considered as a factor in valuing a business, but it is not determinative of the value of marital stock (rejected in this case).		
SOV in Statute or Case Law	Washington appears to follow a value to the holder treatment of goodwill. Both the Fleege (1979) and Hall (1984) cases include goodwill in the valuation of a professional practice without distinguishing and excluding goodwill adhering to the professional. Baltrusis (2002), however, uses fair value language in the rejection of discounts to account for the fact that the husband was an unwilling seller of the interest. Overall, however, the state's treatment of goodwill and the established principles in Hall and Fleege suggest that Washington may be classified as an investment value state.		
	WEST VIRGINIA		
Goodwill	**Wilson v. Wilson,** 706 S.E.2d 354 (W. Va. Supr. Ct. 2010): "Goodwill of a service business, such as a professional practice, consists largely of personal goodwill." Further, "Personal goodwill, which is intrinsically tied to the attributes and/or skills of an individual, is not subject to equitable distribution. On the other hand enterprise goodwill, which is wholly attributable to the business itself is subject to equitable distribution." **Helfer v. Helfer,** 686 S.E.2d 64 (W. Va. Supr. Ct. 2009): "Enterprise goodwill which is wholly attributable to the business itself is subject to equitable distribution." **May v. May,** 589 S.E.2d 536 (W.Va. Supr. Ct. 2003): Distinguished between the business's enterprise goodwill, which was marital property, and the husband's personal goodwill, which was not subject to equitable distribution. **Tankersley v. Tankersley,** 390 S.E.2d 826 (W. Va. Supr. Ct. 1990): Net value will be the amount realized should the corporation be sold for fair market value.		

	Fair Market Value	Fair Value	Investment Value
Discounts	**Arneault v. Arneault,** 639 S.E.2d 720 (W. Va. Supr. Ct. 2006): "We reverse the circuit court's order that permitted Mr. Arneault to pay Mrs. Arneault a discounted value for her portion of MTR stock over a period of time and award Mrs. Arneault one-half of the parties' MTR stock in kind. Additionally Mrs. Arneault is charged with one-half of the debt attributable to the acquisition of the parties' MTR stock." **Michael v. Michael,** 469 S.E.2d 14 (W. Va. Supr. Ct. 1996): Accepts marketability discount.		
Buy-Sell	**Bettinger v. Bettinger,** 396 S.E.2d 709 (W. Va. Supr. Ct. 1990): Buy–sell in closely held corporation setting stock value for equitable distribution should not be considered binding but should be considered as a factor.		
SOV in Statute or Case Law	**May v. May,** 589 S.E.2d 536 (W.Va. Supr. Ct. App. 2003): "Again the pertinent inquiry is what is the net sum that will be realized by the owner of the business if it is sold for its fair market value."		

We believe West Virginia may be classified as a fair market value state. The case May v. May (2003) reviews case law from varying jurisdictions and decides to follow those states that exclude goodwill adhering to an individual from the marital property. Further, Tankersley (1990) specifically refers to fair market value in its valuation, and Michael (1996) applies discounts.

	VALUE IN EXCHANGE		VALUE TO THE HOLDER
	Fair Market Value	Fair Value	Investment Value
	WISCONSIN		
Goodwill	**McReath v McReath,** 800 N.W.2d 399 (Wisc. Supr. Ct 2011): "Pursuant to Wis. Stat. § 767.61, Wisconsin case law and the policy supporting the presumption of equality in the division of the marital estate, we hold that a circuit court shall include salable professional goodwill in the divisible marital estate when the goodwill is attendant as an asset subject to § 767.61. . . . Where the salable professional goodwill is developed during the marriage it defies the presumption of equality to exclude it from the divisible marital estate because the wife, by virtue of position of wife made to that goodwill value the same contribution as does a wife to any of the husband's earnings and accumulations during the marriage." **Sommerfeld v. Sommerfeld,** 454 N.W.2d 55 (Wis. App. 1990): Property to be divided at divorce is to be valued at its fair market value. **Peerenboom v. Peerenboom,** 433 N.W.2d 282 (Wis. App. 1988): If business goodwill exists in a professional practice, it should be included in the distributable assets.		

	VALUE IN EXCHANGE		VALUE TO THE HOLDER
	Fair Market Value	Fair Value	Investment Value
Discounts	**Franzen v. Franzen,** 658 N.W.2d 87 (Wisc. App. 2003): The husband owned 50% of a Piggly Wiggly franchise. The court allowed a 20% minority discount and a 20% marketability discount. **Arneson v. Arneson,** 355 N.W.2d 16 (Wis.App. 1984): "The application of the 25% discount for minority status and nonmarketability is supported by certain of the expert testimony in this case."		
Buy-Sell	**Herlitzke v. Herlitzke,** 724 N.W.2d 702 (Wisc. App. 2006): "A buy-sell agreement may provide a method to determine the fair market value of a partnership interest, but such agreement does not establish the value as a matter of law." **Lewis v. Lewis,** 336 N.W.2d 171 (Wis. App. 1983): The trial court may consider a cross-purchase formula in a partnership agreement in determining the value of the partnership interest, including professional goodwill.		
SOV in Statute or Case Law	**Herlitzke v. Herlitzke,** 724 N.W.2d 702 (Wisc. App. 2006): "When valuing marital assets, courts are not required to accept one valuation method over another, but must ensure that a fair market value is placed on the property. Fair market value is the price that property will bring when offered for sale by one who desires but is not obligated to sell and bought by one who is willing but not obligated to buy."		

Wisconsin case law suggests that it may be classified as a fair market value state. Sommerfeld (1990) establishes that property to be divided upon divorce should be valued at its fair market value. Further, Wisconsin has included business goodwill, accepted discounts, and considered buy–sell agreements where applicable.

	VALUE IN EXCHANGE		VALUE TO THE HOLDER
WYOMING			
	Fair Market Value	Fair Value	Investment Value
Goodwill	**Root v. Root,** 65 P.3d 41 (Wyo.Supr. Ct. 2003): Personal goodwill should not be included in marital assets.		
Discounts			
Buy-Sell			
SOV in Statute or Case Law	**Neuman v. Neuman,** 842 P.2d 575 (Wyo. Supr. Ct. 1992): Supreme Ct. Wyo. stated that "a Trial Court is free to assess expert opinion and determine fair market value in light of testimony regarding the nature of the business, the corporation's fixed and liquid assets at the actual or book value, the corporation's net worth, the marketability of the shares, past earnings or losses and future earning potential."		

Because of the court's decision in Root (2003) to exclude personal goodwill from the distributable assets, we believe that Wyoming may be classified as a fair market value state.

傑伊‧菲什曼（Jay E. Fishman）

　　美國評價師協會正會員（FASA），也是金融研究協會（Financial Research Associates）區域商業估值和法務會計事務所的董事總經理，辦事處分別在賓夕法尼亞州的巴拉金威市、紐約市和新澤西州的愛迪生市。

　　自 1974 年以來，他積極從事專門針對企業和企業的無形資產進行估價。菲什曼先生與其他作者合著過幾本書，其中包括備受好評的《企業估價導引（Guide to Business Valuations）》（與薛能‧普拉特和吉姆‧喜吉諾合著），並就企業估價撰寫了大量文章。

　　菲什曼先生也是合格的專家證人，在 12 個州和聯邦法院提供證詞，也在美國境內為美國國稅局、國家司法學院和美國會計師協會（AICPA），和在國際上代表世界銀行於中華人民共和國、俄羅斯聖彼得堡及莫斯科提供企業評價相關課程的講授。

　　菲什曼先生於坦普爾大學取得學士和碩士學位，擁有拉薩爾大學的MBA 學位，是美國評價師協會（American Society of Apparisers）的正會員及永久會員，擔任過該協會的商業評估委員會主席、企業價值評估刊物主編，也是 ASA 的政府關係委員會主席、皇家特許測量師協會的正會員、商業估價協會公司的資深會員、美國評價基金會的評價準則委員會的前委員，以及評價實務委員會的主席。同時是美國國稅局諮詢委員會的委員。

薛能 · 普拉特（Shannon P. Pratt）

具有 CFA，ARM，ABAR，FASA，MCBA，CM&AA 等資格，擁有無以倫比的知識和經驗，是企業估值領域最知名的權威，闡述現代企業價值評估概念的書籍遍布全球。

身為薛能普拉特評價公司（Shannon Pratt Valuations, Inc.，總部設於奧勒岡州波特蘭市）的董事長兼執行長，也是商業價值評估資源（有限責任公司）的名譽發行人、保爾森資本公司的董事會成員（專門從事小公司的 IPO 和二次發行）。

過去的 40 年中，普拉特博士從事的估價服務有：合併和收購、員工持股計劃、公平意見、遺產與贈與稅、激勵認股權、買賣協議、企業和合夥解散、異議股東的訴訟、損害賠償、離婚訴訟，和其他許多企業估值的目的，也曾在全國聯邦和各州法院作證，並經常參與仲裁和調解程序。

普拉特博士擁有華盛頓大學工商管理學士學位，和印第安納大學工商管理博士學位，主修金融。他是美國評價師協會的正會員、大師認證的企業評價師、特許金融分析師、認證的企業顧問與購併的評價師。

普拉特博士的專業認可，包括被美國評價師協會指定為其商業評估委員會的終身會員、美國評價師協會的終身會員、職工認股權計劃協會的終身會員，以及其評價諮詢委員會的前任主席、企業評估師協會的終身會員。美國評價分析師協會（National Association of Certified ValuationAnalysts，NACVA）授予企業評估的麥格納獎、波特蘭金融分析師協會授予傑出服務獎。近期，剛任滿兩個三年任期的美國評價基金會保管人的職務。

普拉特博士的著作有：《企業價值評估的市場基礎法 - 第二版（The Market Approach to Valuing Businesses, 2nd edition）》、《企業價值評估知識的主體：考試複習和專業參考 - 第二版（BusinessValuation Body of Knowledge: Exam Review and Professional Reference, 2nd edition）》、　和《企業價值評估的折價與溢價 - 第二版（Business Valuation Discounts and Premiums, 2nd edition）》；與羅傑 · 格拉波斯基（Roger Grabowski）合著的有：《資本成本：估計與應用 - 第四版（Cost of Capital: Estimationand Application, 4th edition）》、《資本成本：練習冊和技術補充 - 第四版（Cost of Capital: Workbook and Technical Supplement, 4th edition）》、《訴訟案件的資本成本（Cost of Capital in Litigation）》；與大衛 · 拉羅（Honorable David

Laro）合著《企業價值評估和聯邦稅：過程，法律和透視，第二版（Business Valuation and Federal Taxes: Procedure, Law and Perspective, 2nd edition）》，以上所有著作均由 John Wiley&Sons 出版；和美國律師協會出版的《律師的商業價值評估手冊，第二版（The Lawyer's Business Valuation Handbook, 2nd edition）》；由 McGraw-Hill 出版的著作有：《企業價值：非公開公司的分析與評價，第五版（Valuing a Business: The Analysisand Appraisal of Closely Held Companies, 5th edition）》和合著的《小型企業價值的評估和專業實務，第三版（Valuing Small Businesses and Professional Practices, 3rd edition）》；由從業出版公司出版合著的《企業評價指南，第二十二版（Guide to Business Valuations, 22nd edition）》。

　　他是知名的《每月通訊月刊 - 薛能普拉特的企業評價更新》（主要提供給專業鑑價業者）的發行人。普拉特博士在美國會計師協會（AICPA）與全國估價師協會（NACVA）開發並講授企業估價的課程，並經常在全國法律、專業和行業協會會議中，講授企業價值評估，並經常為法官和律師開辦全天的企業評價研討會。

威廉 · 莫里森（William J. Morrison）

新澤西州帕拉姆斯市匯森史密斯＋布朗事務所的合夥人，擁有超過 25 年的估值分析經驗。身為新澤西州註冊會計師，且是 AICPA 認證的企業評價與會計專家，負責訴訟、估值與破產組的業務合夥人。

他創辦了鑑識會計事務所，並擔任總裁（2010 年 12 月與匯森史密斯＋布朗合併），擁有超過 30 年的調查、鑑識會計和企業評價經驗。他還擔任過聯邦調查局（FBI）的調查員、內部審計，和會計師。

莫里森先生也獲得最高法院、高等法院和新澤西州聯邦法院的專家資格認證，並被任命作為新澤西州聯邦和州法院擔任鑑識會計師、評價專家和調解員，服務的案件超過千件以上。他在涉及股東的壓迫、高淨值離婚、經濟損害賠償，以及聯邦刑事和稅務問題等複雜的民事和刑事案件，提供專家證人服務。

他擔任講師的組織，如新澤西持續法律教育學院、美國評估師協會、全國評價師協會，和新澤西州會計師協會（NJSCPA）。

莫里森是波士頓學院的畢業生，擁有歷史文學學士學位，還獲得了菲爾萊迪金森大學工商管理碩士學位，是美國會計師協會和新澤西州會計師協會的會員，和聯邦調查局前調查員協會的會員。

吉爾伯特・馬修斯（Gilbert E. Matthews, CFA）

本書 Chapter 3「股東異議與壓迫的公允價值」共同作者，是薩特證券（總部設在舊金山的投資銀行）的董事長兼高級董事總經理，他在投資銀行業務有超過 50 年的經驗，處理過各式各樣的業務，諸如兼併、收購和資產剝離、善意或惡意的要約收購、公募和私募證券、資本重組、破產和其他財務重組，和國際交易等。

馬修斯先生在超過 20 個州對於估值、投資銀行業務和其他事項，提供專家證詞。

1995 年加入薩特前，馬修斯先生是紐約貝爾斯登證券的高級董事總經理及普通合夥人，於 1967 年到 1995 年間在企業融資部門，1960 年到 1967 年間則擔任證券分析師。1970 年到 1995 年間，擔任貝爾斯登證券評價委員會的主席，負責該公司所有評估意見報告書的發行。

馬修斯先生擁有哈佛大學的學士學位，和哥倫比亞大學工商管理碩士學位（MBA），曾在眾多專業團體講授公平意見、評價及相關事項。此外，他的著作內容，包含公平意見、企業估值，和評價有關訴訟的論文與書本章節。他是美國鑑價協會所出版《企業價值評估月刊》，和由企業評價資源公司所出版《企業評價更新》編輯委員會的成員，而且是國際評估準則委員會公平意見工作組的成員。

米歇爾‧帕特森（Michelle Patterson, JD, PhD）

法學博士、哲學博士，本書 Chapter 3「股東異議與壓迫的公允價值」的共同作者，是一名律師、退休教授。

1965 年獲得芝加哥大學文學學士學位，1975 年獲得耶魯大學哲學博士學位，並在 1982 年獲得加州大學洛杉磯分校法學博士學位。帕特森博士曾經於布蘭代斯大學和加州大學聖巴巴拉芭芭拉分校，擔任教授多年，參加了加州大學洛杉磯分校法學院，和國內企業的律師事務所合作訴訟相關實務。

隨後搬到舊金山，在舊金山州立大學教授法學等課程，身為法律學前教育諮詢總監，並與一家訴訟支援公司做專業評審團分析。

自 2001 年以來，她一直是薩特證券的顧問，協助訴訟事項和財務諮詢服務，也是許多刊物的編輯委員，並出版許多論文，有些商業金融和公司法領域的論文，是與吉爾伯特‧馬修斯（Gilbert E. Matthews, CFA）合作撰寫。

諾亞・戈登（Noah J. Gordon, Esq.）律師

本書 Chapter 4「合夥和有限責任公司買斷的價值標準」的作者，為普拉特估值公司的法律顧問，經常參與該公司的企業評價業務。

戈登定期為企業估值出版物作出貢獻，同時是一些法律論文和刊物的作者和編輯。最近也促成《企業評價指南（2013 年）》、律師的企業評價手冊，第二版（2010 年）》，《企業評價之折價與溢價，第二版（2009 年）》、《企業評價：私人公司的分析和評價，第五版（2008 年）》、《資本成本：應用及實例，第四版（2010）》，《用市場法評估企業價值，第二版（2005 年）》等書的出版。

他曾擔任《薛能普拉特的企業評價新知月刊》、經濟展望新知》，以及商業評估資源《BV Q&A 新知》的副主編，而且也是威科 / 阿斯出版社的執行主編，與 Prentice Hall 等出版商法律出版品部門的總編輯。

戈登先生擁有哈佛大學文學士學位，並從班傑明 N. 卡多佐法學院取得法學博士學位，同時也得到俄勒岡州、紐約州、新澤西州（辭職）、哥倫比亞特區（辭職）等地律師協會，以及美國最高法院的認證。目前仍是一名自由編輯人。

尼爾‧比頓（Neil J. Beaton, CPA/ABV/CFF, CFA, ASA）

本書 Chapter 6「財務報導的公允價值」的共同作者，是奧邁評價服務有限責任公司的董事總經理。

他擁有超過 25 年的評價經驗（上市與私人公司），曾在全國各地的法院和國際上擔任專家證人，也是美國會計師協會企業評價課程的講師，同時也在全國各地就企業評價的課題──特別針對新創公司和高科技公司進行講授。

在他的職業生涯中，曾撰寫或合著一些書籍和論文。此外，尼爾有在美國會計師協會的合併與收購糾紛工作小組，和 AICPA 的 ABV 考試委員會擔任相關職務，目前也是美國會計師協會廉價股票工作小組的聯席主席。他曾在美國會計師協會的國家認證委員會，和企業評價委員會、財務會計準則委員會的評價資源組服務。

尼爾擁有史丹福大學經濟學學士學位，和國立大學的 MBA 學位。除了正式教育，尼爾還是一名註冊會計師，獲得認可的企業評價師、特許金融分析師，和美國評價協會認可的資深企業評價師。

審訂翻譯
黃輝煌

學歷
國立中興大學法商學院企業管理系畢業
美國加州柏克萊大學金融科技研習班結業

現職
博思智庫股份有限公司 負責人
博思智庫價值鑑定股份有限公司
—負責人／企業評價師／ FRM®

資歷
專精企業管理顧問股份有限公司
—總顧問／企業評價師
大華證券股份有限公司
—上海代表處首席代表
中華開發工業銀行
—證券部／財務部 副理
中國信託商業銀行
—承銷業務／衍生性商品交易員／債券自營人員
—中信期貨股份有限公司 業務部經理

專業資格及證照
中華無形資產暨企業評價協會認證企業評價師
財金風險管理分析師
（FRM®，Financial Risk Manager, certified by GLOBAL ASSOCIATION OF
RISK PROFESSIONALS）
證券商高級業務員、期貨業務員測驗合格
美國 NASD Series-7 測驗合格

本書重要名詞中英對照表（A ~ Z）

編審註
意指專業人士離開其合夥事業，不參與事業經營下，該合夥事業的公允市場標準。

國家圖書館出版品預行編目（CIP）資料

價值標準的理論和應用：美國法院判例之指引 / 傑伊‧菲什
曼（Jay E. Fishman），薛能‧普拉特（Shannon P. Pratt），威廉‧
莫里森（William J. Morrison）作；黃輝煌審訂編譯.
-- 第一版 .-- 臺北市：博思智庫，民 107.07 面；公分
譯自：Standards of value : theory and applications, 2nd ed.
ISBN 978-986-96296-1-4（平裝）
1. 資產管理 2. 價值標準

495.44   107008340

GOAL 25

價值標準的理論和應用
美國法院判例之指引
Standards of Value：Theory and Applications, 2nd Edition

作　　　者｜傑伊‧菲什曼（Jay E. Fishman）
　　　　　　薛能‧普拉特（Shannon P. Pratt）
　　　　　　威廉‧莫里森（William J. Morrison）
審定編譯｜黃輝煌
執行編輯｜吳翔逸
編輯協力｜李海榕、李依芳
美術設計｜蔡雅芬

發 行 人｜黃輝煌
社　　長｜蕭艷秋
財務顧問｜蕭聰傑
發行單位｜博思智庫股份有限公司
地　　址｜104 台北市中山區松江路 206 號 14 樓之 4
電　　話｜（02）25623277
傳　　真｜（02）25632892

總 代 理｜聯合發行股份有限公司
電　　話｜（02）29178022
傳　　真｜（02）29156275

印　　製｜永光彩色印刷股份有限公司
定　　價｜650 元
第一版第一刷　中華民國 107 年 07 月

ISBN 978-986-96296-1-4
© 2018 Broad Think Tank Print in Taiwan

博思智庫股份有限公司

博思智庫粉絲團　Facebook.com/broadthinktank

——紙本之外，閱讀不斷——

紙本之外，閱讀不斷

——紙本之外，閱讀不斷——